住房城乡建设部土建类学科专业"十三五"规划教材

高等院校卓越计划系列丛书

结构力学

(第Ⅰ册)

陈水福 杨骊先 陈 勇 编著

中国建筑工业出版社

图书在版编目(CIP)数据

结构力学（第Ⅰ册）/陈水福，杨骊先，陈勇编著. —北京：中国建筑工业出版社，2015.7

（高等院校卓越计划系列丛书）

ISBN 978-7-112-18194-0

Ⅰ. ①结… Ⅱ. ①陈… ②杨… ③陈… Ⅲ. ①结构力学-高等学校-教材 Ⅳ. ①O342

中国版本图书馆 CIP 数据核字(2015)第 131223 号

本书根据高等学校力学基础课程教学指导分委员会制订的“结构力学课程教学基本要求”和高等学校土木工程学科专业指导委员会编制的“高等学校土木工程本科指导性专业规范”编撰而成。全书共14章，分Ⅰ、Ⅱ两册。第Ⅰ册共8章，主要内容包括平面杆件体系的几何组成分析、静定结构的内力和位移计算、超静定结构的基本分析方法及其应用。第Ⅱ册共6章，主要内容包括超静定结构的其他分析方法，以及矩阵位移法、结构动力、稳定和极限荷载计算等专题。

本书贯彻以读者为中心的宗旨，融入了作者经多年思考和总结的“四多四少”（多图释、少文叙；重逻辑、少推理；增情感、少刻板；重能力、少技巧）的教学思想和理念，具有鲜明的以工科思维为主体并融合部分人性化思想的特色和风格。书中每个章节的逻辑关系均经过精心设计，按照一条主线、几条副线的思路展开，环环相扣，娓娓道来，期望达到专业角度的引人入胜。

本书可作为普通高等学校土木、水利、交通、海洋、航空航天、工程力学等工程学科的结构力学教材，也可供相关专业的工程技术人员参考使用。

责任编辑：赵梦梅
责任设计：董建平
责任校对：姜小莲　刘梦然

高等院校卓越计划系列丛书

结构力学

（第Ⅰ册）

陈水福　杨骊先　陈　勇　编著

*

中国建筑工业出版社出版、发行(北京西郊百万庄)
各地新华书店、建筑书店经销
北京红光制版公司制版
北京建筑工业印刷厂印刷

*

开本：787×1092毫米　1/16　印张：19　字数：461千字
2015年9月第一版　2019年12月第二次印刷
定价：**42.00**元

ISBN 978-7-112-18194-0
(27440)

高等院校卓越计划系列丛书

序　　言

随着时代进步，国家大力提倡绿色节能建筑，推进城镇化建设和建筑产业现代化，我国基础设施建设得到快速发展。在新型建筑材料、信息技术、制造技术、大型施工装备等新材料、新技术、新工艺广泛应用的新形势下，建筑工程无论在建筑结构体系、设计理论和方法以及施工与管理等各个方面都需要不断创新和知识更新。简而言之，建筑业正迎来新的机遇和挑战。

为了紧跟建筑行业的发展步伐，为了呈现更多的新知识、新技术，为了启发更多学生的创新能力，同时，也能更好地推动教材建设，适应建筑工程技术的发展和落实卓越工程师计划的实施，浙江大学建筑工程学院与中国建筑工业出版社诚意合作，精心组织、共同编纂了“高等院校卓越计划系列丛书”中的系列教材部分。

本丛书编写的指导思想是：理论联系实际，编写上强调系统性、实用性，符合现行行业规范。同时，推动基于问题、基于项目、基于案例多种研究性学习方法，加强理论知识与工程实践紧密结合，重视实训实习，实现工程实践能力、工程设计能力与工程创新能力的提升。

丛书凝聚着浙江大学建筑工程学院教师们长期的教学积累、科研实践和教学改革与探索，具有了鲜明的特色：

（1）重视理论与工程的结合，充实大量实际工程案例，注重基本概念的阐述和基本原理的工程实际应用，充分体现了专业性、指导性和实用性；

（2）重视教学与科研的结合，融进各位教师长期研究积累和科研成果，使学生及时了解最新的工程技术知识，紧跟时代，反映了科技进步和创新；

（3）重视编写的逻辑性、系统性，图文相映，相得益彰，强调动手做图和做题能力，培养学生的空间想象能力、思考能力、解决问题能力，形成以工科思维为主体并融合部分人性化思想的特色和风格。

本丛书目前计划列入的有：《土力学》、《基础工程》、《结构力学》（第Ⅰ册）、《结构力学》（第Ⅱ册）、《混凝土结构设计原理》、《混凝土结构设计》、《钢结构原理》、《钢结构设计》、《工程流体力学》、《土木工程设计导论》、《土木工程试验与检测》、《土木工程制图》、《画法几何》等。丛书分册列入是开放的，今后将根据情况，做出调整和补充。

本丛书面向土木、水利、建筑、园林、道路、市政等专业学生，同时也可以作为土木工程注册工程师考试及土建类其他相关专业教学的参考资料。

浙江大学建筑工程学院卓越计划系列教材编委会

2014年10月

前　言

时代的进步、信息化与全球化的共同推动，促使我们的工作、生活与学习方式不断发生着深刻的变化。反映到教学上，我们的课堂面对面、手把手时间减少了，而学生自主学习、社会实践的机会大大增加了。这一变化无疑对“教”与“学”两方面都提出了更高的要求。然而，教师的满堂灌、学生的教一点学一点的传统习惯似乎并未得到根本改变。就“教”而言，我们的教材尚存在“窄”、“专”、“独”以及应试烙印明显、读者读来无趣等不足，难以适应以学生自主学习为主，面向能力培养的教学要求。另外，课堂、课后、评价方式等也存在很大的提升空间。笔者近年来也一直在揣摩教学特别是教材的改进问题，但是要真正落到实处，还确实不是件容易的事。

近几年，笔者忙里偷闲读到日本著名推理小说家东野圭吾先生撰写的几本推理小说。其间得知，工科出身的东野先生改行写作后的早期作品并不畅销。但后来他写作时，注意将看似严密但相对枯燥的推理改为简单的一条逻辑贯穿主线，再充实人性与情感方面的描写，果然就大受读者欢迎。笔者相信，推理小说的创作及是否受读者欢迎的规律与专业书籍的撰写在很多方面是相通的。

去年春节前后，笔者回到家里经常发现当时读小学五年级的儿子拿着好几册厚厚的《明朝那些事儿》读得津津有味。据说这些书讲的多是正史，那么其中必有吸引人的地方能让一个小学生对正史着迷。特地借来拜读了两册，发现确实有一些不同之处：首先是语言亲近、平实，似在讲故事；第二是加入了趣味和情感。而这两个方面应该是任何一个读者都不会抵触的。

十年前，拜读过一册日本学者和泉正哲教授撰写的《建筑结构力学》。书中大量概念清晰、通俗易懂的关于作用力及弯、剪、扭变形的卡通式图片和形象化图形，给笔者留下了深刻的印象。这些图片不仅大大增加了读者的兴趣，也使得原本显得深奥、枯燥的理论变得简单易懂。这从一个侧面说明，力学教材是可以做到让看似枯燥乏味的力学知识变得有趣易懂的。

对于人性和情感问题，结构力学属于自然科学，它与情感有关联吗？笔者认为答案是肯定的。当然，这种情感应该是一种拟人的“情感”，是与人类社会或社会普遍规则相互沟通时所表现出的一种共性的表述。例如，人类早期自给自足时代的状况更接近于自然界中的静定结构，他们必须依靠个体或小部落独立抵御外部环境影响，独立维持生计及稳定、平衡。而当今的社会更类似于一个紧密依存、相互约束的超静定结构。超静定结构在外力作用下的内力分布，严格遵循刚度大分担内力就大的“能者多劳”规律，否则结构就不能维持平衡或保持协调。这和人类社会所遵循或追求的“能者多劳”规则是一致的，否则社会就很难达到稳定与和谐。结构力学中还有很多概念，例如“自由度”、“约束”、“频率”、“承载力”等等，与社会学中的相应概念都有许多共通之处。因此在结构力学教学与教材中，如果能从这些共性之处出发，对一些力学概念按照人们的生活常识加以类比解释，或许是一个让读者更易接受和理解的方式。

本书就是在上面的一些思考，并逐渐勾画出书本的整体风格和特色后开始撰写的。

撰写过程中，尝试将下面的一些理念和特点贯穿到整本书的每个章节：

1. 多图释，少文叙。能够用图形加以解释、阐明的，尽量用插图、图解等说明；而相应的文字叙述就尽可能简化，明了即可。整体语言方面，讲究简练、直接、平实，与读者亲近，避免居高临下，但又不失严谨。

2. 重逻辑，少推理。注重前后文的逻辑关系，对能够根据生活常识或专业常识就可以讲清的概念、原理，就直接按照简单逻辑关系阐明，避免一开始就采用冗长或绕弯的层层推理予以叙述或论证；一些不必细述的推导、验证工作留给读者自主完成或结合参考书完成。

3. 增情感，少刻板。对一些关键知识点和转折点，设计构思部分拟人化、形象化的卡通式图片，使得相关叙述既富有情感，又蕴含力学概念和哲理，减少刻板，加深读者的印象，增进读者的兴趣。

4. 重能力，少技巧。注重对结构概念的阐述和对读者能力的培养，将概念分析与方法运用及归纳、延伸有机地结合起来；强调分析方法的普遍性、规律性及其内在关联性，而非带有一定偶然的技巧性。鉴于计算机分析方法的普遍应用，对一些偏重于技巧性但缺乏规律性的方法尽量不讲或少讲。

在此书稿即将出版之际，特别感谢另两位作者杨骊先和陈勇的通力合作与辛勤付出。还要感谢妻子丁继青和儿子陈丁亮的支持。创作期间，冥思苦想之中突然出现的一些创意会第一时间与他们分享、交流，其中的一些卡通式图片会首先让儿子阅读，他也很乐意给出自己的理解或诠释。今年是笔者从教、也是从事结构力学教学的第 20 个年头，也将此书作为献给自己和献给读者的一份礼物。希望读者分享自己 20 年来逐渐积累的一些体会和感悟，并对他们有用或能产生更新的思维与拓展，也希望他们提出宝贵的意见和建议。

陈水福

2014 年 10 月

E-mail：csf@zju. edu. cn

本书特色及简介

本书内容涵盖高等学校力学基础课程教学指导分委员会制订的“结构力学课程教学基本要求”和高等学校土木工程学科专业指导委员会编制的“高等学校土木工程本科指导性专业规范”所规定的全部教学内容和相应知识点。撰写时力求全面贯彻以读者为中心的教学宗旨，融入作者经多年思考和总结的“四多四少”（多图释、少文叙；重逻辑、少推理；增情感、少刻板；重能力、少技巧）的教学理念，努力形成鲜明的以工科思维为主体并融合部分人性化思想的特色和风格。

为达成这些目标，本书在以下几个方面进行了新的尝试：

1. 重新设计和优化了每个章节的逻辑关系，一般按照一条主线、几条副线的思路展开，环环相扣，娓娓道来，期望达到专业角度的引人入胜。

2. 注重对读者解决问题能力的培养。强调分析方法的普遍性和规律性，而非带有一定偶然的技巧性；引导读者在分类、分步、分层完成力学分析的同时，注意培养他们对分析方法、受力特性等进行归纳总结和拓展应用的能力。

3. 在关键知识点及内容转折点等重要环节，加入了部分形象化、拟人化的卡通式图片。通过对概念、原理和方法的生动诠释，帮助读者更直观、形象地完成认知和理解；在一些内容转折处，结合工程案例用幽默、诙谐的方式提出问题，引导读者带着问题快速进入新内容的角色中。

4. 对各专业名词的定义或解释均力求在一定背景之下作出，并尽可能地给出之所以如此命名的直观原由或逻辑关系，而非简单地下定义或逐条列出名词解释。

5. 在保持自身特色的同时，充分吸收了美、欧、日等一些发达国家先进教材的优点，例如丰富的图像表现（包括结构示意图、构造图、细部照片等），配有图题和二级标题的完整插图方式的运用，对结构体系的来由、背景、应用等的必要阐述，与工程实际的紧密结合，类型多样的例题、习题等。

6. 根据认知的规律性及面向能力培养的目标，对各章习题作出了层次化和精细化的设计与编排。除了安排必要的思考题外，将每章的习题从易到难分为三个层次：分析与运用题、归纳与综合题、拓展与探究题。其中前者属于直接运用相关概念、方法，或稍加分析、判断后便可解决的问题；第二类属于需对前后知识进行归纳、综合，再加以应用的题目；后者属于要对相关概念、方法进行延伸、扩展，或具有一定探索性和研究性的习题与小课题，其中有的题目具有一定难度，有的则需要读者自身体验或结合工程实践，或通过小组合作才能更好地完成。各习题序号中未加标记的属于分析与运用题，序号后加“*”的属于归纳与综合题，序号后加“**”的属于拓展与探究题。

7. 在各章节的教学内容和陈述方式上，为使教材更具逻辑性、可读性和深入性，本书第Ⅰ册在内容组织与安排上作了以下全新的改进：

（1）重新组织和全面优化了平面体系几何组成分析的前后逻辑关系；提供了一种新的

更为实用的确定体系计算自由度的算法；归纳出了三种具有普遍适用性和可操作性的几何组成分析方法。

(2) 更全面地总结了梁式杆内力变化的一般规律，并用图表完整地表现出来；提供了一种具有普遍适用性的依据内力计算式直接计算截面内力并判断内力正负号（无需事先设定）的实用方法。

(3) 将不同类型静定结构的内力与相应简支梁内力的对比，从多跨静定梁、桁架、三铰拱、延伸到刚架、组合结构等各类结构体系中，同时从固定荷载作用扩展到移动荷载作用的各种情况中。

(4) 将简支斜梁、刚架与组合结构中的梁式斜杆、曲杆斜截面、桁架斜杆的分析方法予以统一和普遍化、规范化，并贯穿至整本书的全部内容中。

(5) 补充和完善了桁架结构中特殊形状结点的受力关系。

(6) 为更好地与工程实践相结合，引入了工程中广泛应用的传力路径的概念，总结了依据传力路径确定静定结构内力计算路线的实用方法。

(7) 从结构概念出发，对静定结构的承载方式和受力特性作出了更为直观、形象的物理诠释和高度概括：静定结构支承和传递荷载所遵循的基本原则是“独立和单向”，即某一部分可独立承担的荷载完全自我承担，而不与其他部分分担；不能独立承担的荷载向其所依赖的部分单向传递，一次完成。该原则将与第 II 册关于超静定结构的论述形成对比。

(8) 将静定结构内力分析的静力法和机动法从固定荷载作用，贯穿到移动荷载作用，并将延伸至第 II 册的极限荷载确定等内容中，形成了一个具有普遍适用性和前后一致性的分析方法，同时还将拓展至超静定结构的影响线求作中。

(9) 以图线方式总结了在一组移动荷载作用下，某一量值出现极值点和非极值转折点的各种可能状况，给出了临界位置判别式的更为简单、直观的物理解释。

(10) 将图乘法的应用与弯矩图的求作直接联系起来；将常见荷载作用下的图乘计算归为简单的两类情况，并给出了具有普遍性和规律性的计算方法。

(11) 单列一节专门阐述结构柔度系数和刚度系数这两个工程中十分常用的力学概念。与结构位移计算相衔接，从位移影响系数和抗力影响系数出发引出这两个概念，并用简单、直观的方法予以阐明。

(12) 从解决复杂问题的一般方法“分而治之”出发，将力法与位移法的论述从逻辑关系上予以统一，包括基本结构的统一定义、基本方程的统一获取等。在内容安排上，先同步阐述两种方法的基本概念和原理、步骤，再分别介绍两种方法在不同类型结构中以及不同外因作用下的应用。

全书共 14 章，分Ⅰ、Ⅱ两册。第Ⅰ册共 8 章，主要内容包括绪论、平面杆件体系的几何组成方式、静定结构的内力计算、静力分析续论、静定结构的影响线及其应用、静定结构的位移计算、超静定结构的基本解法（力法与位移法）及其在各类结构中的应用；第 II 册共 6 章，主要内容包括超静定结构的其他分析方法、超静定分析续论，以及矩阵位移法、结构动力、稳定和极限荷载计算等专题。

第 I 册的第 1、2、4、7 章由陈水福撰写，第 3、8 章由杨骊先和陈水福共同撰写，第 5 章由陈勇撰写，第 6 章由杨骊先撰写。书中带人物的卡通式图片由陈水福构思设计，杨骊先作了一定补充；图中涉及的人物和部分场景由研究生吴晶晶绘制，杨骊先作了适当修改、补充。研究生史卓然帮助绘制了书中的部分插图，研究生沈言、夏俞超等帮助完成了部分习题的计算和核对工作。全书由陈水福统稿，优化了各章节的逻辑关系，统一了文字表述和插图方式，修改和补充了部分例题和习题。本书一些特有的拟人化表现方法和关键图素已申请了发明专利，以便获得更好的使用和保护。

本书的撰写和出版得到了浙江大学建筑工程学院的专项资助和中国建筑工业出版社的大力支持，在此表示诚挚的感谢。

限于作者水平，书中一定存在许多不足之处，敬请读者批评指正。

作　者

2014 年 10 月

主要符号表

A	面积
c	广义支座位移
d	节间长度
E	弹性模量
f	矢高
F_P	集中荷载
$\boldsymbol{F}_P$	荷载引起的广义约束力向量
F_H	水平推力
F_N	轴力
F_Q	剪力
F_Q^F	固端剪力
F_Q^L、F_Q^R	截面左侧剪力、右侧剪力
F_{Pcr}	临界荷载
F_R	广义反力、力系合力
F_x、F_y	水平（x）、竖直（y）方向的分力
G	剪切模量
i	弯曲线刚度
i_a	轴向线刚度
I	截面惯性矩
k	抗力影响系数、刚度系数、剪应力分布不均匀系数
$\boldsymbol{K}$	结构刚度矩阵
M	力矩、力偶矩、弯矩
M^L、M^R	截面左侧弯矩、右侧弯矩
M^F	固端弯矩
q	均布荷载集度、三角形分布荷载最大集度
R	半径
S	截面面积矩
s	弧长

t	温度改变
u	x 方向位移、轴向位移
v	y 方向位移、切向位移
W	计算自由度、功、重量
W_e	外力虚功
W_v	变形虚功
X	广义多余约束力、广义多余未知力
$\boldsymbol{X}$	广义多余未知力向量
y	内力图竖标、影响线竖标
Z	影响线量值、广义未知位移
$\boldsymbol{Z}$	广义未知位移向量
α	材料线膨胀系数、倾角
γ	平均剪应变、容重
Δ	广义位移
$\boldsymbol{\Delta}_P$	荷载引起的广义位移向量
δ	位移影响系数、柔度系数
$\boldsymbol{\delta}$	柔度矩阵
ε	轴向应变（正应变）
φ	截面倾角、弦转角
κ	曲率
λ	制造误差
θ	截面转角

目　　录

第 1 章　绪　　论

1-1　工程结构与结构力学

人类为满足居住、通行、生产（如加工、制造、通讯、发电）等方面的需要，设计建造出房屋、桥梁、储仓、塔桅、大坝等多种多样的建筑物或构筑物（图 1-1）。这些建筑物或构筑物中起支承或传递荷载作用的骨架部分称为**工程结构**，简称**结构**。结构力学就是研究这种骨架体系的受力、变形规律及其分析与计算方法的一门科学。

(*a*) 房屋　(*b*) 桥梁　(*c*) 储仓　(*d*) 塔桅　(*e*) 重力坝

图 1-1　建筑物和构筑物实例

工程结构的形式千变万化。但是，若从组成结构的各个构件的相对几何尺寸上看，则可将其分为以下三种类型：

（1）**杆系结构**。由若干长度方向尺寸远大于横截面尺寸的杆件按一定规律组成的结构，也称为**杆件结构**。例如图 1-1*a* 的房屋承重框架、图 1-1*b* 与 *d* 的桥梁和塔桅均属杆系结构。

（2）**板壳结构**。由一片或若干片厚度远小于其所在平面或曲面方向尺寸的平板或曲壳组成的结构。因板、壳的壁厚很小，故这类结构又称为**薄壁结构**，例如图 1-1c 的储仓结构。

（3）**实体结构**。三个方向的几何尺寸大致相等或属于同一量级的结构。这类结构形同块状，故也称为**块体结构**。工程中的重力坝（图 1-1e）、挡土墙、块状基础等均属实体结构。

当然，许多工程结构属于由部分杆件和部分板壳或块体共同组成的**混合型结构**（图 1-2）。

图 1-2 混合型结构实例

为了保证工程结构能够正常地工作，并确保其在恶劣条件（如密集堆积物、强震、强风等作用）下不至于垮塌，首先需要掌握结构物在这些外部条件影响下的内力、变形和变位情况，然后结合材料力学和后续专业课程（如钢筋混凝土结构、钢结构、高层建筑结构、桥梁工程等）的知识，进一步校核或验算结构及构件的强度、刚度和稳定性问题。研究结构的组成方式，以及结构在荷载与其他外部因素作用下的内力、变形和位移的变化规律及相应的分析理论与方法，是结构力学的主要任务。为了便于课程教学和分工协作，结构力学以杆系结构为主要研究对象，而板壳和实体结构一般在弹性力学中研究，单根杆件的受力和变形问题则属于材料力学的研究范畴。

1-2 结构计算简图

实际工程结构既要满足承重及使用功能的需要，又要符合经济、美观等方面的要求，因此一般都比较复杂，且均为空间结构。结构分析中，要直接对包含结构物各个细节的构架进行全面分析，一般是不可能，也是不必要的。通常的做法是根据计算需要，选取尽可能简化又反映实际结构主要受力性能的部分作为分析对象，该对象称为结构的**计算模型**。将简化后的计算模型用规定的图线或符号表示出来，这样得到的图形就称为结构的**计算简图**。

选取计算简图的过程就是对实际结构进行合理简化的过程。该简化通常包括以下几个方面：

（1）结构体系的简化。实际结构均为**空间结构**，但在许多情况下可以忽略次要的空间作用而将其简化为一个或几个**平面结构**，也即所有杆件及荷载作用线均位于同一平面内的结构。本书主要讨论**平面杆系结构**，其主要类型参见 1-4 节所述。

（2）杆件的简化。在计算简图中，杆件一般用其轴线来表示。

（3）连接的简化。杆件与杆件的连接部位简化为**结点**，结点的基本形式有**铰结点**和**刚结点**两种。结构与基础（或其他支承物）的连接部位称为**支座**，支座可简化为**可动铰支座**、**固定铰支座**、**固定支座**和**滑动支座**（又称**定向支座**）等，其具体形式参见1-3节所述。

（4）荷载的简化。在杆系结构中，作用于杆件表面和体积内部的外荷载均简化为作用于杆轴之上。荷载的主要类型参见1-5节。

图1-3*a*所示为一端搁置于L形混凝土支墩、另一端搁置在混凝土挡墙之上的钢筋混凝土楼梯梁，梁上站一行人。选取计算简图时，梁可用其轴线表示；梁左下端因不能发生竖向和水平位移，故可简化为一固定铰支座；而上端允许有微小水平位移，故简化为一可动铰支座；梁自重和上面的单个行人则分别简化为一个均布荷载和一个集中荷载。其计算简图如图1-3*b*所示。

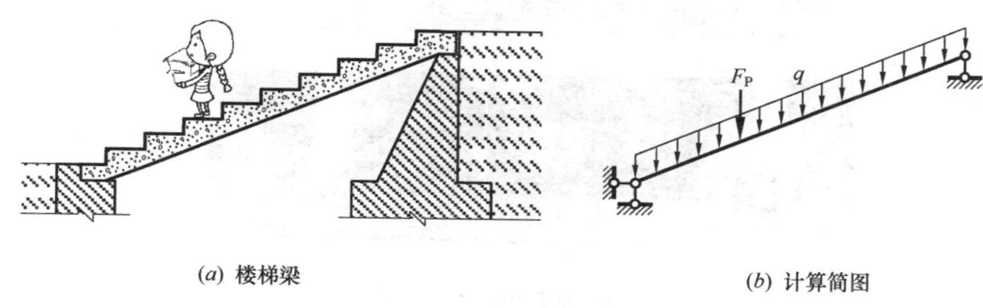

(*a*) 楼梯梁　　(*b*) 计算简图

图1-3　楼梯梁及计算简图

图1-4*a*所示为一桁架桥梁，桥面板上的车辆或其他荷载首先传递至纵向系梁（纵梁），再由纵梁传至连接两侧主桁架的横梁，最后到达桁架结点。在对承重体系进行分析时，可暂时忽略横梁的影响而单独取出两榀平面桁架分析，其计算简图如图1-4*b*所示。

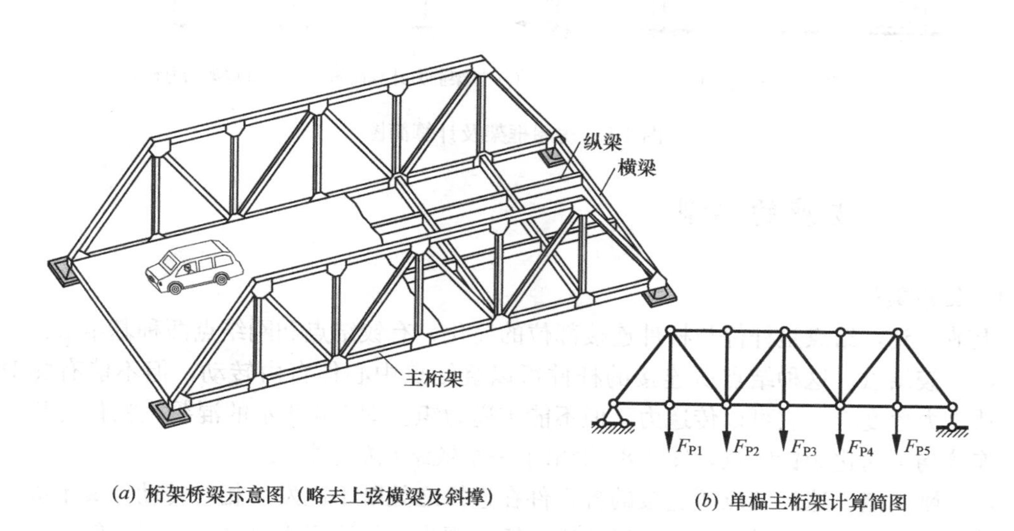

(*a*) 桁架桥梁示意图（略去上弦横梁及斜撑）　　(*b*) 单榀主桁架计算简图

图1-4　桁架桥梁及计算简图

再看图 1-5a 所示的钢筋混凝土框架房屋。该房屋共两层，y 方向两跨，x 方向跨数较多。在竖向荷载及 y 方向水平荷载作用下，通常可暂忽略 x 方向连梁的影响，取出一榀或几榀典型的横向（y 方向）框架进行分析（图 1-5b），其计算简图如图 1-5c 所示。

计算简图的选取有时并非只以简化为目的，而是需要依据相似关系取出与原结构具有相同或相似的某些指定特性的计算模型。例如要对图 1-5b 所示的框架进行侧向动力计算，因楼层质量较大，故可将楼层及框架的质量均集中于楼层梁上，并将梁柱体系简化为仅提供侧向刚度的单柱结构，得到图 1-5d 所示的计算模型。该简化模型与原结构具有相似的动力性能。

(a) 框架房屋实例

(b) 横向框架示意图

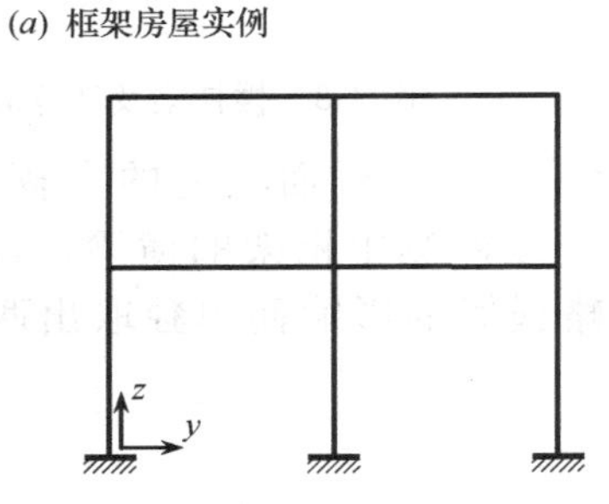

(c) 框架静力计算简图

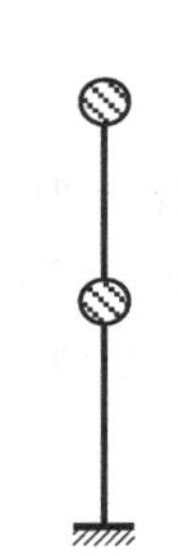

(d) 框架动力计算简图

图 1-5　房屋框架及计算简图

1-3　结点与支座的类型

1-3-1　结点类型

上节提到，**结点**是杆件与杆件连接部位的简化，有铰结点和刚结点两种基本形式。

(1) **铰结点**。这种结点所连接的杆件可以绕结点中心作自由转动，但不能有相对移动。从受力角度看，它可以传递力，但不能传递力矩。图 1-6 所示的混凝土构件连接、钢构件连接均可简化为铰结点，图 1-8a 给出了一个铰结点的连接实例。

(2) **刚结点**。这种结点所连接的各杆件在连接之处既不能发生相对转动，又不能有相对移动，因此既可以传递力，也可以传递力矩。现浇钢筋混凝土梁柱连接点、钢结构中满足刚接构造的连接点都属于这类结点（图 1-7、图 1-8b）。

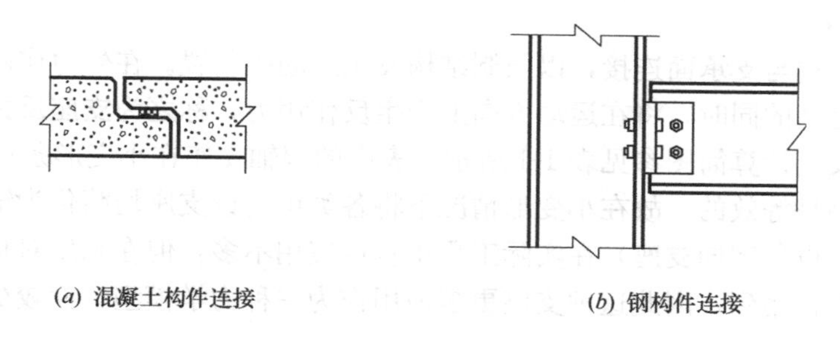

(*a*) 混凝土构件连接　　　　(*b*) 钢构件连接

图 1-6　典型铰结点构造示例

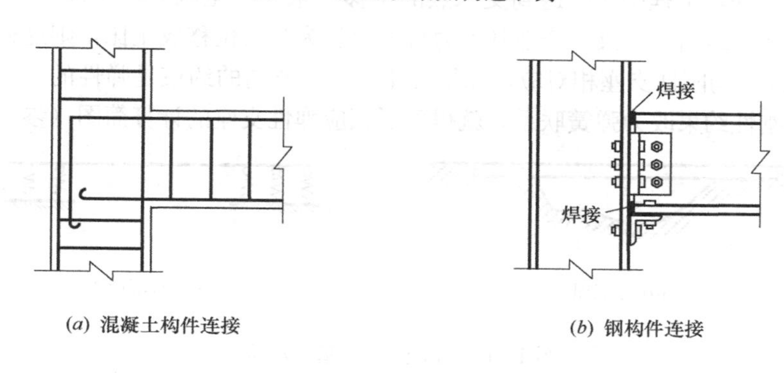

(*a*) 混凝土构件连接　　　　(*b*) 钢构件连接

图 1-7　典型刚结点构造示例

(*a*) 铰连接

(*b*) 刚性连接

图 1-8　铰结点和刚结点连接实例

除上述结点基本形式外，工程中还有部分杆件刚接再相互铰接的**组合结点**（图 1-9），以及既不是完全刚接又不能自由转动的**弹性结点**（弯矩与转角呈线性关系）或**半刚性结点**（弯矩与转角呈非线性关系，图 1-10）等。

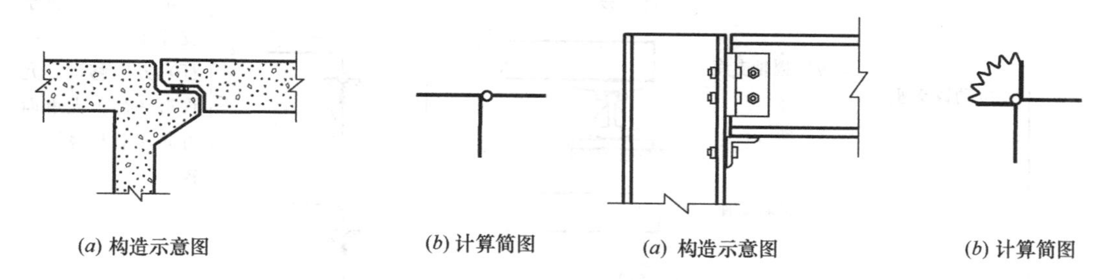

(*a*) 构造示意图　　(*b*) 计算简图　　(*a*) 构造示意图　　(*b*) 计算简图

图 1-9　组合结点示例　　　　图 1-10　钢构件半刚性连接示例

1-3-2　支座类型

支座是将结构与支承面连接，以限制结构发生运动的装置。在外力作用下，支座在限制或阻止结构运动的同时，将在运动方向上产生反作用力，称之为**支座反力。**平面结构常见的支座类型及其计算简图参见表 1-1 所示。表中的辊轴支座在小变形条件下与垂直于支承面的链杆支座是等效的，故在小变形情况下将各类可动铰支座均简化为链杆支座是适宜的。**滑动支座**（也称**定向支座**）在实际工程中直接应用不多，但在利用对称性取半边结构的计算简图时经常用到，因此这种支座更多地用作为一种力学模型，而较少用作实际的物理装置。

除刚性支座外，工程中还会遇到支承点的位移并未被完全限制的支座。例如图 1-11 所示两端搁置于弹性地基上的梁，若地基反力可近似认为与其位移成正比，则这种支座称为**弹性支座**。与表 1-1 的刚性支座相对应，如果支座中某个方向的约束是弹性的，那么将计算简图中该方向的刚性约束改为弹簧联系，就得到了相应弹性支座的计算简图（参见图 1-12）。

(*a*) 示意图　　(*b*) 计算简图

图 1-11　端部弹性地基支承梁

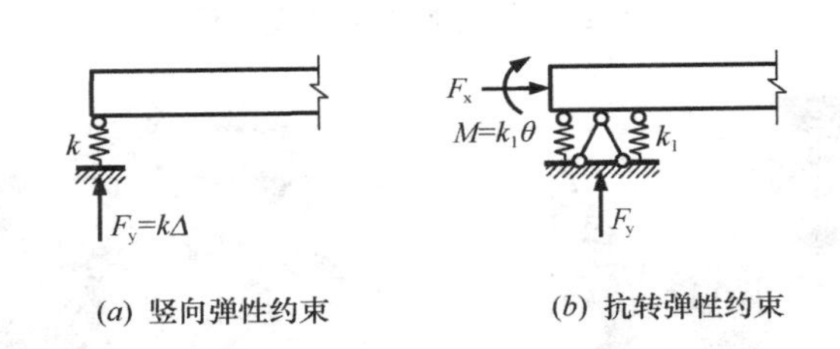

(*a*) 竖向弹性约束　　(*b*) 抗转弹性约束

图 1-12　弹性支座简化示例

平面结构常见支座及简图　　**表 1-1**

	支座类型	示意图	计算简图及反力	约束描述
(1)	可动铰支座	辊轴支座 摇轴支座 链杆支座	F_y F_y F_y	不允许沿垂直于支承面（或沿链杆）方向移动，允许沿平行于支承面方向移动和绕圆柱铰转动。

续表

	支座类型	示意图	计算简图及反力	约束描述
(2)	固定铰支座		F_x F_y F_x F_y	不允许沿水平和竖向移动，允许绕圆柱铰转动。
(3)	固定支座		F_x M F_y	不允许支承处发生任一方向的移动和转动。
(4)	滑动支座（定向支座）		M F_y F_x M	不允许支承处发生转动和沿一个方向的移动，允许沿另一方向自由滑动。

1-4 结构的分类

杆系结构由若干杆件相互连接而成。根据各杆件的受力特点和相互连接方式，可将其分为以下几种类型：梁、刚架、桁架、拱、索和组合结构。

梁是由受弯杆件沿轴向延伸或相互连接而成的结构，有单跨梁（图 1-3、图 1-13*a*）和多跨梁（图 1-13*b*、图 3-13）之分。

刚架是由若干梁、柱杆件相互刚接（或至少部分刚接）而成的结构。工程中常见的民用房屋（图 1-5）、工业厂房（图 1-14*a*）、高墩桥梁（图 1-14*b*）、连廊支架（图 1-14*c*）等的承重构架常采用刚架结构。梁、柱刚接是刚架的显著特点。该特点在受力上使刚架内力更趋均匀，在功能上又使刚架沿跨度和高度具有更大的使用空间。

桁架是由若干直杆相互铰接而成的结构体系。在结点荷载作用下，桁架杆件只承受

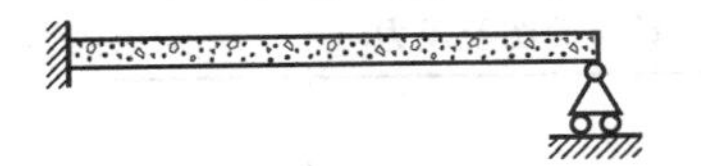

(*a*) 一端固定一端铰支梁

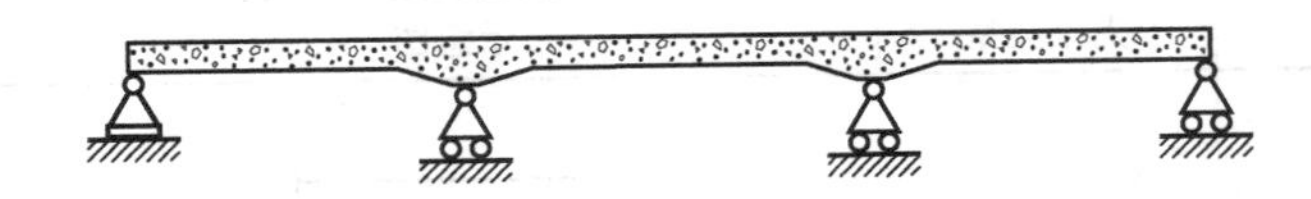

(*b*) 连续梁

图 1-13 单跨与多跨梁示例

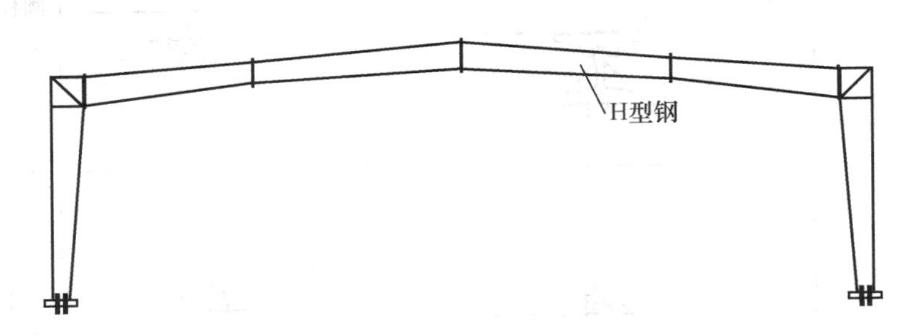

(*a*) 轻钢厂房刚架

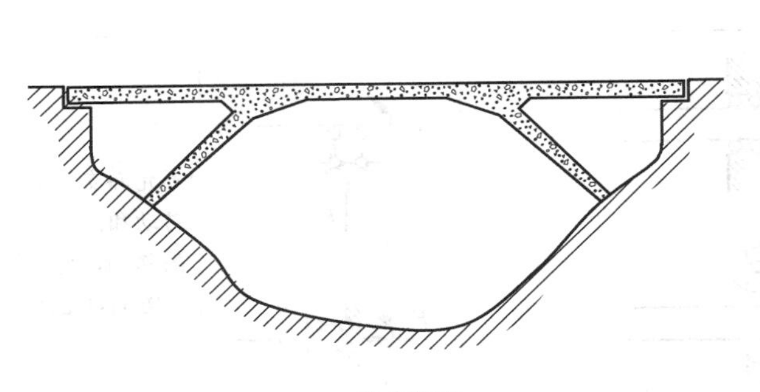

(*b*) 刚架桥

(*c*) 连廊支承刚架

图 1-14 刚架结构示例

轴力，故能充分发挥杆件的材料性能。工程实际中，桁架主要用于代替梁、刚架、拱等结构中的实体受弯构件，以达到承受更大荷载或跨越更大长度的目的（图 1-4、图 1-15）。

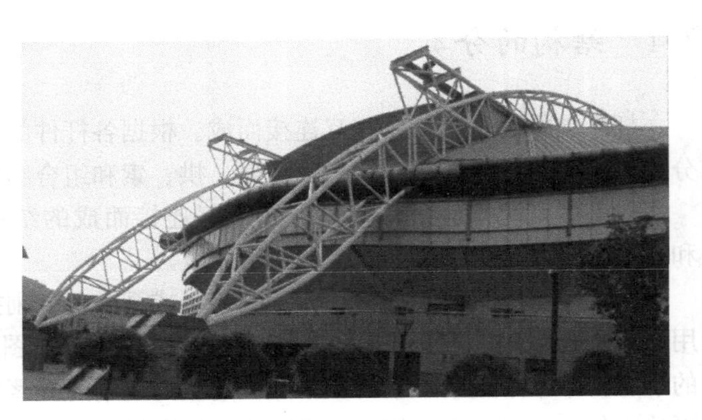

图 1-15 桁架结构实例（拱式桁架）

拱是由曲杆组成，且在竖向荷载作用下因水平位移受到约束而产生水平**推力**的结构（图 1-16）。该推力显著抵消了竖向力引起的拱内弯矩，从而使其成为一种以受轴压力为主的结构。

(*a*) 上承式拱桥

(*b*) 下承式拱桥

图 1-16　拱结构实例

索是一种柔性的张拉结构，需要施加张力以后才能形成确定的结构形态（图 1-17）。工程中常用的拉索或悬索一般由高强钢丝相互缠绕而成，由于只承受轴向拉力，能够充分发挥材料强度，故可形成大跨越的结构，如悬索桥、斜拉屋盖（图 1-18）等。

组合结构是由桁架杆（或索）和梁式杆共同组合而成的结构，其目的是希望利用两种或两种以上杆件的优点，构建既性能合理又经济实用、能够跨越更大长度或达到更大高度的承重体系（图 1-16*b*、图 1-18、图 1-19）。

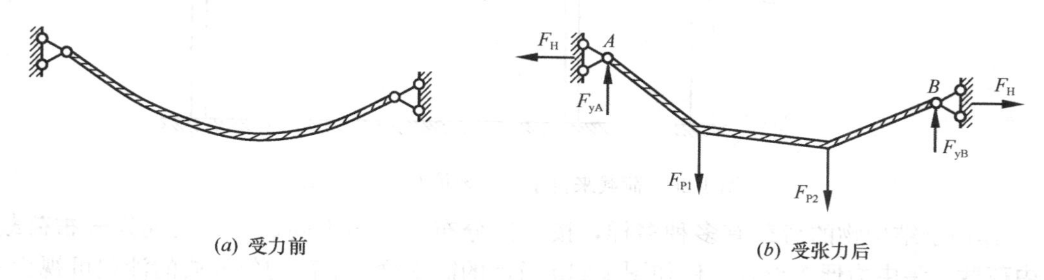

(*a*) 受力前　　(*b*) 受张力后

图 1-17　索受力后形成结构形态

图 1-18　索结构实例（斜拉屋盖）

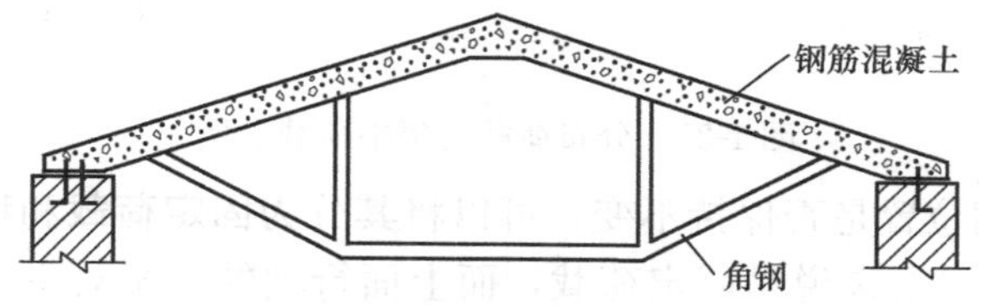

图 1-19　组合结构示例（组合屋架）

1-5　荷载的分类

处于自然环境并受人类支配和使用的结构物，每时每刻都要受到各种外部因素的影响和作用（图 1-20）。通常我们将主动作用于结构上的外力称为**荷载**，例如结构的自重、堆放（或悬挂）于结构上的各种负重、流动风引起的压力、积雪产生的作用力等都是常见的荷载。除了荷载以外，其他因素如温度改变、支座移动、制造误差、材料收缩等也会对结构产生影响，这些外部因素统称为**其他外因**或**其他外部作用**。其他外部作用也可视为一种广义荷载。

图 1-20　荷载来自于自然环境和人类使用

作用于结构物的荷载有多种多样，按照其分布方式的不同，可以表现为**分布荷载**、**集中荷载**、**集中力偶**等形式。例如图 1-21*a* 所示的简支梁，上部均匀堆放的沙包可视为一均布荷载，下部挂钩上的重物可简化为作用于挂钩与梁连接点的集中荷载和集中力偶（图 1-21*b*）。

按照荷载作用时间的久暂，可以将其分为**恒载**和**活载**。恒载是指长期作用于结构之上的荷载，又称**不变荷载**，如结构的自重、土压力等；活载是指暂时作用或作用过程中会发生改变的荷载，又称**可变荷载**，如汽车、人群、风、雪荷载等（参见图 1-20）。

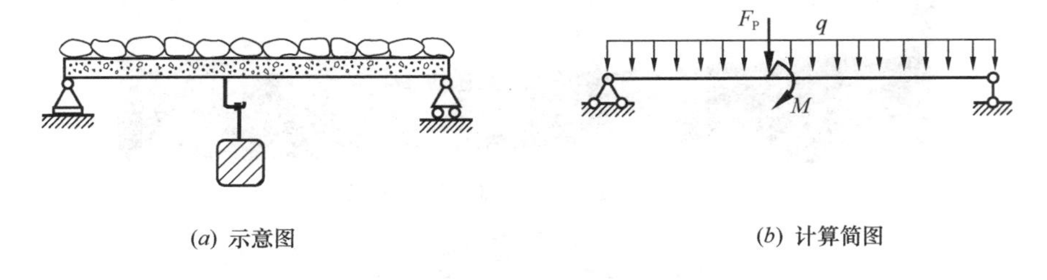

(*a*) 示意图　　(*b*) 计算简图

图 1-21　分布荷载与集中荷载示例

按照荷载的作用位置是否保持不变，可以将其分为**固定荷载**和**移动荷载**。例如，桥梁铺装层的重量对于主梁来说是固定荷载，而上面行驶的汽车对主梁就属移动荷载（图 1-22）。

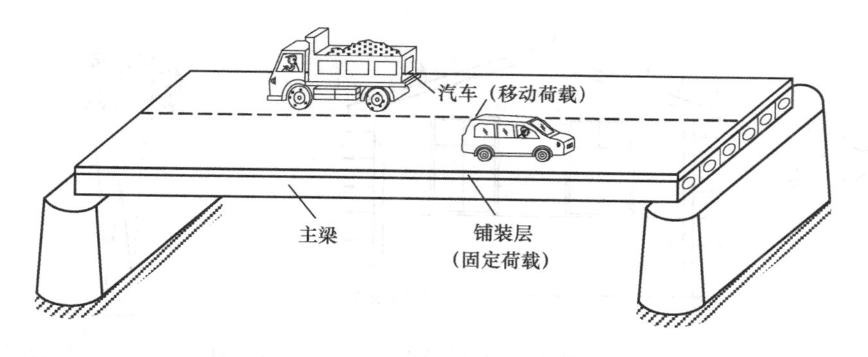

图 1-22　固定荷载与移动荷载示例

根据荷载是否直接作用于所研究的结构对象，可以将其分为**直接荷载**和**间接荷载**。例如图 1-23 所示的纵横梁（板）-主梁体系，屋面荷载直接作用于纵向屋面板上，再通过横梁传至主梁。因此，对纵向屋面板来说，屋面荷载是直接荷载，但对主梁则是间接荷载。由于横梁与主梁是交叉布置的，即相互之间仅在结点上连接，故传至主梁的间接荷载实际上是一种**结点荷载**。

按照荷载对结构的作用效应是否包含不可忽略的惯性力，可以将其分为**静力荷载**和**动力荷载**。例如同样是风荷载，作用在低矮的刚性房屋上，一般不会引起明显的振动并产生惯性力（图 1-24*a*），故可作为一种静力荷载；而如果作用到柔性的塔桅结构之上（图 1-24*b*），则通常会产生较明显的振动和不可忽略的惯性力，故应作为动力荷载考虑。本书将在第 12 章（第 II 册）专题讨论结构的动力计算问题。

(*a*) 屋盖体系实例

纵梁（板）
横梁
主梁

(*b*) 计算简图

图 1-23　纵横梁（板）-主梁体系

结构对外荷载和对其他外部作用所产生的内部效应会有所不同。荷载是一种外力，故

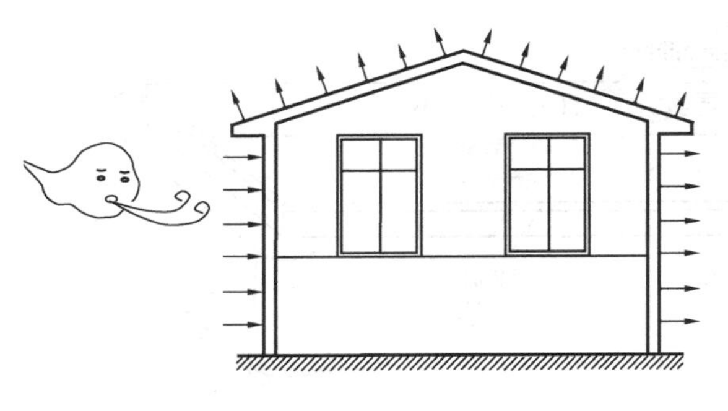

(a) 作用于刚性房屋（静力荷载）

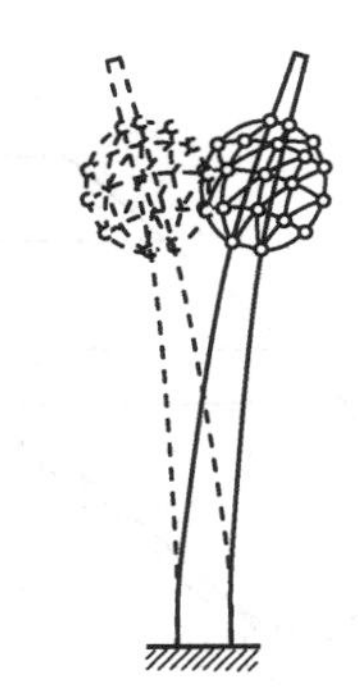

(b) 作用于柔性塔桅（动力荷载）

图 1-24　风荷载作用

在荷载作用下结构将首先产生反力和内力，以期达到静力（或动力）平衡，然后伴随有变形和位移，以获得整体协调。而其他外因（如温度改变、支座移动、制造误差等）表现为一种外部施加的变形或局部位移作用。在这些外因影响下，结构将首先产生整体或关联的变形和位移，以维持局部和整体的协调，对许多结构还将伴有反力和内力产生，以达到最终的协调和平衡。

支座移动等其他外部作用也有静力与动力之分。例如，地基变形引起的支座沉降通常是缓慢的，故一般视作为一种静力的局部位移作用（图 1-25*a*）；而地震作用则是一种典型的传至结构基底的动位移（实质是加速度）作用（图 1-25*b*）。

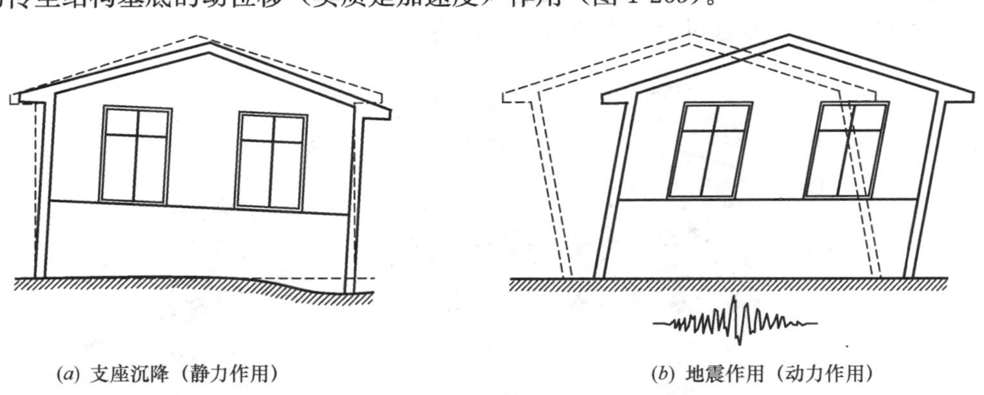

(a) 支座沉降（静力作用）　　(b) 地震作用（动力作用）

图 1-25　静力与动力外部作用

1-6　结构分析的条件与方法

杆系结构的分析与其他变形体的分析一样，需要从三个方面的条件予以考虑：平衡条件、几何条件和物理条件。由于实际结构在正常使用状态下的变形和位移一般很小，且材料仍处于完好或基本完好的状态，故结构分析时常基于以下几个基本假设：

（1）**连续性假设**：结构在荷载及其他外因作用下，其材料及杆件连接仍保持连续状态；

（2）**线弹性假设**：材料应力与应变之间符合线弹性关系，当外部作用全部撤除后，结构完全恢复为无应力的状态；

（3）**小变形假设**：结构各杆件任一截面上的变形和位移是微小的；

（4）**平截面假设**：杆件横截面在变形后仍保持为平面，且垂直于变形后的杆轴线。

符合前三个基本假设的结构体称为**线弹性体**或**线性变形体**。基于这三个假设，结构上任一点的应变与位移之间表现为一种线性的微分关系，且平衡方程可以直接在变形前的已知状态上建立。这样，结构上任一点的位移与荷载（或其他外部作用）之间也呈现某一确定的线性关系，尽管不同点的这种线性关系一般并不相同。该结论实际上表明，叠加原理适用于线性变形体系。

叠加原理是结构力学或其他线性变形体力学的重要原理之一。根据这一原理，结构在多组荷载作用下的内部效应（如内力、变形、位移）等于这几组荷载单独作用时引起的内部效应的叠加（图 1-26）。叠加原理同样适用于其他外因的情况。

另一方面，根据假设（2）和（4），一旦结构的内力确定了，对于以拉压和受弯为主的杆件，它沿截面高度方向的应力和应变也就确定了。正是基于这一特性，结构力学的受力分析一般只计算杆件的内力，而无需直接求解应力。

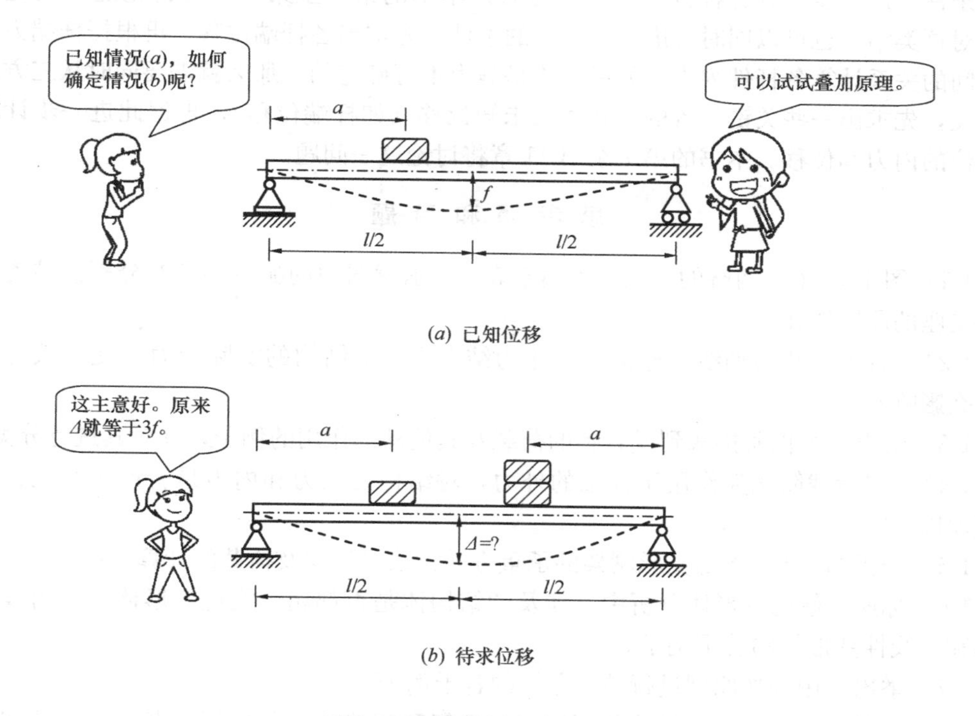

图 1-26　叠加原理应用示例

如果结构的受力和变形不完全符合上述基本假设，例如结构的某些位移较大，必须考虑该位移对结构受力的影响，那么这种问题就属于**几何非线性**问题。本书仅在第 13 章（第Ⅱ册）结构稳定计算中考虑与轴压力相关联的压杆侧向位移时，计入该位移对结构受力的影响，即所谓的 F_P-Δ 效应（图 1-27）。又如，当结构承受很大的外部作用，构件材料超出弹性变形范围而进入了塑性，则此类问题就属于**材料非线性**问题。本书只在第 14 章（第Ⅱ册）结构极限荷载分析中涉及材料非线性（图 1-28）。

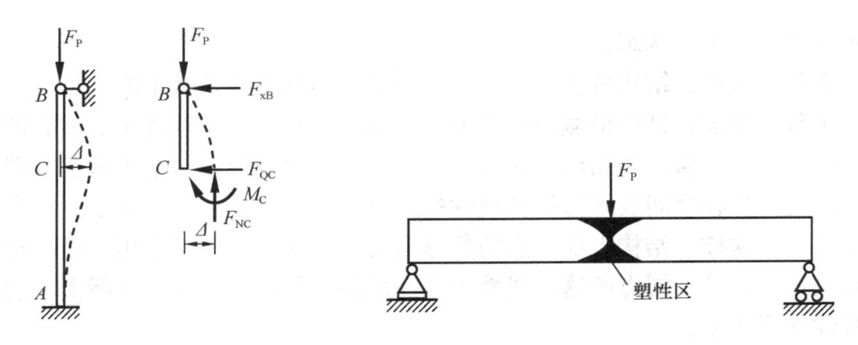

图 1-27　稳定计算时考虑 F_P-Δ 效应　　　图 1-28　极限分析时考虑材料非线性

工程中遇到的结构力学问题，多数属于已知（或事先设定）结构体系、杆件截面、所用材料及外部作用，而求解未知的内力、变形和位移的所谓**正问题**。结构分析的一般方法就是从上面提到的三方面条件出发，分步、分类地求出这三种未知量。如果结构是静力可确定的，那么一般先单独从平衡条件出发，求出支座反力和结构内力，再根据几何条件和物理条件，进一步计算各杆件的变形和位移。本书的第 3 至第 6 章将讨论这一问题。当然，对这类结构也可以同时考虑三个方面的条件，先求出各杆端位移，再根据杆端力与位移之间的关系计算各杆件内力。如果结构是静力不可确定的，那么就需要同时从三方面条件出发，先求出一些关键位置的未知力或未知位移（如杆端位移），再据此进一步计算其他部位的内力和位移。本书的第 7 至第 11 章将讨论这一问题。

思 考 题 和 习 题

1-1　图 1-4*a* 桁架两端的支座分别属于表 1-1 示意图中的哪一小类？分析该结构采用这类支座的原因所在。

1-2*　杆件简化为轴线，连接点简化为结点后，对结构的实际受力与变形效应会产生什么影响？

1-3　给出几个你所接触到或看到的荷载及其他外部作用的例子，并对其进行分类。

1-4*　将荷载简化为作用于杆轴的外力，对结构的反力和内力是否产生影响？试举简例加以说明。

1-5　分析图 1-14*c* 下部支承刚架的承重方式，绘出结构及荷载的计算简图。

1-6　你所了解的变形体分析中，涉及的结构体是否都属于线性变形体？举出线性变形体和非线性变形体的若干例子。

1-7　举出运用叠加原理进行结构分析的若干例子。

1-8　从材料力学单根构件的分析出发，理解和阐述结构分析所需考虑的条件和所采用的一般分析方法。

1-9**　查找资料并实地观察，了解木结构连接的主要方式及计算简图。

1-10**　实地考察您所在学校或城市的典型工程结构，拍摄建筑外观、结构布置、连接、支座等的整体与局部照片，并对其进行分析归类，绘出计算简图。

注：书中各习题序号后未加标记的属分析与运用题，序号后加“*”的属归纳与综合题，序号后加“**”的属拓展与探究题，参见“本书特色及简介”第 6 条说明。

第 2 章　平面体系的几何组成分析

2-1　概述

杆系结构是由若干杆件相互连接，再与基础连成整体的骨架体系。为了保证外荷载在整个体系中能够得到有效的分担和传递，当不考虑杆件的材料应变，也即假设各杆件均为刚体时，体系的几何形状和位置必须是保持不变的（图 2-1*a*），这种体系我们称之为**几何不变体系**。反之，在不考虑材料应变的情况下，若体系的几何形状或位置可以发生改变，则称为**几何可变体系**。例如图 2-1*b* 的体系，即使在很小的水平外力作用下，它的形状就会发生改变，因而是几何可变的。显然，几何可变体系不能有效承担或传递荷载，故一般不能作为结构使用。

对于一个给定的平面体系，**几何组成分析**的目的就是要判断该体系是否为几何不变，从而决定其能否作为结构使用。几何组成分析的前提是不考虑材料的应变，因此我们可以把体系中任一杆件或任一已知的几何不变部分都视为不变形的刚体，在平面内统称为**刚片**。

(*a*) 几何不变体系　　(*b*) 几何可变体系

图 2-1　几何不变体系和几何可变体系

2-2　体系的自由度

2-2-1　自由度

要判断一个平面体系是否为几何不变，可以先从体系的自由度出发进行分析。

所谓**自由度**，是指确定一个物体的运动位置所需要的独立参数的数目。例如，要确定一个点在平面内的位置（图 2-2*a*），需要 x、y 两个坐标参数，因此平面内一个点的自由度等于 2。又如，要确定一个有限大小的刚片在平面内的位置（图 2-2*b*），需要知道它上

面任一点 A 的坐标 x、y 和它上面任一直线 AB 绕 A 点的转角 θ 三个参数，因此平面内一个刚片的自由度等于 3。

平面体系是由若干构件相连，或再与基础连接而成的。在确定体系的自由度时，可以将其中的构件和基础视为刚片，并暂设这些刚片相互之间没有联系，即它们都是自由体，都各有 3 个自由度（默认基础的自由度为零），如图 2-3*a* 所示；然后在这些刚片之间添加联系，以减少其自由度，直至得到原本的体系（图 2-3*b*）。显然，添加联系的目的是为了限制刚片的运动，减少其自由度。如果能够确定不同类型的联系所能减少的自由度的数目，那么整个体系的自由度就迎刃而解了；而一旦获知一个体系的自由度为零（若不与基础相连，则为 3），那么该体系就是几何不变的。

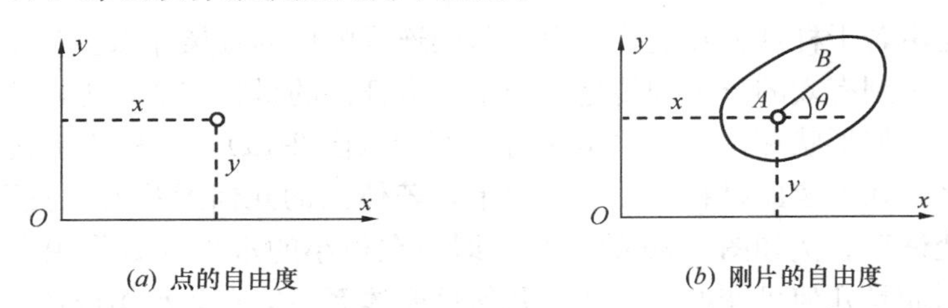

(*a*) 点的自由度　　(*b*) 刚片的自由度

图 2-2　点和刚片的自由度

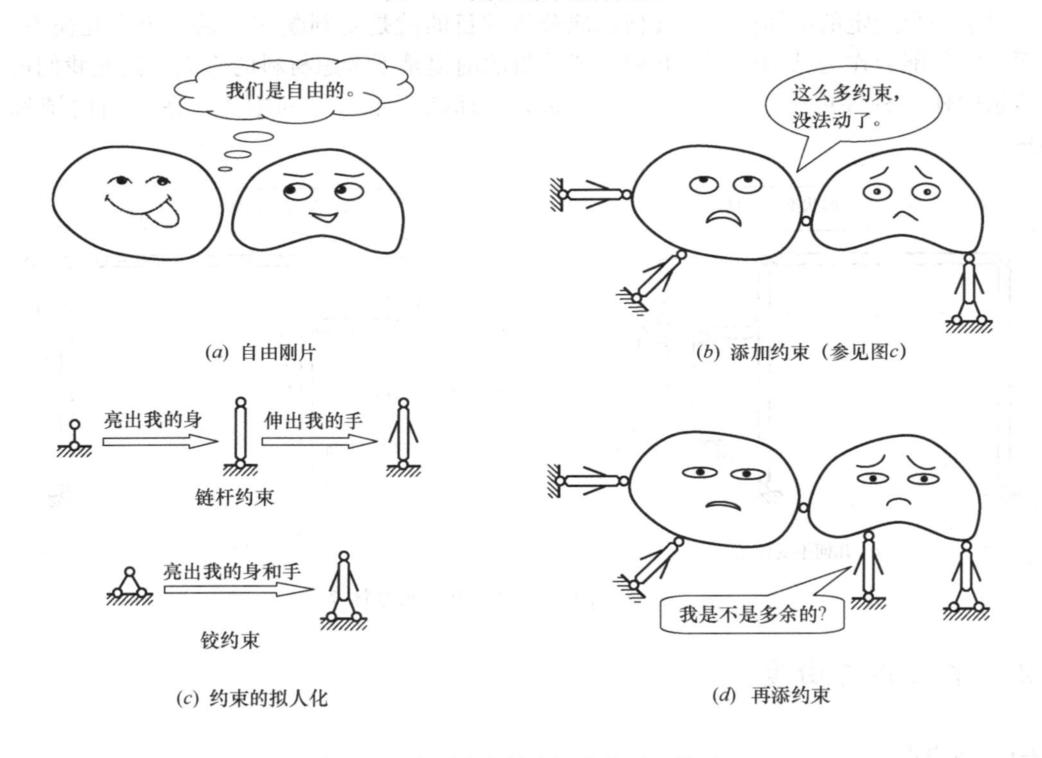

(*a*) 自由刚片　　(*b*) 添加约束（参见图*c*）

(*c*) 约束的拟人化　　(*d*) 再添约束

图 2-3　由刚片和约束组成的平面体系

我们将添加于刚片与刚片，或刚片与点之间，以限制其在某个位置发生可能运动的装置称为**约束**。

例如，平面内一个自由的点 A 具有两个自由度。若将该点用一根链杆 AB 与基础相连（图 2-4*a*），那么这个点就不能沿着该链杆方向移动了，也就是说减少了一个自由度，可见一根链杆相当于一个约束。如果再用一根相交的链杆 AC 将该点与基础连接（图 2-4*b*），那么这个点就没有自由度了，或者说自由度等于零。若在此基础上又添加一根链杆 *AD*（图 2-4*c*），显然该点的自由度仍等于零，不能再减少了。这种增加于体系，但体系的自由度并未因此而减少的约束，称为**多余约束**。而前述能够减少体系自由度的约束，称为**必要约束**。需要指出的是，很多情况下必要约束与多余约束之间具有相对性，或者说他们彼此的角色可以互换。例如图 2-4*c* 中的三根链杆约束，可以将其中任意两根视为必要约束，剩下一根作为多余约束。

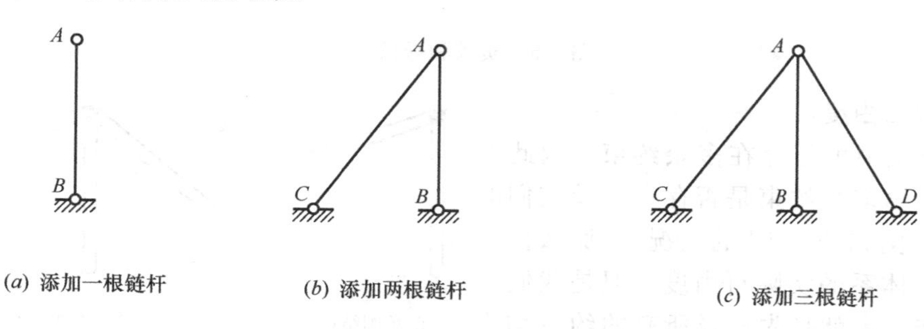

(*a*) 添加一根链杆　(*b*) 添加两根链杆　(*c*) 添加三根链杆

图 2-4　必要约束和多余约束

又如，平面内的一个刚片原有三个自由度。若将该刚片用一个单铰 *A* 与基础相连，如图 2-5*a*，那么这个刚片就只剩下绕着该铰转动一个自由度了，也就是说减少了两个自由度。可见，一个连接两刚片的**单铰**（对平面问题为圆柱铰）相当于两个约束。

图 2-5*b* 所示的一个铰 *B* 同时连接了三个刚片，这种连接两个以上刚片的铰称为**复铰**。图中的三个刚片原有 9 个自由度，用复铰连接后，其整体自由度变为 5（可先假设其中一个刚片不动，则另外两个刚片就分别剩下一个绕铰转动的自由度了），也就是说共减少了 4 个自由度，正好相当于两个单铰的约束。对于更一般的情况，容易类推，一个连接 n 个刚片的复铰相当于 $n-1$ 个单铰。

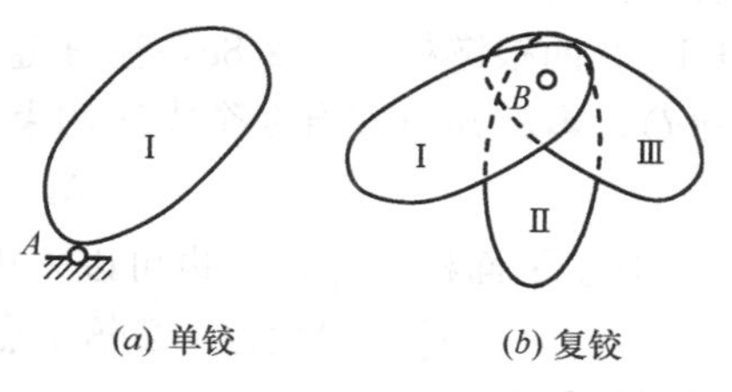

(*a*) 单铰　(*b*) 复铰

图 2-5　单铰约束和复铰约束

如上所述，连接两个刚片的单实铰相当于两个约束（图 2-6*a*）。如果将该铰用两根不共线的链杆约束代替（图 2-6*b*），那么若假设刚片 I 固定不动，则刚片 II 上的 *B* 点只能绕 *A* 点，即沿 *AB* 杆的垂直方向运动，而刚片 II 上的 *D* 点只能沿 *CD* 杆的垂直方向运动。也就是说刚片 II 只能绕着 *AB* 和 *CD* 延长线的交点 *O* 转动。这种约束状态就像在 *O* 点用一个虚拟的单铰将假想已扩展至该点的两刚片相互连接，我们称之为**虚铰**。虚铰的作用和一个单铰相当。另外还可注意到，一旦刚片 II 相对刚片 I 发生运动，则转动中心 *O* 的位置将立即发生改变，可见 *O* 点并不固定，而是一个**瞬时转动中心**。因此，我们也将这种两刚片之间由两根链杆约束组成的虚铰称为**瞬铰**。

特殊情况下，如果两根链杆相互平行，那么可以认为这个虚铰处于无穷远（图 2-6*c*）。

通过类似的分析容易得知，一个**单刚结点**或固定支座相当于三个约束（图 2-7*a*），一个连接 n 个刚片的**复刚结点**（图 2-7*b*）相当于 $n-1$ 个单刚结点。

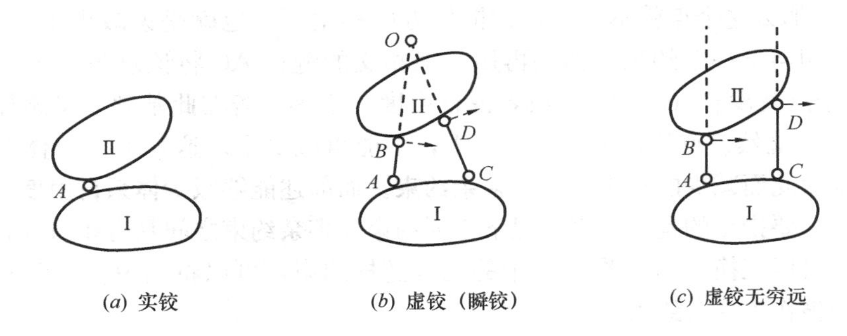

(a) 实铰　　(b) 虚铰（瞬铰）　　(c) 虚铰无穷远

图 2-6　实铰和虚铰

2-2-2　计算自由度

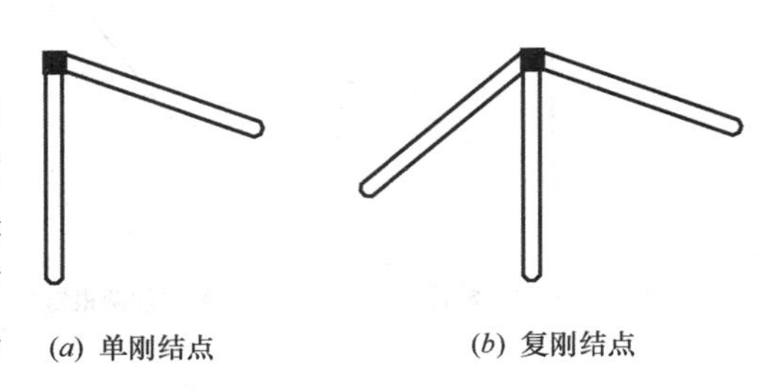

(a) 单刚结点　　(b) 复刚结点

图 2-7　单刚结点和复刚结点

由于体系中可能存在多余约束，因此如果不能判断出多余约束是否存在以及它们的具体数目（例如图 2-3d 的情况），那么仍然无法确定出体系的实际自由度。但是我们可以先退一步，也就是先假设所有的约束均为有效约束，即每个约束均可减少一个自由度，据此很容易求出体系的一个相应的名义自由度，称之为**计算自由度**，用 W 表示。

对于上述讨论的平面一般体系，例如图 2-3d 的体系，容易写出计算自由度的算式为：

计算自由度＝3 倍刚片数－刚片间约束数（含刚片内多余约束数）－支座约束数

若用符号表示，即为

$$W = 3m - c - r \tag{2-1}$$

例如图 2-8a 所示的平面体系，选择其左上侧的 T 型构件、右上侧的水平杆件和下侧的曲杆构件作为刚片（图 2-8b）。先添加三个刚片之间的约束，显然有 A、B 两个单铰和杆 1、2 两根链杆（图 2-8c，注意链杆 1 上端的铰与单铰 B 重合了）；再添加支座约束（图 2-8d），容易知道共有 9 个支座约束。由此可求得该体系的计算自由度为：

$$W = 3 \times 3 - 6 - 9 = -6$$

对于平面杆件体系，也可以采用以下方法确定其计算自由度：

计算自由度＝2 倍结点数－杆件数－支座约束数－单刚结点数

改用符号表示即为

$$W = 2j - b - r - g \tag{2-2}$$

这里的结点包括杆与杆之间的连接点以及杆末端点（如自由端、与支座相连端等）。该式是将结点作为自由体，即每个结点各有 2 个自由度；再将连接结点与结点之间的杆件暂视为链杆约束（或两端铰接杆约束）；然后计入支座约束数；最后对刚结点进行修正，此时只需在原先暂设的铰结点之上增加限制相对转动的约束即可。这就相当于将交于该结点的其中一根杆件与其余杆件分别焊接起来，所需添加的约束数目就等于单刚结点的数目。

图 2-8a 所示体系也可看作为平面杆件体系。先取出杆与杆之间的连接点和杆末端点作为自由点（图 2-9a），再在自由点之间添加杆件（作为铰接杆，图 2-9b），然后添加支

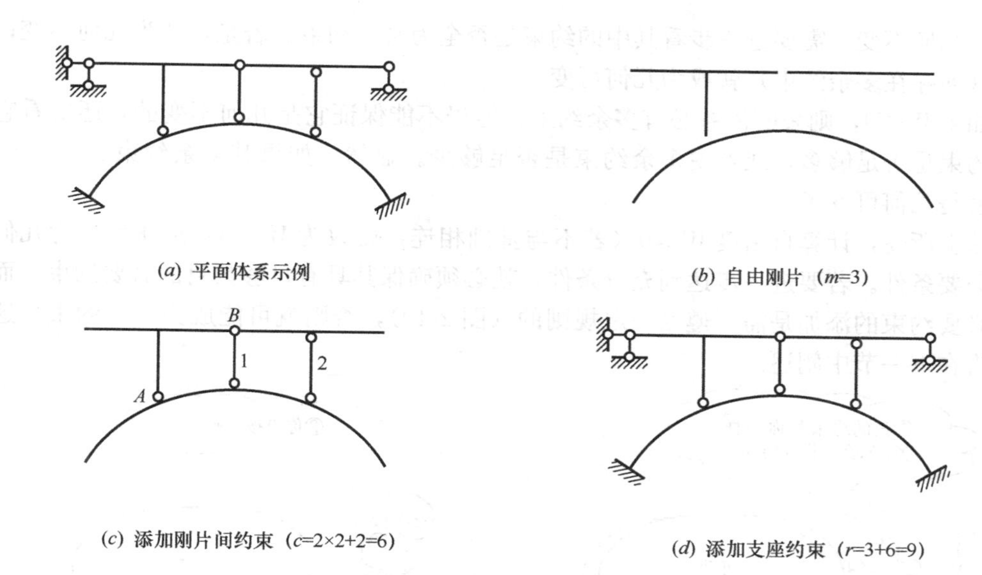

图 2-8　计算自由度算法 1 示例

座约束（图 2-9*c*），最后对刚结点添加限制相对转动的约束（图 2-9*d*），其数目等于单刚结点的数目。由图容易求得：

$$W = 2 \times 10 - 11 - 9 - 6 = -6$$

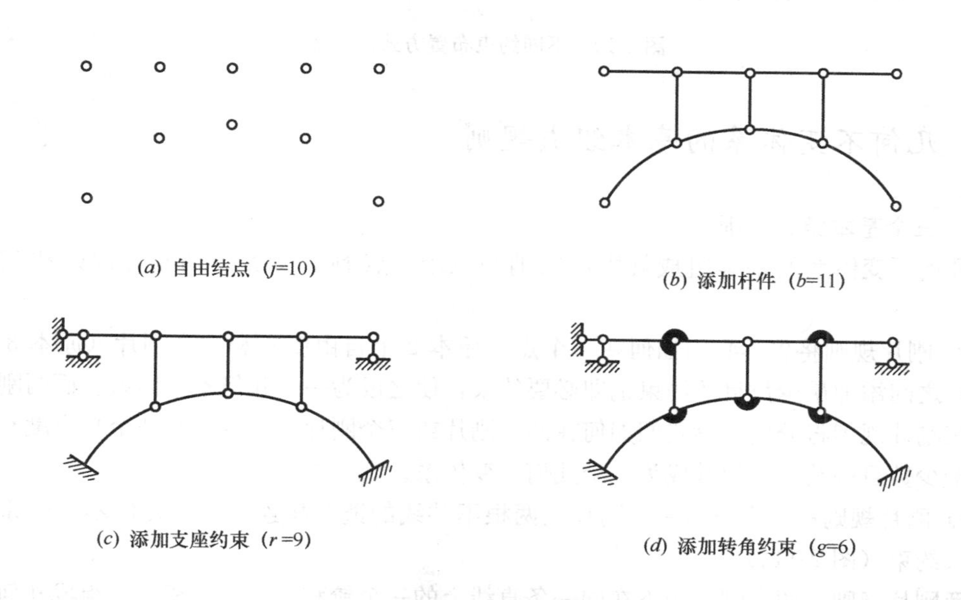

图 2-9　计算自由度算法 2 示例

根据计算自由度的定义，如果一个体系的计算自由度 $W>0$，则说明该体系尚缺少使其自由度减少到零（即成为几何不变体系）的最少约束数目，因而必定是几何可变的。

如果 $W=0$，则说明该体系正好具备了成为几何不变体系的最少约束数目；当然还不一定是几何不变，需要进一步看其中的约束是否全为必要约束。若是，便为几何不变；若不是（即存在多余约束）就成为几何可变。

如果 $W<0$，则表明体系必有多余约束；但仍不能保证它是几何不变的，还要看它的必要约束是否足够多，或者说多余约束是否足够少。显然，如果其多余约束数 $n>-W$，那么就是几何可变了。

综上所述，计算自由度 $W\leqslant 0$（若不与基础相连，则改为 $W\leqslant 3$）是体系成为几何不变的必要条件。若要进一步达到充分条件，就必须确保其具有足够数目的必要约束，而体系中必要约束的添加是需要遵循一定规则的（图 2-10），否则就可能成为多余约束。这些规则将在下一节中阐述。

图 2-10　不同约束布置方式的比较

2-3　几何不变体系的基本组成规则

2-3-1　三个基本组成规则

几何不变体系的基本组成规则可归纳为三个：点-刚片规则、两刚片规则和三刚片规则。

点-刚片规则将告诉我们如何在一个点（原本 2 个自由度）和一个刚片（原本 3 个自由度）之间添加最少数目的约束也即必要约束，使之成为一个几何不变体系。而两刚片规则和三刚片规则将分别告诉我们如何在两个刚片或三个刚片（原本各有 3 个自由度）之间添加最少数目的约束，使其成为一个几何不变体系。

点-刚片规则：一个点与一个刚片用两根不共线的链杆相连，组成几何不变体系，且无多余约束（图 2-11*a*）。

两刚片规则：两个刚片用不在同一条直线上的一个铰和一根链杆相连，组成几何不变体系，且无多余约束（图 2-11*b*）。

三刚片规则：三个刚片用不在同一条直线上的三个铰两两相连，组成几何不变体系，且无多余约束（图 2-11*c*）。

图 2-11*a* 刚片 I 之上由两根不共线的链杆组成一个新结点的装置，称为**二元体**，故点-刚片规则也称为**二元体规则**。实际上，在一个体系上增加或减少二元体并不改变体系的几

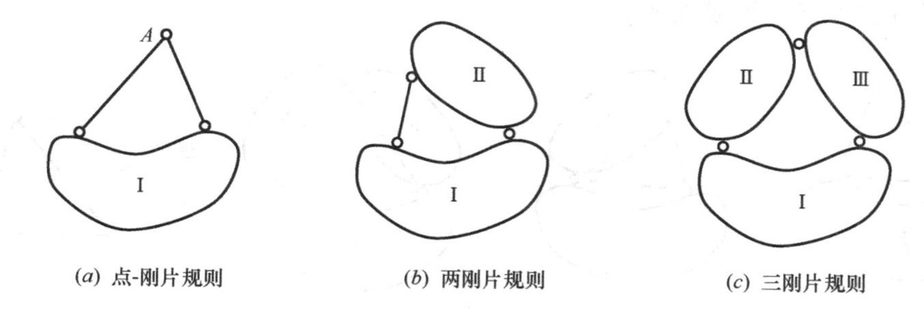

图 2-11　三个基本组成规则图解

何组成性质。

几何不变体系的基本组成规则不仅规定了所需添加的约束的数目，更重要的还规定了约束的布置方式。显然，对布置方式的限定是为了保证所添加的约束均为必要约束。那么，如果不满足这些限定条件会出现什么情况呢？

先看点与刚片之间的两根链杆共线的情况，参见图 2-12*a*。假设图中的刚片Ⅰ固定不动，则在两根链杆的约束下，点 *A* 虽然不能沿水平方向运动，但可沿图示两圆弧线的公切线方向发生微小运动。然而，一旦微小运动后两链杆就不再共线，因而就不能进一步发生运动了。这种几何形状或位置只能发生瞬时微小变化的体系称为**瞬变体系**。瞬变体系尽管在发生微小运动后成了几何不变，但是其原本还是可变的，因此属于一种特殊的可变体系。与此对应，如果一个可变体系的几何形状或位置可以发生连续的有限量的变化，则称之为**常变体系**。

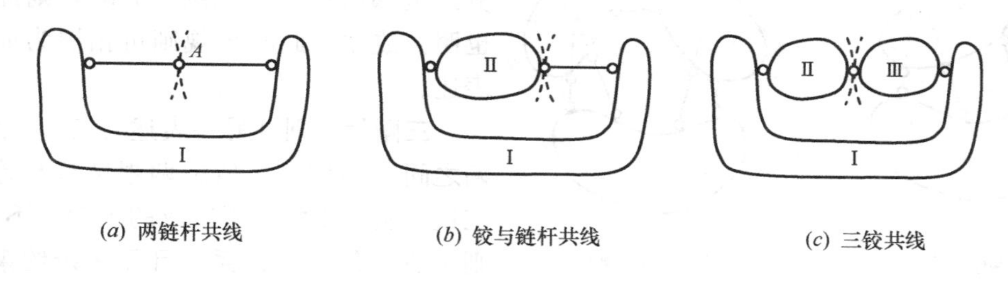

图 2-12　约束共线的情况（瞬变体系）

再看两个刚片之间的一个铰和一根链杆位于同一直线，以及三个刚片两两之间的三个铰位于同一直线的情况（图 2-12*b*、*c*），容易看出他们同样组成一个瞬变体系。

由图 2-12 可以看到，瞬变体系具有成为几何不变体系的最少约束数目，但由于约束布置不当，使得一个方向缺少约束，而另一方向又有多余约束。这样，体系沿缺少约束的方向就具有了位移自由度；然而一旦微小位移发生后，另一方向的多余约束将发生倾斜或变位，从而填补原位移方向的约束，使得体系转化为几何不变。这便是瞬变体系之所以瞬时可变的原因。

几何不变体系的三个基本组成规则之间还具有相互的关联性。实际上，如果将图 2-11 中的每个刚片均用连接两个单铰的链杆代替（图 2-13*a*、*b*、*c*），那么这三个规则就退化为同一种情况了，即**铰接三角形法则**（图 2-13*d*）。反过来，若将铰接三角形中的一根、两根或三根链杆分别扩展为一个、两个或三个刚片（或任意几何不变部分），那么该法则就拓展成为了三个基本组成规则。

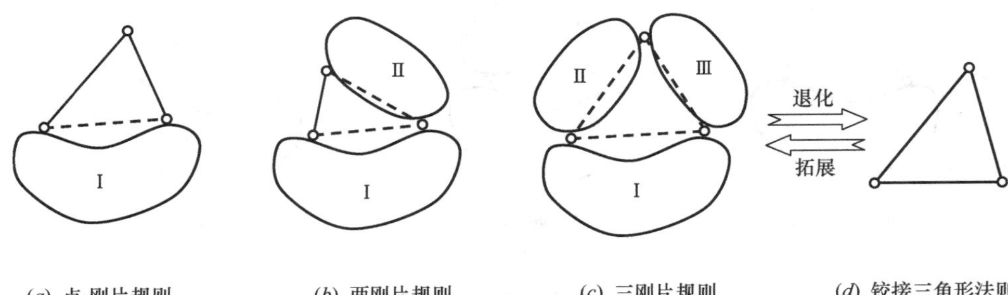

(*a*) 点-刚片规则　(*b*) 两刚片规则　(*c*) 三刚片规则　(*d*) 铰接三角形法则

图 2-13　基本组成规则与铰接三角形法则的关系

2-3-2　基本组成规则的推广

如上节所述，连接两个刚片的两根不共线的链杆组成一个虚铰（图 2-6*b*、*c*），其作用相当于一个单铰。这样的话，如果将两刚片规则中的单铰换成虚铰（图 2-14*a*），那么这个规则依然成立。此时，该规则中的三个约束全部为链杆约束，故此规则又可作如下的表述。

两刚片规则（另一表述）：两个刚片用三根不全交于一点也不全平行的链杆相连，组成几何不变体系，且无多余约束（图 2-14*a*）。

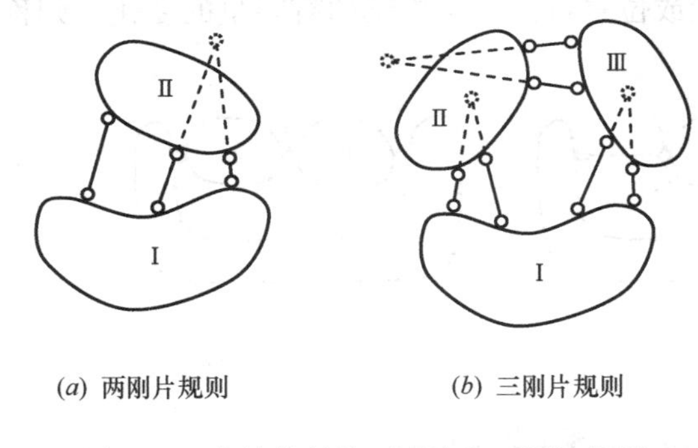

(*a*) 两刚片规则　(*b*) 三刚片规则

图 2-14　虚铰情况的两刚片和三刚片规则

同理，若三刚片规则中的三个单铰部分或全部换成虚铰（图 2-14*b*），则此规则也照样成立。此时该规则可拓展为如下的表述。

三刚片规则（另一表述）：三个刚片两两之间分别用一个铰或两根链杆相连，若三铰（实铰或两链杆组成的虚铰）不共线，则组成几何不变体系，且无多余约束（图 2-14*b*）。

回顾图 2-10*a* 的情况，显然图中的三根链杆约束不符合不全平行的条件，因而是几何可变的。进一步分析可以知道，如果这三根平行链杆等长，那么体系就是常变体系；若不等长，就为瞬变。当然，如果三根平行链杆不全位于刚片的同一侧，例如两根在下侧，一根在上侧，那么即使等长，也为瞬变。图 2-10*b* 的约束就完全符合两刚片规则的要求，故为几何不变。

图 2-15*a* 所示刚片Ⅰ、Ⅱ间的三根链杆汇交于同一个实铰，显然为几何常变；若三根链杆汇交于同一个虚铰，那就是瞬变的。

对于三刚片规则，如果其中的三个单铰部分或全部为虚铰，那么就存在某些特殊情况，就是虚铰处于无穷远，或者说组成虚铰的两链杆相互平行的情况。此时该如何判断这三个铰是否共线呢？我们可以分下面三种情况作逐一分析。

(1) 一铰无穷远：若组成该铰的两平行链杆与其余两铰的连线不平行，则三铰不共线，体系为几何不变（图 2-16a）。实际上，如果将图 2-16a 中的刚片Ⅲ退化为一根链杆（图中虚线），那么就转化为两刚片规则的情况了。容易看出，如果两平行链杆与两铰连线平行，则体系一般为瞬变；特殊情况下，例如两链杆与两铰连线均等长，则为常变。

(2) 两铰无穷远：若组成虚铰的两对平行链杆互不平行，则可认为两个虚铰位于不同的无穷远点，它们与有限远的铰不共线，体系为几何不变（图 2-16b）。否则两对平行链杆相互平行的话，它们将汇交于同一个无穷远点，体系一般为瞬变；特殊情况下，例如两对平行链杆全部等长，则为常变。

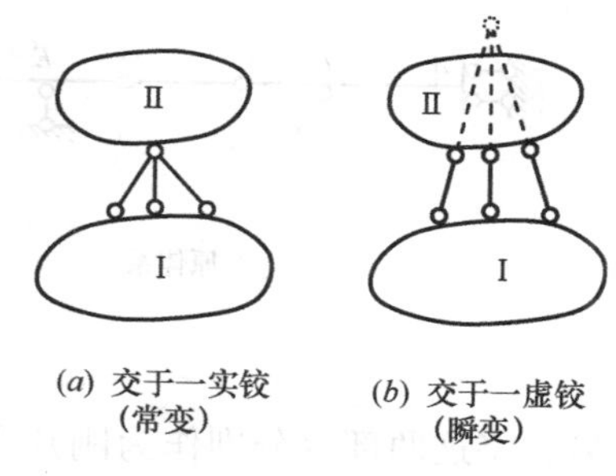

(a) 交于一实铰（常变）　(b) 交于一虚铰（瞬变）

图 2-15　三链杆交于一点的情况

(3) 三铰无穷远：由于平面内的无穷远点可认为都位于同一条无穷远直线上，故三个虚铰共线，体系为几何可变（图 2-16c）。

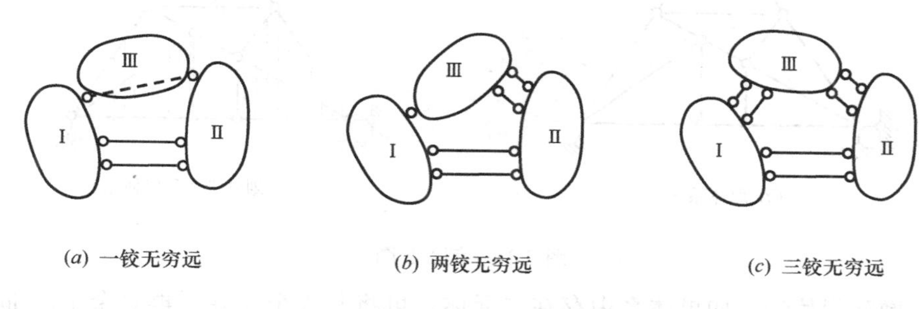

(a) 一铰无穷远　(b) 两铰无穷远　(c) 三铰无穷远

图 2-16　三刚片间虚铰无穷远的情况

2-4　几何组成分析方法及示例

利用几何不变体系的三个基本组成规则，可以解决工程中遇到的多数平面体系的几何构造分析问题。具体分析时可以尝试采用下面介绍的几种方法，这些方法也可联合应用，还可结合计算自由度的概念进行判断。

(1) **扩大刚片法**：先找出易于观察的几何不变部分作为刚片，根据刚片与刚片或与点之间的约束布置情况，套用三个组成规则之一（点-刚片规则、两刚片规则或三刚片规则），以得到一个扩大的几何不变部分；将该几何不变部分作为新的刚片，并与体系中的其他部分一起重复上述过程，直至分析完整个体系。

【例 2-1】分析图 2-17a 所示体系的几何组成。

【解】将杆件 ABC 和基础作为刚片，两者之间由 A、B 处的三根不全平行也不全交于一点的支座链杆相连，组成一个几何不变部分。将该部分视为刚片Ⅰ，杆件 DEF 视为刚片Ⅱ（图 2-17b），两刚片间由链杆 CD 和 E、F 处的支座链杆相连，但三链杆交于同一点 E，故体系为瞬变体系。

【例 2-2】分析图 2-18a 所示体系的几何组成。

【解】利用三角形法则容易得知，该体系中的两个阴影部分均为几何不变部分（图 2-

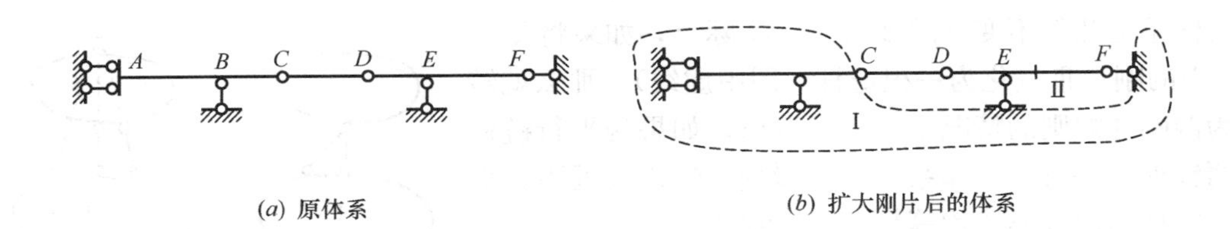

(*a*) 原体系　　(*b*) 扩大刚片后的体系

图 2-17　例 2-1 图

18*b*)。将这两部分分别作为刚片Ⅰ和Ⅱ，它们通过三根不全平行也不全交于一点的链杆1、2、3 相连，组成一个扩大的刚片。在该刚片的顶部添加二元体，得到一个新的几何不变部分。该部分与基础间的约束符合两刚片规则的要求，因此该体系为几何不变，且无多余约束。

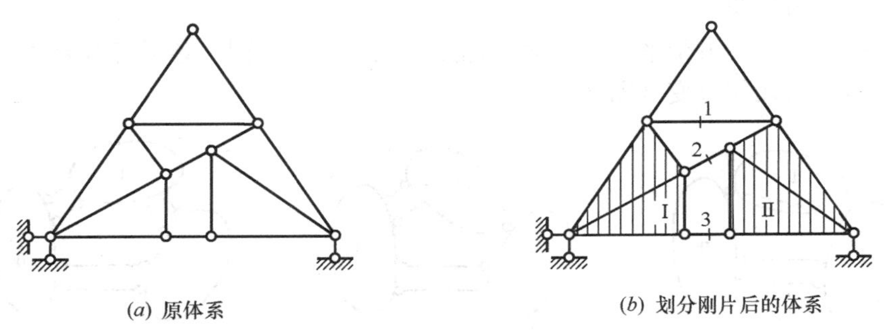

(*a*) 原体系　　(*b*) 划分刚片后的体系

图 2-18　例 2-2 图

（2）**撤除刚片法**：如果体系中存在二元体，可将其逐个撤除，再对余下的部分进行分析（图 2-19*a*），这并不改变原体系的几何组成性质。同样道理，如果体系中的一个几何不变部分（刚片Ⅰ）与体系其余部分之间仅用不共线的一个单铰（实铰或虚铰）和一根链杆相连，则可将该刚片及刚片上的约束撤除（图 2-19*b*）；如果体系中的两个几何不变部分（刚片Ⅰ、Ⅱ）与体系其余部分之间仅用三个不共线的单铰（实铰或虚铰）两两相连，则可将这两个刚片及刚片上的约束全部撤除（图 2-19*c*），再分析余下的部分。可见，撤除刚片的依据仍然是三个基本组成规则。

对于例 2-2 所示的体系（图 2-18*a*），采用撤除刚片法分析同样也比较方便。首先，其上部体系与基础之间只用一个铰和一根链杆相连，故可将基础和三根支座链杆撤除；其

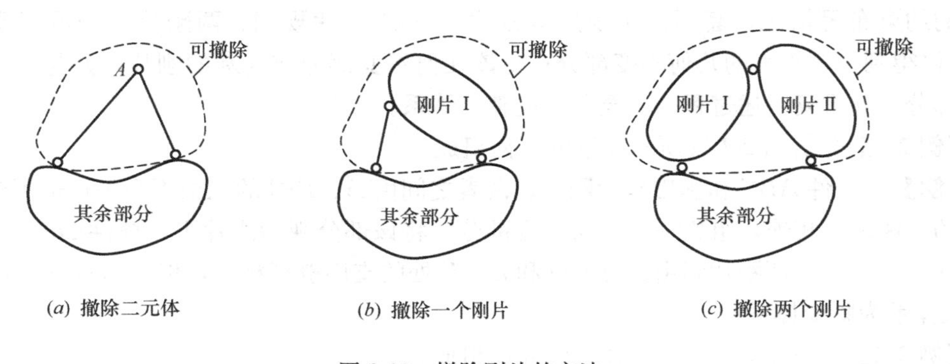

(*a*) 撤除二元体　　(*b*) 撤除一个刚片　　(*c*) 撤除两个刚片

图 2-19　撤除刚片的方法

次，该体系顶部还有一个二元体，也可撤除。这样只需对余下的阴影部分和链杆 1、2、3（图 2-18*b*）进行分析即可。

【例 2-3】 试分析图 2-20*a* 所示体系的几何组成。

【解】 因上部体系与基础间的约束符合两刚片规则的要求，故可将基础及支座链杆撤除，得到图 2-20*b* 所示的体系。该体系的左侧部分无法套用规则作进一步分析，但注意到右侧阴影部分为几何不变，并有一个多余约束；而且该阴影部分与左侧之间仅用一个铰和一根链杆相连，因此可将该部分撤除（参见图 2-20*b*），得到图 2-20*c* 所示的体系。进一步将该体系的右上和右下两个二元体撤除，得到余下的部分如图 2-20*d* 所示。该余下部分中的 *A* 点与左侧三角形只用一个链杆约束联系，显然缺少一个约束，为常变，故可判定原体系为几何常变。

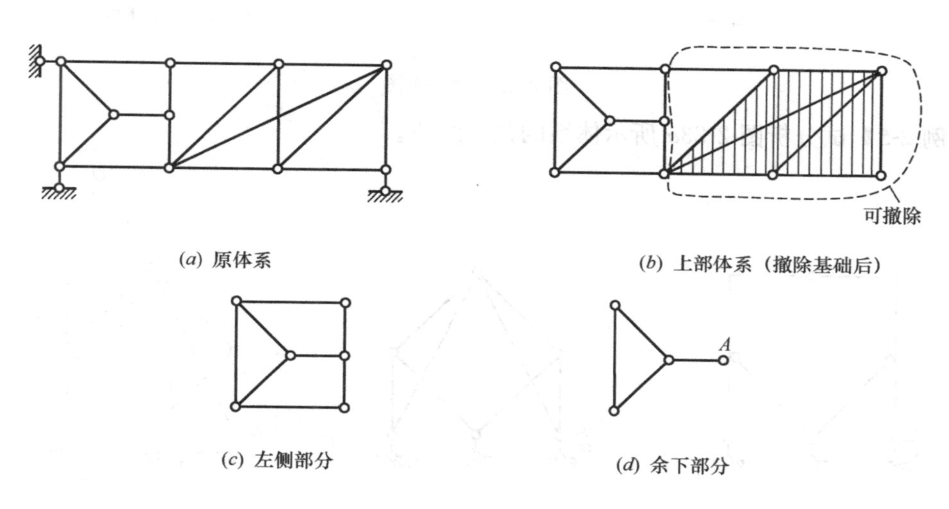

(*a*) 原体系　(*b*) 上部体系（撤除基础后）
(*c*) 左侧部分　(*d*) 余下部分

图 2-20　例 2-3 图

事实上，通过对计算自由度 W 的分析（读者可自行完成），可知该体系 $W=0$。但是，其右侧的几何不变部分有一个多余约束，而左侧部分又缺少一个约束，从而使其成为几何常变。

（3）**替代刚片法**：如果体系中的一个几何不变部分（刚片）与其余部分之间仅用两个单铰相连，则可将该刚片用一根连接这两个单铰的链杆替代（图 2-21*a*）。实际上该替代在讨论三个组成规则的关联性时已有应用（参见图 2-13）。此外，如果体系中的一个几何不变部分（刚片）与其他部分之间仅用三个不共线的单铰相连，则可将该刚片用连接这三个单铰的铰接三角形替代（图 2-21*b*）。

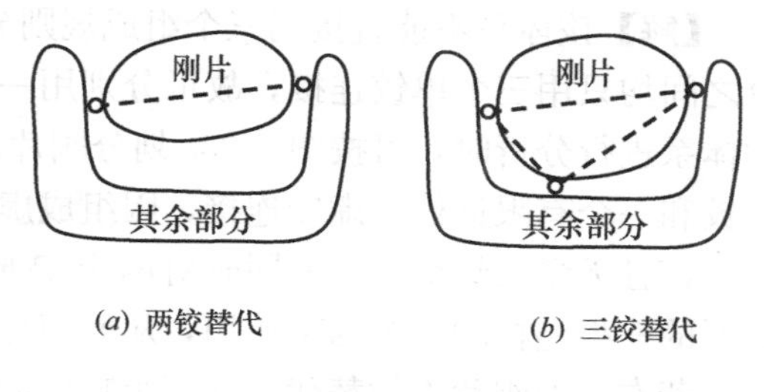

(*a*) 两铰替代　(*b*) 三铰替代

图 2-21　替代刚片的方法

【例 2-4】 试分析图 2-22*a* 所示体系的几何组成。

【解】 本例中很容易找到左右两个 Γ 形和中间两个 Y 形折杆作为刚片，但它们相互之间或与基础之间均无法找到足够的约束直接套用两刚片或三刚片规则。注意到两个 Γ 形折杆对外只用两个单铰联系，故可将其用两根链杆等效替代，得到图 2-22*b* 所示的体系。该体系可用三刚片规则分析，容易得知为几何不变体系，且无多余约束。

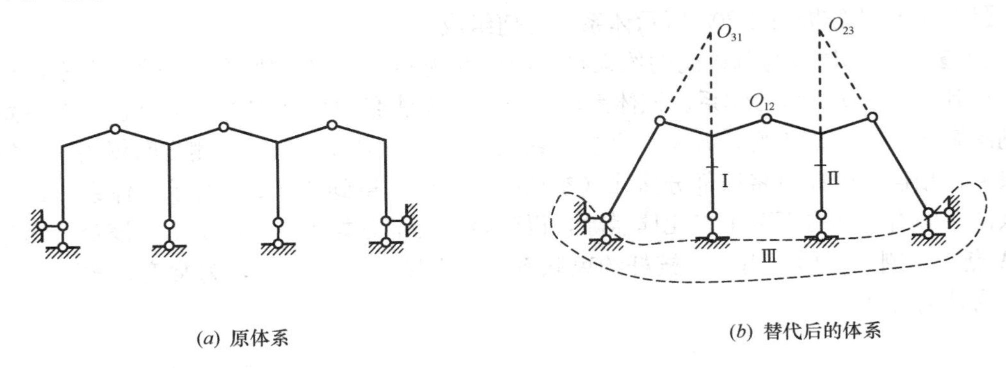

(*a*) 原体系　　(*b*) 替代后的体系

图 2-22　例 2-4 图

【例 2-5】 试分析图 2-23*a* 所示体系的几何组成。

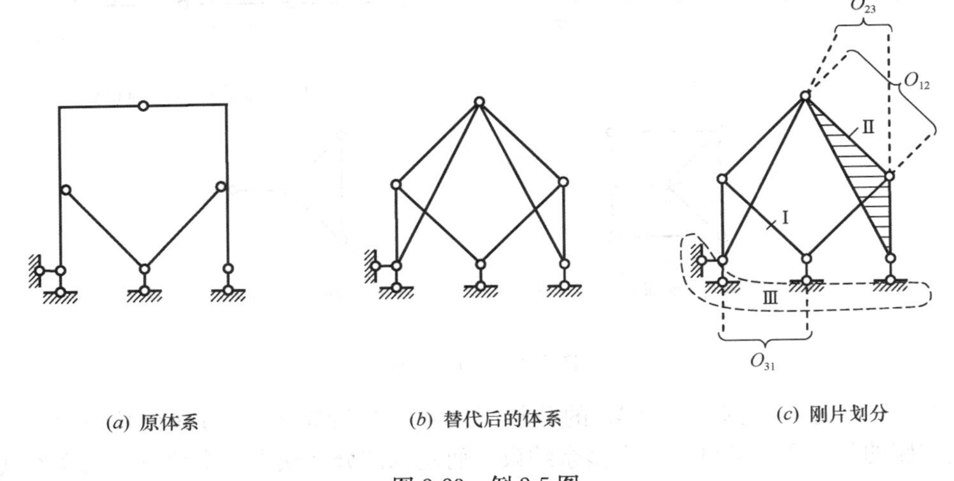

(*a*) 原体系　　(*b*) 替代后的体系　　(*c*) 刚片划分

图 2-23　例 2-5 图

【解】 该体系不能直接用三个组成规则分析。注意到左右两个 Γ 形折杆与体系其余部分之间均只用三个单铰连接，故可分别用一个铰接三角形等效替代（图 2-23*b*）。对替代后的体系进行分析时，可按图 2-23*c* 划分刚片。可见三刚片两两之间分别用两个无穷远处的虚铰和一个有限远处的虚铰连接，因组成虚铰的两对平行链杆互不平行，故知体系为几何不变，且无多余约束。该例同时对两个 Γ 形刚片进行了铰接三角形替代。替代后左侧三角形的三根链杆均作为约束使用，从而简化了分析，但右侧的三角形仍作为刚片使用。因此，若右侧的刚片不做替代，并不影响后面的分析。

2-5　几何组成与静定性的关系

通过上面的分析得知，平面体系可区分为几何不变体系和几何可变体系；几何不变体系又有无多余约束和有多余约束之分，几何可变体系又有常变和瞬变之分。那么体系的这些几何组成性质与其静力学方面的性质有何联系呢？以下举例加以讨论。在静力学方面，这里主要讨论的是体系的反力和内力能否根据静力平衡条件确定的性质，简称**静定性。**

例如，图 2-24*a* 所示的简支梁是一个无多余约束的几何不变体系。在图示荷载作用下，三根支座链杆可用相应方向的三个约束反力代替（图 2-24*b*）。由于这三个反力既不完全平行也不完全交于一点，故无论外荷载的位置及方向如何，他们均共同组成一个平面一般力系。而从静力学角度看，受任意荷载作用的平面体具有三个独立的静力平衡方程。于是，这三个反力正好可由三个独立的平衡方程完全确定，且解答是唯一的。约束反力确定后，杆件的内力也可进一步唯一确定。

由此可见，无多余约束的几何不变体系是静力可确定且解答唯一的，当用作结构使用时，就称为静力可确定结构，简称**静定结构。**

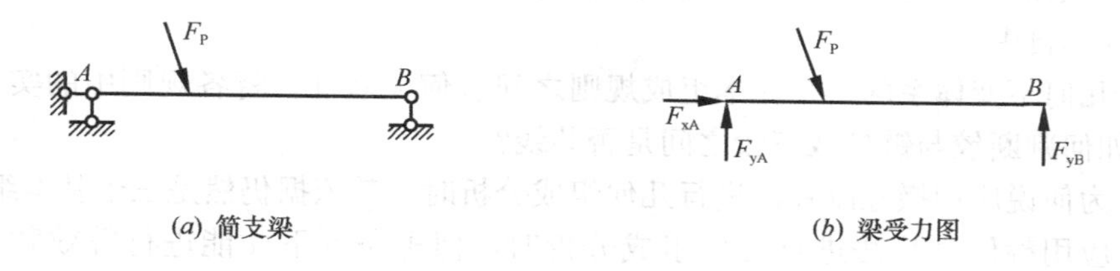

图 2-24　无多余约束几何不变体系的受力

图 2-25 所示为一个有多余约束的几何不变体系，共有四个未知的支座反力。但对于 *AB* 梁，其独立的静力平衡方程只有三个，即未知力个数多于方程的数目，故满足平衡方程的解答有无穷多组，其反力和内力是不确定的。可见，有多余约束的几何不变体系是静力不确定的，当用作结构使用时，称为**静不定结构**或**超静定结构**。为了获得确定的内力解，必须同时考虑变形协调条件。

图 2-26 为只有两个支座约束的常变体系。显然，其未知约束反力的个数少于静力平衡方程的数目，故一般情况下找不到同时满足三个平衡方程的解答。由此可见，常变体系在任意荷载作用下不能达到平衡，无法作为结构使用。

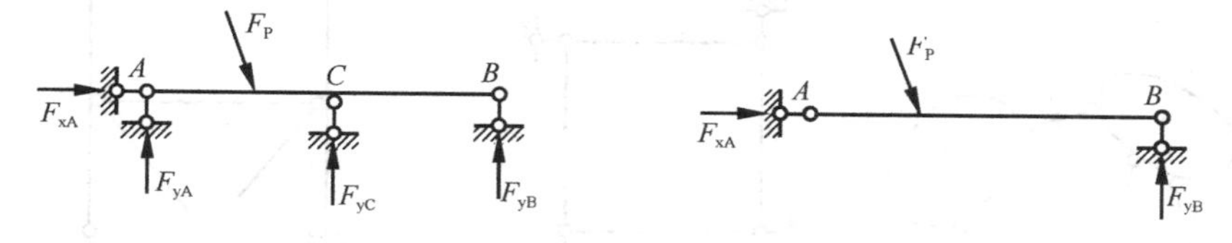

图 2-25　有多余约束几何不变体系的受力　　图 2-26　常变体系的受力

当然，有些体系在未受力的自由状态下是几何可变的，但在特定荷载或预应力作用下就转化为几何不变，这类体系也可作为结构使用。例如柔性索受力前的形状是可变的（图 1-17*a*），但在承受竖直向下的荷载后，便处于几何不变的张拉状态（图 1-17*b*），成为一种典型的张力结构。

最后看瞬变体系的情况。如图 2-27*a* 所示瞬变体系，其三根支座链杆上的约束反力汇交于同一点（图 2-27*b*），其中 *A* 端的竖向反力可根据竖向平衡方程确定，但 *B* 端的水平反力和杆件轴力根据对 *A* 点的力矩平衡可得为无穷大，即体系无确定解答。可见，瞬变体系在一般荷载作用下不能维持平衡，或者说其内力会趋于无穷大，显然不能作为结构使用。

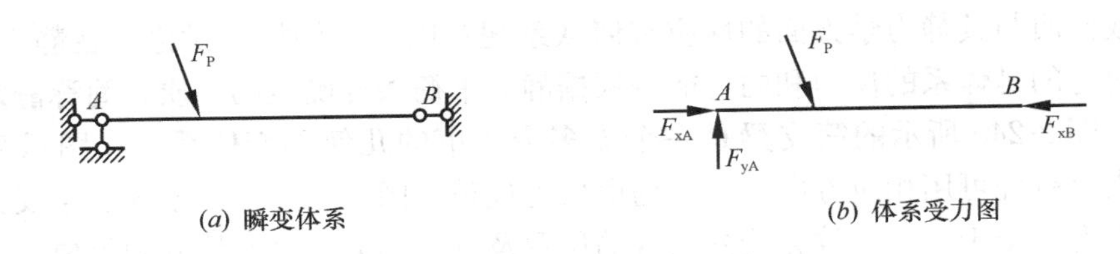

图 2-27　瞬变体系的受力

思　考　题

2.1　何谓必要约束和多余约束？它们与体系的自由度之间有何相互关系？

2.2　体系的自由度与计算自由度之间有何区别和联系？在体系的几何组成分析中为何要引入计算自由度？

2.3　几何不变体系的三个基本组成规则之间有何关联性？将各规则中的实铰换成虚铰后，应如何判断铰与链杆或三铰之间是否共线？

2.4　为何说应用撤除刚片法进行几何组成分析时，其依据仍然是三个基本组成规则？

2.5　应用替代刚片法进行几何组成分析时，何种条件下才能进行等效替代？如何替代？

2.6　瞬变体系有哪些常见的几何组成方式？其在静力学方面有何特点？如果一个体系虽为几何不变，但接近于瞬变，是否适宜作为结构使用？

2.7　一个体系若已判定为几何可变，那么该如何进一步判定其为瞬变还是常变？

2.8　何为体系的静定性？它与体系的几何组成性质之间有何相互关系？

习　　题

2-1　图示体系，各链杆相互结合可组成几个虚铰？

2-2　采用两种方法求图示体系的计算自由度。

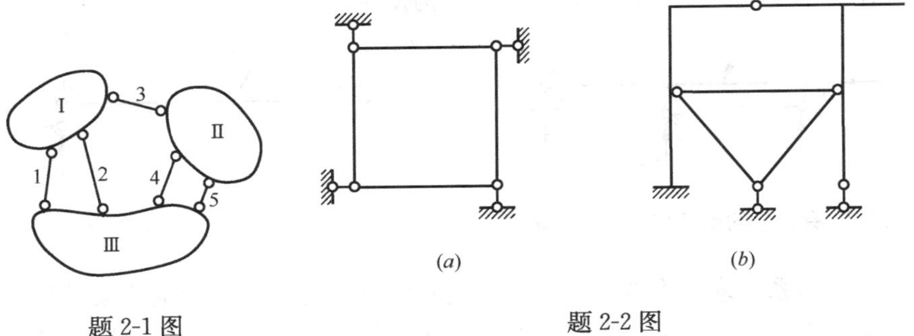

题 2-1 图　　　　题 2-2 图

2-3　采用合适的方法求图示体系的计算自由度。

2-4　运用三个基本组成规则判断图示体系的几何组成。如为几何不变，确定是否有多余约束及多余约束的数目；如为几何可变，确定是瞬变还是常变。

2-5　分析图示体系的几何组成，并比较链杆与铰约束的布置方式对结果的影响。

2-6　分析图示体系（中心点不连接）的几何组成，总结杆件几何形态对组成性质的影响。

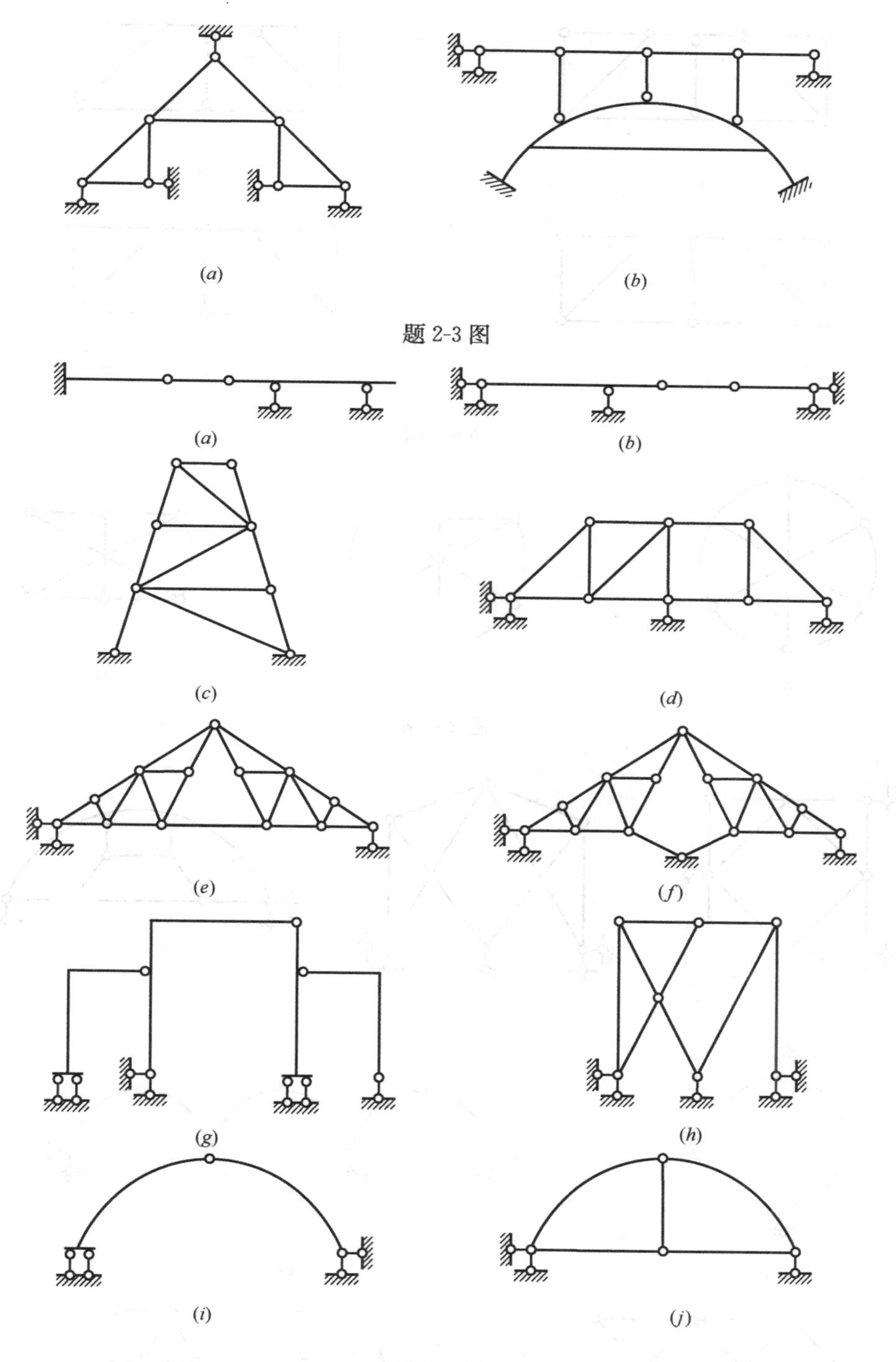

题 2-3 图

题 2-4 图

2-7 采用适当的方法分析图示体系的几何组成。

2-8* 对题 2.6 和 2.7 中判定为几何可变（瞬变或常变）但约束数量足够的体系，试分析如何通过调整最少数目的约束，使其成为几何不变。

2-9 分析图示两体系的几何组成，总结所用方法的异同点及适用性。

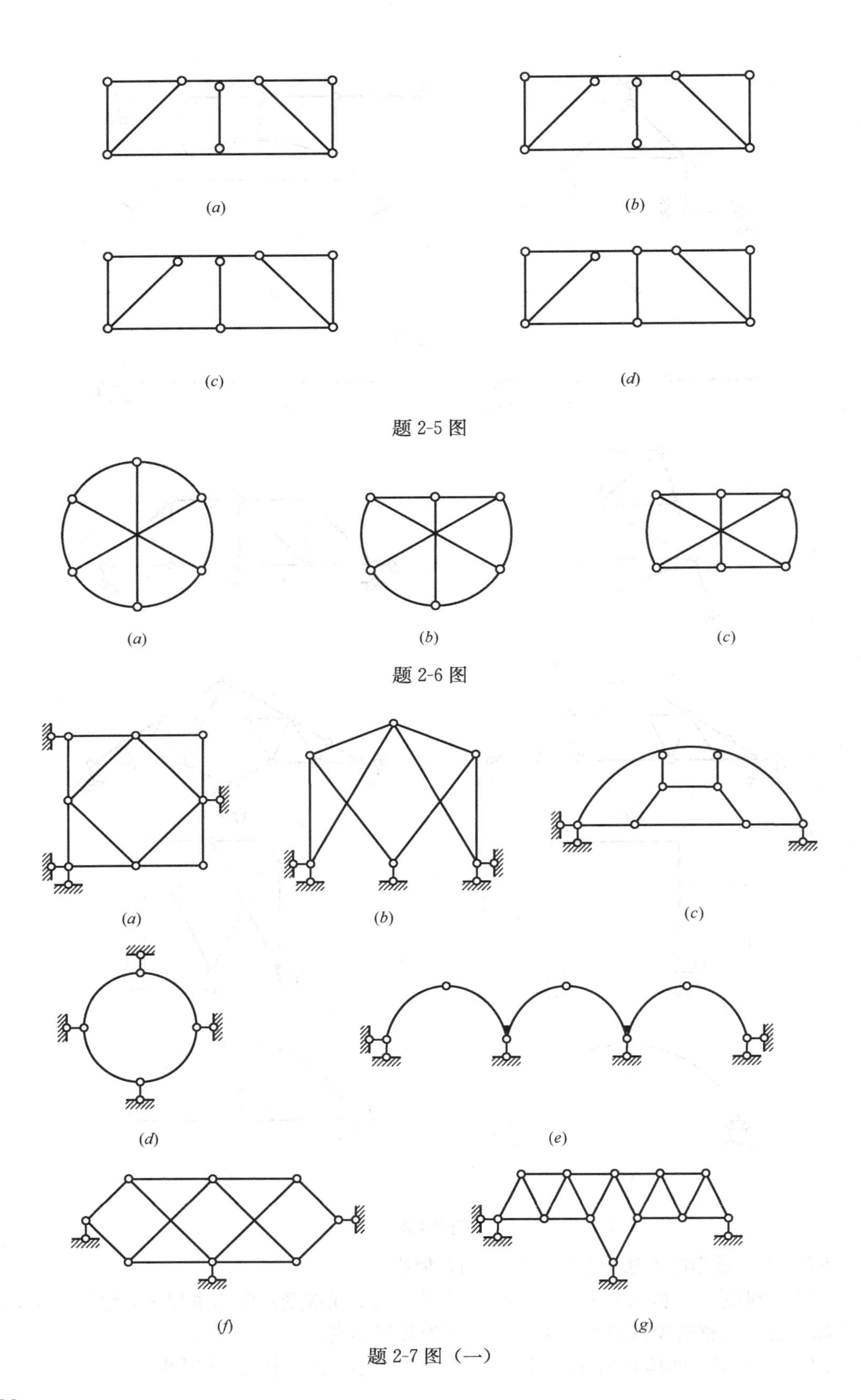

题 2-5 图

题 2-6 图

题 2-7 图（一）

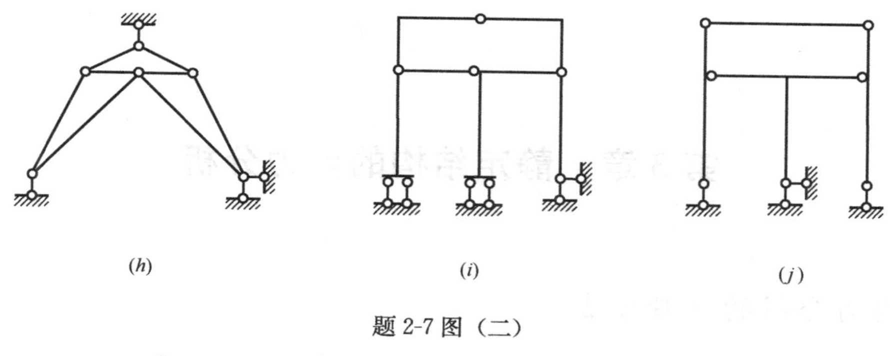

(h)　　(i)　　(j)

题 2-7 图（二）

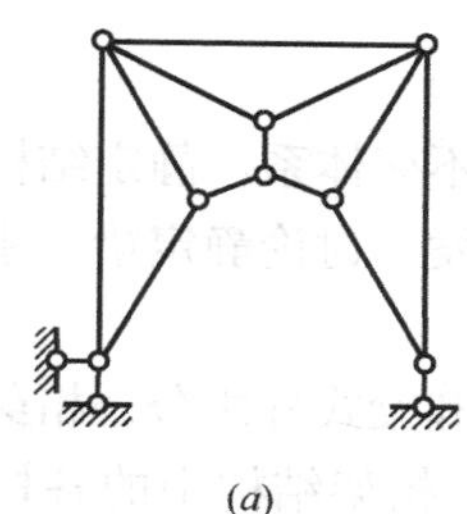

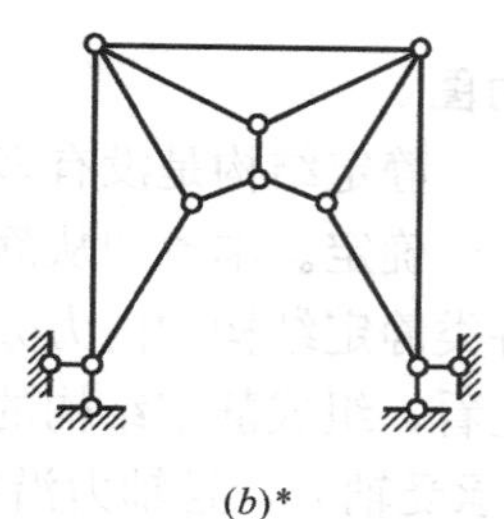

(a)　　(b)*

题 2-9 图

2-10　分析图示体系的几何组成。若为几何可变，研究其运动方式是瞬态还是连续的，并进一步判定其为瞬变还是常变。

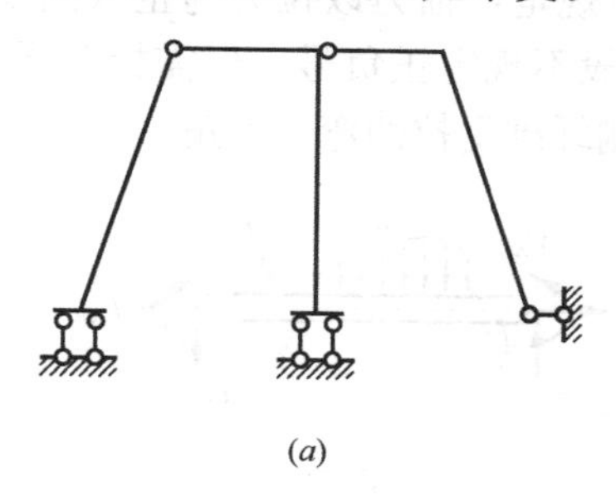

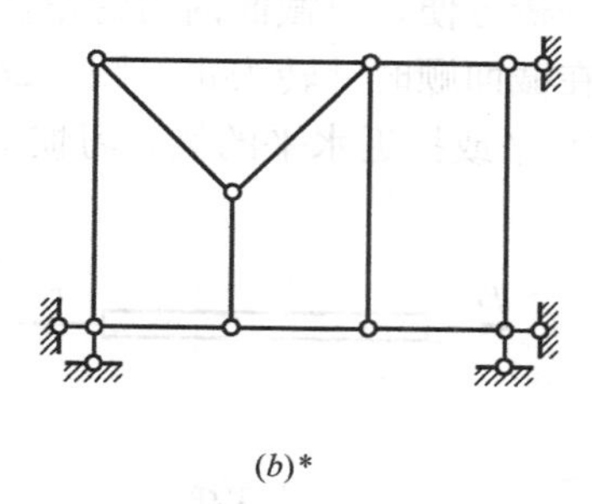

(a)　　(b)*

题 2-10 图

2-11**　调查并搜集工程中常用的跨越式桁架的结构形式，并分析其几何组成方式。

2-12**　如何将平面杆件体系的铰接三角形法则、几何不变的点-刚片规则和两刚片规则推广至空间杆件体系？写出空间几何不变体系的几条基本组成规则，并举例加以说明。

第3章　静定结构的内力分析

3-1　内力分析的一般方法

3-1-1　内力与内力图

从上一章得知，静定结构是没有多余约束的几何不变体系，静定结构的反力和内力可由静力平衡条件完全确定。本章即从静力平衡条件出发，讨论静定梁、刚架、桁架、三铰拱和组合结构等各类静定结构的内力分析问题。

从受力角度上看，组成静定结构的杆件有桁架杆和梁式杆之分。**桁架杆**是一种二力直杆（图3-1*a*），只承受轴力，且轴力沿杆长保持不变。桁架结构中的各杆、组合结构中的链杆、拉索等都可归为桁架杆。**梁式杆**的横截面上一般有弯矩、剪力和轴力三种内力（图3-1*b*），例如梁和刚架的各杆件、组合结构中的受弯杆都是梁式杆，拱结构中的拱片则属于梁式曲杆。

为了分析方便，对截面内力的正负号常作如下规定：轴力以拉力为正（图3-2*a*）；剪力以绕所在截面顺时针转为正（图3-2*b*）；弯矩一般不规定正负号，但需标明受拉侧（图3-2*c*）。对水平或接近水平的梁，习惯上以使梁下侧纤维受拉的弯矩为正。

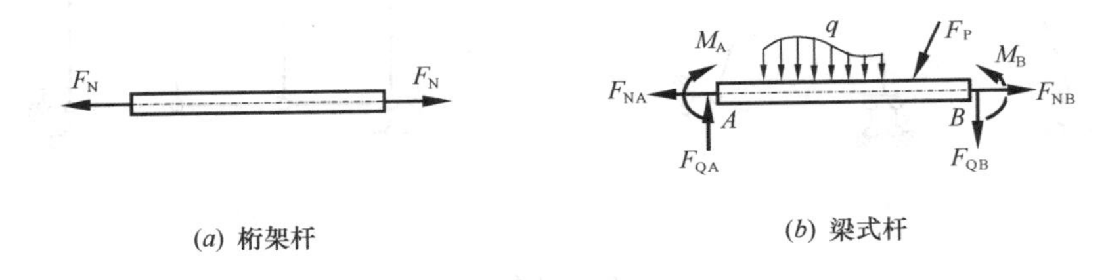

(*a*) 桁架杆　　(*b*) 梁式杆

图3-1　杆件横截面内力

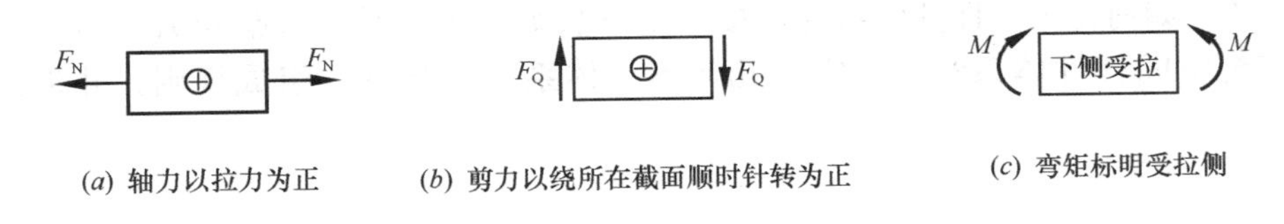

(*a*) 轴力以拉力为正　　(*b*) 剪力以绕所在截面顺时针转为正　　(*c*) 弯矩标明受拉侧

图3-2　内力的正负号规定

杆件横截面上的内力一般是沿杆轴变化的。工程中常用**内力图**来描绘内力沿杆轴的这种函数变化关系（又称内力函数或内力方程）。内力图的绘制一般遵循以下规则：

(1) 内力图通常以杆轴为**基线**（即横坐标，表示其截面位置），以到杆轴的垂直距离为**竖标**（即纵坐标，表示其相对大小）绘制而成；对于诸如拱一类的扁平曲杆，为清晰起见也常以其水平投影轴作为基线，参见图3-3所示。

（2）弯矩图（M图）绘在杆件的受拉侧，无需标注正负号（图 3-3b）。

（3）剪力图（F_Q图）和轴力图（F_N图）可绘于杆轴的任一侧（对水平杆常将正值绘于上侧），但需标明正负号，参见图 3-3c、d 所示。

（4）内力图中的内力单位一般在图题中注明（图 3-3），也可与内力值一起标明。

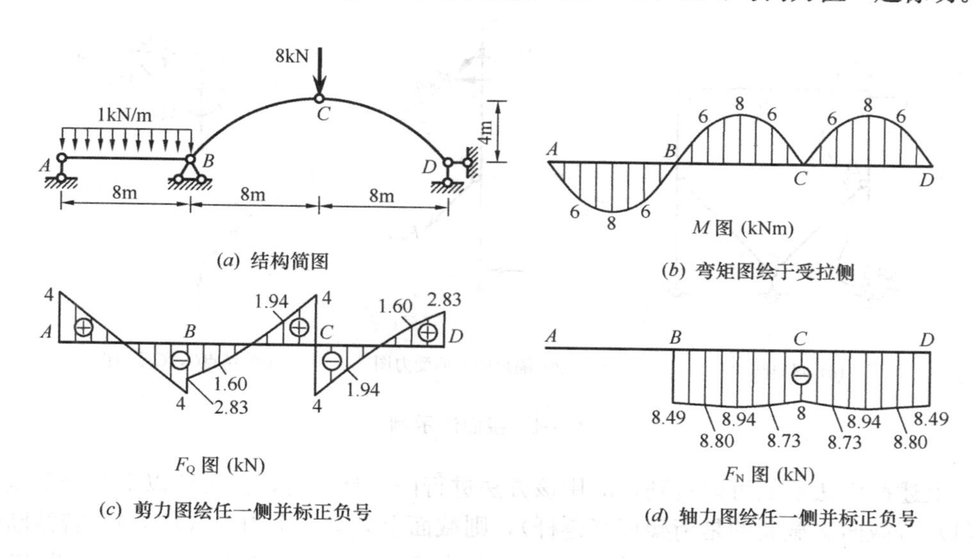

图 3-3　内力图绘法示例

3-1-2　内力计算的基本方法

截面法是杆系结构内力计算的基本方法。该方法将杆件沿拟求内力的截面切开，取出截面一侧的部分为研究对象（**隔离体**）而进行分析。对平面结构，取出隔离体后，截面上的未知内力与已知外力（荷载及支座或约束反力）构成一平面平衡力系，利用静力平衡条件，如$\sum F_x=0$、$\sum F_y=0$、$\sum M=0$ 等便可求得内力。

例如欲求图 3-4a 所示结构 AG 杆件 G 截面的内力，可假想用一剖切面Ⅰ-Ⅰ将 G 截面，以及杆件 CD 和 A 处两支座链杆一同切开，再取出 ADG 部分为隔离体进行分析（图 3-4b）。因 AG 为梁式杆，故 G 截面上有三个未知力；其余三处切开的均为链杆，故各有一个反力或内力。

在杆系结构中，通常用两个下标表示某一杆端的内力：第一个表示内力所在的截面，第二个表示该截面所属杆件的另一端。例如图 3-4c 中的M_{GD}表示 GD 杆 G 端截面的弯矩，F_{QGH}表示 GH 杆 G 端的剪力。当然，对位于同一轴线上的梁结点，其杆端内力采用一个下标表示也不至于引起混淆（若内力无突变的话）。例如图中 H 结点的剪力也可用 F_{QH}表示。

对于所取的隔离体 ADG，如果 A 处支座反力和 CD 杆轴力已事先求得，那么利用三个独立的静力平衡方程，如$\sum F_x=0$、$\sum F_y=0$ 和$\sum M_G=0$ 便可求出 G 截面的三个未知力。

特殊情况下，如果截出的隔离体为一个结点，例如图 3-4c 的结点 C 和 G，那么截面法就退化为**结点法**。对于铰结点 C，显然各杆内力与反力形成一平面汇交力系，可利用两个独立的投影平衡方程，如$\sum F_x=0$、$\sum F_y=0$ 进行计算。对于刚结点 G，两个杆端截面上均有三个内力，故各力组成一平面一般力系。如果该结点一个杆端的内力已经求得，则利用三个独立的平衡方程可求出另一杆端的内力；如果两杆端的内力均已求得，则利用三个平衡方程可对内力进行校核。

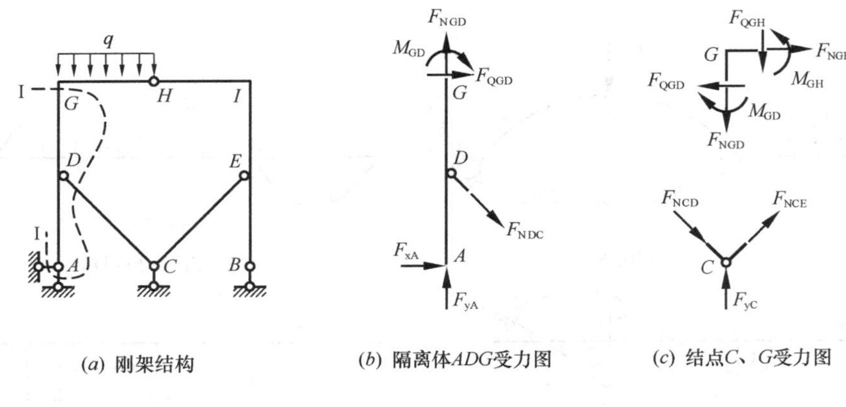

(*a*) 刚架结构　　(*b*) 隔离体*ADG*受力图　　(c) 结点*C*、*G*受力图

图 3-4　截面法示例

从上述截面法示例可以看到，应用该方法进行内力计算时，需关注以下几个要点：

（1）若截面法截断的是桁架杆（链杆），则截面上只有一个内力（轴力）；若截断的是梁式杆，则截面上一般有三个内力（弯矩、剪力和轴力）。未知内力的指向一般先设为正向。

（2）取出的隔离体必须完全独立，隔离体上应包含所有关联的作用力，包括外荷载、内力、支座反力或其他约束力等。

（3）用截面法切开后，通常选择未知力及外力较少的一侧部分作为分析对象。必要时两侧部分可相互校核。

（4）隔离体上的各力若组成一个平面一般力系，则有三个独立的平衡方程，最多可求出三个未知力；若各力组成一平面汇交力系，则有两个独立的平衡方程，最多可求出两个未知力。根据隔离体的平衡条件，可写出**截面内力计算式**如下：

$$\left.\begin{array}{l}\text{弯矩}=\text{截面一侧所有外力对截面形心的力矩代数和}\\\text{剪力}=\text{截面一侧所有外力沿截面方向的投影代数和}\\\text{轴力}=\text{截面一侧所有外力沿杆轴方向的投影代数和}\end{array}\right\}\tag{3-1}$$

（5）截面法中的剖切面并不一定是单一的横切面，而可以是任意组合形式的切面，只要能将相关杆件切开，取出独立的便于计算的隔离体即可。例如图 3-4*a* 中的剖切面Ⅰ-Ⅰ就是一组合式的切面。

3-1-3　内力与荷载的关系

平面结构的任一直杆段上可能作用有分布荷载、集中荷载和集中力偶等外力。如果从分布荷载作用处任取一微段 dx 进行分析（图 3-5*a*），则在图示坐标系下，根据静力平衡条件可导出内力与荷载之间的微分关系如下（已忽略高阶微量）：

$$\left.\begin{aligned}\frac{dF_N}{dx}&=-p\\\frac{dF_Q}{dx}&=-q\\\frac{dM}{dx}&=F_Q\end{aligned}\right\}\tag{3-2a}$$

由上式的后两个方程还可得到

$$\frac{d^2M}{dx^2}=-q\tag{3-2b}$$

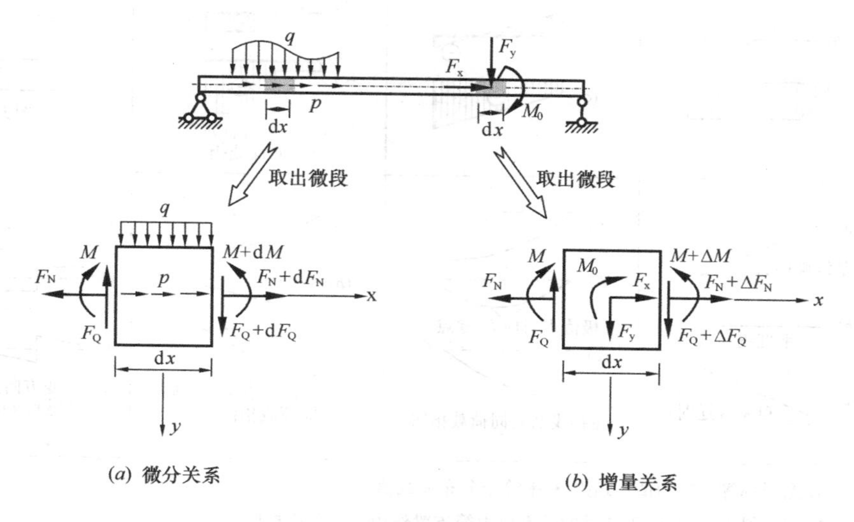

图 3-5　微分关系与增量关系图解

如果从一组集中荷载作用处取出微段（图 3-5*b*），则上面的微分关系就转化为如下的增量关系：

$$\left.\begin{aligned}\Delta F_N&=-F_x\\\Delta F_Q&=-F_y\\\Delta M&=M_0\end{aligned}\right\}\tag{3-3}$$

上述内力与荷载的微分关系及增量关系反映到内力图上，可归纳出常见横向荷载作用下的弯矩图和剪力图的形状特征，如表 3-1 所示。对于轴力图，任一无轴向荷载区段（$p=0$）、轴向均布荷载区段（p=常数）和轴向集中荷载作用处的轴力图变化规律，与同一分布形式的横向荷载所对应的剪力图规律完全一致。

此外，对于杆件悬臂端、铰结点及滑动结点一侧作用集中力或集中力偶的情况，根据内力与荷载的增量关系以及相关结点的传力特点，可获得这些结点部位的弯矩图和剪力图的变化规律（形状特征），如表 3-2 所示。依据表 3-1、表 3-2，只要求得了杆段一端或两端的内力值，则利用表中的图线规律，就可快速、准确地绘出相应的内力图。

除了直杆，工程中还会遇到曲杆的情况（参见图 3-3*a*）。从曲杆中任取一微段 ds，设其曲率半径为 R，两端截面的夹角为 $d\varphi$，其上作用的切向和法向分布荷载分别用 p、q 表示（图 3-6），则利用静力平衡条件可导得曲杆内力与荷载的微分关系如下（已忽略高阶微量）：

常见荷载作用下的内力图特征 表 3-1

项目	无荷载区段	均布荷载区段	集中力作用处	集中力偶作用处
	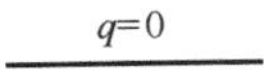 $q=0$	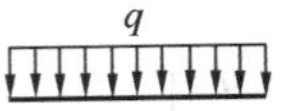 q	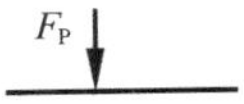 F_P	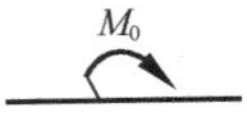 M_0
剪力图（F_Q图）	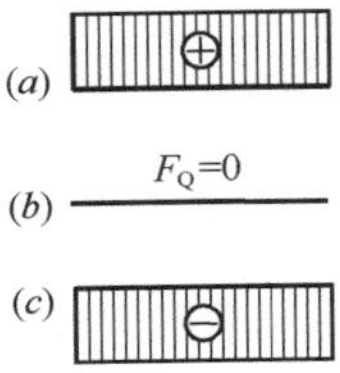 (a) ⊕ (b) $F_Q=0$ (c) ⊖	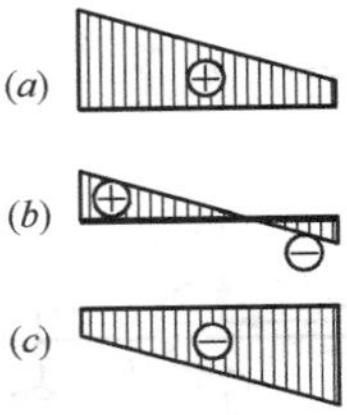 (a) ⊕ (b) ⊕ ⊖ (c) ⊖	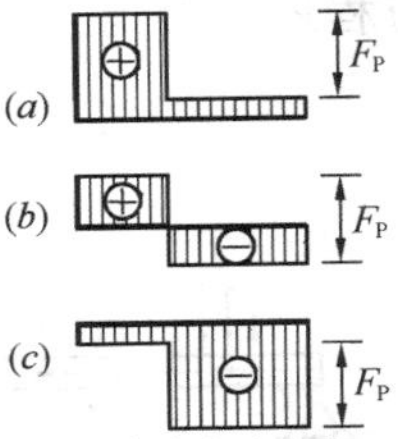 (a) ⊕ F_P (b) ⊕ ⊖ F_P (c) ⊖ F_P F_Q自左向右突变方向同荷载指向	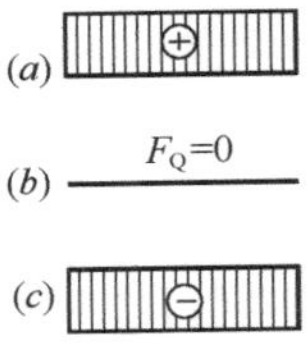 (a) ⊕ (b) $F_Q=0$ (c) ⊖ F_Q图无变化
弯矩图（M图）	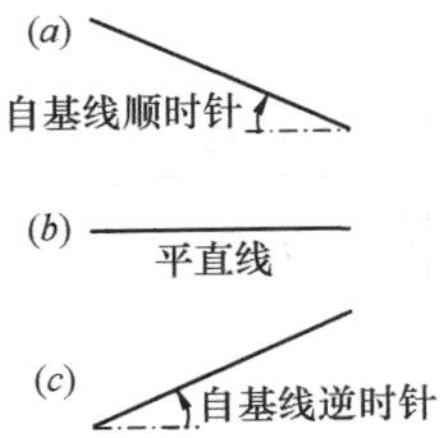 (a) 自基线顺时针 (b) 平直线 (c) 自基线逆时针	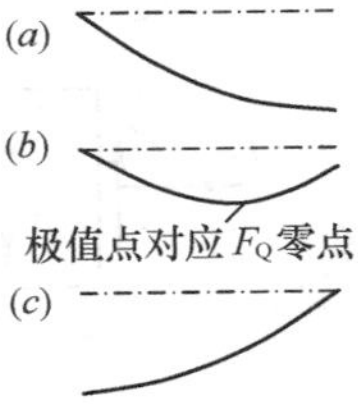 (a) (b) 极值点对应F_Q零点 (c) 抛物线凸向同荷载指向	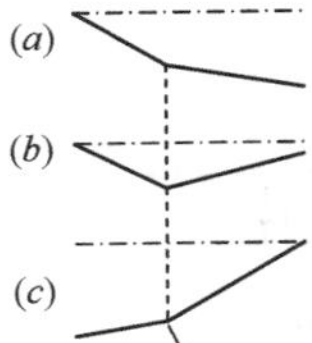 (a) (b) (c) F_P作用点尖角方向同荷载指向	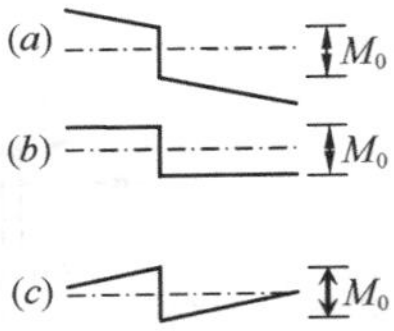 (a) M_0 (b) M_0 (c) M_0 M 突变方向同力偶置平时从尾到头的箭头指向
注释	1. M图斜率等于剪力值；F_Q图斜率等于分布荷载值； 2. M图倾斜方向与F_Q正负号的关系可由简支梁作用集中荷载检验； 3. 表中M图基线位置由具体情况确定。			

特殊结点处作用集中力（力偶）时的内力图特征 表 3-2

项目	悬臂端		铰结点一侧	滑动结点一侧
	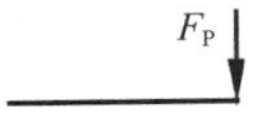 F_P	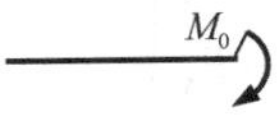 M_0	 M_0	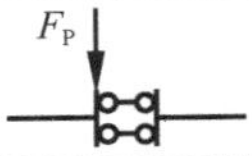 F_P
剪力图（F_Q图）	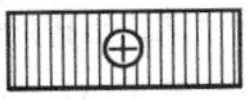 ⊕	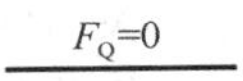 $F_Q=0$	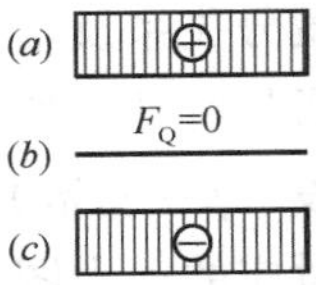 (a) ⊕ (b) $F_Q=0$ (c) ⊖	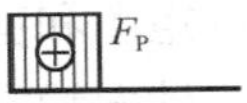 ⊕ F_P
弯矩图（M图）		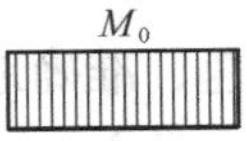 M_0	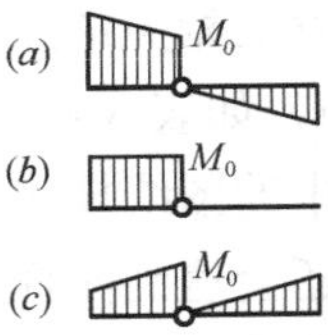 (a) M_0 (b) M_0 (c) M_0 铰左右两侧M图平行	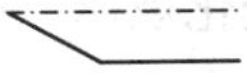 M图基线位置由具体情况确定

$$\left.\begin{aligned}\frac{dF_N}{ds} &= \frac{F_Q}{R} - p \\ \frac{dF_Q}{ds} &= -\frac{F_N}{R} - q \\ \frac{dM}{ds} &= F_Q\end{aligned}\right\} \quad (3\text{-}4)$$

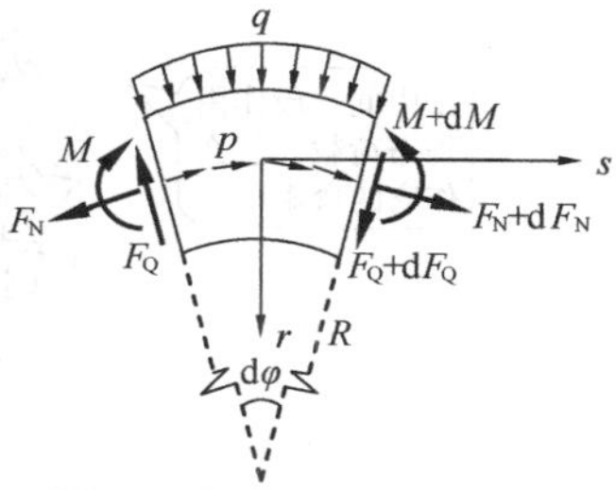

图 3-6　曲杆微分关系

显然，若 $R \to \infty$，则上述微分关系式退化为直杆的关系式（3-2a）。

3-1-4　区段叠加法作弯矩图

图 3-7a 所示简支梁受两组荷载作用：一是端部力偶 M_A、M_B，二是梁上均布荷载 q。显然，该梁弯矩图等于这两组荷载单独作用下的弯矩图的叠加（图 3-7b、c）。作图时，可先绘出两端弯矩 M_A、M_B的竖标并连以虚线（图 3-7a）；然后在虚线基础上叠加均布荷载作用下的弯矩图，即在虚线中点处叠加 $\frac{ql^2}{8}$ 的竖标（注意该竖标垂直于梁基线而非垂直于虚线），再将两端竖标和中点总竖标三点连成抛物线，该抛物线和梁基线所包围的图形就是最终弯矩图的图形。

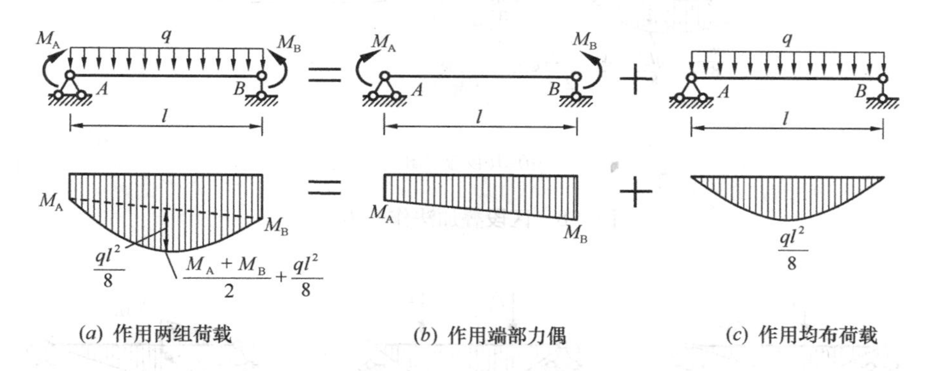

(a) 作用两组荷载　　(b) 作用端部力偶　　(c) 作用均布荷载

图 3-7　叠加法作简支梁弯矩图

当梁式直杆的中间某一区段作用有均布荷载时，该区段的弯矩图可利用上述简支梁的叠加作图法绘出，该方法称为弯矩图的区段叠加作法，简称**区段叠加法**。

以图 3-8a 所示的单跨梁为例，要作梁中间某一区段 AB 的弯矩图，可单独取出该区段进行分析（图 3-8b）。设其两端弯矩各为 M_A、M_B（不妨设为一个下侧受拉、一个上侧受拉），则容易证明（读者可自行完成），AB 段的受力与将该段看作简支梁且两端作用力偶 M_A、M_B，中间作用相同均布荷载 q 的情况（图 3-8c）完全一致，故可以采用图 3-7a 所示的叠加作图法快速绘出其弯矩图（图 3-8d）。

上述区段叠加法作弯矩图可推广至该区段作用任意横向荷载的情况。当然，实际应用中，主要用于相应简支梁的弯矩图可快速绘出的荷载情况。除均布荷载外，常用的还有图 3-9 所示的几种情况。

3-1-5　内力计算的一般步骤

上述梁式杆的内力变化规律和内力图的形状特征（参见表 3-1、表 3-2），以及弯矩图的区段叠加作法适用于静定和超静定结构的任一直杆段。对于静定梁、刚架和组合结构中

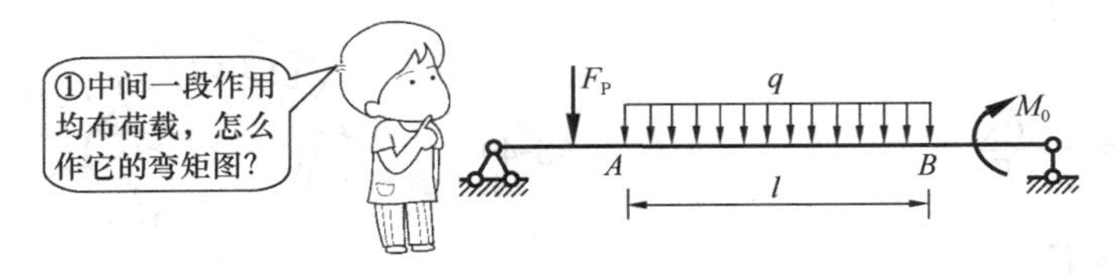

(*a*) 梁式杆中间作用均布荷载

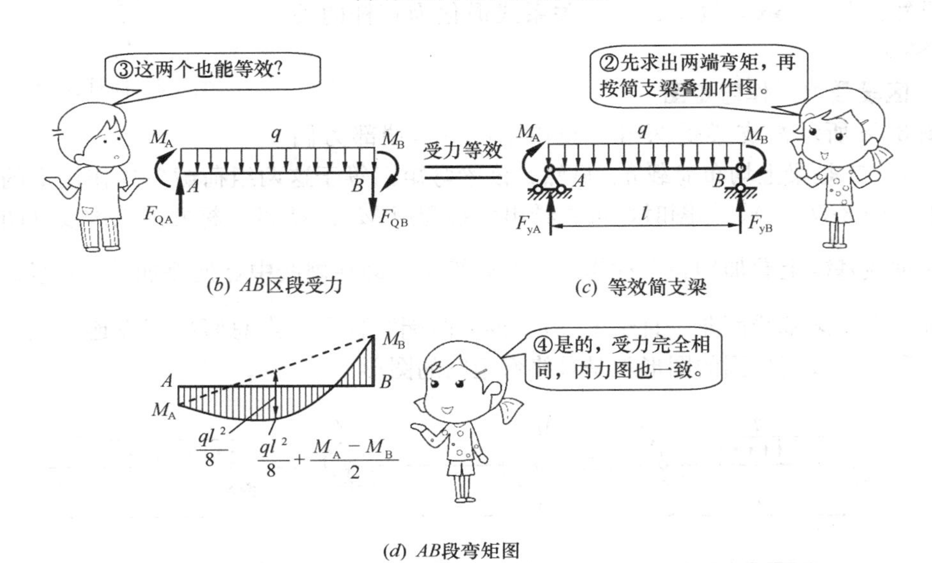

(*b*) *AB*区段受力

(*c*) 等效简支梁

(*d*) *AB*段弯矩图

图 3-8　区段叠加法作弯矩图

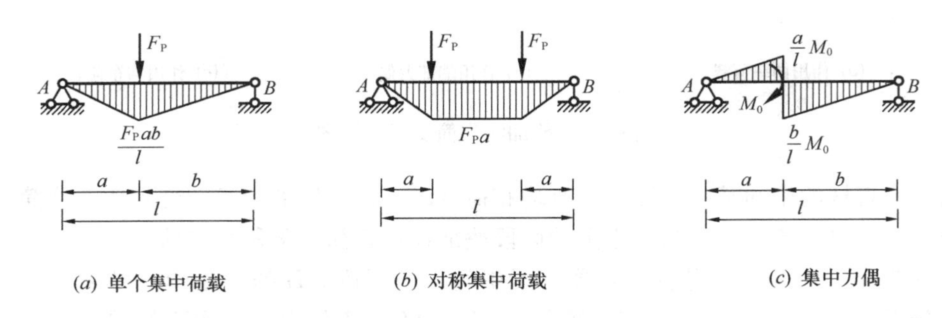

(*a*) 单个集中荷载

(*b*) 对称集中荷载

(*c*) 集中力偶

图 3-9　常用区段叠加法的荷载情况

的梁式杆，其内力计算的一般步骤或内力图的一般作法可归纳如下：

(1) 求支座反力（对悬臂段也可先不求反力）。

(2) 求控制截面内力。杆端、集中力（力偶）作用处、分布荷载起点和终点等均可作为控制截面。

(3) 依据表 3-1、表 3-2 的变化规律逐段绘出各杆段的内力图。若杆段中间另有荷载作用，则其弯矩图可用区段叠加法绘出。

第 (2) 步中，控制截面的内力可采用截面内力计算式（3-1）直接算得，也可由隔离体的平衡方程解得。当采用式（3-1）时，各外力或外力偶对所求截面产生的弯矩使截面哪一侧受拉、各作用力对所求截面产生的剪力和轴力是正还是负，可以采用以下方法判断：

a）将所求内力的截面暂视为一固定端，这样取出的隔离体就成为一悬臂结构，各横向力使固定端哪一侧受拉便变得一目了然；遇到外力偶时，可将其开口转至与杆轴平行，且箭头远离固定端，于是力偶产生的受拉侧也一目了然。

b）对于截面剪力和轴向，当某一横向力使悬臂杆有顺时针转动趋势，某一轴向力使悬臂杆有拉伸趋势时，该力产生的剪力或轴力为正；反之为负。

例如图 3-10a 所示伸臂梁，设两支座反力 F_{yA}（↑）、F_{yB}（↑）均已求得。为求截面 C 的弯矩，当取 C 左侧部分为隔离体时，暂设 C 端固定（图 3-10b），则很容易由各力产生弯矩的受拉侧得到该截面弯矩的计算式：

$$M_C = F_{yA}(a_2 + a_3) + M_1 - qa_1\left(\frac{a_1}{2} + a_2 + a_3\right)\ (\text{下侧受拉})$$

当取 C 右侧部分为隔离体时（图 3-10c），同样可得

$$M_C = F_{yB}a_4 + M_2 - F_P(a_4 + a_5)\ (\text{下侧受拉})$$

对于各外力在截面 C 产生的剪力的正负号，读者可自行判定并列出该剪力的计算式。

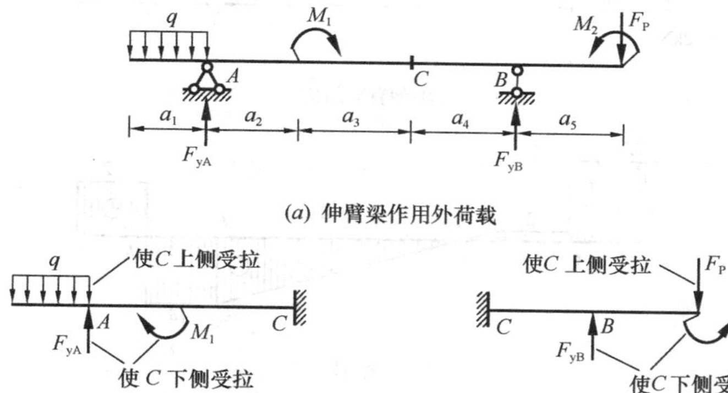

(b) 取截面C左侧分析

(c) 取截面C右侧分析

图 3-10　外力产生弯矩的受拉侧判断

上述判断内力正负号的方法体现了结构的实际受力状态，故无需事先假设截面内力的指向便可求得此内力。该方法具有普遍适用性。熟练运用后，只要有了支座反力或其他约束力，则不用绘出隔离体图，即可在原结构上快速准确地求出各截面内力。

【例 3-1】试作图 3-11a 所示伸臂梁的内力图。

【解】（1）求支座反力

取整体结构为隔离体，根据平衡条件，有

$$\sum M_F = 0：F_{yA}\times 8 - 20 - 20\times 6 - 4\times 4\times 3 + 12\times 1 = 0$$

$$F_{yA} = 22\text{kN}\ (\uparrow)$$

$$\sum F_y = 0：F_{yF} + 22 - 20 - 4\times 4 - 12 = 0$$

$$F_{yG} = 26\text{kN}\ (\uparrow)$$

由$\sum M_A=26\times8+20-20\times2-4\times4\times5-12\times9=0$，校核反力计算无误。

(2) 求控制截面剪力、作剪力图

用截面法及截面内力计算式，算出各控制截面的剪力如下：

$$F_{QA}=F_{QB}=F_{QCB}=22\text{kN}$$

$$F_{QCD}=F_{QD}=22-20=2\text{kN}$$

$$F_{QE}=F_{QFE}=12-26=-14\text{kN}$$

$$F_{QFG}=F_{QG}=12\text{kN}$$

以上计算中，对B、C、D截面采用了截面以左部分，而对E、F截面采用了截面以右部分作为隔离体分析。校核时就可以选用另外一侧验算，例如对D截面取用截面以右部分，则有

$$F_{QCD}=F_{QD}=4\times4+12-26=2\text{kN}$$

表明该截面计算无误。将各控制截面的竖标连成直线便可绘出该梁的剪力图，如图 3-11b。

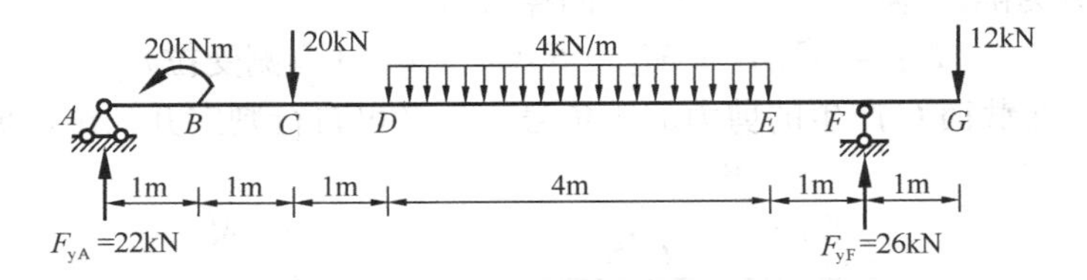

(a) 伸臂梁结构

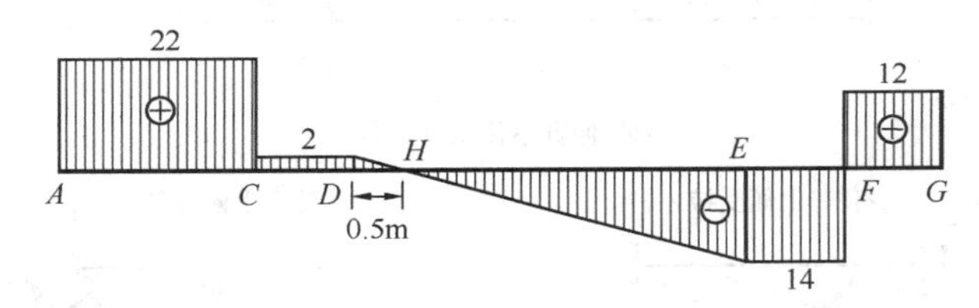

(b) F_Q图 (kN)

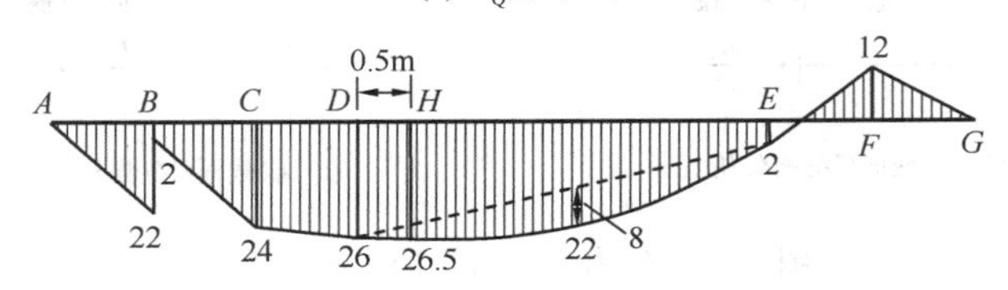

(c) M图 (kNm)

图 3-11　例 3-1 图

上述剪力图也可直接利用内力与荷载的增量关系自左向右逐段绘出。从A点开始，因该点作用有向上的支座反力，故剪力图自基线有一个向上的 22kN 的增量或突变（该步实际上绘出了A点的竖标）；然后走平直线直至C点，遇到向下的集中荷载，故剪力图有一个 20kN 的向下突变，得到C点右侧的剪力为 2kN。再走平直线至D点，遇到了均布荷载。此时可将均布荷载合力作为一个增量，即剪力图从D到E有一个 16kN 的向下增量，而DE之间按直线变化，这样可得到E点的剪力为-14kN。以此类推，最后到了G点，剪力图有一个向下 12kN 的突变，图线正好回到基线，图形封闭。

（3）求控制截面弯矩，作弯矩图

利用截面内力计算式可求出各控制截面的弯矩值为：

$M_{BA}=22\times1=22\text{kNm}$（下侧受拉）

$M_{BC}=22\times1-20=2\text{kNm}$（下侧受拉）

$M_{C}=22\times2-20=24\text{kNm}$（下侧受拉）

$M_{D}=22\times3-20-20\times1=26\text{kNm}$（下侧受拉）

$M_{E}=26\times1-12\times2=2\text{kNm}$（下侧受拉）

$M_{F}=12\times1=12\text{kNm}$（上侧受拉）

以上弯矩计算中，对 B、C、D 截面和 E、F 截面仍分别采用了截面以左和截面以右的部分进行分析，故校核时可选用另外一侧检验。例如对 D 截面选用截面以右部分，则有

$$M_{D}=26\times5-4\times4\times2-12\times6=26\text{kNm}\ （下侧受拉）$$

可见两者结果一致。

除 DE 段外，其余各区段的弯矩图均为直线段。DE 段为均布荷载区段，其弯矩图可用区段叠加法绘出，即先将 M_{D}、M_{E}的竖标连成虚线，再在中点叠加将 DE 看作简支梁作用均布荷载时的跨中弯矩值 8kNm，这样可求得中点的最终弯矩竖标为 22kNm；然后将三点弯矩竖标连成抛物线即得。结构的最终弯矩图如图 3-11*c* 所示。

如果还需进一步确定该梁的最大弯矩值 M_{max}，则应先找到剪力为零的截面位置。显然，最大负弯矩出现在 F 点，而最大正弯矩出现在 D、E 之间的某一点（设为 H 点）。由几何关系或剪力计算式容易求得 H 点到 D 点的距离为 0.5m（参见图 3-11*b*），故有

$$M_{max}=22\times3.5-20-20\times1.5-4\times0.5\times0.25=26.5\text{kNm}\ （下侧受拉）$$

内力分析时，为确保正确性，结果校核十分必要。校核时，通常选取计算中未曾用过的隔离体或隔离体中未曾用过的平衡方程进行验算。例如，计算反力时采用了整体结构的两个投影方程和一个力矩方程，则校核时就可利用另一个力矩方程；内力计算时采用了截面左侧的隔离体，校核时就取用截面右侧的隔离体，或另行取出一个结点或结构中间的一部分（如一根杆件或一个杆段）进行校验。本例中，也可将 BCD 作为一个杆段，用区段叠加法校验 C 点弯矩的正确性。当然，计算和校核的方法总是可以互换的。

【例 3-2】 作图 3-12*a* 所示简支斜梁的内力图，并分析 B 处支座链杆发生倾角改变（图示直角范围内）对梁内力的影响。已知斜梁高跨比 $h:l=1:i$，梁上均布荷载沿水平分布的集度为 q。

【解】（1）作简支斜梁（B 支杆竖直）的内力图

根据全梁的平衡条件得知，该梁的支座反力与同跨度的简支平梁完全一致，即

$$F_{xA}=0,\quad F_{yA}=F_{yB}=\frac{ql}{2}(\uparrow)$$

均布荷载作用下，斜梁的弯矩图线为二次抛物线，故先求出梁跨中截面 C 的弯矩：

$$M_{C}=\frac{ql}{2}\times\frac{l}{2}-\frac{ql}{2}\times\frac{l}{4}=\frac{ql^{2}}{8}\ （下侧受拉）$$

可见，该梁的跨中弯矩并可推定其他截面的弯矩，与同跨度简支平梁对应截面的弯矩完全相同，其弯矩图如图 3-12*c* 所示。

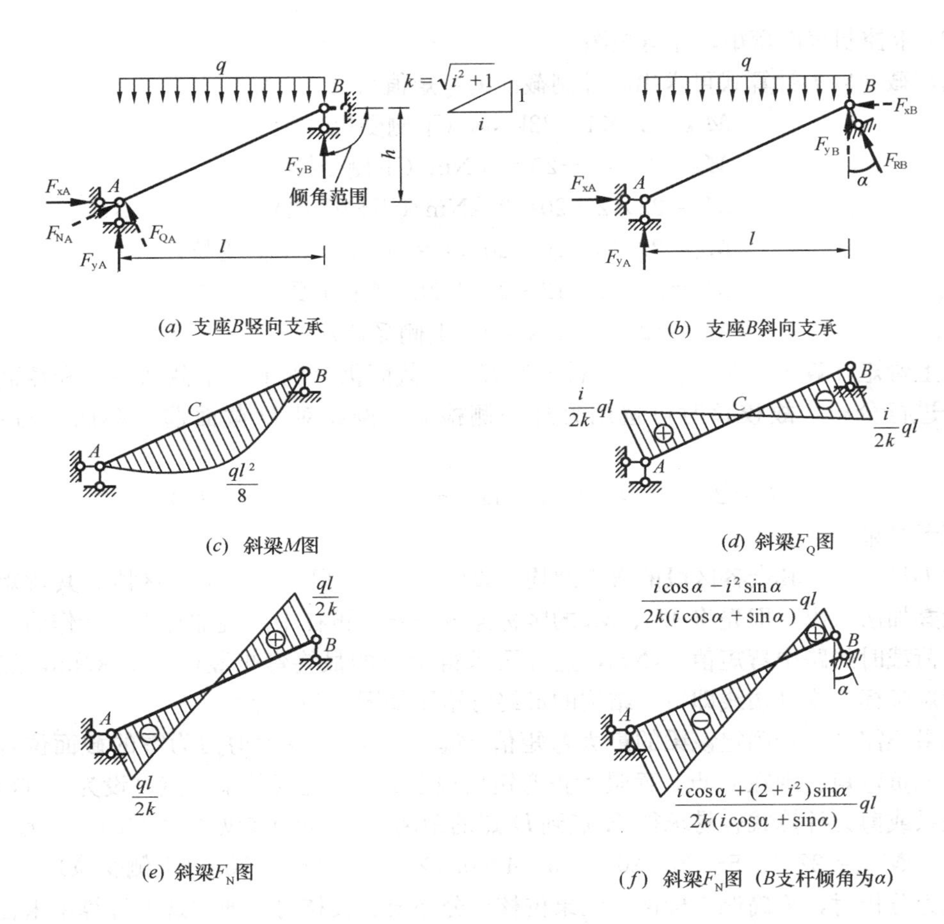

图 3-12 例 3-2 图

为作该斜梁的剪力和轴力图（直线分布），可先求出两端点截面 A、B 的剪力和轴力。计算时，利用图 3-12a 中**相似三角形**的比例关系，将杆端竖向反力沿截面方向和杆轴方向分解即得剪力和轴力：

$$F_{QA}=-F_{QB}=\frac{ql}{2}\times\frac{i}{k}=\frac{i}{2k}ql,\quad F_{NB}=-F_{NA}=\frac{ql}{2}\times\frac{1}{k}=\frac{1}{2k}ql$$

式中 $k=\sqrt{i^2+1}$。该斜梁的剪力和轴力图如图 3-12d、e 所示。

(2) B 支杆倾斜后的内力分析

支座 B 链杆倾斜后，其反力将包含水平分力，这样支座 A 也将产生水平反力，且两支座的竖向反力不再相等。设支杆 B 与竖直向的夹角为 α（图 3-12b），则由力矩平衡

$$\sum M_A=0:\quad F_{yB}\times l+F_{xB}\times h-\frac{ql^2}{2}=0$$

$$F_{RB}\cos\alpha\times l+F_{RB}\sin\alpha\times h-\frac{ql^2}{2}=0$$

$$F_{RB}=\frac{i}{2(i\cos\alpha+\sin\alpha)}ql\text{（斜向上）}$$

再由投影平衡可求得支座 A 的反力为

$$F_{xA}=F_{xB}=\frac{i\sin\alpha}{2(i\cos\alpha+\sin\alpha)}ql\ (\rightarrow\leftarrow)$$

$$F_{yA}=\frac{i\cos\alpha+2\sin\alpha}{2(i\cos\alpha+\sin\alpha)}ql\ (\uparrow)$$

进一步计算梁截面内力容易得知，支杆 B 倾斜后，斜梁各截面的弯矩和剪力均保持不变，但轴力发生了改变，其轴力图如图 3-12*f* 所示。显然当 $\sin\alpha=1/k$ 时，$F_{NB}=0$。

3-2 多跨静定梁

3-2-1 结构形式及组成

多跨静定梁是由若干根梁（部分带伸臂）用铰相连而成的静定梁式结构。图 3-13*a* 是工程中常见的多跨静定梁的一种形式，它由两侧伸臂梁在中间设置挂梁组成，其计算简图

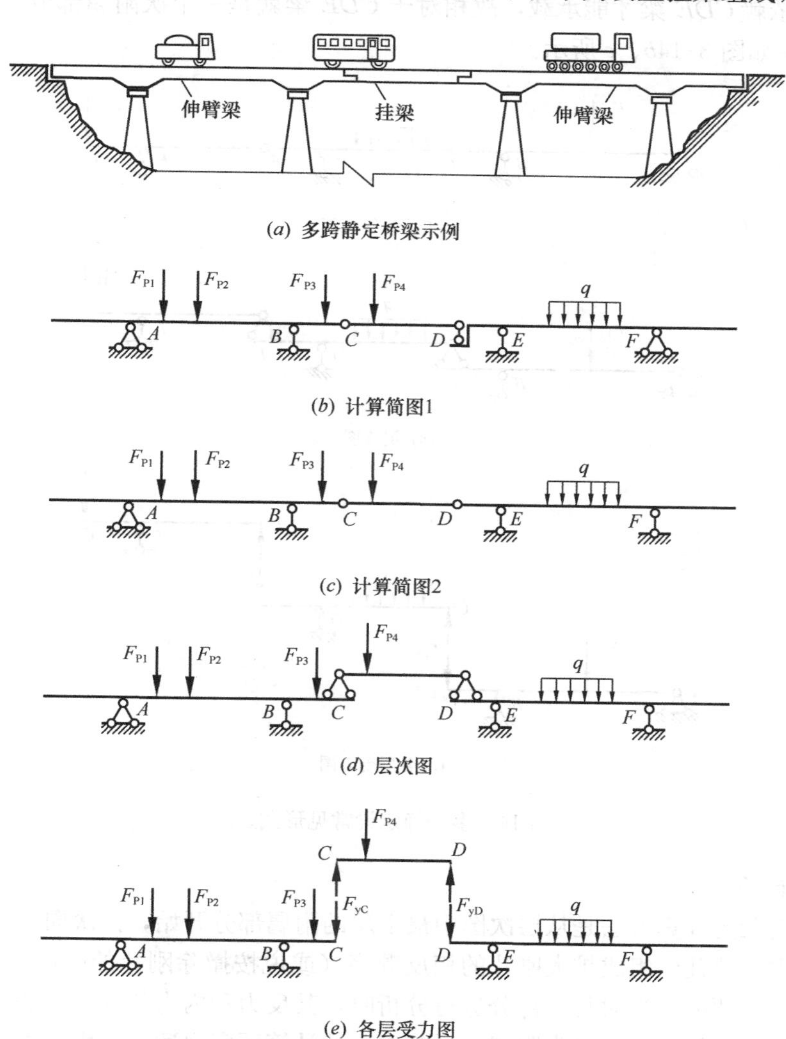

图 3-13 多跨静定梁常见形式之一

如图 3-13b 或 c 所示。工程中常见的另一种多跨静定梁形式是由一侧伸臂梁用铰和支座链杆逐跨添加附属梁而形成的，参见图 3-14 所示。

按照体系的几何组成，多跨静定梁的各部分可区分为基本部分和附属部分。例如图 3-13c 所示的 ABC 梁是一个独立的几何不变部分，它不依赖于其他部分的存在就能独立承载，故属于**基本部分**；DEF 部分在竖向荷载作用下也能维持其几何不变性，故也可作为基本部分。但 CD 部分必须依赖 ABC 和 DEF 才能维持其几何不变性，故为**附属部分**。

基本部分和附属部分之间的支承关系可用图 3-13d 所示的层次图来表示。有了层次图，各层之间的受力关系就变得十分清晰（图 3-13e）。因基本部分能够独立承载而维持平衡，故作用在基本部分上的荷载仅使其本身产生反力和内力，而不会对附属部分产生影响；但作用在附属部分上的荷载将同时对基本部分产生影响。基本部分和附属部分的区分有时还需根据作用于其上的荷载确定，例如图 3-13c 的 DEF 在竖向荷载作用下属于基本部分，但在水平荷载下就是附属部分。附属部分之间有时还有层次关系。例如图 3-14a 的 EFG 梁必须依赖 CDE 梁才能承载，故相对于 CDE 梁就是一个次附属部分，其层次图及各层受力关系如图 3-14b、c 所示。

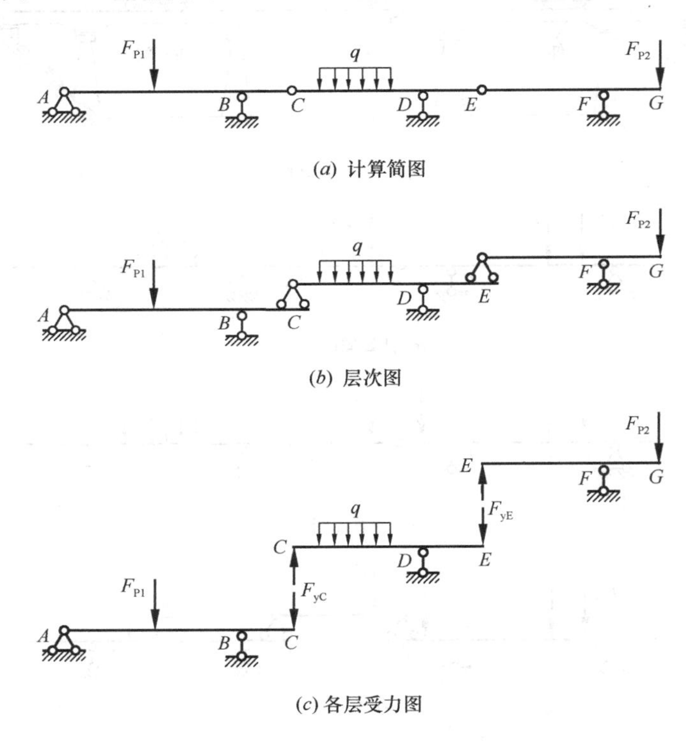

图 3-14　多跨静定梁常见形式之二

3-2-2　内力计算

多跨静定梁的计算方法是从层次图中最上层的附属部分开始，依次向下，最后计算基本部分，也即按照几何组成扩大刚片的相反顺序（或说按撤除刚片的顺序）选取隔离体，这样往往是最简便的。当对每一部分进行分析时，其反力和内力的计算方法以及内力图的绘制都与单跨梁无异。这种“先附属、后基本”的计算顺序也适用于由基本部分和附属部分组成的其他类型结构，如后续介绍的多跨（或多层）静定刚架等。

【例 3-3】 分析图 3-15*a* 所示多跨静定梁，并作内力图。

【解】 容易判断该梁的 *ACD* 和 *FGJ* 为基本部分，而 *DF* 为附属部分，其层次图如图 3-15*b* 所示，各部分的受力图如图 3-15*c* 所示。

计算从附属部分 *DF* 开始，求得两端约束力为（参见图 3-15*c*）：

$$F_{yD}=4\text{kN}\ (\uparrow),\ F_{yF}=4\text{kN}\ (\downarrow)$$

将这两个力反作用于 *ACD* 梁和 *FGJ* 梁，求得两基本部分的支座反力分别为：

$$M_{A}=8\text{kNm}\ (\text{顺时针}),\ F_{yC}=13\text{kN}\ (\uparrow)$$

$$F_{yG}=1\text{kN}\ (\downarrow),\ F_{yJ}=5\text{kN}\ (\uparrow)$$

由此可逐段作出该梁的弯矩图和剪力图如图 3-15*d*、*e* 所示，其中 *AB* 段的弯矩图另

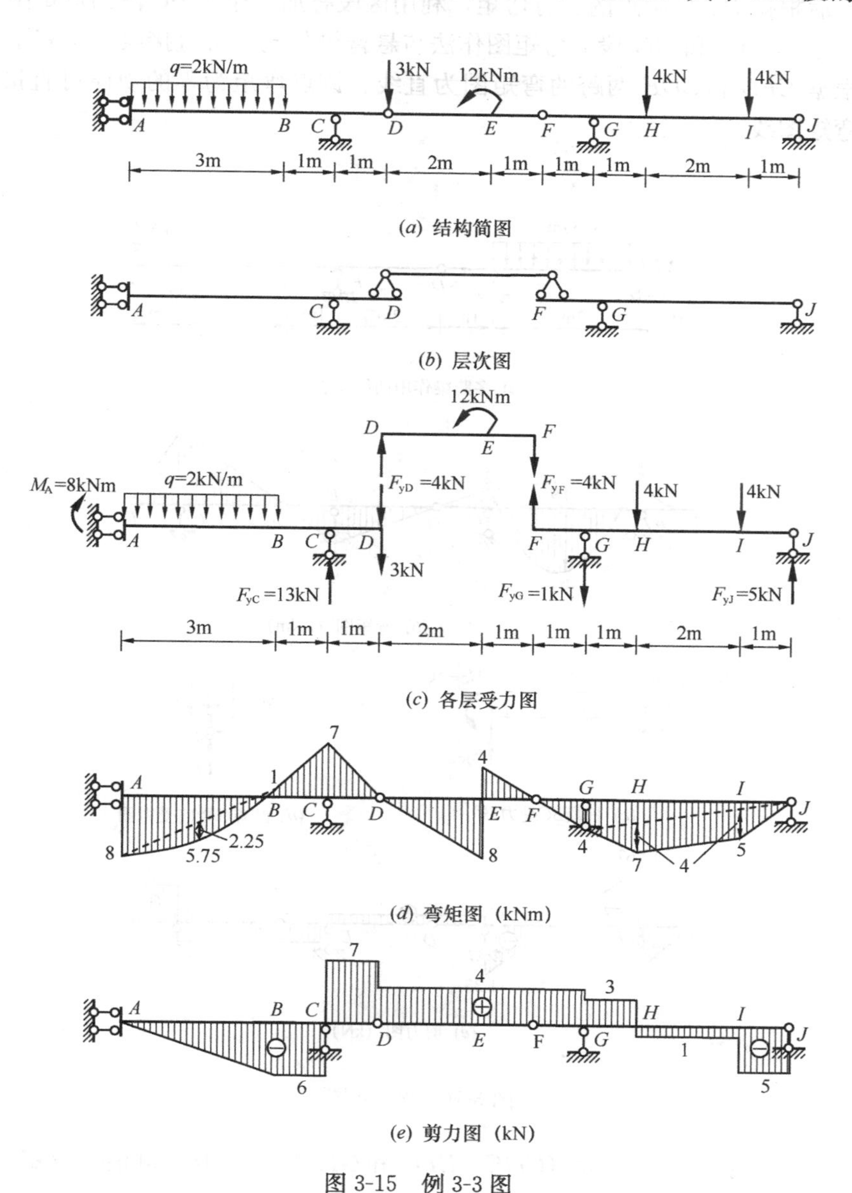

图 3-15　例 3-3 图

需利用区段叠加法绘出，而 GJ 段既可分三段绘制，也可用区段叠加法整段绘制。

静定梁在有些荷载作用下，往往可以不求支座反力，而直接利用弯矩图的形状特征和叠加法快速作出弯矩图，这就是所谓的**快捷法作弯矩图**。弯矩图作出后，根据无荷载区段的弯矩图斜率（参见表 3-1）以及均布或其他分布荷载区段的杆段力矩平衡，可进一步求出杆端剪力，再作出剪力图。

【例 3-4】利用快捷法作图 3-16a 所示多跨静定梁的弯矩图和剪力图。

【解】该梁的均布荷载 q 作用在基本部分 $ABCD$ 上，显然只对 ABC 产生内力；集中荷载 F_P作用于次附属部分 FGH 上，将对除悬臂段 AB 外的其余部分产生影响。

为避免计算支座反力，可先绘出悬臂段 AB 的弯矩图，同时自右向左绘出 $HGEC$ 段的图形，然后根据 B、C 两点的已有弯矩，利用区段叠加法作出 BC 段的弯矩图，如图 3-16b 所示。其中，AB 和 HG 段的弯矩图作法与悬臂梁相同，可直接绘出。有了 G 点的弯矩竖标，根据 EFG 和 CDE 两跨的弯矩图为直线、铰点弯矩为零的规律可直接连线绘出这两跨的弯矩图线。

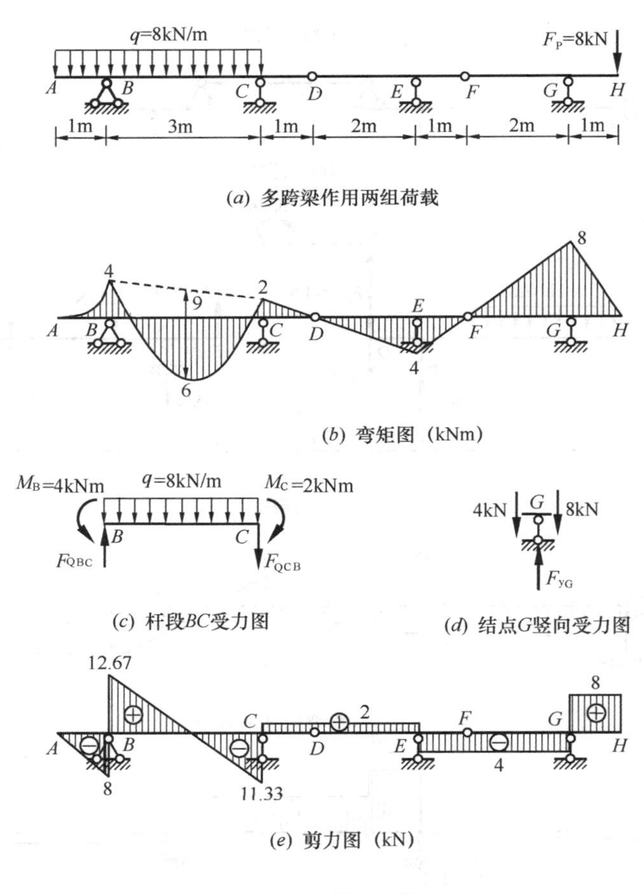

图 3-16　例 3-4 图

有了弯矩图，各无荷载区段（CDE、EFG 和 GH 段）的剪力可根据弯矩图的斜率算得，而悬臂段 AB 的剪力图也可直接作出，最后就剩均布荷载区段 BC 的图形。对于该区段，可单独将其取出分析（图 3-16*c*）。利用对两杆端的力矩平衡，可求得两端剪力，再由竖向平衡作一校核。最终的剪力图如图 3-16*e* 所示。剪力图作出后，根据剪力竖标的突变值可获得对应位置的支座反力值。例如结点 G 处的剪力自左向右有一个向上 12kN 的突变，故知该处支座反力为 12kN，且方向向上。当然 G 处支座反力也可以根据结点的竖向平衡条件求得（图 3-16*d*）。

若将多跨静定梁与同跨度、作用相同荷载的相应简支梁作比较，通常前者的弯矩分布更为均匀，弯矩峰值更小（图 3-17）。这主要是由于多跨静定梁的基本部分上设置了伸臂段，而伸臂段上的荷载以及附属部分传至该段的荷载，将使基本部分在支座附近的梁段上产生负弯矩，从而整体抬高了相邻跨的弯矩图，降低了跨中正弯矩（图 3-17*b*）。显然，如果适当调整伸臂段的长度（总跨度不变），则可使梁的正负弯矩峰值达到一致。例如图 3-17*a* 的梁，容易证明，当取伸臂段 $a=0.1716l$ 时，其最大正、负弯矩数值相等，梁的受力趋于合理（图 3-17*b*）。

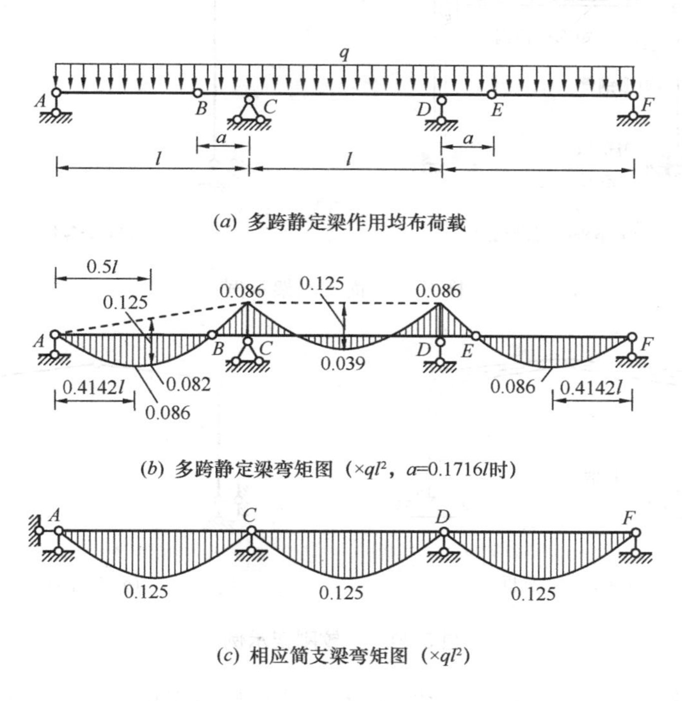

(*a*) 多跨静定梁作用均布荷载

(*b*) 多跨静定梁弯矩图（$\times ql^2$，a=0.1716l时）

(*c*) 相应简支梁弯矩图（$\times ql^2$）

图 3-17　多跨静定梁与简支梁的比较

3-3　静定平面刚架

3-3-1　结构形式及特点

刚架是由若干梁柱杆件相互刚接，或至少部分刚接而成的结构。当各杆轴线和荷载作用线均位于同一平面内且无多余约束时，这种刚架称为**静定平面刚架**。静定平面刚架在工程中时有应用，例如自立式悬挑雨棚可简化为**悬臂刚架**（图 3-18）、室外临时金属构架可简化为**简支刚架**（图 3-19）、房屋建筑中的铰接折杆框架可简化为**三铰刚架**（图 3-20）等。若将这些单跨刚架用铰或链杆连接，或再与基础相连，则可形成与多跨静定梁构造方式相类似的带有基本部分和附属部分的所谓**多跨（或多层）静定刚架**（图 3-21）。

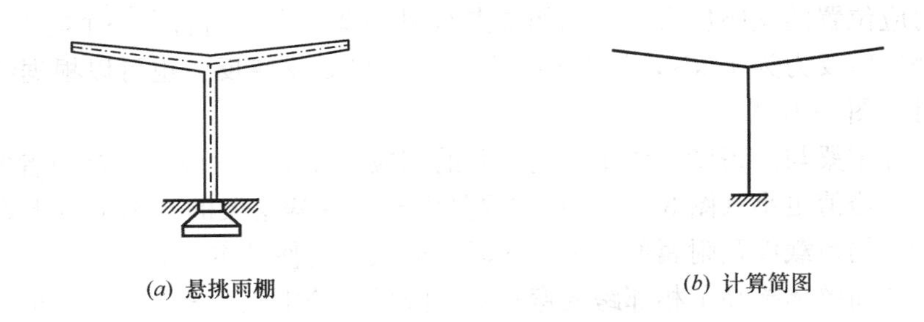

图 3-18　悬臂刚架示例

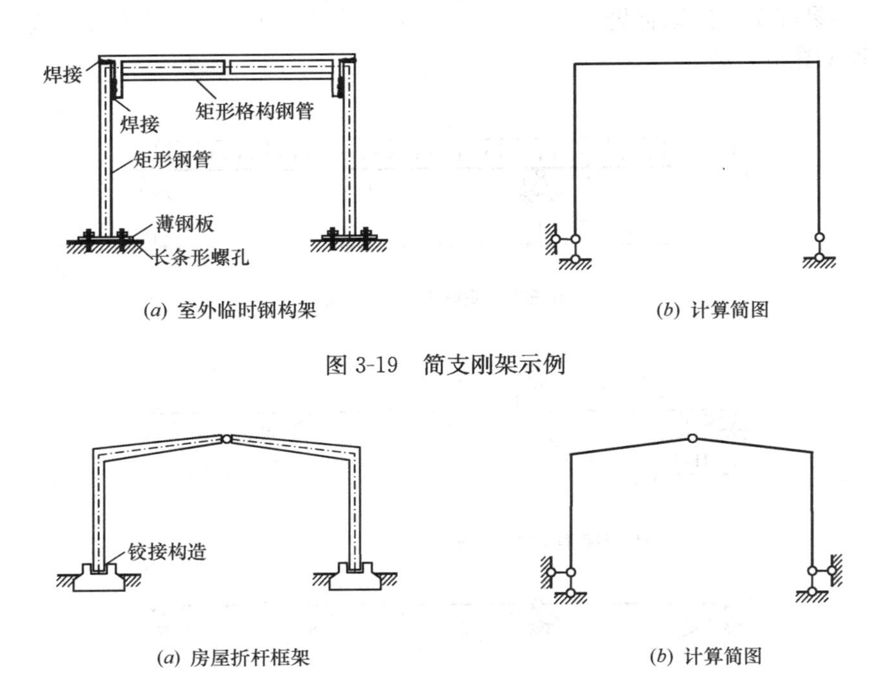

图 3-20　三铰刚架示例

梁柱刚接是刚架的显著特点。刚结点的存在不仅维持了体系的几何不变性，还避免了过多斜杆的添加，有利于形成较大的使用空间。从受力角度上看，刚结点能够承受和传递弯矩，可使刚架受力更趋均匀，柱子的计算长度（从稳定角度）也得到减小，结构性能更趋合理。

3-3-2　内力计算

静定刚架内力计算的一般方法是，先求支座反力，再用截面法计算各杆端截面的内力，最后根据内力图的形状特征逐杆绘出内力图。

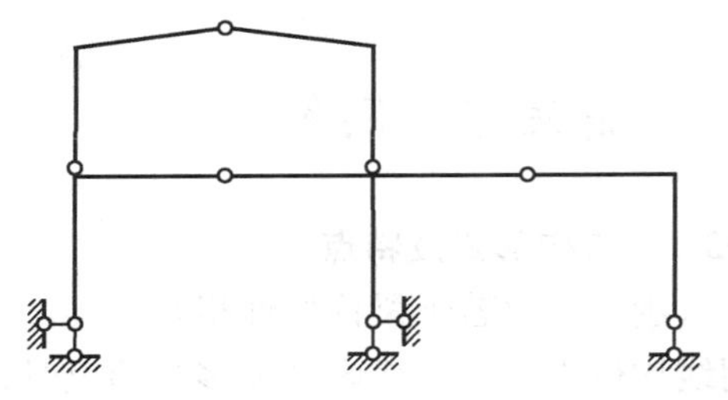

图 3-21　多跨（多层）静定刚架示例

若杆件中间还有荷载，则可另取控制截面再逐段作出内力图，或者直接用区段叠加法作图。

简支刚架（图 3-19b）有三个支座反力，故内力分析时可由整体刚架的三个平衡方程求出三个反力，再逐杆计算各杆件的内力。三铰刚架（图 3-20b）共有四个支座反力，因此除了整体结构的三个平衡方程外，还需补充一个方程。该方程一般取为中间铰一侧（左侧或右侧）部分对该铰的力矩平衡方程，这样就能顺利求出全部四个反力。多跨（或多层）刚架（图 3-21）由基本部分和附属部分组成，各部分的计算顺序仍遵循“先附属、后基本”的原则，这样可快速求出各部分的支座反力及连接处的约束力，而每一部分的计算及作图与单个刚架无异。对于悬臂刚架（图 3-18b）或刚架中的悬臂段，也可先不求支座反力，而直接从悬臂段开始逐杆计算刚架的内力。

【例 3-5】计算图 3-22a 所示简支刚架的反力和内力，并作内力图。

【解】（1）求支座反力

利用刚架的整体平衡，可求出三个支座反力，即

$$\Sigma F_x = 0: \quad F_{xA} = ql(\leftarrow)$$

$$\Sigma M_A = 0: \quad F_{yB} \times l - ql \times l - ql \times 0.5l = 0, \quad F_{yB} = 1.5ql(\uparrow)$$

$$\Sigma F_y = 0: \quad F_{yA} + ql - 1.5ql = 0, \quad F_{yA} = 0.5ql(\downarrow)$$

根据整体结构的其他平衡条件可进行反力校核。例如由

$$\Sigma M_B = 0.5ql \times l - ql \times l + ql \times 0.5l = 0$$

得知反力计算无误。

（2）计算杆端弯矩，作弯矩图

对于 AC 杆，已知 A 端弯矩 $M_{AC}=0$；而 C 端弯矩可取 AC 杆为隔离体（图 3-22b），由截面内力计算式算得：

$$M_{CA} = ql \times l = ql^2 \text{（右侧受拉）}$$

这样便可绘出 AC 杆的弯矩图。C 端弯矩的正确性可由 CB 部分的力矩平衡进行校核。

同理，CB 杆的 C 端弯矩可取截面 C 左侧或右侧中的一侧部分计算，而用另一侧校核。例如取右侧计算，则有

$$M_{CB} = 1.5ql \times l - ql \times 0.5l = ql^2 \text{（下侧受拉）}$$

该杆有均布荷载作用，其弯矩图需用区段叠加法绘制，即先将两端弯矩竖标连以虚线（直线），然后在虚线基础上叠加相应简支梁作用均布荷载的弯矩图。整个刚架的弯矩图见图 3-22c。

（3）计算杆端剪力，作剪力图

用截面法逐杆计算各杆端剪力如下：

$$AC\text{ 杆：} F_{QAC} = F_{QCA} = ql$$

$$CB\text{ 杆：} F_{QBC} = -1.5ql, \quad F_{QCB} = ql - 1.5ql = -0.5ql$$

据此可绘出刚架的剪力图如图 3-22d 所示。

（4）计算杆端轴力，作轴力图

用同样方法求出各杆端轴力：

$$F_{NAC} = F_{NCA} = 0.5ql, \quad F_{NBC} = F_{NCB} = 0$$

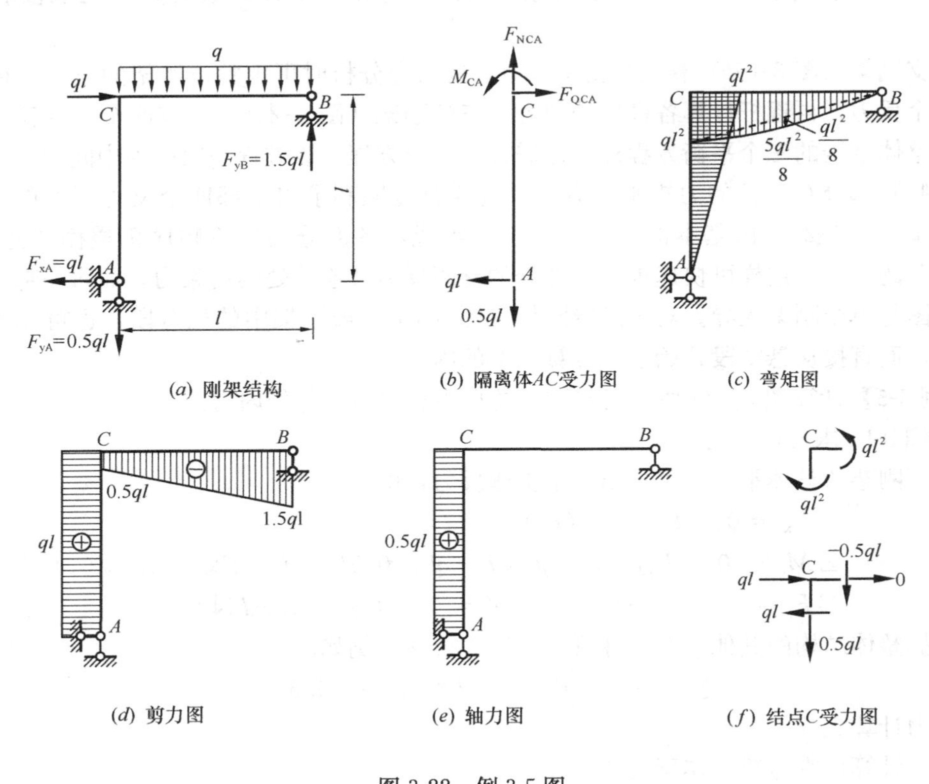

图 3-22　例 3-5 图

绘出轴力图如图 3-22*e* 所示。

(5) 校核

弯矩图的校核通常检验刚结点各杆端的弯矩是否达到平衡。例如由结点 C（图 3-22*f*），有

$$\sum M_{\mathrm{C}}=ql^2-ql^2=0$$

可知该结点满足力矩平衡。实际上，对于两杆汇交的刚结点，只要结点上无外力偶作用，那么两杆端弯矩必大小相等，且同侧（即同为内侧或外侧）受拉。

剪力图和轴力图的校核可截取刚架的任一部分，检查各力的投影平衡是否得到满足。例如取结点 C 为隔离体（图 3-22*f*），则有

$$\sum F_{\mathrm{x}}=ql-ql=0$$

$$\sum F_{\mathrm{y}}=0.5ql-0.5ql=0$$

可见平衡条件能够满足，表明结点 C 的各杆端力计算无误。

该例中，如果简支刚架仅受竖向荷载作用（图 3-23*a*），则容易发现，刚架梁的受力与相应简支梁（相同跨度、作用相同荷载的简支梁，如图 3-23*b*）完全一致，而刚架柱仅受轴力作用。实际工程中，对于以受竖向荷载为主的结构，采用类似本例的简支刚架的形式并不能充分发挥梁柱刚接的性能优势，所以工程中更多采用的是三铰刚架（参见例3-7）或超静定刚架（参见第 8 章）。

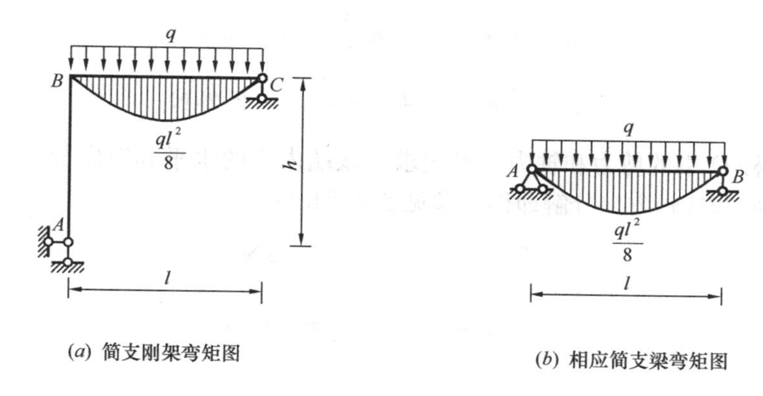

(*a*) 简支刚架弯矩图 (*b*) 相应简支梁弯矩图

图 3-23 竖向荷载下简支刚架与简支梁的比较

【例 3-6】 作图 3-24*a* 所示刚架的内力图。

【解】（1）求支座反力

根据整体平衡，可得

$$\sum F_x=0:\ F_{xA}=7\text{kN}\ (\leftarrow)$$

$$\sum M_A=0:\ F_{yB}=\frac{20\times5+3\times2\times2+7\times2}{7}=18\text{kN}\ (\uparrow)$$

$$\sum F_y=0:\ F_{yA}=3\times2+20-18=8\text{kN}\ (\uparrow)$$

由$\sum M_B=8\times7+7\times4-7\times2-3\times2\times5-20\times2=0$，得知反力计算无误。

（2）作弯矩图

CD 杆为悬臂杆，其弯矩图可直接绘出。

斜杆 *AD* 中间有一集中荷载，故弯矩图可分两段绘制，也可由区段叠加法一次性绘制。这里采用后者，由截面内力计算式求得杆端弯矩如下：

$$M_{AD}=0$$

$$M_{DA}=8\times3+7\times4-7\times2=38\text{kNm}\ \text{（右侧受拉）}$$

作图时先将两端弯矩连成虚线，再在虚线之上叠加将 *AD* 视作简支斜梁作用集中荷载的弯矩图（根据荷载指向，这里可暂将 4m 方向看作斜梁的跨度方向）。由此可算得 *F* 点的弯矩为

$$M_F=\frac{38}{2}+\frac{7\times4}{4}=26\text{kNm}\text{(右侧受拉)}$$

最后考察 *DB* 杆。该杆中点 *E* 和左端 *D* 的弯矩为

$$M_E=18\times2=36\text{kNm}\ \text{（下侧受拉）}$$

$$M_{DE}=18\times4-20\times2=32\text{kNm}\ \text{（下侧受拉）}$$

整个刚架的弯矩图如图 3-24*b* 所示，其中 *DB* 杆的图形也可用区段叠加法绘出或用之作校核。

（3）作剪力图和轴力图

将支座 *A* 的水平和竖向反力分别沿杆件的截面方向和杆轴方向分解（参见图 3-24*c*），可算得 *A* 端的剪力和轴力如下：

$$F_{QAF} = 8 \times \frac{3}{5} + 7 \times \frac{4}{5} = 10.4\text{kN}$$

$$F_{NAF} = -8 \times \frac{4}{5} + 7 \times \frac{3}{5} = -2.2\text{kN}$$

为求 AD 杆 D 端的剪力和轴力，可先求出该端内力的水平和竖向分力，再将这两个分力沿截面方向和杆轴方向分解即得（参见图 3-24c）：

$$F_{QDF} = 8 \times \frac{3}{5} = 4.8\text{kN}$$

$$F_{NDF} = -8 \times \frac{4}{5} = -6.4\text{kN}$$

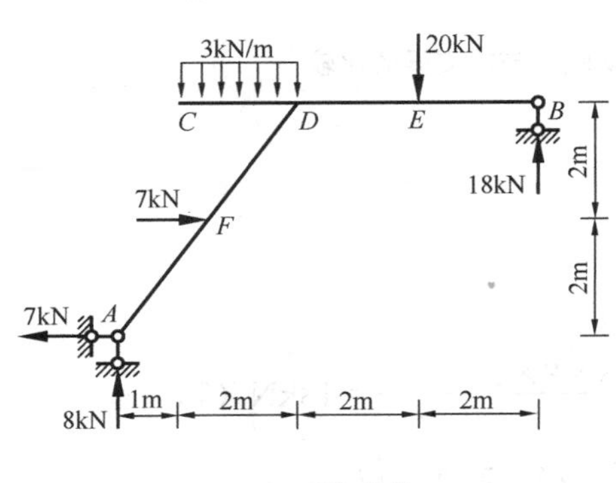

(a) 刚架结构

(b) 弯矩图（kNm）

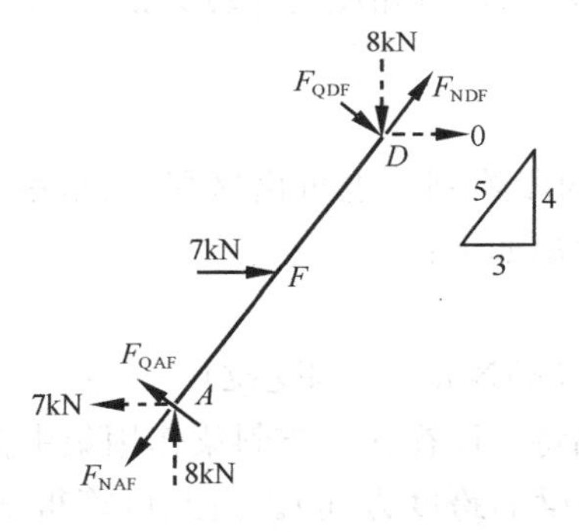

(c) 斜杆杆端剪力和轴力的计算

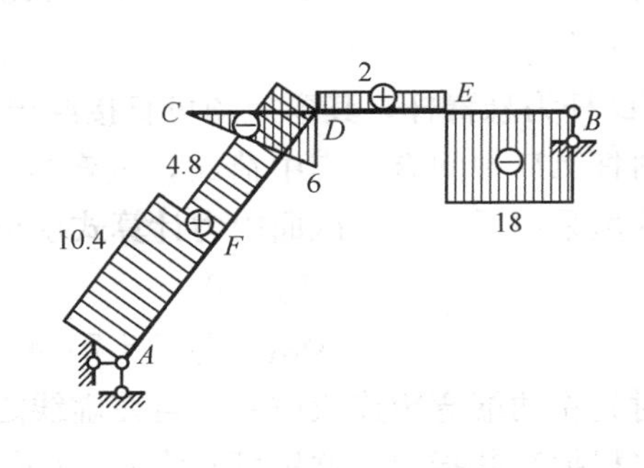

(d) 剪力图（kN）

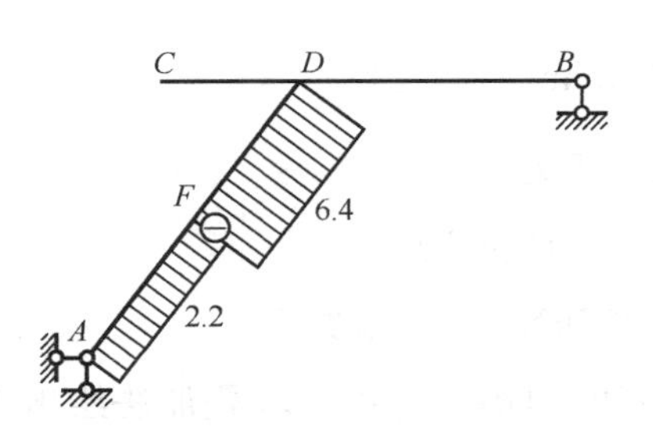

(e) 轴力图（kN）

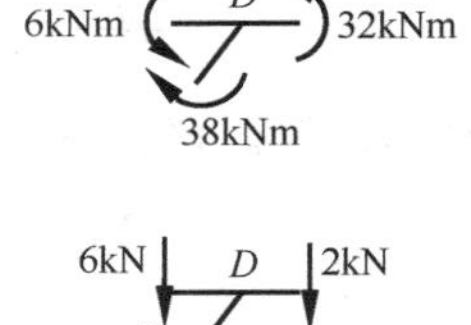

(f) 结点D受力图

图 3-24　例 3-6 图

上述斜杆计算中，内力与各分力之间的相互关系均采用图 3-24c 所示的相似三角形的比例关系，这样可避免使用三角函数带来的一些不便。

CD 和 DB 杆均为水平杆，其杆端剪力和轴力容易由截面法算得：

$$F_{QCD}=0，F_{QDC}=-6\text{kN}$$

$$F_{QDE}=F_{QED}=20-18=2\text{kN}，F_{QEB}=F_{QBE}=-18\text{kN}$$

$$F_{NCD}=F_{NDC}=0，F_{NDB}=F_{NBD}=0$$

刚架的剪力图和轴力图如图 3-24d、e 所示。

(4) 校核

取出结点 D，该结点各杆端弯矩和杆端剪力、轴力标示于图 3-24f 中。由图可见，各杆端力矩代数和及各杆端力的投影代数和分别为

$$\sum M_D=6-38+32=0$$

$$\sum F_x=6.4\times\frac{3}{5}-4.8\times\frac{4}{5}=0$$

$$\sum F_y=6+2-6.4\times\frac{4}{5}-4.8\times\frac{3}{5}=0$$

可见各力处于平衡状态，说明该结点的各杆端力计算无误。

实际上，弯矩图作出后，也可根据各区段的力矩平衡求出杆端剪力，作出剪力图。用此法也可进行剪力校核。本例除悬臂段 CD 外，其余均为无荷载区段，故由弯矩图的斜率即可算得各区段的剪力值。读者可用此法自行完成剪力的校核。

【例 3-7】 作图 3-25a 所示斜坡三铰刚架的内力图。

【解】 (1) 计算支座反力

先取整体刚架分析，据此可求得两竖向反力，并得到两水平反力之间的关系，即

$$\sum M_B=0：F_{yA}=\frac{4\times6\times9+20\times3}{12}=23\text{ kN}\ (\uparrow)$$

$$\sum F_y=0：F_{yB}=4\times6+20-23=21\text{kN}\ (\uparrow)$$

$$\sum F_x=0：F_{xA}=F_{xB} \tag{a}$$

再取铰 C 右侧部分为隔离体，依据$\sum M_C=0$，有

$$F_{xB}\times6+20\times3-21\times6=0，F_{xB}=11\text{kN}\ (\leftarrow)$$

代入式 (a)，得

$$F_{xA}=11\text{kN}\ (\rightarrow)$$

读者可利用其他平衡条件校核上述支座反力的正确性。

(2) 作弯矩图

弯矩图的绘制仍采用逐杆作图的方法。对于本例，只要求得了结点 D、E 的弯矩，即可绘出各杆的弯矩图线，其中对斜杆 DC 和 CE 需运用区段叠加法。最后弯矩图如图 3-25b所示。

(3) 作剪力图和轴力图

两竖杆的剪力和轴力可由支座反力立刻算得，其中剪力也可由弯矩图的斜率确定。斜杆的杆端剪力和轴力同样可采用两种方法计算：一是取截面一侧（左侧或右侧）的部分为隔离体，由投影平衡条件计算剪力和轴力；二是单独取出截面所在的杆件或杆段分析，利用对杆端的力矩平衡求出杆端剪力，再由结点投影平衡计算轴力。以下对两种方法分别进

行讨论。

方法一： 对于 DC 杆，为求 D 端的剪力和轴力，可从整体结构中取出 D 截面左侧分析（图 3-25d）。计算时可参照上一例处理斜杆的方法，先求出截面内力的水平和竖向分力，再将之沿截面方向和杆轴方向分解，即得杆端剪力和轴力：

$$F_{QDC}=23\times\frac{3}{\sqrt{10}}-11\times\frac{1}{\sqrt{10}}=\frac{58}{\sqrt{10}}\approx18.34\text{kN}$$

$$F_{NDC}=-23\times\frac{1}{\sqrt{10}}-11\times\frac{3}{\sqrt{10}}=-\frac{56}{\sqrt{10}}\approx-17.71\text{kN}$$

以上计算中，各力的投影值均采用图 3-25d 中相似三角形的比例关系算得，这是斜杆计算的基本技能之一。采用类似方法可进一步求得 C 端的剪力和轴力。

方法二： 为求杆端剪力和轴力，单独取出 DC 杆分析（图 3-25e）。由 $\sum M_C=0$ 和 $\sum M_D=0$，有

$$F_{QDC}\times2\sqrt{10}-44-4\times6\times3=0,\quad F_{QDC}=\frac{116}{2\sqrt{10}}\approx18.34\text{kN}$$

$$F_{QCD}\times2\sqrt{10}-44+4\times6\times3=0,\quad F_{QCD}=-\frac{28}{2\sqrt{10}}\approx-4.43\text{kN}$$

对于无荷载区段，采用此方法计算杆端剪力，实际上就相当于根据弯矩图的斜率计算该区段的剪力。利用同样方法容易求得 CE 杆中两无荷载区段的剪力为：

$$F_{QCF}=F_{QFC}=\frac{8}{\sqrt{10}}\approx2.53\text{kN}$$

$$F_{QFE}=F_{QEF}=-\frac{8+44}{\sqrt{10}}\approx-16.44\text{kN}$$

有了剪力，取出结点 D（图 3-25f），由投影平衡可算出 D 端轴力：

$$\sum F_x=0:11+18.34\times\frac{1}{\sqrt{10}}+\frac{3}{\sqrt{10}}F_{NDC}=0,\quad F_{NDC}=-16.8\times\frac{\sqrt{10}}{3}\approx-17.71\text{kN}$$

以结点 E 为隔离体（图 3-25g），采用同样方法可求得 E 端轴力：

$$F_{NEF}=-16.2\times\frac{\sqrt{10}}{3}\approx-17.08\text{kN}$$

最后计算结点 C 两杆端的轴力。为此取出该结点（图 3-25h），由投影平衡方程

$$\sum F_x=0:\quad(F_{NCF}-F_{NCD})\times\frac{3}{\sqrt{10}}+(4.43-2.53)\times\frac{1}{\sqrt{10}}=0$$

$$\sum F_y=0:\quad(F_{NCF}+F_{NCD})\times\frac{1}{\sqrt{10}}+(4.43+2.53)\times\frac{3}{\sqrt{10}}=0$$

解得：

$$F_{NCD}=-10.12\text{kN},\ F_{NCF}=-10.76\text{kN}$$

刚架的剪力图和轴力图如图 3-25i、j 所示。

（4）校核

内力校核时，可截取刚架中的任一部分检验其是否满足平衡条件。例如对 CD 杆，可校核各力沿剪力方向的投影平衡（计算中未曾使用）是否得到满足，或者用水平截面在两竖杆顶端切开，检验截面以上部分是否满足平衡条件等。

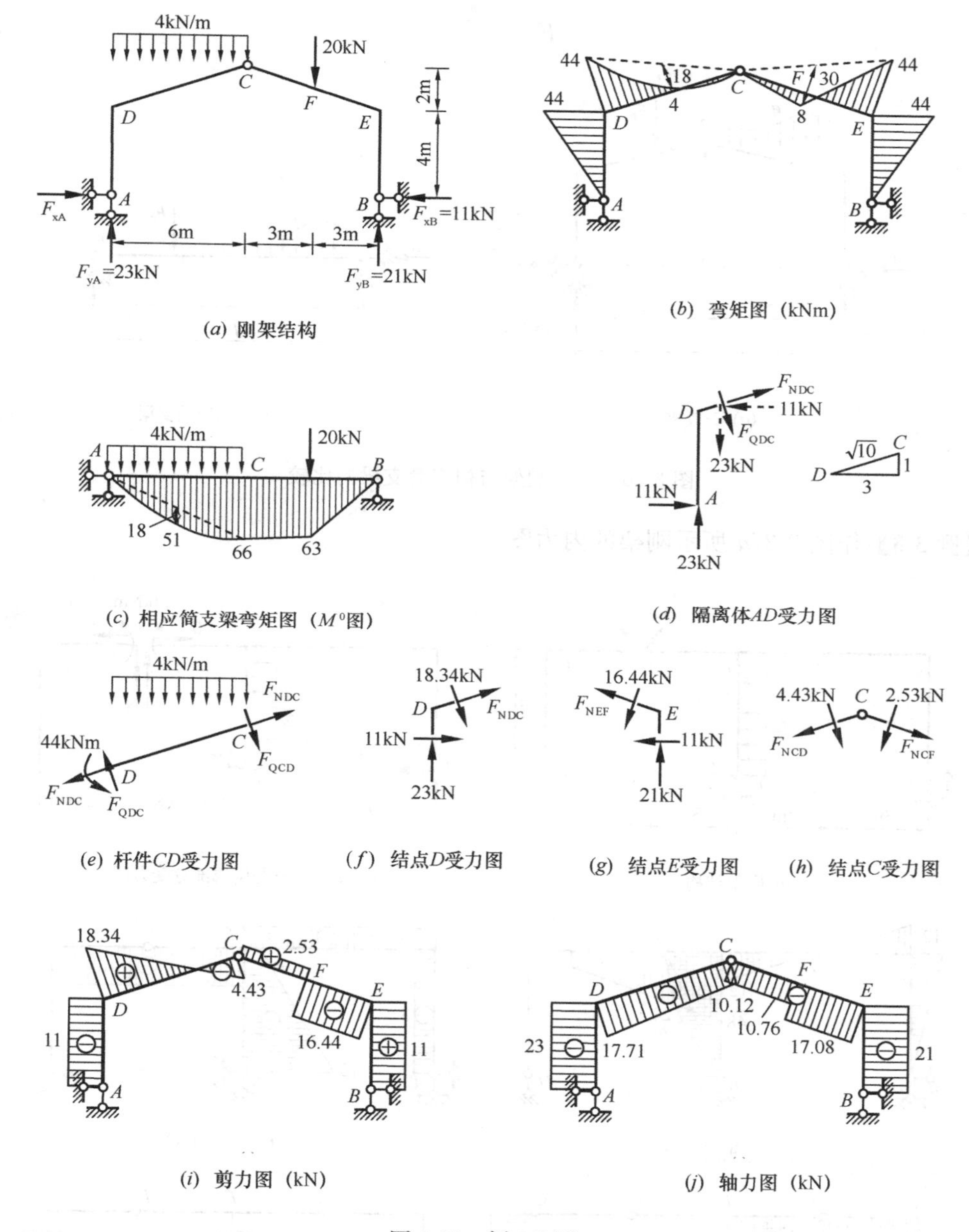

图 3-25　例 3-7 图

(5) 讨论

容易证明，在竖向荷载作用下，支座齐平的三铰刚架的竖向反力与相应简支梁（图 3-25*c*）的反力完全相同，但三铰刚架另有水平推力，故属于竖向荷载作用下会产生水平推力的所谓**推力结构**。推力的存在使得刚架梁的跨内正弯矩与相应简支梁相比有较明显降低，弯矩分布更趋均匀。进一步还可证明，在任意竖向荷载作用下（图 3-26），三铰刚架的水平推力与相应简支梁 C 截面（铰 C 对应截面）的弯矩 M_C^0 成正比，与铰 C 处的高度 f

（铰 C 到支座连线的竖向距离，又称刚架**矢高**）成反比，即

$$F_{H}=\frac{M_{C}^{0}}{f} \tag{3-5}$$

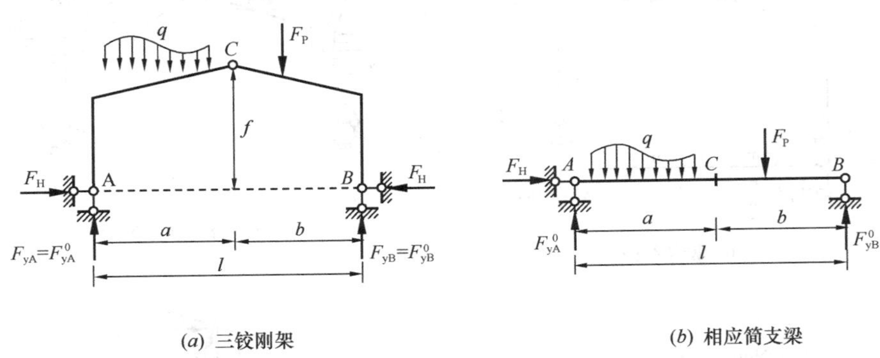

(a) 三铰刚架　　(b) 相应简支梁

图 3-26　三铰刚架与相应简支梁的比较

【例 3-8】 作图 3-27*a* 所示刚架的内力图。

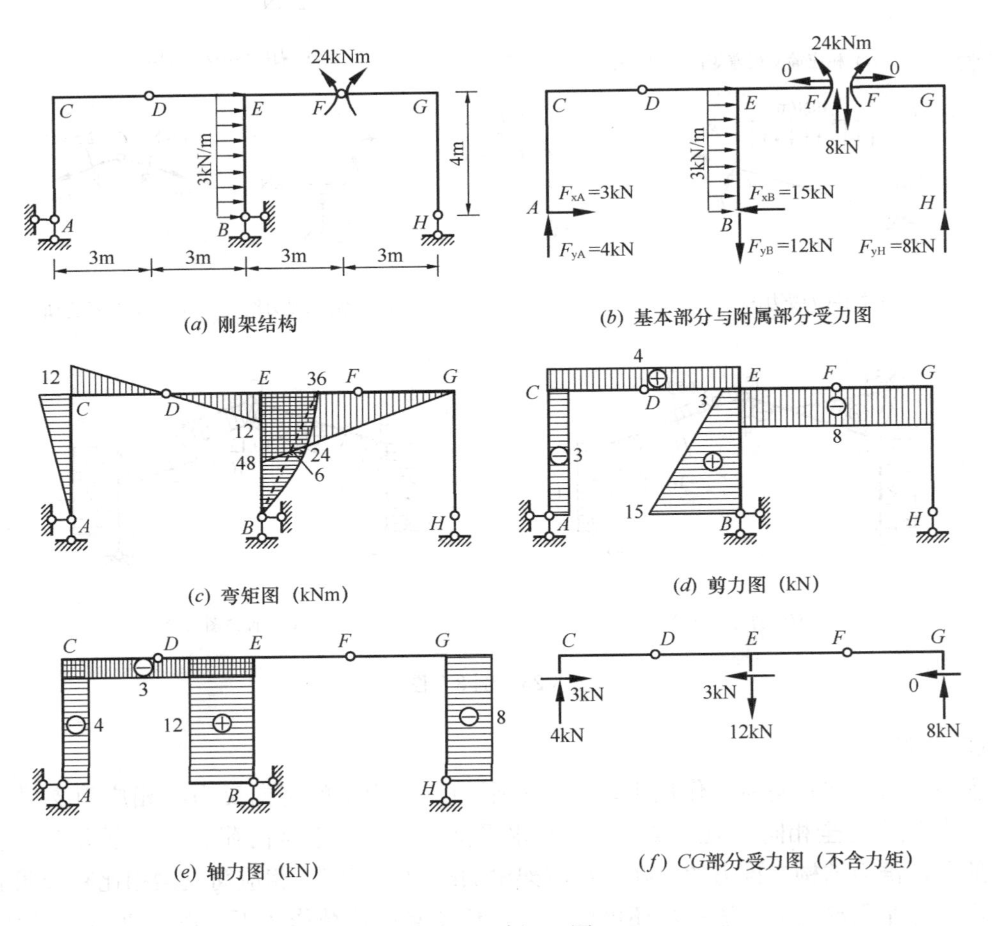

(a) 刚架结构　　(b) 基本部分与附属部分受力图

(c) 弯矩图（kNm）　　(d) 剪力图（kN）

(e) 轴力图（kN）　　(f) CG部分受力图（不含力矩）

图 3-27　例 3-8 图

【解】此刚架为两跨静定刚架。左侧带伸臂的三铰刚架 $ABCDEF$ 为基本部分，右侧简支刚架 FGH 为附属部分。作用于基本部分的水平均布荷载和 F 点左侧集中力偶将只对基本部分产生影响，而 F 点右侧集中力偶作用于附属部分之上，将首先对附属部分产生反力和内力，再反作用于基本部分。两部分的受力图参见图 3-27*b*。

(1) 计算附属部分

该部分为一简支刚架，由$\sum M_F=0$ 和$\sum F_y=0$、$\sum F_x=0$ 容易求得 H 端竖向反力和 F 处的约束力如图 3-27*b* 所示。由这些反力和约束力可直接绘出该部分的内力图。

(2) 计算基本部分

基本部分为三铰刚架。将附属部分在 F 处的约束力反作用于该部分（图 3-27*b*），再利用与例 3-7 相同的方法容易求得四个支座反力如图中所标示。由该反力及杆件外力可逐杆绘出弯矩图，其中对 BE 杆需运用区段叠加法，并注意到 CE 和 EG 整段图形均为斜直线。剪力图和轴力图也可同样绘出。整个结构的内力图见图 3-27*c*、*d*、*e*。

(3) 校核

可以截取刚架中的任一部分进行平衡条件的校核。例如为检验支座反力的正确性，可取整体刚架为隔离体，校核三个平衡条件是否得到满足。又如为检验所求剪力和轴力的正确性，可用水平截面将各柱顶端切开，取出截面以上的部分进行分析（图 3-27*f*）。由

$$\sum F_x=3-3=0$$

$$\sum F_y=4-12+8=0$$

可见各力满足投影平衡条件，所得剪力和轴力未现差错。

3-3-3 快捷法作静定刚架的弯矩图

采用快捷法作静定刚架的弯矩图，就是尽可能不求或少求支座反力，而直接根据弯矩图的形状特征、结点力矩平衡、叠加原理等快速、准确地作出弯矩图。实际上，图 3-22*a* 例 3-5 中的刚架就可采用此法作图。该刚架的水平反力就等于水平荷载，由此反力可直接绘出柱子的弯矩图（竖向反力为轴向力，与弯矩无关）；再由结点 C 的力矩平衡可得 CB 杆 C 端的弯矩，这样无需计算竖向反力即可用区段叠加法绘出 CB 杆的弯矩图（参见图 3-22*c*）。

【例 3-9】利用快捷法绘制图 3-28*a* 所示刚架的弯矩图。

【解】首先由整体平衡可立即求得支座 A 的水平反力 $F_{xA}=10\text{kN}$（→），这样无需计算竖向反力（因与 AD 杆弯矩无关）便可求出 AD 杆的 D 端弯矩，即

$$M_{DA}=10\times4-10=30\text{kNm}\text{（左侧受拉）}$$

CD 杆为悬臂杆，而 EB 杆对弯矩和剪力而言也可视作悬臂杆（竖向反力为轴向力，与该杆弯矩无关），因此这两杆的弯矩图作法与悬臂梁无异，可直接绘出。再由结点 D、E 的力矩平衡（图 3-28*a*）可得到 DE 杆的两端弯矩。该杆的弯矩图运用区段叠加法便可绘出。

刚架的最终弯矩图如图 3-28*b* 所示。弯矩图作出后，可采用例 3-7 所述的第二种方法求出杆端剪力和轴力，并作出剪力图和轴力图，读者不妨自行完成之。

实际上，对于简支矩形刚架，只要杆上的荷载不复杂，例如满布均布荷载及图 3-9 的情况，就可不求竖向反力而直接采用本例方法完成内力图的绘制。

【例 3-10】利用快捷法绘制图 3-29*a* 所示刚架的弯矩图。

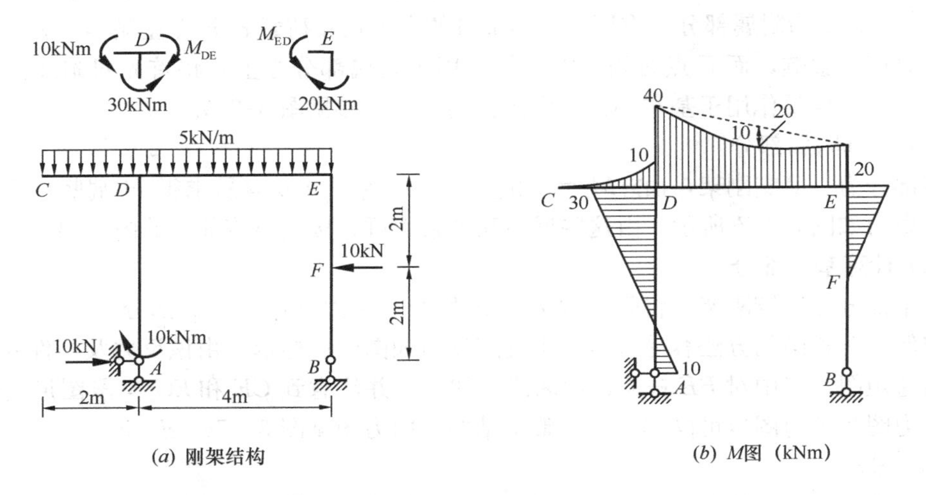

图 3-28　例 3-9 图

【解】 该刚架 $ACDE$ 为基本部分，$BEFG$ 为附属部分。就弯矩和剪力而言，附属部分的 FG 和 FB 杆均为或可视为悬臂杆，故其弯矩图可直接绘出。再考察结点 F，由该结点的力矩平衡（图 3-29a），可得杆端 FE 的弯矩 $M_{FE}=2qa^2$（上侧受拉）。DEF 段的弯矩图可由 F 点的已知弯矩和铰点 E 弯矩为零直接连线并延伸至 D 端得到。CD 段的弯矩图可直接绘出，而 AD 杆 D 端的弯矩可由结点 D 的力矩平衡（图 3-29a）进一步求得：$M_{DA}=qa^2$（右侧受拉）。最后就剩 AD 杆的图形。

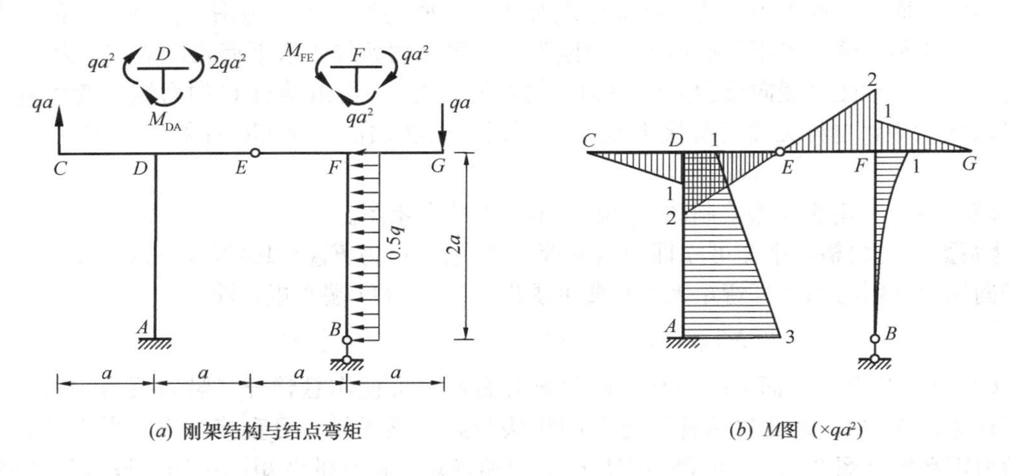

图 3-29　例 3-10 图

由整体结构的水平平衡得知 AD 杆的剪力 $F_{QAD}=-qa$，故知该杆弯矩图的斜率为 qa，且由基线沿锐角转至弯矩图线为逆时针（参见表 3-1），据此由 D 端的弯矩竖标可绘出该杆的完整图形。整个刚架的弯矩图如图 3-29b 所示。

3-4 静定平面桁架

3-4-1 结构形式及分类

桁架是由直杆相互铰接而成的几何不变体系，其最小结构单元一般为铰接三角形单元。当只受结点荷载作用时，桁架杆件均为仅受轴向力的二力杆。由于只受轴力，能够充分发挥材料性能，故桁架成为许多大型结构，如桥梁（图 1-4）、屋架(图 3-30)、超高层建筑加强层等的常用结构形式。

作为结构计算简图的**理想桁架**，实际上是对工程中以受轴力为主的直杆体系的一种简化。该简化主要基于以下几个假设：

（1）桁架的结点都是光滑的铰结点；

（2）各杆的轴线均为直线，且都通过光滑铰的中心；

（3）荷载和支座反力都作用在结点之上。

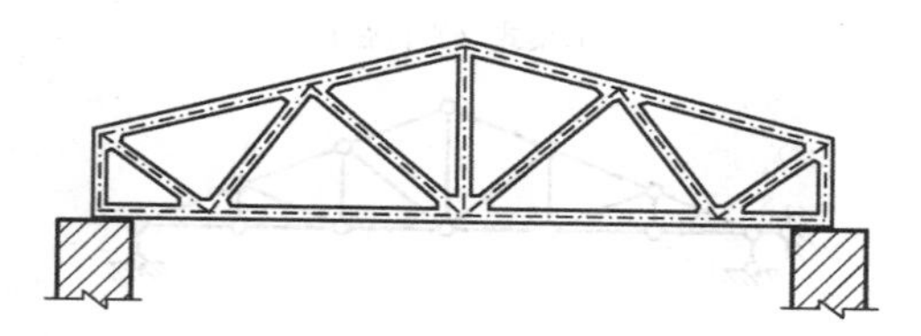

(*a*) 屋架结构示意图

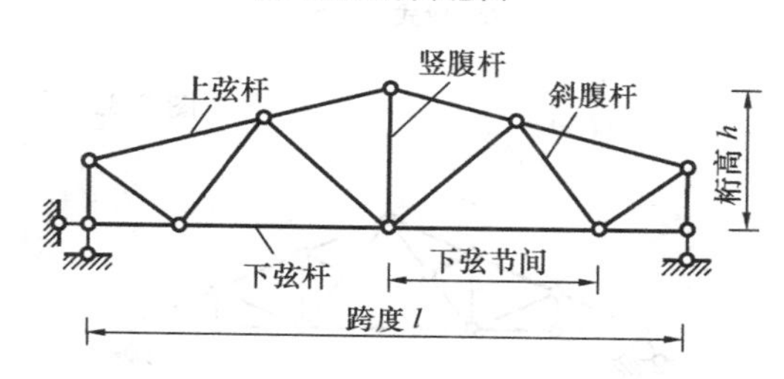

(*b*) 计算简图及名称

图 3-30 屋架结构及计算简图

实际工程中的桁架并不完全符合上面的几个假设。例如实际结构的结点连接常用焊接、螺栓连接或铆接，具有一定的传递弯矩的能力；杆件除受结点荷载外，还会受到自重等非结点荷载的作用。但是实践表明，对于自重较轻、且以承受结点荷载为主的直杆体系，按理想桁架计算得到的内力就属**主要内力**，而由不满足上述假设所产生的内力则属**次要内力**，一般可以忽略。

平面桁架按其外形分类，可分为**平行弦桁架**、**折弦桁架**和**三角形桁架**（图 3-31*a*、*b*、*c*）；按照竖向荷载作用下是否产生水平推力，可分为**无推力桁架**或**梁式桁架**（图 3-31、图 3-32*a*）和**有推力桁架**或**拱式桁架**（图 3-32*b*）。桁架杆件依其所在位置的不同，可分为**弦杆**和**腹杆**两类（图 3-30*b*）。弦杆又有**上弦杆**和**下弦杆**之分，腹杆有**竖杆**和**斜杆**之分。弦杆上两相邻结点之间的区间称为**节间**，其间距称为节间长度。两支座间的水平距离称为**跨度**；支座连线到桁架最高点的距离称为**桁高**。

工程中常用的平面桁架一般并不是单榀受力，而是至少由两榀相邻主桁架通过横梁、纵梁及斜撑等相互连接而成共同受力的（参见图 1-4）。作用于桁架结构上的竖向荷载一般先由纵梁传给横梁，再由横梁传至主桁架的结点之上。纵、横梁的支承方式可简化为简支，同时忽略主桁架之间横向支撑的作用力。这样的构造及传力方式使得主桁架的实际受力与上述假设（3）的情况基本接近。

静定平面桁架按其几何组成方式的不同，可分为以下三类：

（1）**简单桁架**。由基础或一个基本铰接三角形依次增加二元体而组成的桁架（图 3-31）。

（2）**联合桁架**。由几个简单桁架按两刚片或三刚片规则联合组成的桁架（图 3-32）。

（3）**复杂桁架**。不按上述两种方式组成的其他类型静定桁架（图 3-33）。

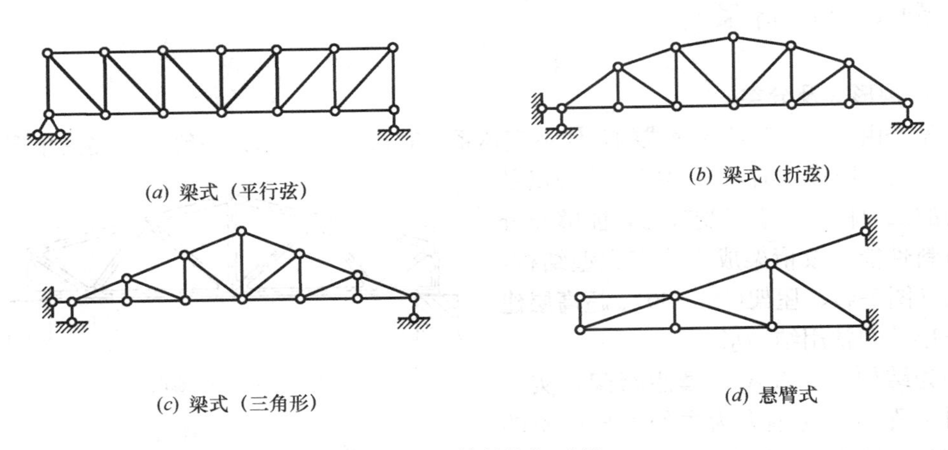

(*a*) 梁式（平行弦）　(*b*) 梁式（折弦）

(*c*) 梁式（三角形）　(*d*) 悬臂式

图 3-31　简单桁架示例

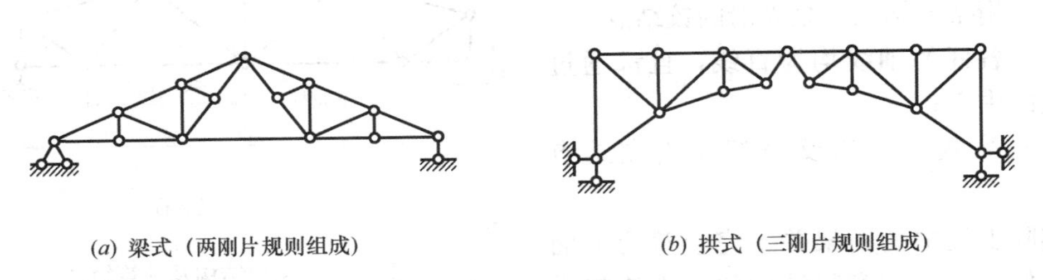

(*a*) 梁式（两刚片规则组成）　(*b*) 拱式（三刚片规则组成）

图 3-32　联合桁架示例

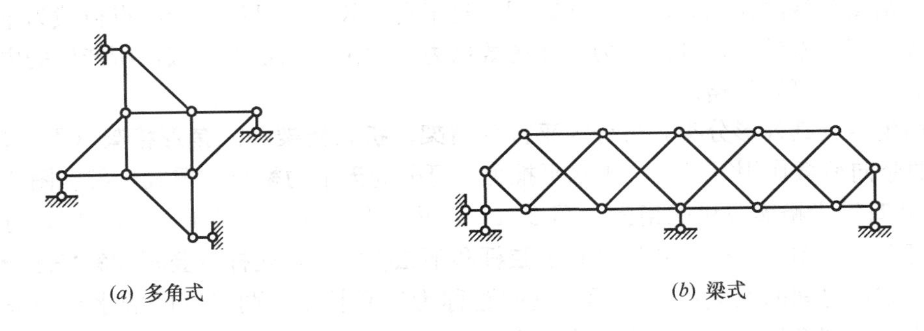

(*a*) 多角式　(*b*) 梁式

图 3-33　复杂桁架示例

3-4-2　结点法

静定桁架内力分析的一般步骤是先求支座反力（对悬臂部分也可先不求反力），再计算杆件内力。根据所截取的隔离体的不同，杆件内力的计算方法可分为结点法和截面法。如果所截取的隔离体只包含一个结点，则称为**结点法**；包含多个结点，就称为**截面法**。这两种方法经常联合起来使用。本小节讨论结点法。

桁架杆件均为二力杆，作用于桁架任一结点上的各力（包括荷载、反力和杆件内力）组成一平面汇交力系，因此对应每个结点均可列出两个独立的平衡方程。根据第 2 章计算自由度的概念，静定桁架的杆件总数（含支座链杆）正好等于两倍的结点总数，也就是说其独立平衡方程的数目恰好等于全部杆件（含支座链杆）的数目。这样，对于任一静定桁架，运用结点法建立并求解联立方程，总可以解出所有的反力和内力。这种方法对于计算机分析并无不妥，但用于手算或定性分析就会变得困难。

为避免求解二元以上的联立方程，我们希望每取一个结点，其上的未知力都不超过两个。简单桁架是从一个基本铰接三角形开始，依次增加二元体组成的，那么从最后一个二元体所在的结点出发，按照相反的顺序选取结点，显然就可以满足我们希望的条件。

【例 3-11】 试用结点法计算图 3-34*a* 所示桁架各杆的轴力。

【解】 该桁架是由基础开始，逐个增加二元体 *ADB*、*ACD*、*AFD* 和 *CEF* 而组成的简单桁架，故内力分析时可按 *E*、*F*、*C*、*D* 的顺序逐个截取结点进行计算。

对结点 *E*（图 3-34*b*），根据水平投影平衡，有

$$\sum F_x=0: 10+F_{NEF}=0, F_{NEF}=-10\text{kN}$$

由$\sum F_y=0$，得

$$F_{NEC}=0$$

再看结点 *F*（图 3-34*d*），其中 *EF* 杆的轴力已按实际指向标出，故数值为正（若按拉力标出，则数值为负）。根据该结点的水平和竖向投影平衡，并利用图 3-34*f* 中的相似三角形，有

$$\sum F_y=0: \quad (F_{NFA}+F_{NFD})\times\frac{3}{\sqrt{10}}=0, F_{NFA}=-F_{NFD}$$

$$\sum F_x=0: \quad (F_{NFD}-F_{NFA})\times\frac{1}{\sqrt{10}}+10=0$$

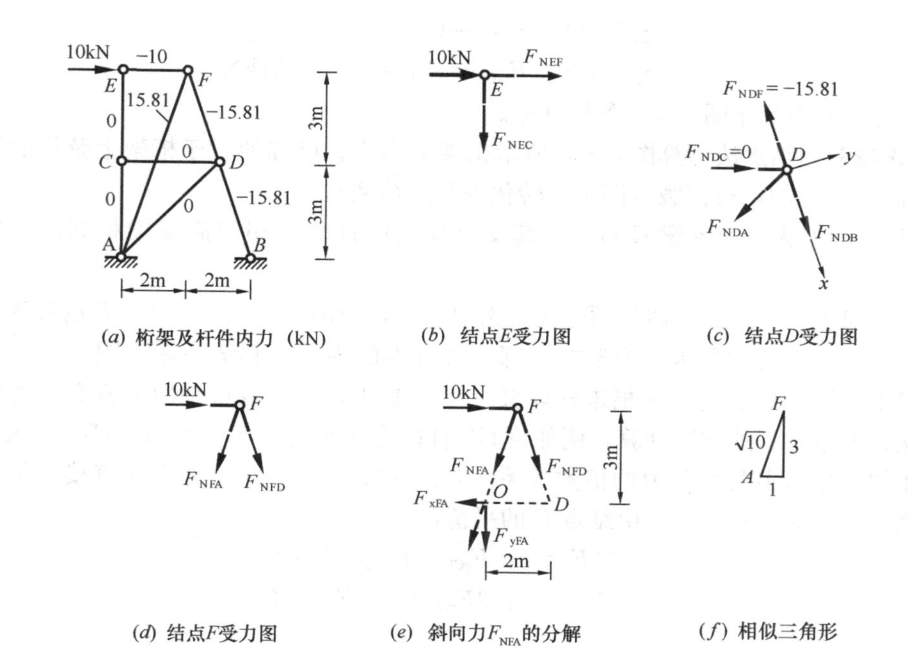

(*a*) 桁架及杆件内力（kN）　(*b*) 结点*E*受力图　(*c*) 结点*D*受力图

(*d*) 结点*F*受力图　(*e*) 斜向力F_{NFA}的分解　(*f*) 相似三角形

图 3-34　例 3-11 图

式中斜杆内力与分力之间的关系同梁式斜杆一样（参见例 3-6、3-7），仍运用相似三角形的比例关系写出，这是梁式和桁式斜杆内力计算的基本技能之一。解上述方程得

$$F_{NFD}=-5\sqrt{10}\approx-15.80kN, F_{NFA}=5\sqrt{10}\approx15.81kN$$

在结点法中，会遇到类似结点 F 两个未知力都是斜向力（即两杆均为斜杆）的情况。为避免求解联立方程，可采用以下将投影方程转化为力矩方程的计算方法：

将一个未知力在其作用线的适当位置分解，取其中一个分力与另一未知力作用线的交点为矩心，由力矩平衡求出另一分力。具体到结点 F，可将 F_{NFA} 在其作用线与 C、D 连线的交点 O 处分解为水平和竖向分力（图 3-34e），然后由

$$\sum M_D=0: F_{yFA}\times2-10\times3=0$$

解得

$$F_{yFA}=15kN$$

于是

$$F_{NFA}=15\times\frac{\sqrt{10}}{3}\approx15.81kN$$

另一杆的内力可根据投影平衡进一步求出，得到的计算结果与前一方法相同。

下面考察结点 C。利用水平和竖向平衡条件，可知另两杆 CA 和 CD 的轴力均为零，即

$$F_{NCA}=0, F_{NCD}=0$$

最后考虑结点 D。该结点的 DF 和 DB 杆位于同一直线上，且已知 CD 杆内力为零，故可分别取 FDB 方向和垂直于 FDB 的方向为投影轴（图 3-34c），根据两方向的投影平衡，

$$\sum F_y=0: F_{NDA}=0$$

$$\sum F_x=0: F_{NDB}=F_{NDF}=-15.81kN$$

桁架各杆内力标于图 3-34a 各杆杆旁。

【例 3-12】 用结点法计算图 3-35a 所示桁架的内力。已知架设于桁架上弦杆的纵梁之上作用有 1kN/m 的均布荷载（图中已转化为结点荷载）。

【解】 该桁架为一简支梁式桁架，其支座反力的计算与相应简支梁相同，结果见图 3-35a。

按照几何组成撤除二元体的顺序逐个选取结点，即按 A、C、D、E、F 的顺序，如图 3-35b～e 所示，便可顺利求出桁架左半部分各杆件的内力，其结果标于图 3-35f 各杆杆旁。这当中，结点 C 上包含两根未知斜杆（参见图 3-35c），故可采用上例介绍的将投影方程转化为力矩方程的方法计算，例如将 CE 杆内力在 E 点分解，再由 $\sum M_D=0$ 求得；也可根据相似三角形中两个分力的倍数关系（$F_{xCD}=3F_{yCD}$，$F_{xCE}=1.5F_{yCE}$ 直接列平衡方程解得。这里采用后一种方法，由结点 C 的平衡，有

$$\sum F_y=0: F_{yCD}-F_{yCE}+4.5=0$$

$$\sum F_x=0: 3F_{yCD}+1.5F_{yCE}=0$$

解得

$$F_{yCE}=3kN, F_{yCD}=-1.5kN$$

再利用相似三角形的对应关系，可得两杆轴力：

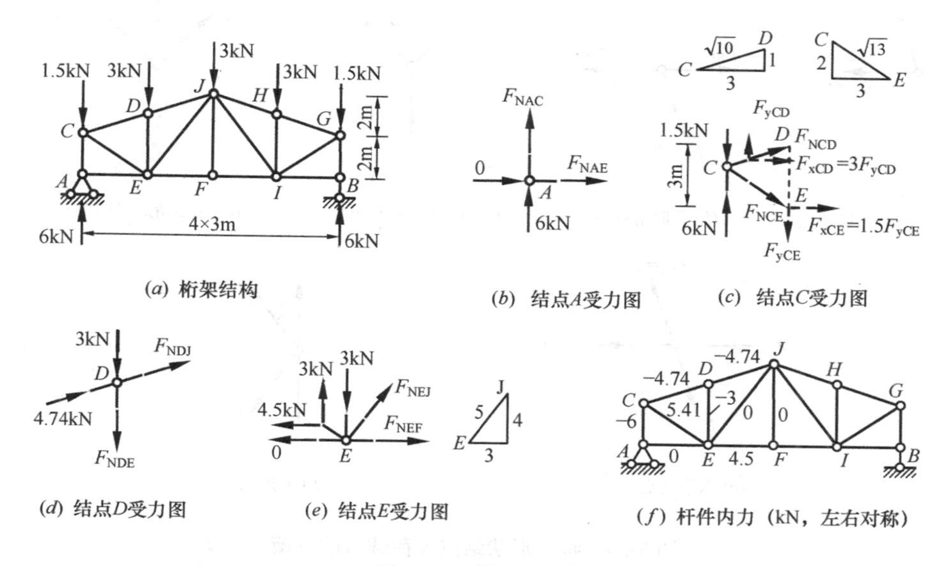

图 3-35　例 3-12 图

$$F_{NCE}=3\times\frac{\sqrt{13}}{2}=5.41\text{kN},\quad F_{NCD}=-1.5\times\sqrt{10}\approx-4.74\text{kN}$$

桁架右半部分的内力从结点 B 开始，再按 G、H、I 的顺序计算，即可很快获得结果。注意到右半部分的结构体系及荷载情况与左半部分对称（水平支座链杆虽不具对称性，但其反力为零，故不影响对称性），因此容易发现桁架内力也是对称的。这说明对称结构在对称荷载作用下，其内力具有对称性。该结论具有普遍性，关于对称性的进一步讨论参见第 4-2 节所述。

结点法计算中，常会遇到一些特殊形状（如 L 形、T 形、Y 形、X 形、K 形）的结点。利用这些结点的特殊平衡关系（读者可自行验证），往往可以简化结构计算。

(1) L 形结点（图 3-36a）：成 L 形汇交的两杆结点上若无荷载作用，则这两杆内力都为零，即皆为**零杆**。

(2) T 形结点（图 3-36b）：成 T 形汇交的三杆结点上若无荷载作用，则非共线的一杆必为零杆，而共线的两杆内力相等且正负号相同（即同为拉力或压力）。

(3) Y 形结点：成 Y 形汇交的三杆结点上若无荷载作用（图 3-36c），则两斜杆内力相等、正负号相同，且这两杆沿另一杆作用线方向的分力之和等于另一杆内力。若两斜杆与中间杆位于同一侧（图 3-36d），则上述关系仍成立，只是斜杆与中间杆的正负号相反。

(4) X 形结点（图 3-36e）：成 X 形汇交的四杆结点上若无荷载作用，则彼此共线的两杆内力相等且正负号相同。

(5) K 形结点（图 3-36f）：成 K 形汇交的四杆结点上若无荷载作用，则非共线的两杆内力相等且正负号相反（即一杆为拉力而另一杆为压力）。

回顾此前讨论的例 3-11 所示桁架（重绘于图 3-37），如果采用先判断零杆，再求非零杆的方法，则可明显简化结构计算。首先可将结点 E 视为一 T 形结点（外力视作另一共线杆的作用力），这样就可立即判定 EC 杆为零杆。于是结点 C 便退化为一 L 形结点，另

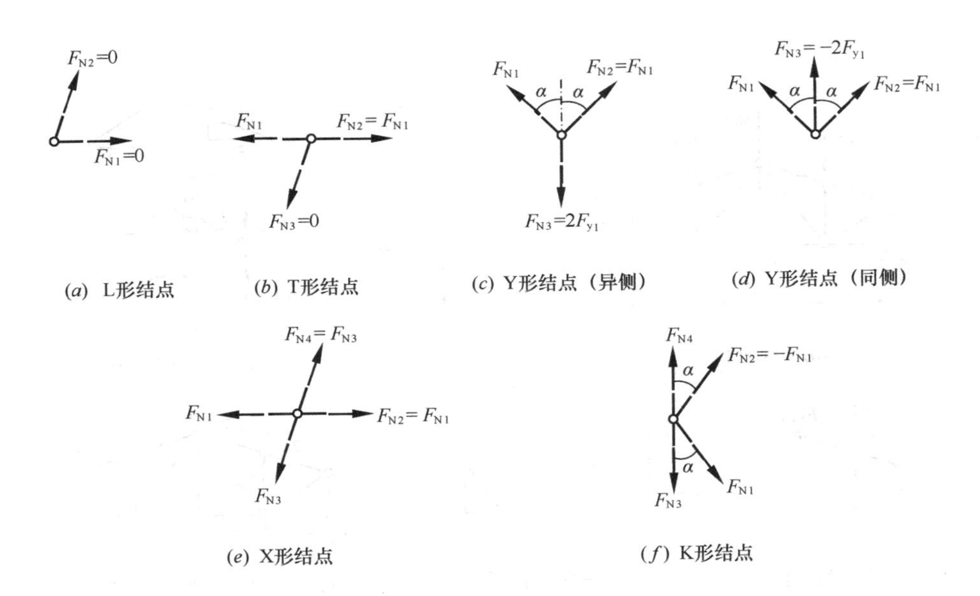

(*a*) L形结点　(*b*) T形结点　(*c*) Y形结点（异侧）　(*d*) Y形结点（同侧）

(*e*) X形结点　(*f*) K形结点

图 3-36　特殊形状结点无荷载时的平衡

两杆均为零杆；进而结点 D 退化为一 T 形结点，AD 杆为零杆。所有零杆已在图 3-37 中用虚线标出，最后就剩 4 根非零杆（图中实线杆），大大简化了计算。

又如要确定图 3-38 所示桁架的零杆，首先考察结点 1、3、5、7、13、14。容易看出它们都是 T 形结点，且无荷载作用，故其上各非共线杆均为零杆。进而结点 8、9、10、11 也转化为 T 形结点，其上剩余一根非共线杆都为零杆；最后判定结点 6 上一根竖杆也为零杆。桁架全部零杆已在图 3-38 中用虚线标出。

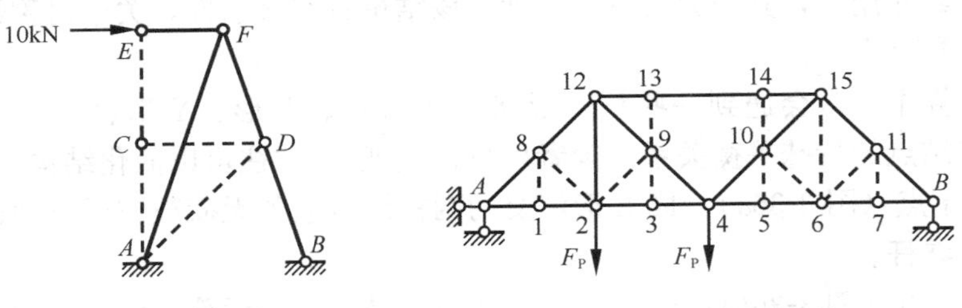

图 3-37　零杆判断示例一　　图 3-38　零杆判断示例二

另一方面，如果 L 形结点、T 形结点上还有结点荷载作用，那么 L 形结点的两杆、T 形结点的非共线杆的内力均可直接求得。例如图 3-39*a* 所示桁架，我们可以从结点 C 开始，得到 $F_{NCD}=1\text{kN}$，这样结点 D 便成为 T 形结点，可求得 DH 杆的内力。具体可用两种方法计算：一种是沿垂直于 BE 连线的坐标轴上取投影方程，但在本例中，各力与投影轴的几何关系不易确定，故这里采用第二种方法，即例 3-11 中用过的将投影方程转化为力矩方程的方法。如图 3-39*b* 所示，将 DH 杆的轴力在 H 点分解，据$\sum M_B=0$，有

$$F_{xDH}\times 3a-1\times a=0,\ F_{xDH}=\frac{1}{3}\text{kN}$$

$$F_{NDH}=\frac{1}{3}\times\sqrt{5}=\frac{\sqrt{5}}{3}\approx 0.75\text{kN}$$

有了 DH 杆的内力，结点 H 就成为一 L 形结点，其上两杆内力便可很快确定，而其他杆件的内力也变得迎刃而解。整个桁架的内力标于图 3-39c 中。

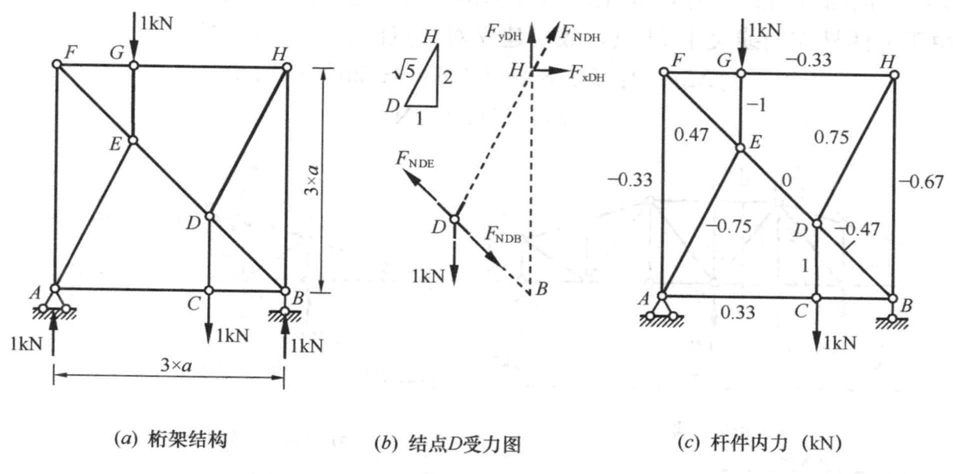

(a) 桁架结构　　(b) 结点D受力图　　(c) 杆件内力（kN）

图 3-39　特殊结点有荷载作用时的计算示例

3-4-3　截面法

截面法是用适当的截面将包括拟求杆件在内的相关杆件切开，取出桁架中的一部分（至少包含两个结点）进行内力计算的方法。通常情况下，作用于所截取的隔离体上的各力组成一平面一般力系，故对该隔离体可建立三个独立的平衡方程。于是，若隔离体上的未知力不超过三个，则利用三个方程就可将其全部解出。

具体计算时，如果三个未知力中有两个力的作用线交于一点，那么利用对该交点的力矩平衡就可顺利求出第三个未知力，从而避免求解联立方程。同理，若三个未知力中有两个相互平行，则利用沿垂直于这两杆方向的投影平衡方程就可求得第三个未知力。通常我们称前一方法为**力矩法**，而后一方法为**投影法**。例如图 3-40a 所示悬臂桁架，为求上弦杆 57 的内力，可用Ⅰ-Ⅰ截面切开并取右侧部分为隔离体（图 3-40b），利用对结点 6 的力矩平衡，即$\sum M_6=0$ 可求出该杆内力。为求竖腹杆 67 的内力，用Ⅱ-Ⅱ截面取出右侧部分（图 3-40c），利用竖向投影方程$\sum F_y=0$ 可求得此杆内力。

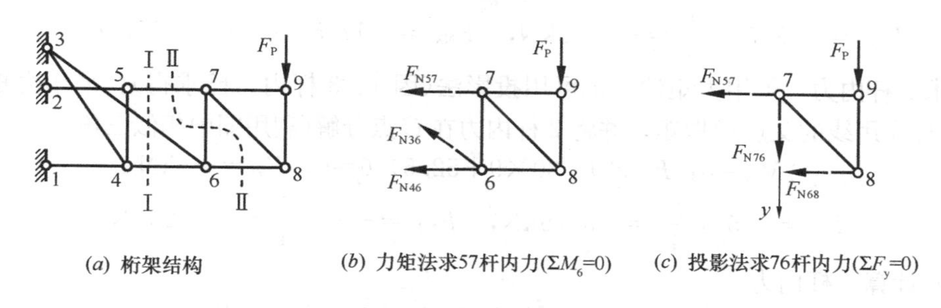

(a) 桁架结构　　(b) 力矩法求57杆内力($\Sigma M_6=0$)　　(c) 投影法求76杆内力($\Sigma F_y=0$)

图 3-40　截面法列平衡方程示例

【例 3-13】图 3-41a 所示桁架，已知连接于左半跨下弦结点的纵梁上作用有均布荷载 10kN/m，试用截面法计算 1、2、3、4 杆的内力。

【解】均布荷载作用下，桁架的传力方式与图 3-41c 相应简支梁的传力方式一致。纵梁传至桁架结点上的荷载如图 3-41a 所标示，图中略去了直接传至支座的荷载。

(1) 计算 1、2、3 杆内力

用Ⅰ-Ⅰ截面将桁架切开，取左侧部分为隔离体，参见图 3-41b 所示。先看 1 杆内力 F_{N1}，由于另两杆作用线交于 H 点，故可建立对该点的力矩方程，即

$$\sum M_H=0: F_{N1}\times 4=52.5\times 6-30\times 3=225 \tag{a}$$

解得：

$$F_{N1}=56.25\text{kN}$$

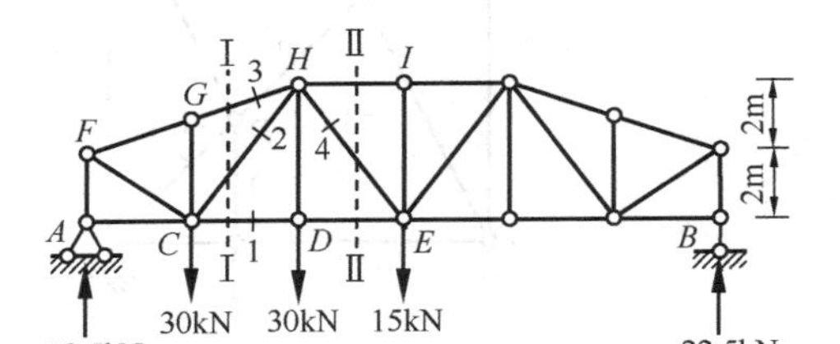

(a) 桁架结构

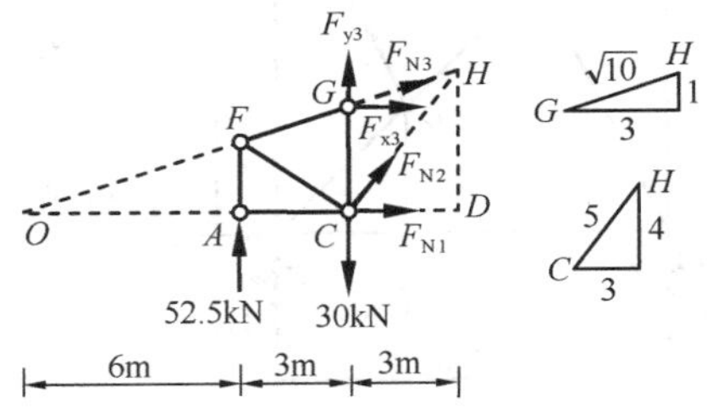

(b) 截面Ⅰ-Ⅰ左侧受力图

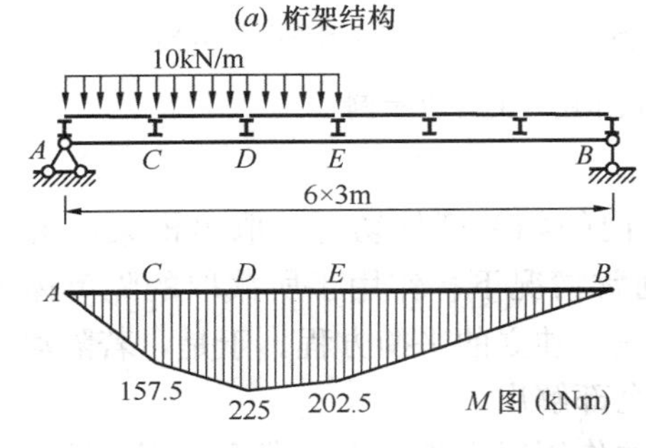

(c) 相应简支梁及弯矩图

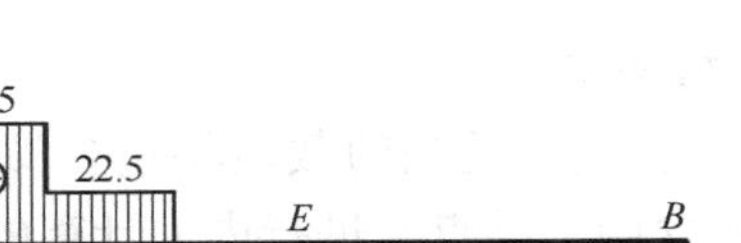

(d) 相应简支梁剪力图

图 3-41　例 3-13 图

再考察 3 杆。该杆为一斜杆，故用力矩法计算时，可将杆件内力在其作用线的适当位置（如 G 点）分解，再列出力矩方程。各分力与内力间的相互关系宜根据图中相似三角形的比例关系确定。据此有

$$\sum M_C=0: F_{x3}\times 3+52.5\times 3=0, \ F_{x3}=-52.5\text{kN}$$

$$F_{y3}=-52.5\times\frac{1}{3}=-17.5\text{kN}, \quad F_{N3}=-17.5\times\sqrt{10}\approx -55.34\text{kN}$$

为求 2 杆内力，可用力矩法，也可用投影法(因 1、3 杆内力已求得)。采用力矩法时，对 1、3 杆作用线的交点 O 取矩，并将 2 杆内力在 C 点分解(利用图中相似三角形)，得

$$\sum M_O=0: F_{y2}\times 9-30\times 9+52.5\times 6=0, \ F_{y2}=-5\text{kN}$$

$$F_{x2}=-5\times\frac{3}{4}=-3.75\text{kN}, \quad F_{N2}=-5\times\frac{5}{4}=-6.25\text{kN}$$

(2) 计算 4 杆内力

用Ⅱ-Ⅱ截面将桁架切开，并取右侧部分分析（图 3-41a）。考虑到所切断的另两杆均为水平杆，故用竖向投影平衡进行计算，即

$$\sum F_y=0: F_{y4}=15-22.5=-7.5\text{kN}$$

$$F_{N4}=-7.5\times\frac{5}{4}=-9.375\text{kN}$$

（3）讨论

对比求得的各杆内力与相应简支梁对应截面的弯矩和剪力(图 3-41c、d)，容易发现下弦杆 1 的内力恰好等于相应简支梁在矩心 H(或 D)点的弯矩 M_D^0除以 H 点的高度 h，即

$$F_{N1}=\frac{M_D^0}{h} \tag{b}$$

该式实际上也可从前述 1 杆内力的计算式（a）中得到体现，因为该式等号右边的部分就等于简支梁在 D 截面的弯矩 M_D^0。而简支梁在竖直向下荷载作用下的跨内弯矩均为下侧受拉的正弯矩，故从上式得知简支桁架的下弦杆受拉。

同样可发现，上弦杆 3 的水平分力正好等于简支梁在矩心 C 点的弯矩 M_C^0 除以 G 点高度 h_G，再取负号，即

$$F_{x3}=-\frac{M_C^0}{h_G} \tag{c}$$

将上式写成该杆内力的表达式，有

$$F_{N3}=-\frac{M_C^0}{r_C} \tag{d}$$

式中 r_C为矩心 C 到 3 杆内力作用线的距离，也即内力对矩心的力臂。由上式可见，在竖直向下的荷载作用下，简支桁架的上弦杆为压杆。

再看斜腹杆 4，容易发现该杆竖向分力恰好等于简支梁同一节间的剪力，且分力的指向与剪力指向一致。据此规律可以判断某一节间的腹杆究竟是拉杆还是压杆。

工程中常用桁架代替负荷或跨度较大的受弯杆承载。从上面的讨论中得知，此时桁架上、下弦杆的内力（或其跨向分力）正好一负一正，形成一个力矩，以抵抗荷载和反力引起的跨内弯矩；斜腹杆的水平分力也会起到部分的抗弯作用。节间的斜腹杆和结点处的竖腹杆主要起跨内的抗剪作用；如果弦杆为斜杆，则也会参与部分抗剪作用。

【例 3-14】 图 3-42a、b、c 为具有相同跨度和桁高的三种简支桁架：平行弦桁架、抛物线形折弦桁架和三角形桁架。试用截面法比较在下弦

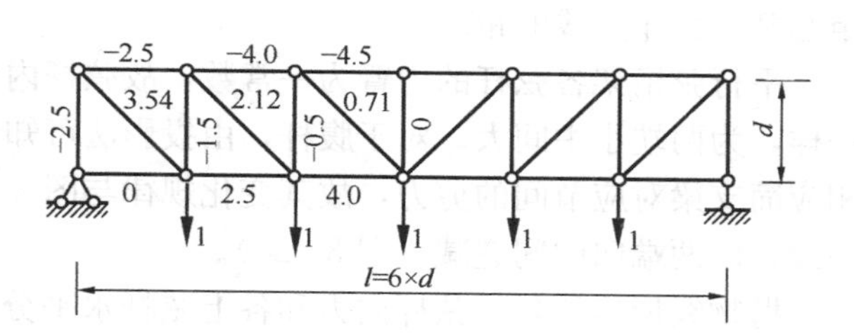

(a) 平行弦桁架

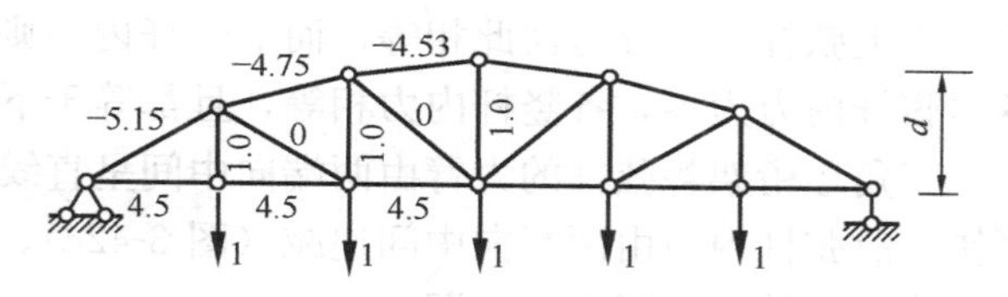

(b) 折弦（抛物线形）桁架

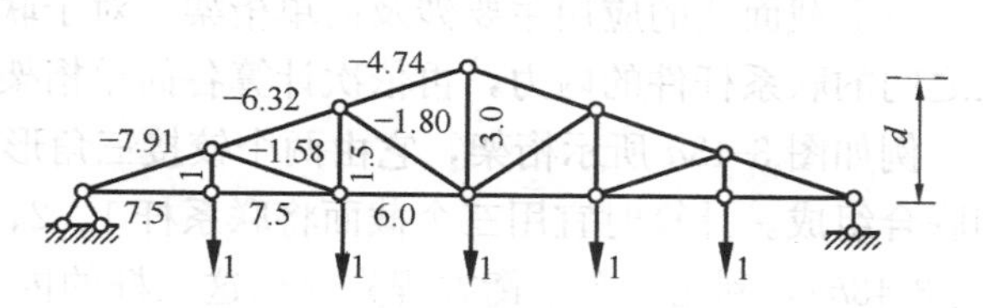

(c) 三角形桁架

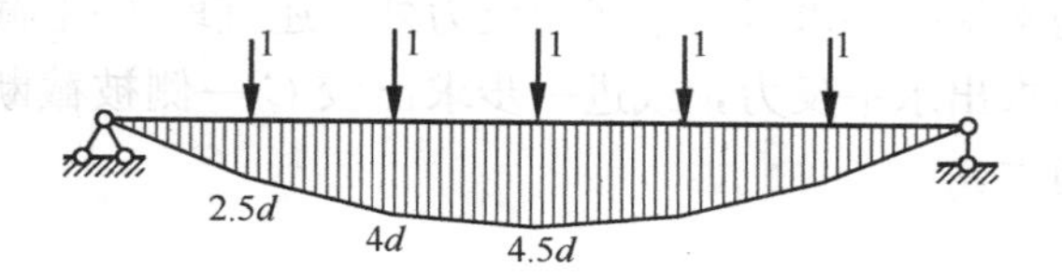

(d) 相应简支梁弯矩图

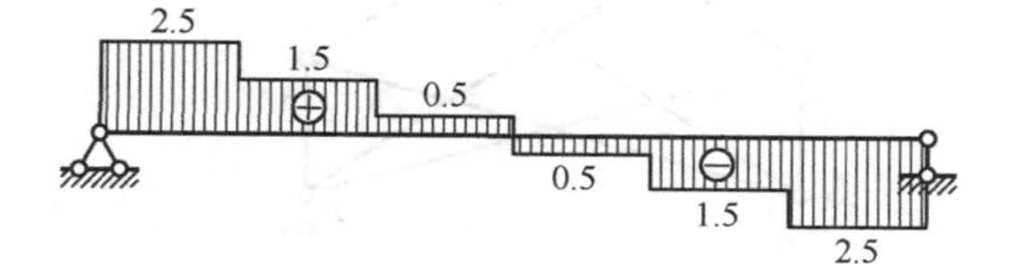

(e) 相应简支梁剪力图

图 3-42　例 3-14 图（除标明外内力值左右对称）

均布荷载作用下各杆内力的变化规律。

【解】 竖向均布荷载作用下，传至桁架下弦中间结点上的荷载大小相等，故为方便起见，设这些力均为单位力（图 3-42a）。

根据上一例的讨论，简支梁式桁架上下弦杆的内力与相应简支梁某一截面弯矩的关系为

$$F_{\mathrm{N}}=\pm\frac{M^{0}}{r} \tag{3-6}$$

式中 M^0 为相应简支梁与矩心对应点的弯矩（参见图 3-42d），r 为内力对矩心的力臂（即矩心到内力作用线的距离）。

平行弦桁架各弦杆的力臂为一常数，故弦杆内力与图 3-42d 中各结点弯矩的变化规律一样，为两端小中间大。对于腹杆，由投影法可知，各竖杆内力及斜杆竖向分力分别等于相应简支梁对应节间的剪力，故其变化规律与图 3-42e 相应简支梁各节间剪力的变化规律一致，由两端向中间递减（图 3-42a）。

抛物线形桁架各下弦杆内力和各上弦杆水平分力对矩心的力臂就等于各竖杆的长度，而该长度与图 3-42d 各结点弯矩竖标的抛物线变化规律一致。因此，各下弦杆内力彼此相等；各上弦杆水平分力彼此相等，而上弦杆内力则接近相等。另据水平和竖向投影平衡，各斜腹杆内力为零，各竖杆内力相等，且都等于下弦结点上的荷载（图 3-42b）。

三角形桁架各弦杆的力臂由两端向中间呈直线递增，其增速比相应简支梁弯矩的增速更快，故弦杆内力由两端向中间递减（图 3-42c）。而腹杆内力根据截面法计算结果得知，他们均由两端向中间递增（图 3-42c）。

以上截面法的应用主要涉及简单桁架。对于联合桁架，一般先求出相互联合的简单桁架之间的联系杆件的内力，再依次计算各简单桁架的内力。

例如图 3-43a 所示桁架，它由两个铰接三角形 AEF 和 BCD 用 1、2、3 杆按两刚片规则联合组成。计算时宜用三个截面将联系杆 1、2、3 切开，取出其中一个三角形为隔离体（图 3-43b），利用三个平衡方程先求出这三杆的内力，再计算各三角形杆件的内力。又如图 3-44 所示桁架是由两个简单桁架与基础间按三刚片规则组成的。计算时除了由整体结构的平衡条件求得两个竖向反力外，还宜取Ⅰ-Ⅰ截面左侧（或右侧）部分对铰 C 的力矩平衡求出水平反力，或进一步求出铰 C 一侧被截断两杆的内力，然后计算每个简单桁架的内力。

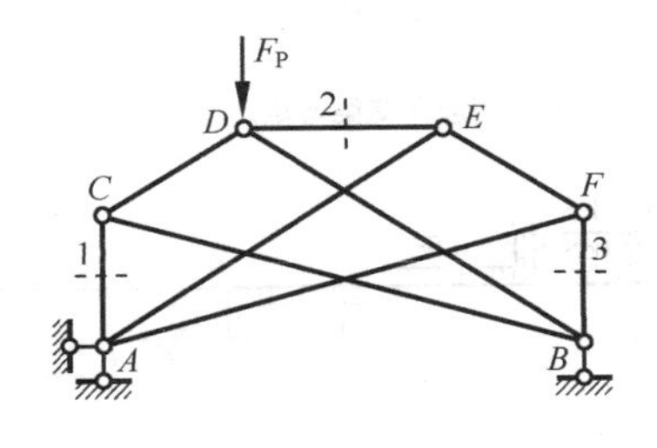

(a) 桁架

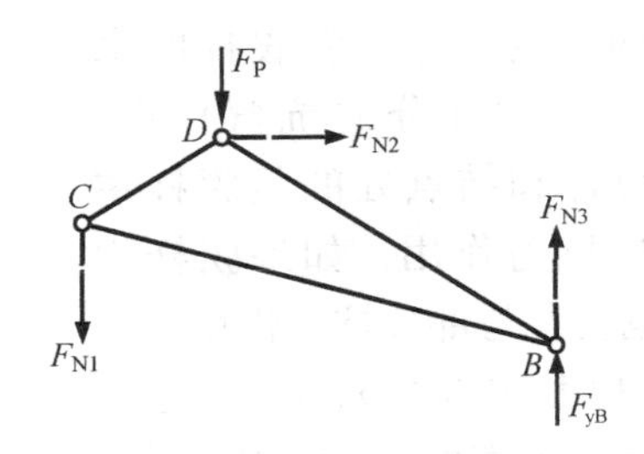

(b) 取出的简单桁架

图 3-43　联合桁架截面法示例一（两刚片规则组成）

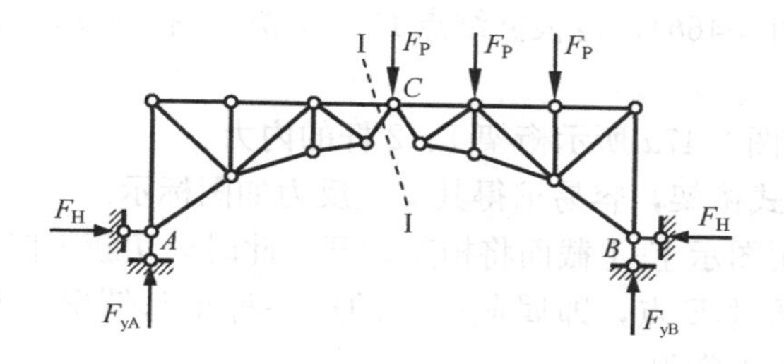

图 3-44 联合桁架截面法示例二（三刚片规则组成）

前面提到，用截面法计算桁架内力时，应尽可能使截断的未知杆件不多于三根，这样三杆内力均可求出。然而，在一些特殊情况下，虽然截断的杆件多于三根，但只要这些杆件中，除一根以外，其余各杆或其作用线均交于一点或全平行，则那根不交于一点或不平行的杆件的内力，仍可由力矩法（对其余各杆的交点取矩）或投影法（沿垂直于其余各杆的方向投影）直接求得。例如图 3-45*a* 和 *b* 中的杆 1 就分属这两种特殊情况。

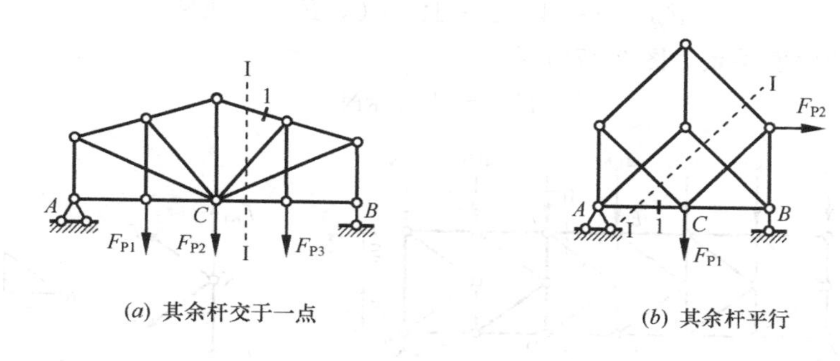

图 3-45 截面法的特殊情况（未知杆多于三根，但一根可解）

3-4-4 结点法与截面法的联合应用

从上面结点法和截面法的讨论中看到，结点法用于确定简单桁架的全部杆件内力时比较有效，用于判断一些特殊结点中的零杆或直接计算结点荷载下这些杆件的内力时有其优越性。而截面法在计算指定杆件的内力，特别是联合桁架中几个简单桁架之间的联系杆件内力时显得较为方便。然而在许多情况下，单用一种方法往往仍显复杂，需要将两种方法联合应用。

例如，欲求图 3-46*a* 所示桁架 1 杆的内力，如果单用结点法，则需从一侧结点 *A* 或 *B* 开始逐个计算，直至结点 *D* 才能求得该内力。而单用截面法，则至少需截取三次隔离体、另计算两根杆件的内力才能获得 1 杆内力。因此宜将两种方法联合，先用Ⅰ-Ⅰ截面和力

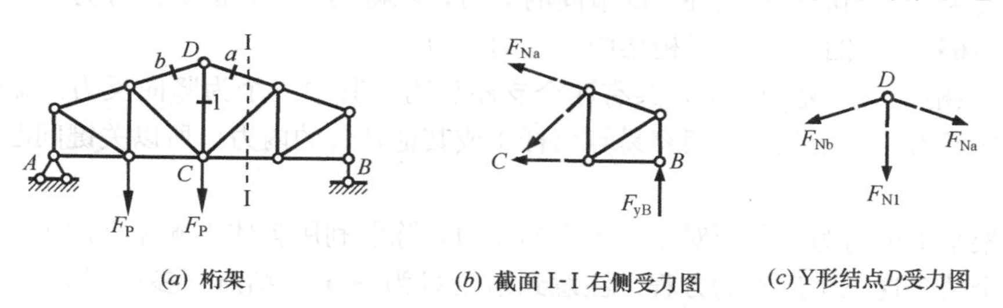

图 3-46 联合法计算桁架示例

矩法求出 a 杆内力（图 3-46b），再根据结点 D 的平衡（图 3-46c，为 Y 形结点）便可很快求得 1 杆内力。

【例 3-15】 试计算图 3-47a 所示桁架 1、2 杆的内力。

【解】 此为简支梁式桁架，容易求得其支座反力如图标示。

为求 1 杆内力，用图示Ⅰ-Ⅰ截面将桁架切开。此时虽切断了四根杆件，但除 1 杆外，其余三杆的作用线均通过 E 点，即属截面法的第一种特殊情况（参见图 3-45a）。据此，由截面左侧部分的力矩平衡得

$$\Sigma M_E = 0: F_{N1} \times 6 - (12 - 2) \times 12 + 4 \times 8 + 4 \times 4 = 0, F_{N1} = 12\text{kN}$$

为求 2 杆内力，用Ⅱ-Ⅱ截面将该杆所在的节间切开。若不用 1 杆的上述结果，则共有四个未知力，故还需补充一个方程。为此考察结点 K 的平衡，如图 3-47b 所示。此为一 K 形结点且无荷载作用，故有（参见图 3-36f）

$$F_{NKD} = -F_{N2}$$

再由截面Ⅱ-Ⅱ右侧部分的竖向投影平衡 $\Sigma F_y = 0$，得

$$2F_{y2} + 4 + 4 + 2 - 12 = 0, \quad F_{y2} = 1\text{kN}$$

由相似三角形的比例关系（图 3-47b）得

$$F_{N2} = 1.67\text{kN}$$

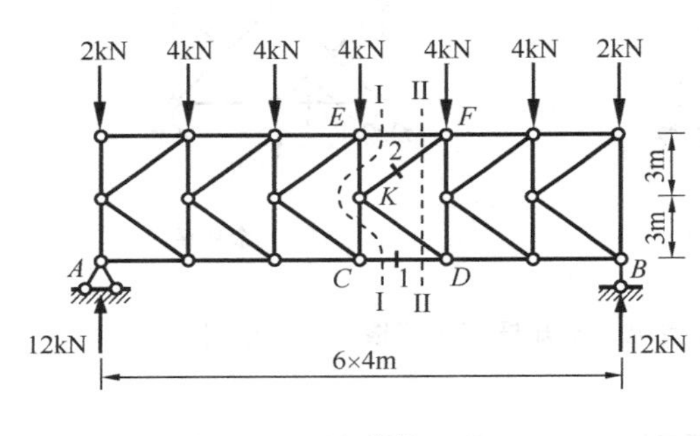

(a) 桁架

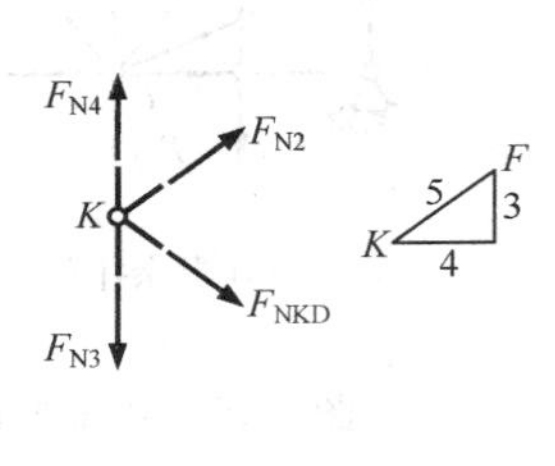

(b) K形结点K受力图

图 3-47　例 3-15 图

2 杆内力还可采用另一种受力概念更清晰的方法求得，即 2 杆与 KD 杆共同承担 CD 节间的剪力，而这两杆又内力等值且反号，故每杆各承担一半。又因 2 杆内力为正时的竖向分力与正向剪力方向相反，故有

$$F_{y2} = -\frac{1}{2}F_{QCD}^0$$

于是，只要求得了相应简支梁在 CD 节间的剪力，就得到了 2 杆的竖向分力。

【例 3-16】 试求图 3-48 所示桁架中杆 1 的内力。

【解】 该桁架为一复杂桁架，共有四个支座反力，其中三个为竖向反力。显然，如果求出了竖向反力，则用截面法很容易算出杆 1 或其他杆件的内力，所以关键问题是先求支座反力。

此桁架水平反力为零，而对于三个竖向反力，除了利用整体平衡建立两个方程外，还需补充一个关于这三个反力的方程。注意到结点 C 为一 Y 形结点（参见图 3-36c，此时竖杆为压力），根据该结点的平衡（图 3-48b），有

$$F_{Nb} = F_{Na}, F_{yC} = -2F_{ya}$$

再由Ⅰ-Ⅰ截面左侧部分对 D 点的力矩平衡，即 $\Sigma M_D = 0$（将 a 杆内力在 C 点分解）可得

$$F_{xa} \times 6 - F_{yA} \times 12 = 0,\text{或} F_{xa} = F_{ya} = 2F_{yA}$$

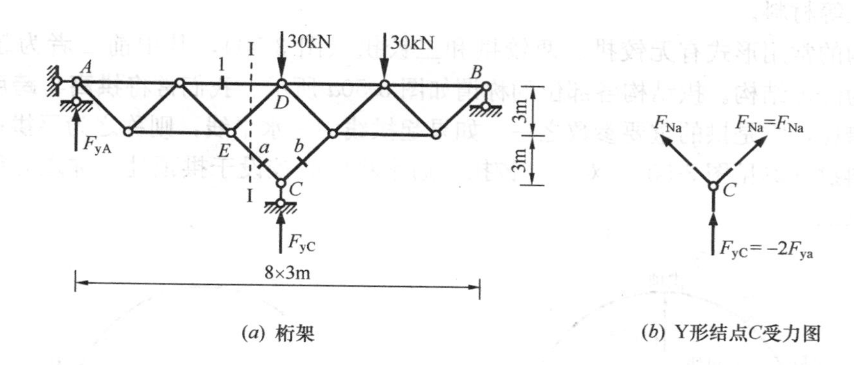

(a) 桁架　　(b) Y形结点C受力图

图 3-48　例 3-16 图

另据整体结构的平衡条件 $\Sigma M_B = 0$，有

$$F_{yA} \times 24 + F_{yC} \times 12 - 30 \times 12 - 30 \times 6 = 0 \text{ 或 } 2F_{yA} + F_{yC} = 45$$

联立上述三式，容易解得

$$F_{yC} = 90\text{kN}(\uparrow), F_{yA} = -22.5\text{kN}(\downarrow)$$

这里括号中为反力实际指向。反力求得后，最后由Ⅰ-Ⅰ截面左侧对 E 点的力矩平衡，即

$$\Sigma M_E = 0: F_{N1} \times 3 - 22.5 \times 9 = 0$$

解得

$$F_{N1} = 67.5\text{kN}$$

3-5　三铰拱

3-5-1　结构形式及特点

拱是由曲杆组成，且除竖向位移外其水平位移也受到约束或限制的结构（参见图 1-15、1-16）。正是由于水平位移受到约束，故在竖向荷载作用下，拱除了产生竖向反力外，还会产生水平**推力**。这一特性正是拱区别于一般曲梁的本质所在（图 3-49），**拱式结**

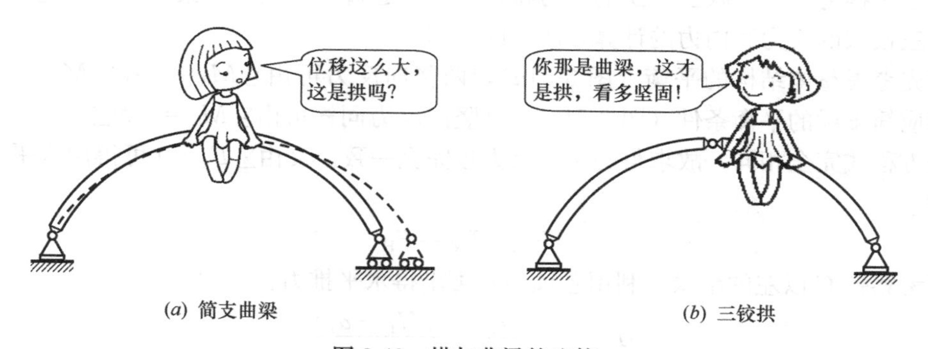

(a) 简支曲梁　　(b) 三铰拱

图 3-49　拱与曲梁的比较

构或**推力结构**也由此得名。水平推力的存在很大程度上抵消了竖向力引起的拱内弯矩，从而使拱成为一种广受欢迎的以受轴压力为主的结构。由于主要承压，故拱截面上的应力分布比较均匀，更能发挥材料作用，并能充分利用一些抗压性能优越且可就地取材的砖、石、混凝土等材料。

拱结构的常用形式有无铰拱、两铰拱和三铰拱（图 3-50），其中前二者为超静定结构，后者为静定结构。拱结构各部位的称谓如图 3-50a 所示。我们常将**拱高**与**跨度**之比称为拱的**高跨比**，它是拱的重要参数之一。如果**起拱线**为一水平线，则称之为**平拱**；若为斜线，则称**斜拱**（参见图 3-53）。对于三铰拱，通常将中间铰设于拱顶处，称之为**顶铰**。本节讨论三铰拱。

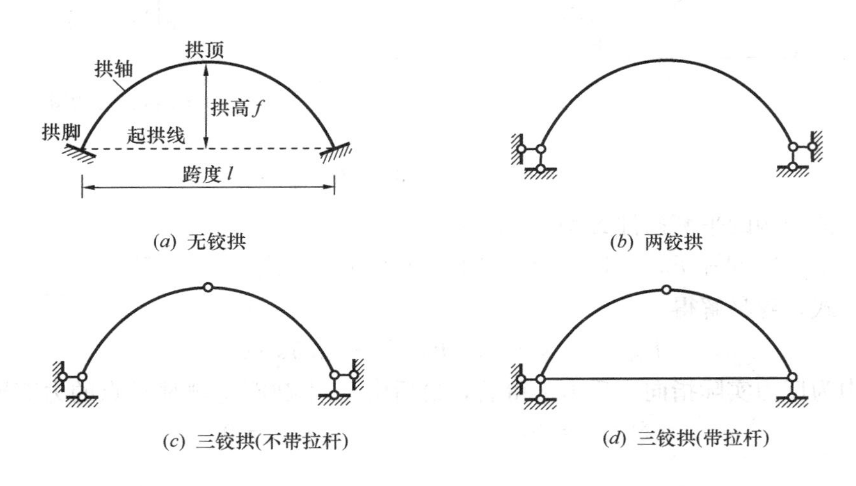

图 3-50　拱结构常用形式

工程中的三铰拱有时需架设于不利承受水平推力的支承面（例如房屋墙、柱、桥梁高墩的顶面）之上。为消除水平推力，通常在两支座间设置拉杆以自平衡该推力，这就是带拉杆的三铰拱，如图 3-50d 所示（两铰拱也可设置类似拉杆，参见第 8 章）。

3-5-2　内力计算

三铰拱是一种静定的拱式结构，其几何组成方式与三铰刚架相同，故支座反力的计算方法与三铰刚架完全一样。以三铰平拱为例（图 3-51a），由整体结构的平衡条件可求得两个竖向反力，并得到两水平推力之间的关系，再由顶铰一侧隔离体对该铰的力矩平衡就能求出水平推力。为反映三铰拱的受力特性，以下通过与相应简支梁对比，讨论竖向荷载作用下三铰拱的反力和内力的计算方法（图 3-51）。

首先考虑整体结构的平衡（图 3-51a），两竖向反力可由$\sum M_B=0$ 和$\sum M_A=0$ 求得。对比相应简支梁的平衡条件（图 3-51c），其竖向反力同样可由$\sum M_B=0$ 和$\sum M_A=0$ 求得，且对应方程式完全相同，故求得的竖向反力也完全一致。又由$\sum F_x=0$ 可得两水平反力相等，即

$$F_{xA}=F_{xB}=F_H$$

再考察铰 C 以左的半拱，利用$\sum M_C=0$ 可求得水平推力：

$$F_H=\frac{F_{yA}l_1-F_P(l_1-a_1)}{f}$$

对比简支梁与拱顶铰 C 对应截面的弯矩 M_C^0，可知上式等号右边的分子就等于弯矩 M_C^0。

根据以上分析，可写出任意竖向荷载作用下三铰拱与相应简支梁对比的反力计算式如下：

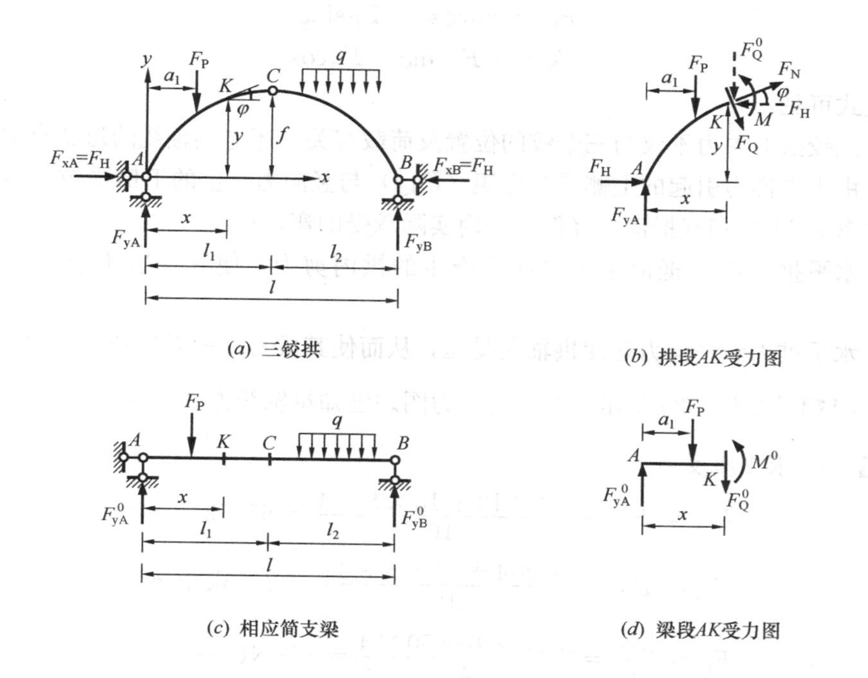

(a) 三铰拱
(b) 拱段AK受力图
(c) 相应简支梁
(d) 梁段AK受力图

图 3-51　竖向荷载下三铰拱与相应简支梁的对比

$$\left.\begin{aligned} F_{yA} &= F_{yA}^0 \\ F_{yB} &= F_{yB}^0 \\ F_H &= \frac{M_C^0}{f} \end{aligned}\right\} \tag{3-7}$$

该式表明，三铰拱的支座反力只与三个铰的位置及荷载有关，而与拱轴线的具体形状无关；在竖向荷载作用下，三铰拱的竖向反力与相应简支梁的反力相等；两水平推力彼此相等，其值与简支梁对应顶铰位置的弯矩成正比，与拱高成反比。显然，拱越高，推力越小。

支座反力求得后，拱上任一截面的内力可利用截面法进一步求出。例如对于任一截面 K，设在图示坐标系下，其所处位置的坐标各为 x、y，拱轴切线的倾角为 φ（按右手法则的转向，即逆时针为正），则该截面内力可由图 3-51b 所示的隔离体求得。利用截面内力计算式，容易获得 K 截面的弯矩为（设以下侧受拉为正）：

$$M = [F_{yA}x - F_P(x - a_1)] - F_H y$$

因 $F_{yA} = F_{yA}^0$，对比相应简支梁截面 K 的弯矩 M^0（图 3-51d），可知上式方括号内的部分即等于 M^0。于是，上式可改写为

$$M = M^0 - F_H y$$

为求 K 截面的剪力和轴力，可先求出截面内力的水平和竖向分力。它们分别等于水平推力 F_H 和相应简支梁 K 截面的剪力 F_Q^0（图 3-51b、d）。将这两个分力沿截面方向和拱

轴方向分解，连同上面的弯矩计算式，可写出竖向荷载作用下三铰拱任一截面的内力计算式为

$$\begin{cases} M = M^0 - F_H y \\ F_Q = F_Q^0 \cos\varphi - F_H \sin\varphi \\ F_N = -F_Q^0 \sin\varphi - F_H \cos\varphi \end{cases} \tag{3-8}$$

由上式可见：

(1) 三铰拱的内力不仅与三个铰的位置及荷载有关，还与拱轴线的形状有关；

(2) 由水平推力引起的上侧受拉弯矩（$F_H y$）与竖向力产生的下侧受拉弯矩（即相应简支梁的弯矩 M^0）相互抵消，降低了拱内实际承受的弯矩；

(3) 水平推力部分抵消了由竖向力产生的拱内剪力，使其一般小于相应简支梁的剪力；

(4) 水平推力和竖向力均使拱轴向受压，从而使其成为一种以受轴压力为主的结构。

【例 3-17】 作图 3-52*a* 所示三铰拱的内力图。已知拱轴线方程为 $y=\frac{4f}{l^2}x(l-x)$。

【解】 (1) 求支座反力

$$F_{yA}=F_{yA}^0=\frac{50\times12+10\times8\times4}{16}=57.5\text{kN}(\uparrow)$$

$$F_{yB}=F_{yB}^0=\frac{50\times4+10\times8\times12}{16}=72.5\text{kN}(\uparrow)$$

$$F_H=\frac{M_C^0}{f}=\frac{57.5\times8-50\times4}{4}=65\text{kN}(\rightarrow\leftarrow)$$

由整体结构的竖向平衡：$\sum F_y=57.5+72.5-50-10\times8=0$，校核反力计算无误。

(2) 求拱截面内力，作内力图

为绘制内力图，可将拱轴沿水平方向分成若干等分，计算各等分点的内力，再将其竖标连成曲线即得内力图形。这里沿水平方向将拱轴分为 8 等分，参见图 3-52*a*。下面以等分截面 2 为例说明内力的计算方法。

根据拱轴线方程，可求得截面 2 的高度和斜率为

$$y_2=\frac{4\times4}{16^2}\times4\times(16-4)=3\text{m}$$

$$\tan\varphi_2=y'_2=\frac{4\times4}{16^2}\times(16-2\times4)=0.5$$

方法一：用截面法直接计算

拱截面的弯矩计算较为简单，可用截面内力计算式直接算得。对于截面 2，有

$$M_2=57.5\times4-65\times3=35\text{kNm}\ （下侧受拉）$$

截面剪力和轴力的计算可用此前多次使用的斜杆的计算方法，即先求出截面内力的水平和竖向分力，再将它们沿截面和杆轴方向分解算得。分力与内力的相互关系仍可采用相似三角形的比例关系，该三角形根据截面斜率很容易得到，参见图 3-52*b*。据此，对截面 2 左侧有

$$F_{Q2}^L=F_{Q21}=57.5\times\frac{2}{\sqrt5}-65\times\frac{1}{\sqrt5}=10\sqrt5\approx22.36\text{kN}$$

$$F_{N2}^{L}=F_{N21}=-57.5\times\frac{1}{\sqrt{5}}-65\times\frac{2}{\sqrt{5}}=-37.5\sqrt{5}\approx-83.85\text{kN}$$

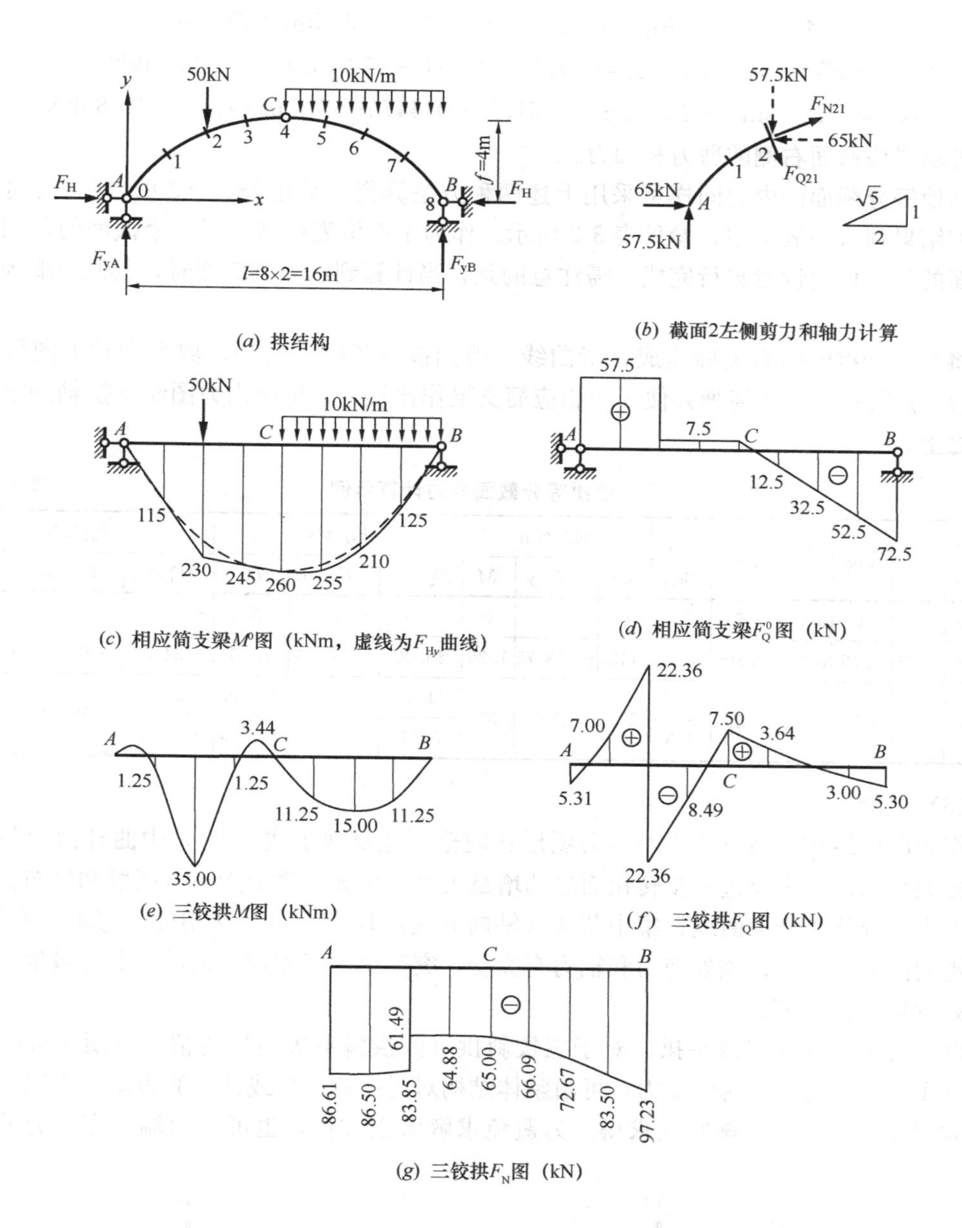

(a) 拱结构

(b) 截面2左侧剪力和轴力计算

(c) 相应简支梁M^0图（kNm，虚线为$F_H y$曲线）

(d) 相应简支梁F_Q^0图（kN）

(e) 三铰拱M图（kNm）

(f) 三铰拱F_Q图（kN）

(g) 三铰拱F_N图（kN）

图 3-52 例 3-17 图

采用同样方法可求得截面 2 右侧的剪力和轴力：

$$F_{Q2}^{R}=F_{Q23}=-10\sqrt{5}\approx-22.36\text{kN}$$

$$F_{N2}^{R}=F_{N23}=-27.5\sqrt{5}\approx-61.49\text{kN}$$

方法二：用公式（3-8）计算

先作出相应简支梁的弯矩图和剪力图（参见图 3-52c、d），再利用与简支梁对比的计算式（3-8）计算。对截面 2 左侧，有

$$M_2 = M_2^0 - F_{\mathrm{H}} y_2 = 230 - 65 \times 3 = 35\mathrm{kNm}(\text{下侧受拉})$$

$$F_{\mathrm{Q21}} = F_{\mathrm{Q21}}^0 \cos\varphi - F_{\mathrm{H}} \sin\varphi = 57.5 \times 0.894 - 65 \times 0.447 = 22.36\mathrm{kN}$$

$$F_{\mathrm{N21}} = -F_{\mathrm{Q21}}^0 \sin\varphi - F_{\mathrm{H}} \cos\varphi = -57.5 \times 0.447 - 65 \times 0.894 = -83.85\mathrm{kN}$$

同理可求得该截面右侧的剪力和轴力。

其他等分截面的内力同样可采用上述两种方法算得。采用公式（3-8）时，可将各项参数和结果列入一表格中，参见表 3-3 所示。作为示例该表仅列出了三个截面的数据，其余截面的计算可由读者自行完成。需注意的是，当计算到右半拱截面时，其倾角取为负的锐角。

将各等分点的内力竖标连成光滑曲线，得到该三铰拱的弯矩、剪力和轴力图如图 3-52e、f、g 所示。为了清晰并便于与相应简支梁作比较，这里将内力图绘于拱轴的水平投影线之上。

三铰拱等分截面内力计算示例 **表 3-3**

截面	x/m	y/m	$\tan\varphi$	$\sin\varphi$	$\cos\varphi$	F_{Q}^0/kN	M/kNm			F_{Q}/kN			F_{N}/kN		
							M^0	$-F_{\mathrm{H}}y$	M	$F_{\mathrm{Q}}^0\cos\varphi$	$-F_{\mathrm{H}}\sin\varphi$	F_{Q}	$-F_{\mathrm{Q}}^0\sin\varphi$	$-F_{\mathrm{H}}\cos\varphi$	F_{N}
0	0	0	1	0.707	0.707	57.5	0	0	0	40.65	−45.96	−5.31	−40.65	−45.96	−86.61
1	2	1.75	0.75	0.600	0.800	57.5	115	−113.75	1.25	46.00	−39.00	7.00	−34.50	−52.00	−86.50
2左	4	3.00	0.50	0.447	0.894	57.5	230	−195	35	51.43	−29.07	22.36	−25.71	−58.14	−83.85
2右						7.5				6.71		−22.36	−3.35		−61.49

（3）讨论

作为曲杆结构，该三铰拱的内力图形状较全面地反映了式（3-4）中曲杆内力与荷载的微分关系以及可由此进一步转化而来的增量关系。例如，拱上无荷载区段和均布荷载区段的内力图线均为光滑曲线；集中荷载（轴向和法向均有分量）作用处，弯矩图有尖角，尖角指向同荷载方向；该处剪力和轴力有突变，突变值等于相应方向的荷载分量值；剪力为零处弯矩有极值等。

以上讨论的均为三铰平拱。对于三铰斜拱（两拱脚不等高）的情况（图 3-53a），其一侧（A 或 B）支座的两个反力，可由整体结构对另一侧（B 或 A）的力矩平衡以及半边结构对顶铰 C 的力矩平衡联立求得。为避免求解联立方程，也可将两端支座反力的合力

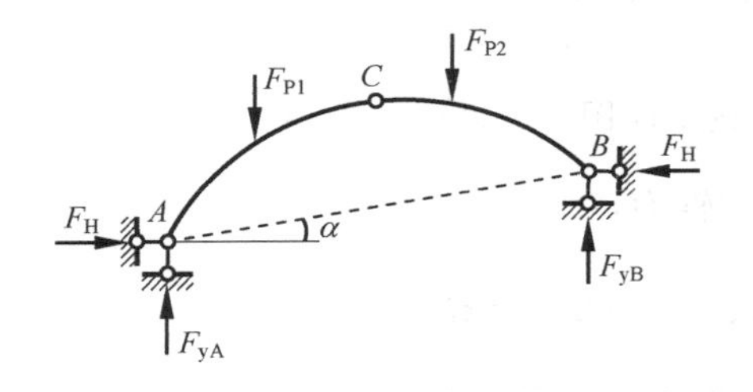

(a) 反力沿水平和竖向分解

(b) 反力沿起拱线方向和竖向分解

图 3-53 斜拱支座反力的计算

改为沿竖向和起拱线方向分解（图 3-53*b*），再利用整体和半拱的平衡条件将其求出。据此有

$$F'_{yA}=F^0_{yA}, F'_{yB}=F^0_{yB}, F'_H=\frac{M^0_C}{h}$$

式中 h 为铰 C 到起拱线的垂直距离。

将求得的 F'_H 沿水平和竖向分解，可得到两支座的水平和竖向反力为

$$\left.\begin{aligned}F_H&=\frac{M^0_C}{f}\\F_{yA}&=F^0_{yA}+F_H\tan\alpha\\F_{yB}&=F^0_{yB}-F_H\tan\alpha\end{aligned}\right\}\tag{3-9}$$

该式即为竖向荷载作用下三铰斜拱与相应简支梁对比的反力计算式，式中 f 为铰 C 到起拱线的竖向距离，α 为起拱线倾角（参见图 3-53*b*）。反力求出后，内力计算与平拱无异。

工程中常见的三铰拱主要用于承受竖向荷载。当然，如果拱上还有面内的水平荷载，那么其反力和内力的计算方法与竖向荷载时并无原则区别，只是此时与相应简支梁对比的反力和内力计算式（3-7）至（3-9）已不再适用。读者可结合课后习题完成此类问题的分析。

至于带拉杆的三铰拱（图 3-50*d*），其支座形式为简支，故反力的计算并无难处。而拉杆内力的求法及计算公式与普通拱的水平推力完全相同，拱截面的内力计算也与普通拱无异。

3-5-3 三铰拱的合理轴线

前已论及，三铰拱是一种以受轴压力为主的结构，拱截面上的内力不仅与三个铰的位置（即拱的跨度和高度）及荷载有关，还与拱轴线的形状有关；拱内弯矩小的原因是水平推力很大程度上抵消了竖向力引起的跨内正弯矩。鉴此，对于一个给定外荷载和三铰位置（这些常由环境及使用功能确定）的三铰拱，如果合理选择拱轴线的形状，就能设法使各截面由水平推力和竖向力产生的弯矩完全抵消，只承受轴力。这种使拱处于无弯矩状态（自然也无剪力）的拱轴线称为**合理拱轴线**。

在竖向荷载作用下，三铰拱的弯矩方程如式（3-8）第一式所示。令该式为零，即

$$M=M^0-F_Hy=0$$

可得到竖向荷载作用下三铰拱的合理拱轴线方程为

$$y(x)=\frac{M^0(x)}{F_H}\tag{3-10}$$

由于水平推力 F_H 为一确定值，故上式表明，三铰拱在竖向荷载作用下的合理拱轴线与相应简支梁的弯矩图线形状一致，图形相似。也就是说，只要确定了相应简支梁的弯矩方程，然后除以水平推力值，就得到了合理拱轴线方程。

例如，在满跨竖向均布荷载作用下（图 3-54），相应简支梁的弯矩方程为二次抛物线，即

$$M^0(x)=\frac{q}{2}x(l-x)$$

而三铰拱的水平推力为

$$F_{\mathrm{H}}=\frac{M_{\mathrm{C}}^{0}}{f}=\frac{ql^{2}}{8f}$$

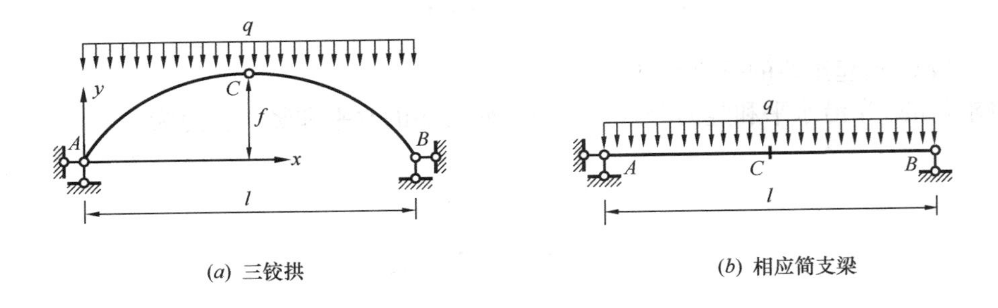

(a) 三铰拱

(b) 相应简支梁

图 3-54 三铰拱作用满跨均布荷载

将上述两式代入式（3-10），可得合理拱轴线方程为

$$y=\frac{4f}{l^{2}}x(l-x)$$

可见，在满跨竖向均布荷载作用下，三铰拱的合理轴线为二次抛物线。

【例 3-18】 试求三铰拱在图 3-55*a* 所示的拱上填料重量作用下的合理拱轴线。设填料容重为 γ，拱顶处的容重分布集度为 q_{C}。

【解】 在图示坐标系下，三铰拱所承受的分布荷载集度为 $q=q_{\mathrm{C}}+\gamma y$。对于相应简支梁（图 3-55*b*），由式（3-2*b*）可得

$$\frac{\mathrm{d}^{2}M^{0}}{\mathrm{d}x^{2}}=-q \tag{a}$$

而就本例三铰拱（图 3-55*a*），其 y 轴取向下为正，坐标原点设在拱顶，也即 y 轴正向与式（3-10）的正向相反，故由此可写出本例坐标系下的合理拱轴线方程为

$$y=f-\frac{M^{0}}{F_{\mathrm{H}}}$$

将该式对 x 求两次导，并利用式（a）和荷载集度表达式，可得

$$\frac{\mathrm{d}^{2}y}{\mathrm{d}x^{2}}-\frac{\gamma}{F_{\mathrm{H}}}y=\frac{q_{\mathrm{C}}}{F_{\mathrm{H}}}$$

此为二阶常系数非齐次线性微分方程，其通解为如下的双曲函数：

$$y=A\cosh\sqrt{\frac{\gamma}{F_{\mathrm{H}}}}x+B\sinh\sqrt{\frac{\gamma}{F_{\mathrm{H}}}}x-\frac{q_{\mathrm{C}}}{\gamma}$$

利用 $x=0$ 处的边界条件：

$$(y)_{x=0}=0,\ \left(\frac{\mathrm{d}y}{\mathrm{d}x}\right)_{x=0}=0$$

可求得两个待定常数 A、B 分别为

$$A=\frac{q_C}{\gamma},B=0$$

于是，合理拱轴线方程为

$$y=\frac{q_C}{\gamma}\left(\cosh\sqrt{\frac{\gamma}{F_H}}x-1\right) \tag{b}$$

该曲线为一悬链线。可见在拱上填料重量作用下，三铰拱的合理拱轴线为一悬链线。

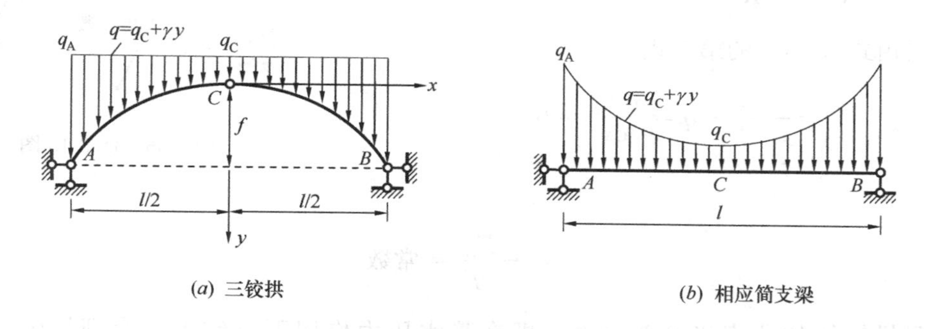

图 3-55　例 3-18 图

在填料荷载作用下，式（b）中的水平推力 F_H 不易由相应简支梁直接算得。为避免计算 F_H，引入如下的无量纲坐标变量 ξ 和无量纲拱脚与拱顶的荷载集度比值 m：

$$\xi=\frac{x}{l/2},m=\frac{q_A}{q_C}=\frac{q_C+\gamma f}{q_C}$$

并令

$$k=\sqrt{\frac{\gamma}{F_H}}\frac{l}{2}$$

则可将合理拱轴线方程写成如下形式

$$y=\frac{f}{m-1}(\cosh k\xi-1) \tag{3-11}$$

式中利用边界条件：$(y)_{\xi=1}=f$ 以及双曲函数的性质：$\sinh^2k=\cosh^2k-1$、$\sinh k+\cosh k=e^k$，可将 k 用 m 表示：

$$k=\ln(m+\sqrt{m^2-1}) \tag{3-12}$$

这样，只要有了拱的跨度、高度以及拱顶和拱脚处的荷载集度，拱轴线方程就确定了。

【例 3-19】 证明受静水压力作用的三铰拱的合理轴线为圆弧线。

【解】 静水压力的作用特点是，垂直于结构表面且分布均匀（设结构高度与所处位置的水深相比很小），如图 3-56 所示。静水压力中包含水平分力，故前述竖向荷载作用下的合理拱轴线方程不再适用。

静水压力作用下，拱上任一微段的法向荷载 q=常数，而轴向荷载 p=0。作为合理拱轴又要求 M=0，于是根据曲杆内力与荷载的微分关系式（3-4）的第三式，有

$$F_Q = \frac{dM}{ds} = 0$$

再由式（3-4）的第一式得

$$\frac{dF_N}{ds} = \frac{F_Q}{R} - p = 0 \text{ 或 } F_N = \text{常数}$$

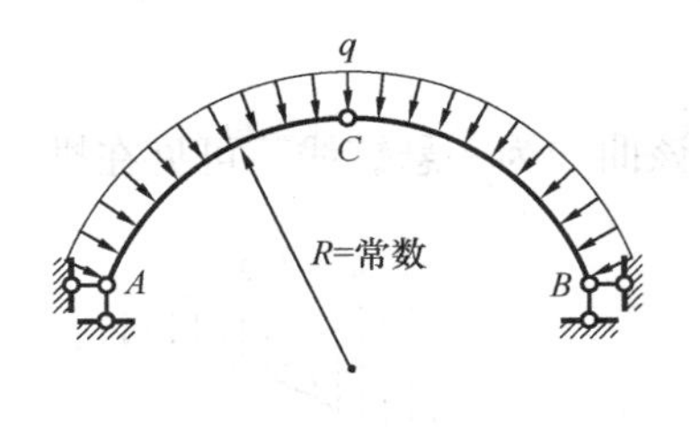

例 3-56　例 3-19 图

最后由式（3-4）的第二式

$$-\frac{F_N}{R} - q = \frac{dF_Q}{ds} = 0$$

可得

$$R = -\frac{F_N}{q} = \text{常数}$$

可见拱轴线的曲率半径为常数，即在静水压力作用下三铰拱的合理拱轴线为圆弧线。

综上所述，三铰拱在满跨竖向均布荷载、拱上齐平填料荷载和静力压力作用下的合理拱轴线分别为抛物线、悬链线和圆弧线。这三种曲线也是工程中最常用的拱轴形状曲线。显然，如果三铰拱实际承受的外荷载以这三种荷载中的一种为主，则选取相应的合理拱轴线作为其轴线方程，可使拱内弯矩处于较小状态。

3-6　静定组合结构

组合结构是由若干桁架杆（链杆）和梁式杆混合组成的结构。工程中常见的下撑式五角形屋架（图 3-57）、加劲梁链杆拱式桥梁（图 3-58）等都属组合结构。图 3-59 中的组合刚架是用一梁式桁架代替原来的实体梁得到的，这样能满足更大跨度的需要。

静定组合结构内力分析的一般步骤是先求支座反力，再计算各链杆轴力，最后分析各梁式杆的内力。当结构组成方式较复杂时，仍可按几何组成分析时组装结构单元的相反顺序选取隔离体，这样通常是最方便的。组合结构计算时应注意区分梁式杆和桁架杆，特别需关注两类杆件汇交结点的受力情况，例如图 3-59 所示的情况。

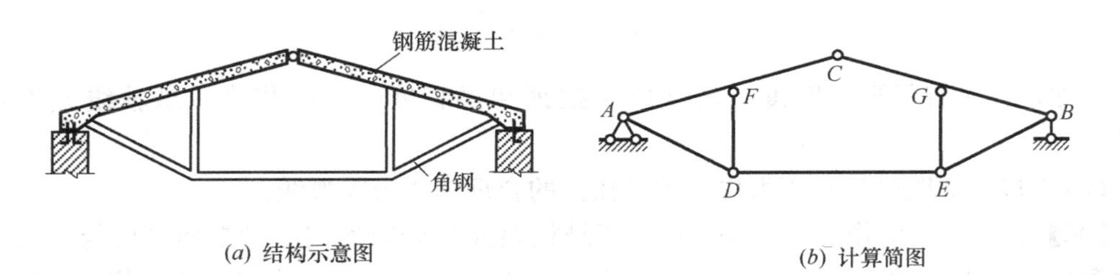

(a) 结构示意图　　(b) 计算简图

图 3-57　组合结构示例一（下撑五角形屋架）

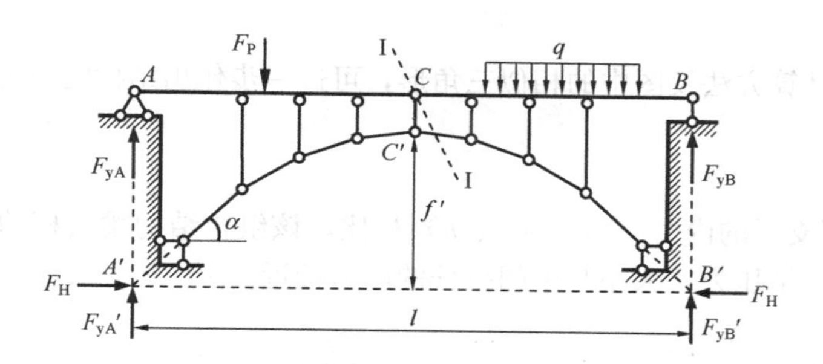

图 3-58 组合结构示例二（加劲梁链杆拱式桥）

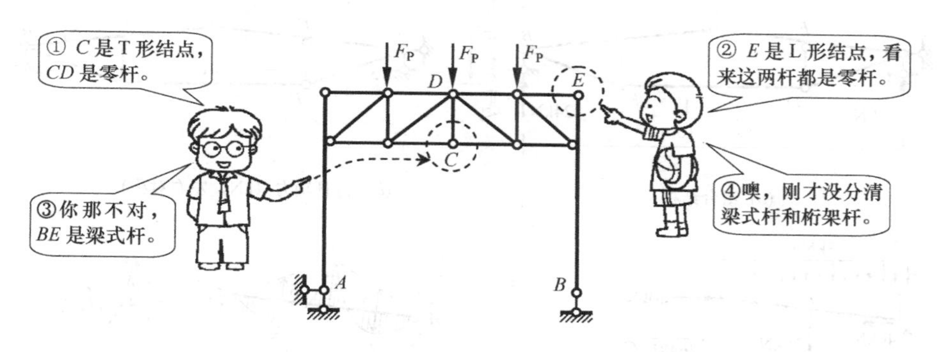

① C是T形结点，CD是零杆。
② E是L形结点，看来这两杆都是零杆。
③你那不对，BE是梁式杆。
④噢，刚才没分清梁式杆和桁架杆。
F_P
F_P
F_P
D
E
C
A
B

图 3-59 梁式杆与桁架杆的区分

【例 3-20】 求图 3-60a 所示组合屋架在均布荷载作用下的链杆轴力，并作梁式杆的内力图。

【解】 该组合屋架的几何组成与带拉杆的三铰拱类似，故反力和内力的计算方法与后者类同。

(1) 求支座反力

因支座为简支，故其反力与相应简支梁的反力相同，参见图 3-60a 所标示。

(2) 求链杆内力

用Ⅰ-Ⅰ截面将铰 C 和中间链杆 DE 切开，根据左（或右）半部分的力矩平衡，可得

$$\Sigma M_C = 0: F_{NDE} \times 2.4 - 24 \times 8 + 3 \times 8 \times 4 = 0$$

$$F_{NDE} = \frac{24 \times 8 - 3 \times 8 \times 4}{2.4} = 40\text{kN}$$

再用结点法容易求得其余链杆的内力，如图 3-60b 所示。

(3) 作梁式杆内力图

取 AC 杆为隔离体（图 3-60c），其作用力包括均布荷载、反力、链杆约束力和顶铰处的约束力，其中 A 端的链杆约束力已分解为水平和竖向分力，且竖向分力已与竖向反力合并。这样 AC 杆的内力计算与一般斜杆的计算完全一样（参见例 3-6、3-7）。例如，由截面内力计算式可首先算得 F 点的弯矩为

$$M_F = 9 \times 4 - 40 \times 0.45 - 3 \times 4 \times 2 = -6 \text{ kNm}（上侧受拉）$$

再利用区段叠加法即可绘出 AC 杆的弯矩图。该结构各梁式杆的弯矩图如图 3-60d

所示。

利用斜杆的计算方法及图中的相似三角形，可进一步作出结构的剪力图和轴力图如图 3-60e、f 所示。

（4）讨论

a）与相应简支梁的内力（图 3-60g、h）相比，该组合结构梁式杆的弯矩和剪力明显降低，但梁内存在轴压力，大小与中间拉杆的内力接近。

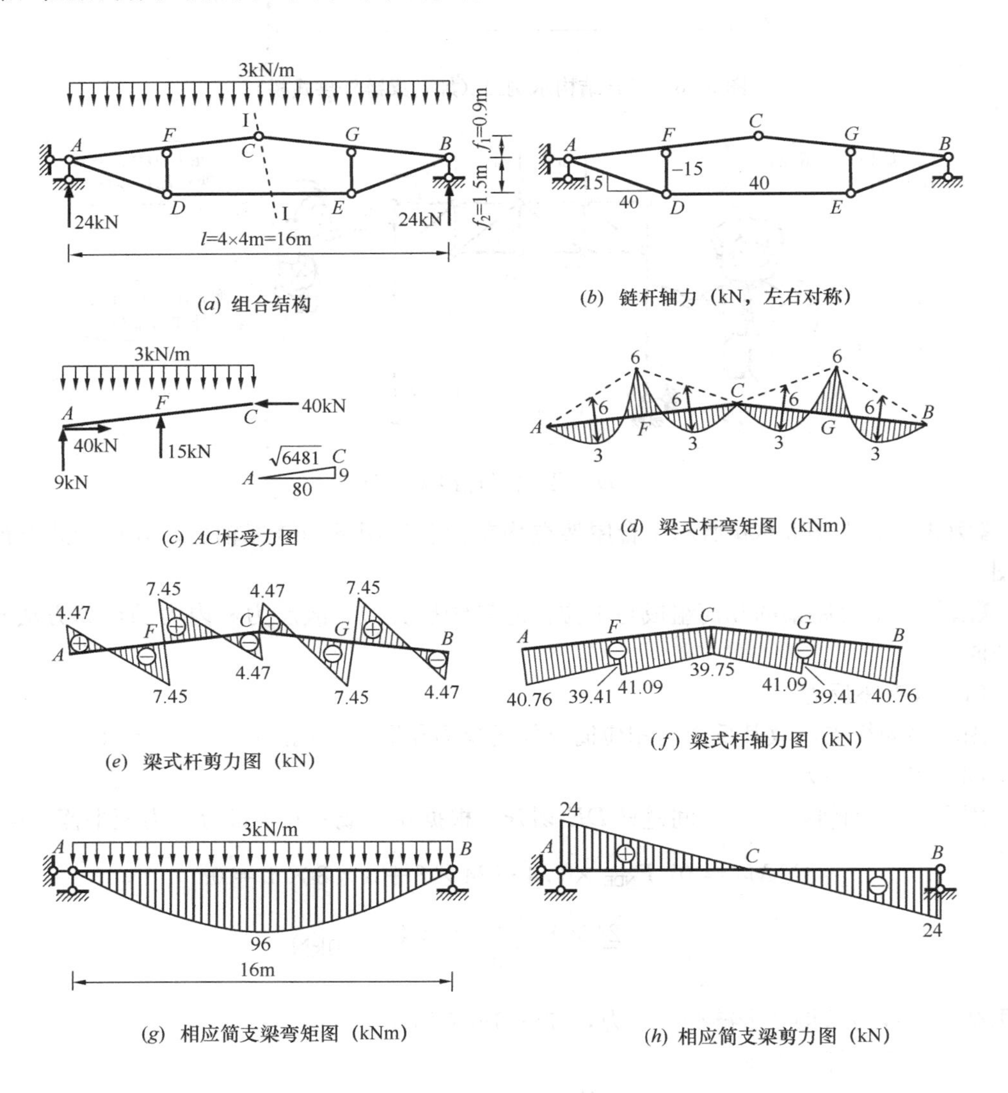

图 3-60 例 3-20 图

b）在结构跨度 l 和总高度 f 给定（常由使用条件决定）的情况下，梁式杆的内力可由其上倾高度 f_1 和链杆的下倾高度 f_2 作出调整。对于本例，不难验证，当 $f_1=1.0\text{m}$，$f_2=1.4\text{m}$ 时，梁式杆中点的负弯矩和每一区段中点的正弯矩恰好相等，结构受力状态趋于最佳。

c）由于这类组合结构的组成方式与带拉杆的三铰拱类似，故容易验证，在任意竖向荷载作用下，其反力和中间拉杆内力的计算式与三铰拱的相应计算式一致，如式（3-7）所示。

最后讨论图 3-58 所示组合结构的计算。为方便起见，将链杆拱两端反力在其合力作用线与加劲梁竖向反力作用线的交点 A'、B'处分解，且将其竖向分力与加劲梁支座竖向反力的合力暂视为一个未知量。这样，在竖向荷载作用下，该结构的支座反力可归为三个未知量：两端竖向反力的合力 $F_{yA}+F'_{yA}=F^0_{yA}$、$F_{yB}+F'_{yB}=F^0_{yB}$和链杆拱的水平推力 F_H。

如果将 A'、B'看作两个虚铰，而加劲梁的中间铰作为第三个铰，那么这三个反力的计算就可采用与三铰拱反力相类似的计算方法。根据整体结构对两虚铰的力矩平衡可知，结构两端竖向反力的合力就等于相应简支梁的竖向反力。而由链杆拱上各结点的水平平衡，各拱杆的水平分力都等于水平推力 F_H。再由截面Ⅰ-Ⅰ左（或右）侧部分对铰 C 的力矩平衡（注意将截断的拱杆内力在 C'点分解），可求得水平推力为

$$F_H=\frac{M^0_C}{f'} \tag{3-13}$$

于是链杆拱和加劲梁的竖向反力分别为

$$\left.\begin{aligned}F'_{yA}&=F'_{yB}=F_H\tan\alpha\\F_{yA}&=F^0_{yA}-F_H\tan\alpha\\F_{yB}&=F^0_{yB}-F_H\tan\alpha\end{aligned}\right\} \tag{3-14}$$

上述两式中，F^0_{yA}、F^0_{yB}为相应简支梁的竖向反力，M^0_C为相应简支梁对应铰 C 位置的弯矩，f'为链杆拱顶铰到两虚铰连线的竖向距离，α 为两端拱杆的倾角。反力求得后，结构各部分的内力计算并不困难。

思 考 题

3.1　内力图绘制中，一般要求将弯矩图绘在杆件的受拉侧，而剪力图和轴力图可绘在杆件的任一侧，但需标明正负号。试结合工程实际，分析采用这种绘图法的原因所在。

3.2　截面法中的剖切面可以是任一组合形式的切面。在实际应用中，有的剖切面看上去是与杆件斜交的，但用的仍然是杆件横截面上的内力，这应如何理解？

3.3　区段叠加法作弯矩图适用于受任意荷载作用的直杆段。实际应用中常用于哪些情况？具体如何绘制图形？试举例加以说明。

3.4　由基本部分和附属部分组成的各类静定结构，按照“先附属、后基本”的顺序进行内力分析，一般总是最方便的，这是什么原因？

3.5　内力计算时，为确保结果的正确性，应如何进行结果校核？试分别就静定梁、静定刚架和静定桁架等分别举例予以说明。

3.6　三铰拱的合理拱轴线与哪些因素有关？在任一给定的竖向荷载作用下，是否总能找到相应的合理轴线？什么荷载情况下的合理轴线方程更具有实用意义？

3.7　在竖向荷载作用下，各类简支和三铰形式的刚架、桁架、拱、组合结构的受力总倾向于与相应简支梁的受力进行比较。这是出于什么目的？试举例加以说明。

习　　题

3-1　已知图示结构的弯矩轮廓图（曲线均为二次抛物线），试运用表 3-1、3-2 的内力图特征关系，绘出剪力轮廓图，并标明正负号。

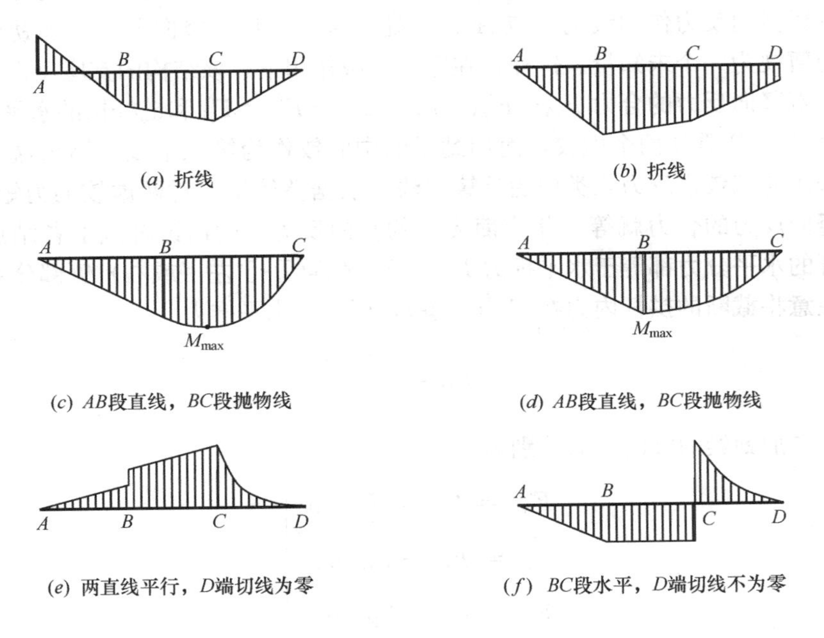

(a) 折线　(b) 折线

(c) AB段直线，BC段抛物线　(d) AB段直线，BC段抛物线

(e) 两直线平行，D端切线为零　(f) BC段水平，D端切线不为零

题 3-1 图

3-2　判断图示单跨梁的弯矩图是否正确。如有误，请予改正，并作出相应的剪力轮廓图。

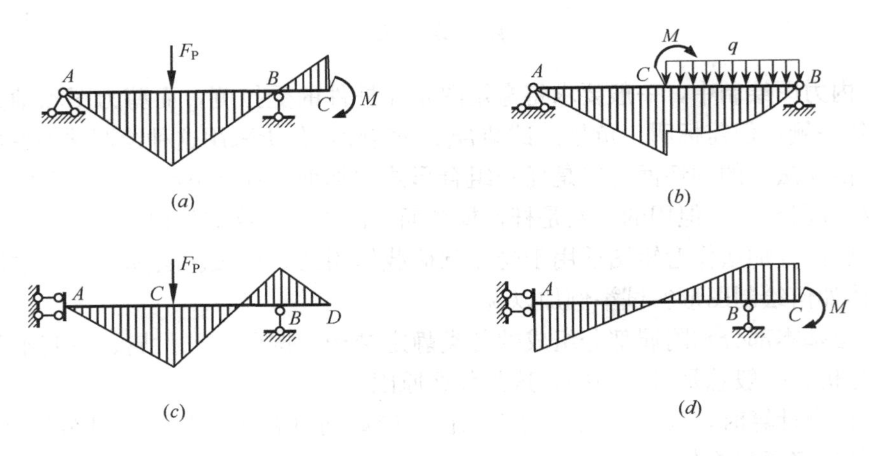

(a)　(b)　(c)　(d)

题 3-2 图

3-3　判断图示刚架的弯矩图是否正确。如有误，请予以改正，并作出相应的剪力轮廓图。

3-4　用区段叠加法作图示结构的弯矩图。

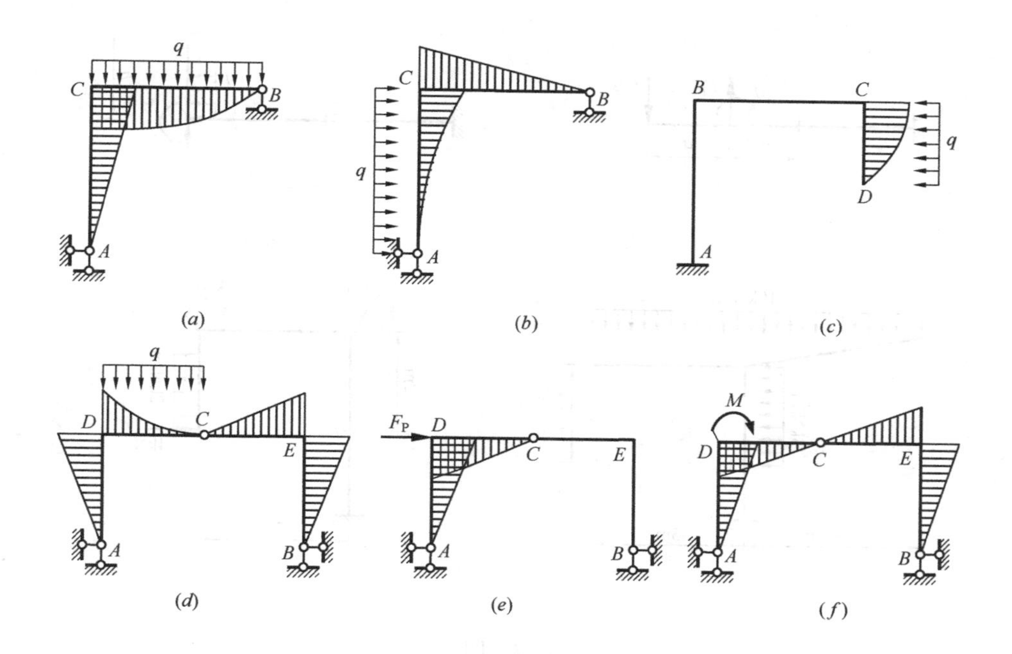

题 3-3 图

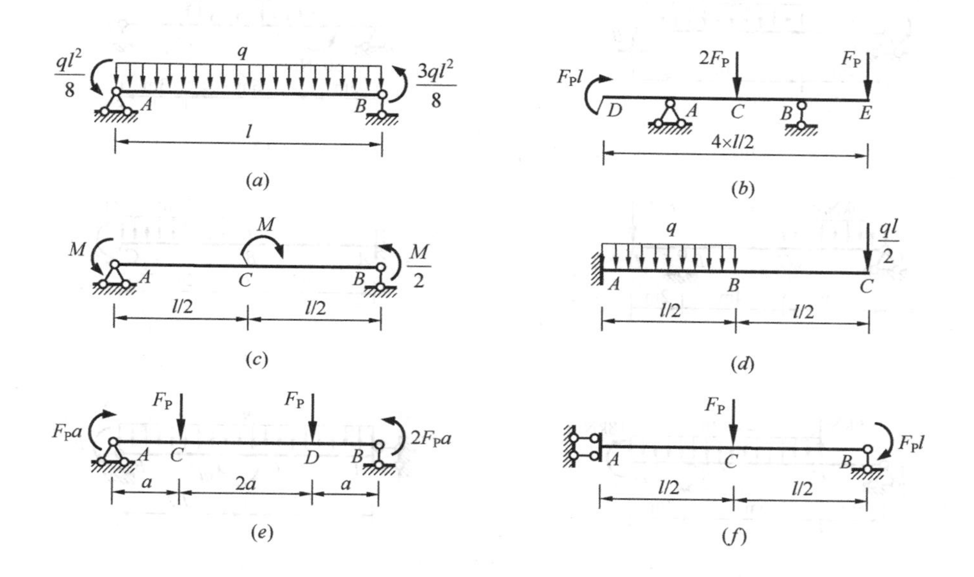

题 3-4 图

3-5　采用截面内力计算式及直接判断内力正负号的方法，列出图示结构指定截面的内力计算式。若已给出数值，则进一步求出内力值。

3-6　作图示单跨梁的内力图。

3-7　分别用例 3-1 介绍的第二种方法以及由杆端弯矩求杆端剪力再作剪力图的方法，绘制题 3-6b、e 结构的剪力图，并进行相互校核。

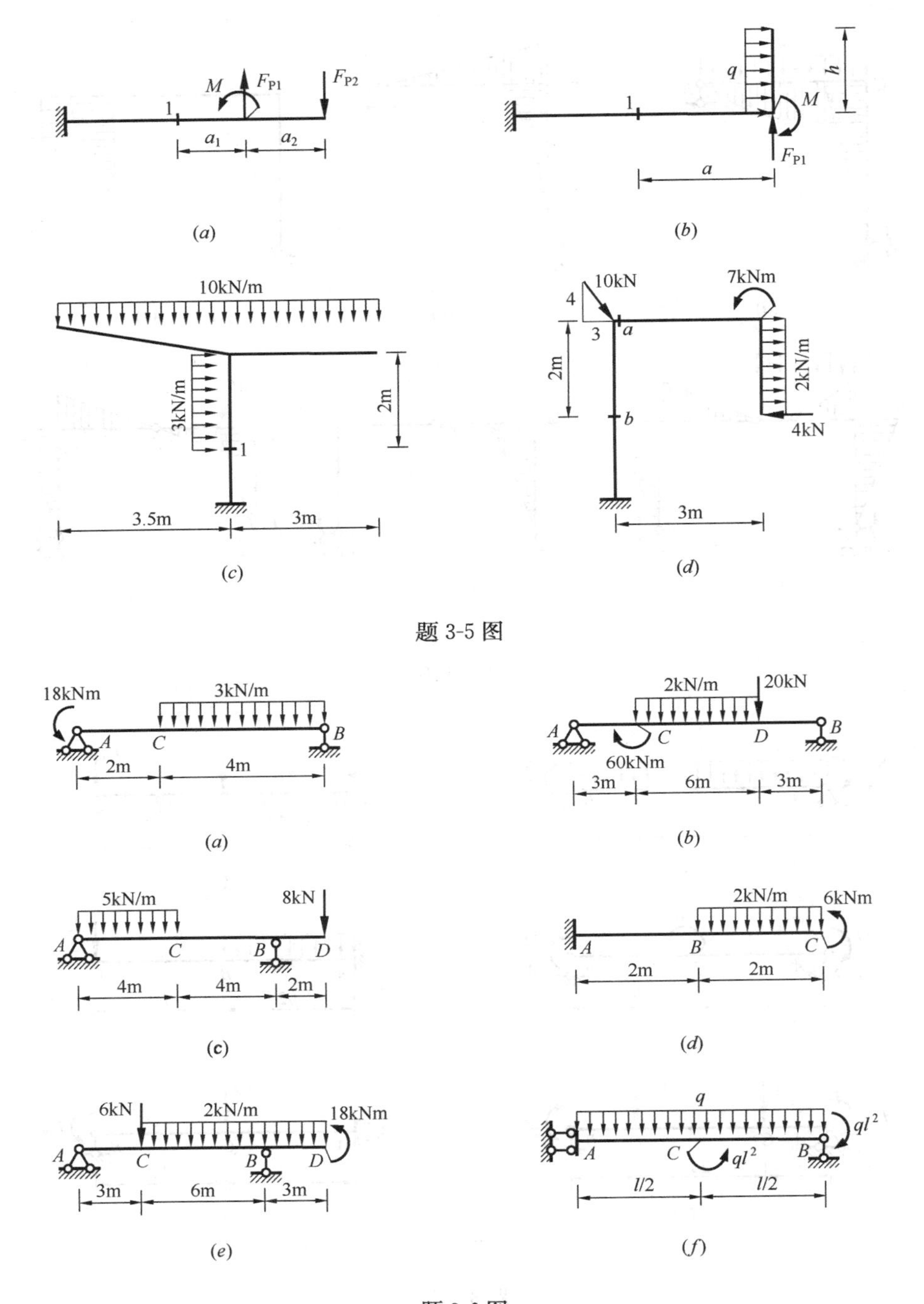

题 3-5 图

题 3-6 图

3-8* 作图示单跨梁的弯矩图和剪力图，并比较三种荷载情况的内力分布的异同点。

3-9 作图示简支斜梁的内力图，可直接应用例 3-2 的结论。

3-10 作图示多跨静定梁的内力图。

3-11 不求反力，用快捷法绘出图示梁的弯矩图，再由弯矩作出剪力图。

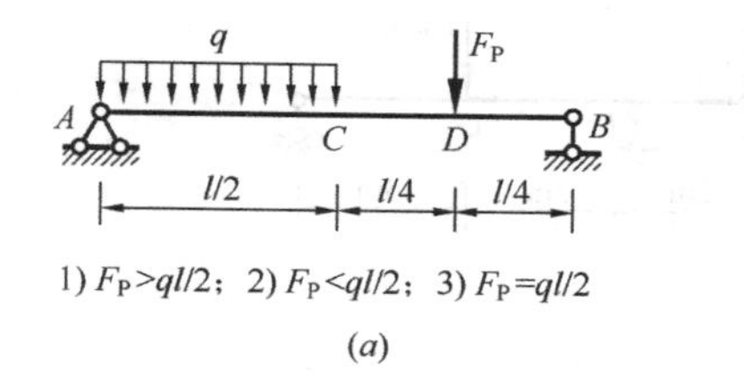

1) $F_P>ql/2$；2) $F_P<ql/2$；3) $F_P=ql/2$

(*a*)

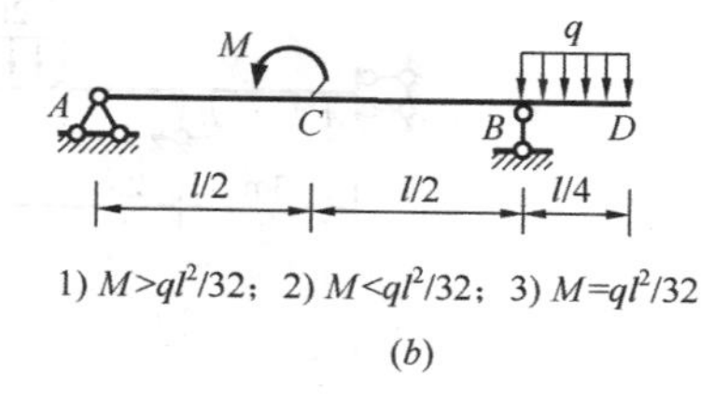

1) $M>ql^2/32$；2) $M<ql^2/32$；3) $M=ql^2/32$

(*b*)

题 3-8 图

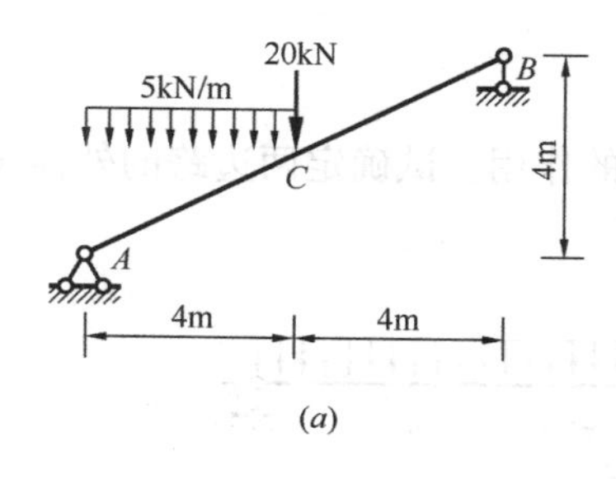

(*a*)

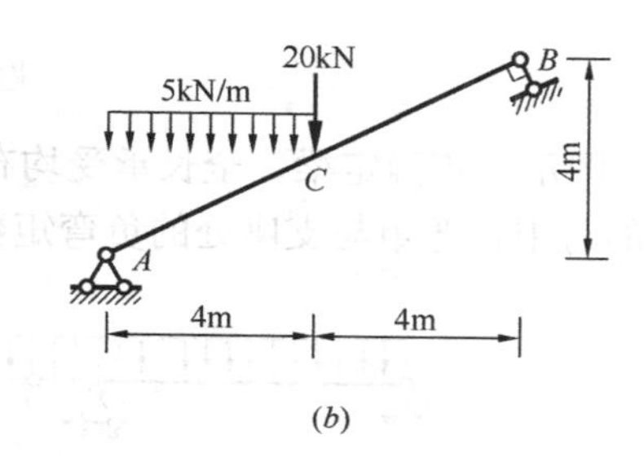

(*b*)

题 3-9 图

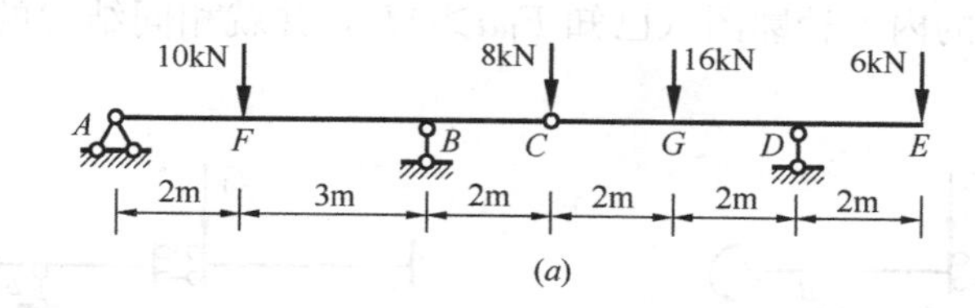

(*a*)

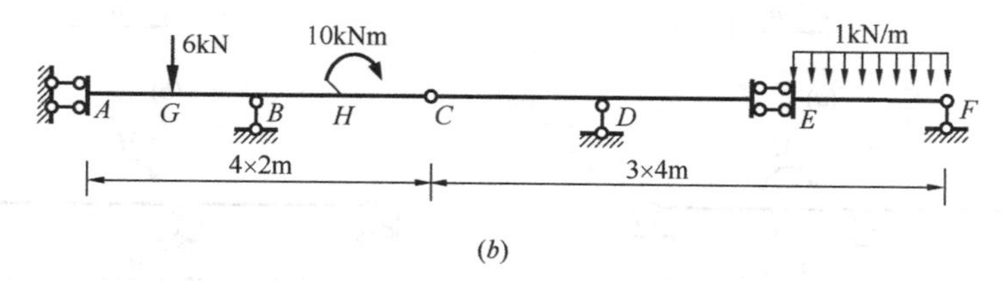

(*b*)

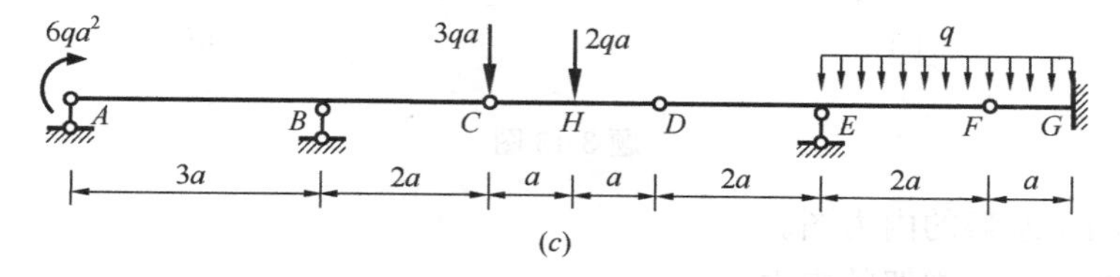

(*c*)

题 3-10 图

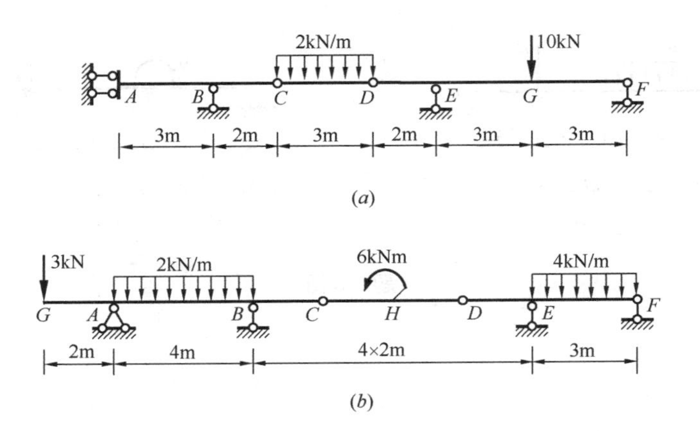

题 3-11 图

3-12　图示三跨静定梁，全长承受均布荷载 q 的作用。试确定两边跨的外伸段长度 a，使得边跨的跨中正弯矩与支座处的负弯矩数值相等。

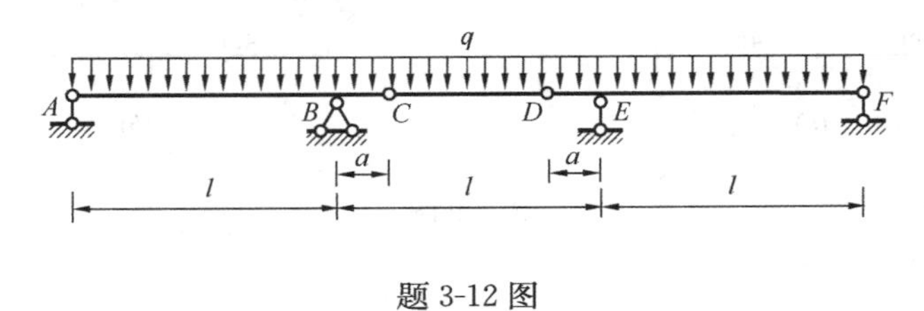

题 3-12 图

3-13*　绘制图示梁的内力轮廓图（已知 $F_Pa>M$），并就相同结构的内力作出比较，分析内力差异的原因。

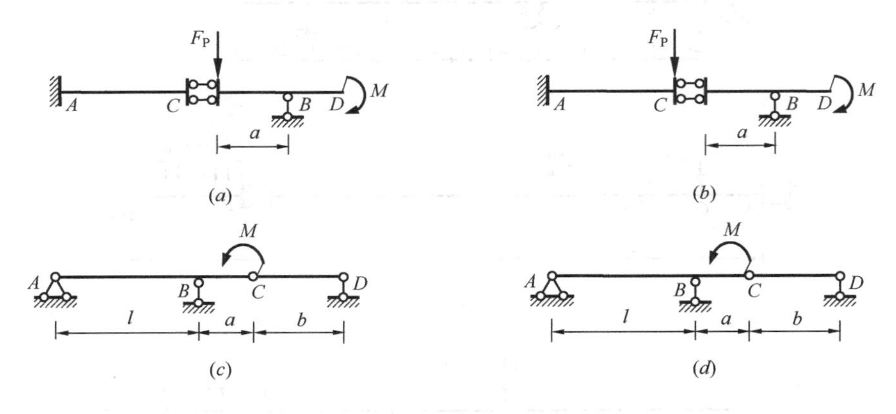

题 3-13 图

3-14　作图示刚架的内力图。

3-15　作图示三铰刚架的内力图。

3-16　作图示刚架的内力图，注意斜杆的内力计算方法。

3-17　作图示刚架的弯矩图。

3-18　不求或少求反力，用快捷法绘制图示刚架的弯矩图。

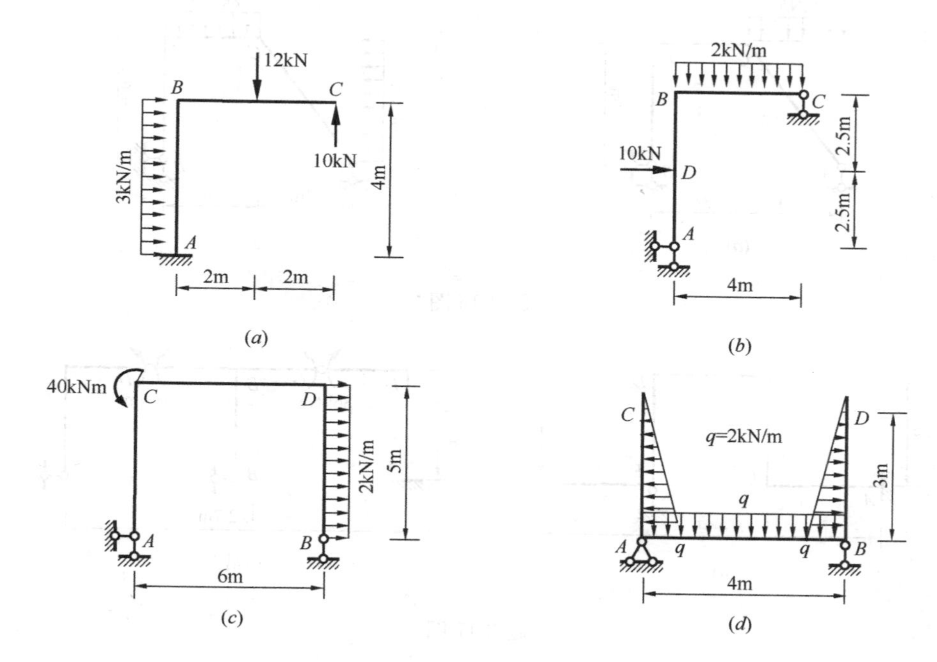
12kN
B
C
3kN/m
10kN
4m
A
2m
2m
(a)
2kN/m
B
C
2.5m
10kN
D
2.5m
A
4m
(b)
40kNm
C
D
2kN/m
5m
A
B
6m
(c)
C
D
q=2kN/m
3m
q
A
q
q
B
4m
(d)

题 3-14 图

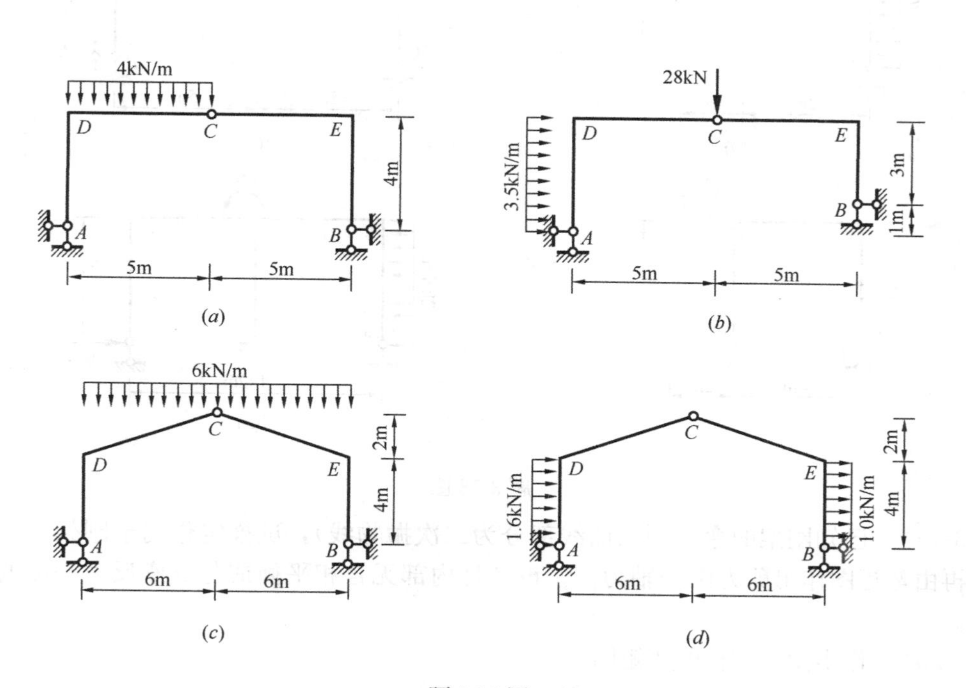
4kN/m
D
C
E
4m
A
B
5m
5m
(a)
28kN
3.5kN/m
D
C
E
3m
B
1m
A
5m
5m
(b)
6kN/m
C
D
E
2m
4m
A
B
6m
6m
(c)
C
2m
1.6kN/m
D
E
1.0kN/m
4m
A
B
6m
6m
(d)

题 3-15 图

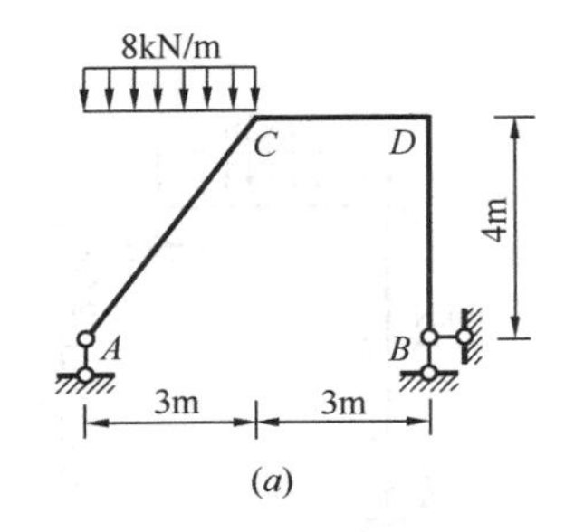

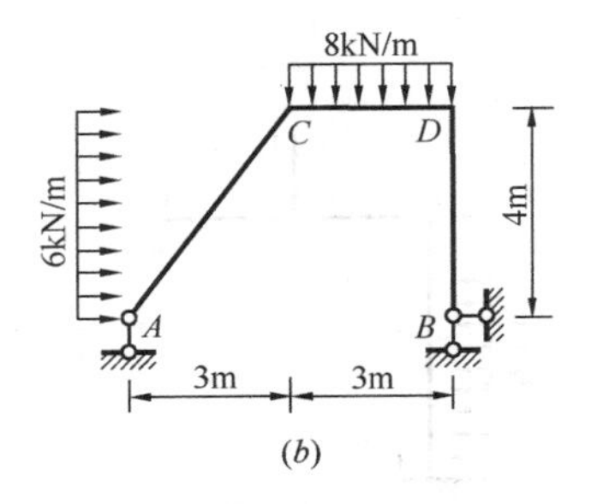

题 3-16 图

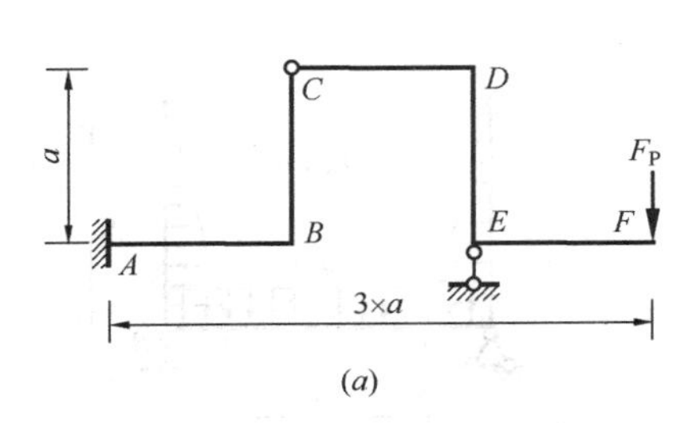

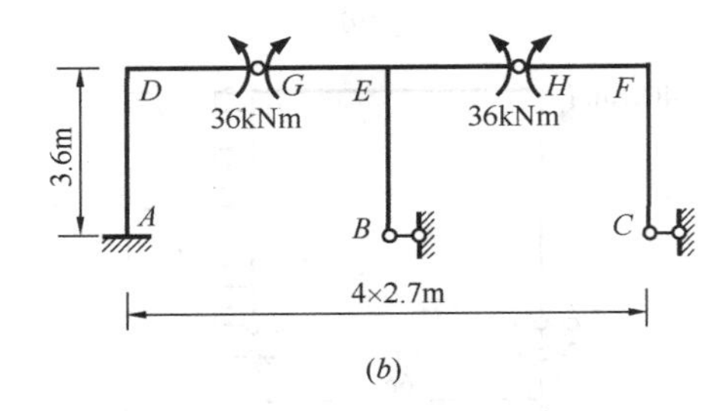

题 3-17 图

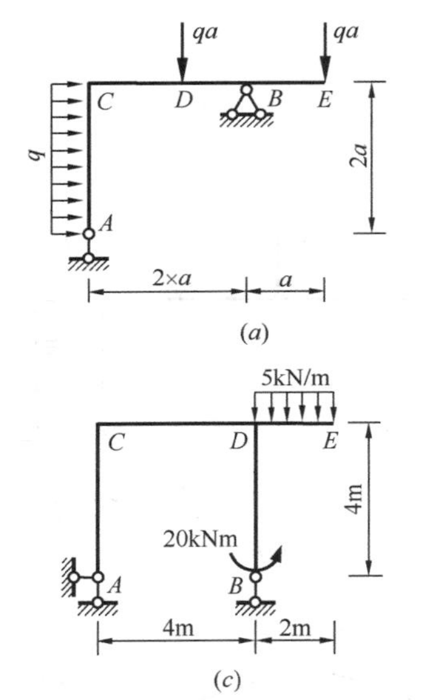

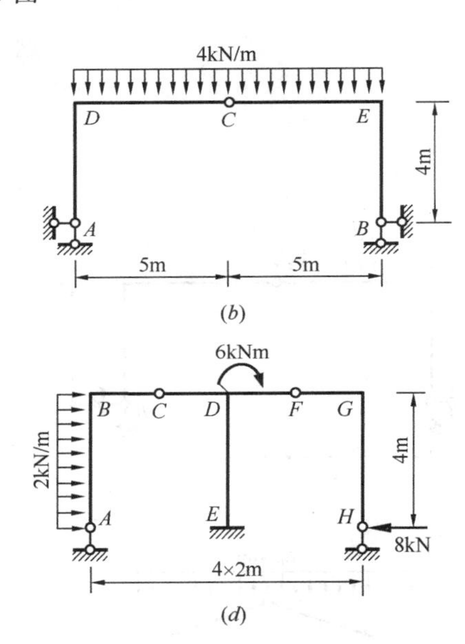

题 3-18 图

3-19* 已知刚架的弯矩图（曲线部分为二次抛物线），试推定作用于刚架之上的荷载，再由弯矩图作出剪力图和轴力图。设各杆内部无自相平衡或与支座反力平衡的轴向荷载。

3-20* 作出图示结构的弯矩图。

3-21 用结点法求图示桁架各杆的内力。

3-22 判断图示桁架中的零杆。

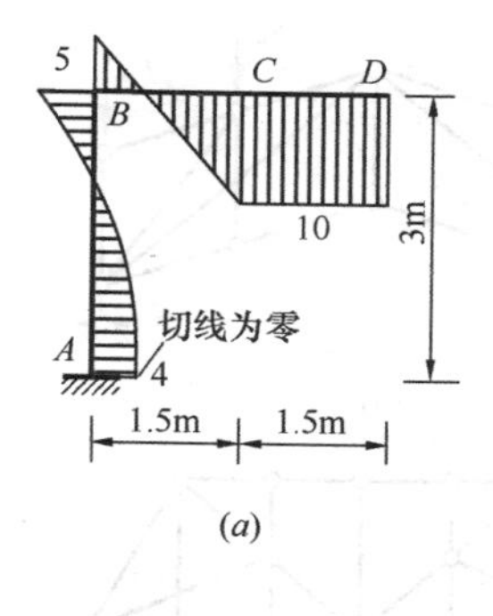

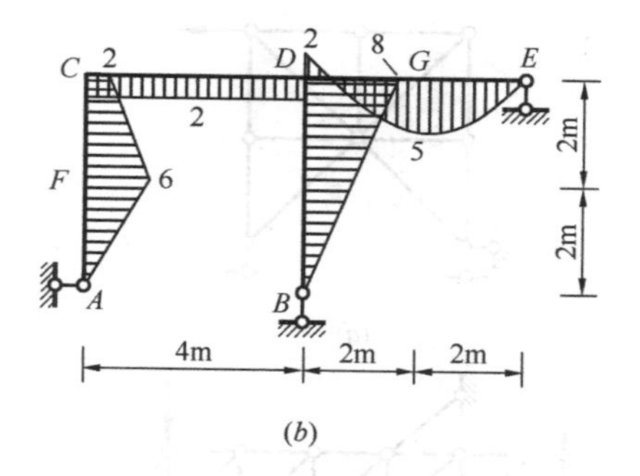

题 3-19 图（kNm）

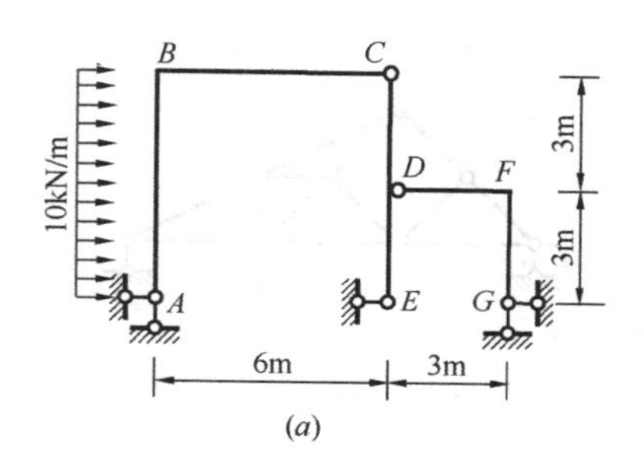

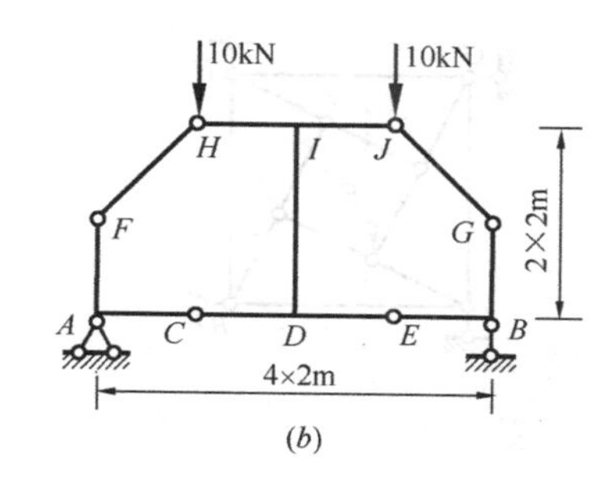

题 3-20 图

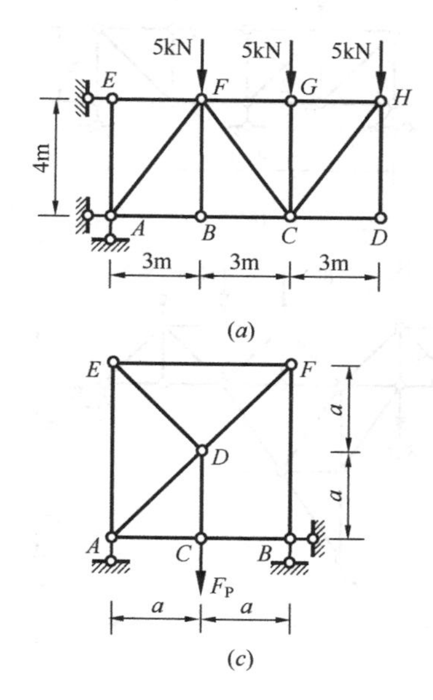

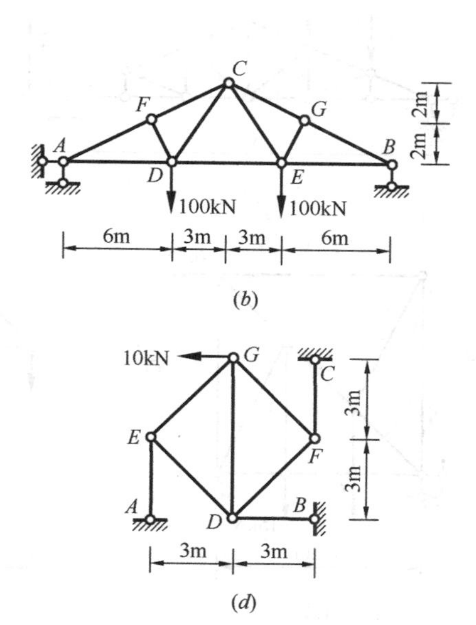

题 3-21 图

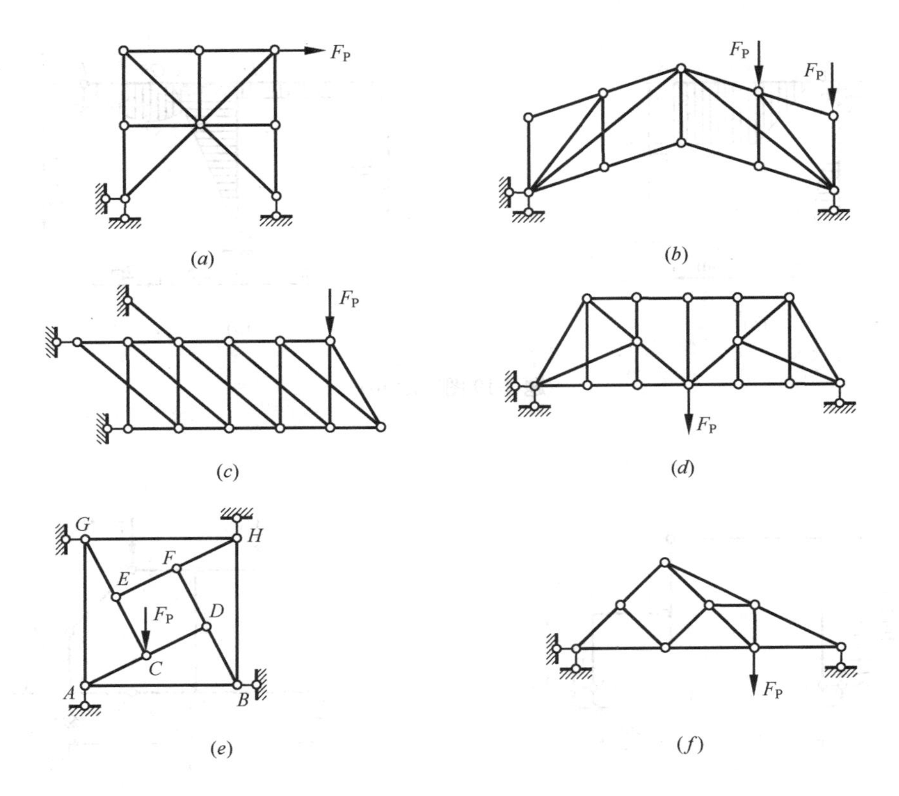

题 3-22 图

3-23　用截面法求图示桁架指定杆件的内力。

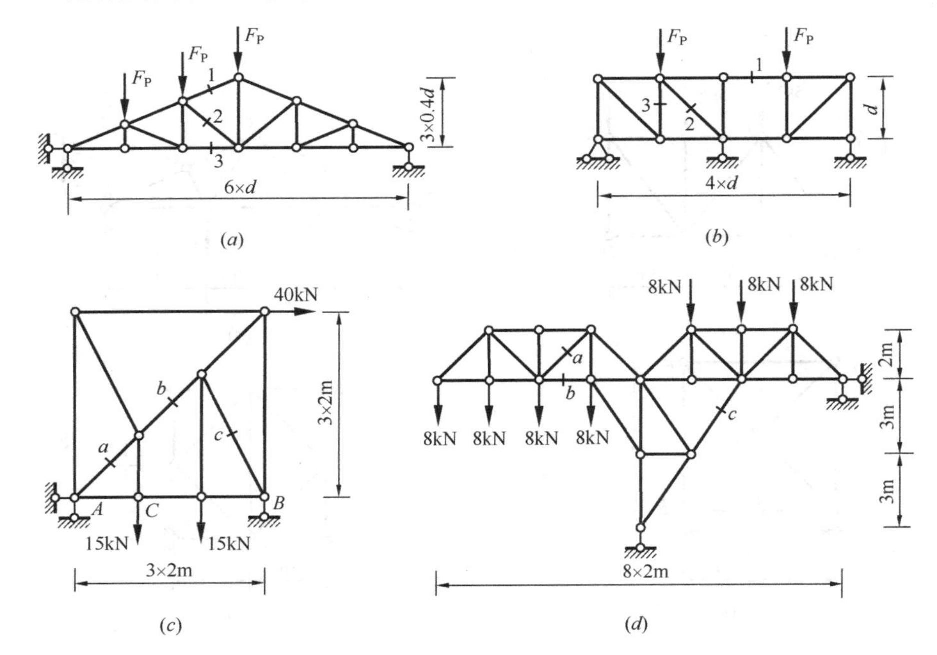

题 3-23 图

3-24　采用合适的方法求图示桁架指定杆件的内力。

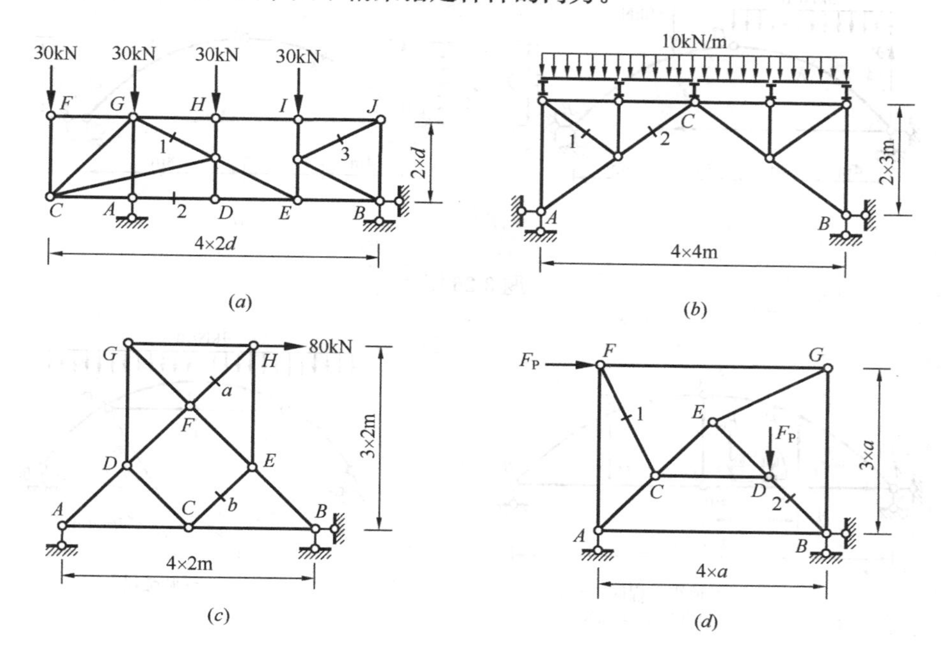

题 3-24 图

3-25　计算图示桁架指定杆件的内力。

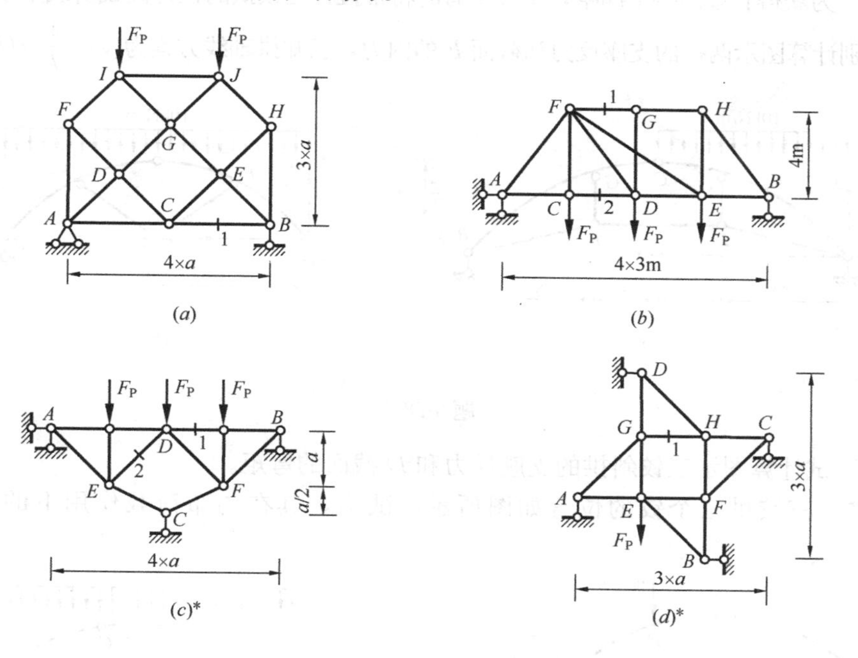

题 3-25 图

3-26　图示抛物线三铰拱的轴线方程为 $y=\frac{4f}{l^2}x(l-x)$，试求截面 K 的内力。

3-27　试求图示带拉杆三铰拱 D 截面的内力。

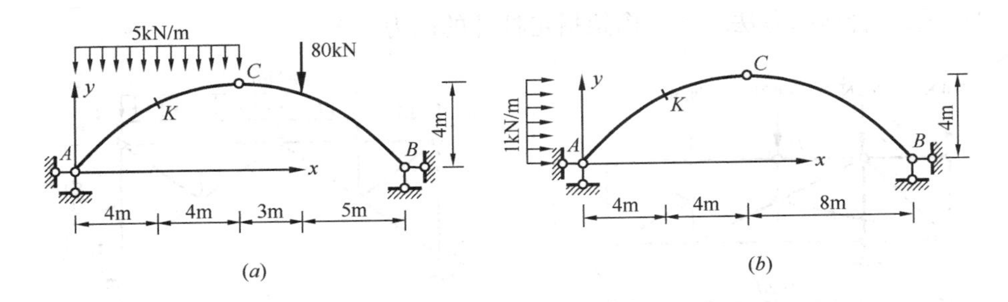

题 3-26 图

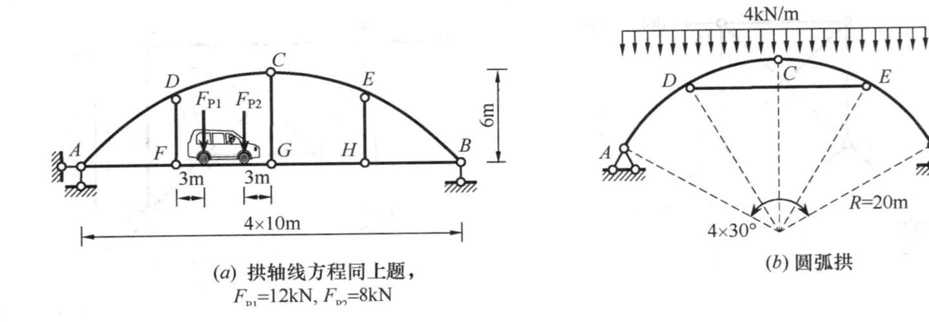

题 3-27 图

3-28 为获得有效的拱下净空，工程中有时将带拉杆三铰拱的拉杆做成折线形或对称斜撑形。试分别计算图示两拱的支座反力和截面 F 的内力，已知拱轴线方程为 $y=\frac{4f}{l^2}x(l-x)$。

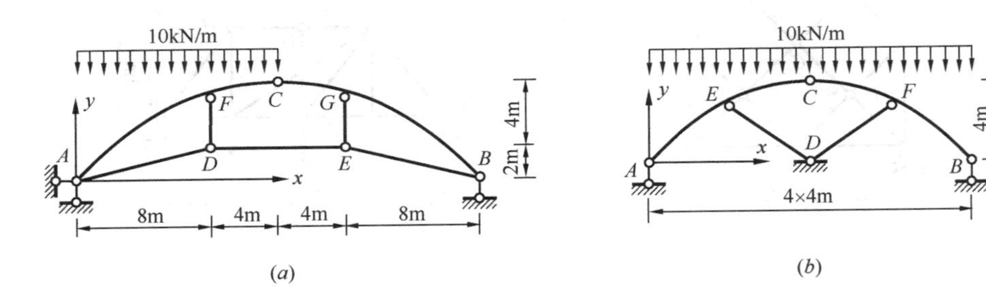

题 3-28 图

3-29 试计算图示三铰斜拱的支座反力和 D 截面的弯矩。

3-30* 三铰拱三个铰的位置如图所示，试确定其在均布荷载作用下的合理轴线方程。

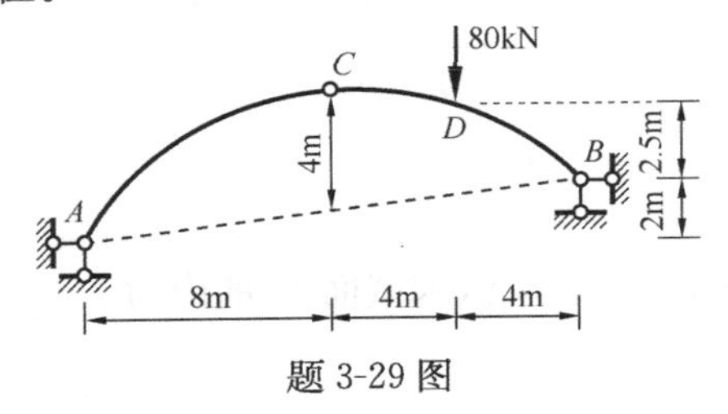

题 3-29 图

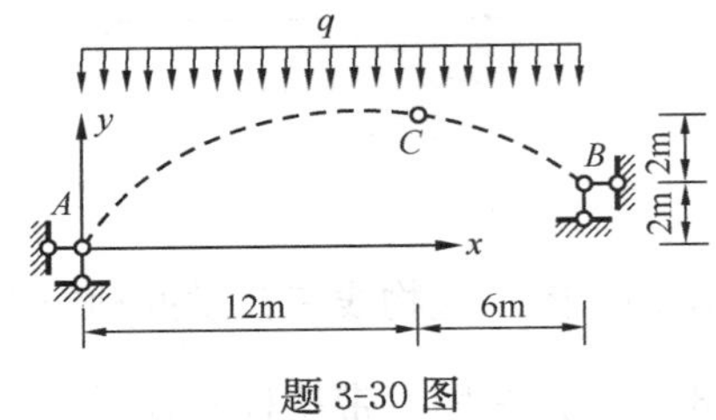

题 3-30 图

3-31* 三铰拱式结构的跨度为 $4a$，高度为 $2a$。试求图示集中荷载作用下的合理轴线方程。

3-32* 绘出图示结构的弯矩图和剪力图。比较简支梁与半拱上相应截面的弯矩，比较两者的最大剪力，并归纳由此可得到的相关结论。

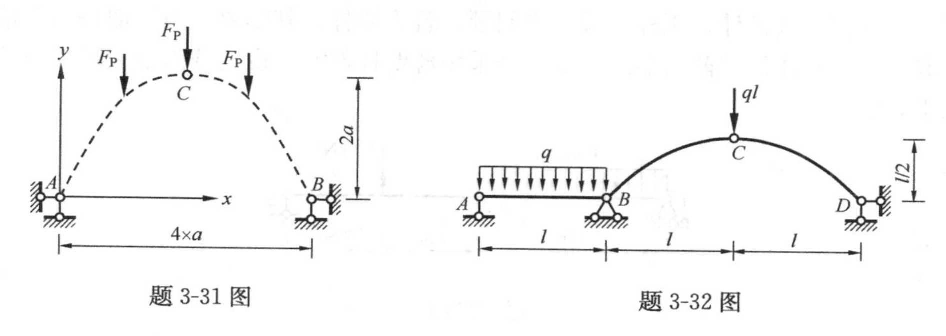

题 3-31 图　　　　题 3-32 图

3-33 求作图示组合结构链杆的轴力和梁式杆的弯矩图。

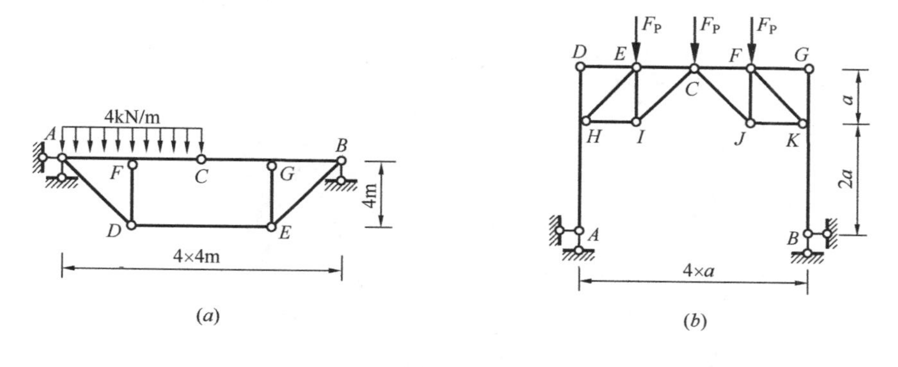

题 3-33 图

3-34* 例 3-20 所示组合结构（图 3-60a），当梁式杆的上倾高度 f_1 和链杆的下倾高度 f_2 作以下调整时，分别求作链杆的内力和梁式杆的弯矩图，并比较三种情况的内力结果，看能否得出什么结论：（a）$f_1=0$，$f_2=2.4$m；（b）$f_1=2.4$m，$f_2=0$；（c）$f_1=1.0$m，$f_2=1.4$m。

3-35* 绘制图示结构梁式杆的弯矩图，并求出链杆的轴力。

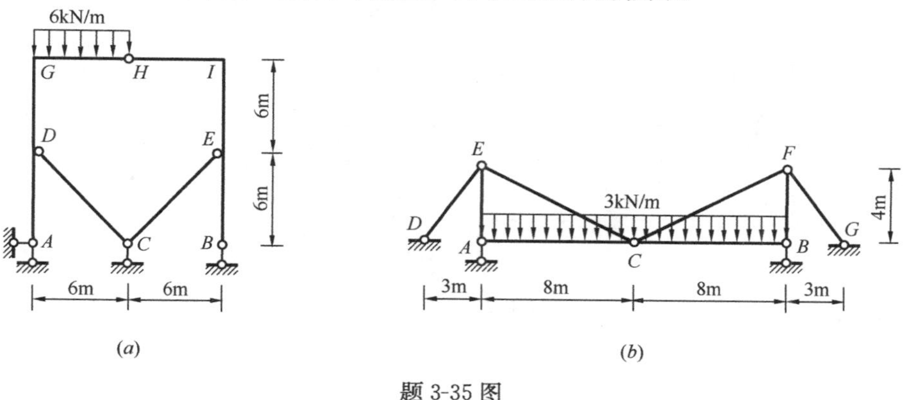

题 3-35 图

3-36** 针对本章内容拟定一份开卷形式、题量为 90 分钟的测试试卷，同时给出每道试题的考核目的、参考答案和评分标准，题型不限。

3-37** 单跨静定结构优化选型和最优设计：单跨静定结构受图示荷载作用，选择合适的承重结构和截面尺寸，使得所用的材料最少。已知所用材料为 Q345 钢材，截面按屈服强度和允许应力法设计，压杆考虑失稳问题。若为曲杆，其临界应力近似按 0.6 倍的相应直杆取值。结构体系与截面形式不限；当采用薄壁杆件时，设定截面最大尺寸与壁厚之比不大于 30。

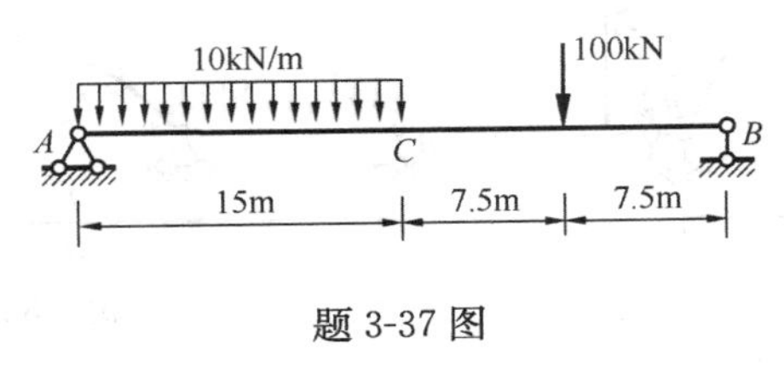

题 3-37 图

第4章　静 力 分 析 续 论

本章进一步讨论静定结构的内力分析问题。首先从结构的传力路径出发，探讨如何根据传力路径确定结构的内力计算路线；接着讨论如何利用对称性进行静定结构的简化计算，以及利用结构的静定性判断特定平面体系的几何组成性质；然后对静定结构的静力特性作一总结；最后简要介绍如何依据虚功原理进行静定结构的内力计算。

4-1　传力路径与内力计算路线

图 4-1a 所示多跨静定梁，附属部分 CDE 上作用有外荷载。该荷载一方面通过支座 D 直接传至基础，另一方面又通过铰 C 传给 ABC 部分，再由 ABC 经支座 A、B 传至基础（图 4-1b）。这种作用于结构某一几何不变部分上的荷载经其他几何不变部分逐级传递，最终由支座传至基础的路线称为荷载的**传力路径**。对于静定结构，一旦其传力路径确定了，那么沿着该路径选取隔离体并进行计算，由此获得的内力计算路线通常是最简便的。

对于上面讨论的多跨静定梁，如果荷载作用在基本部分 ABC 上（图 4-1c），那么该荷载将直接由支座 A、B 传至基础，而不会反传给附属部分 CDE。这说明静定结构某一荷载的传力路径是单向和唯一的，这里所说的传力路径是指能与该荷载维持平衡的几个传力方向所组成的完整路线。对于更一般的情况，我们可以从结构的几何组成入手进行分析。

从静定结构各个几何不变部分之间以及与基础之间的连接方式上看，可以将其分为四种组成方式：悬臂方式、简支方式、三铰方式、多跨（或多层）方式。

悬臂方式是一个几何不变部分在一处（或一侧）同时用三个约束与基础相连的方式，例如图 4-2a、b、c 的形式。悬臂结构的传力路径比较简单，其上部荷载将通过三个支座约束直接传至基础，故内力分析时可由上部结构的整体平衡直接求出三个反力（图 4-2c），再计算内力。由于这类结构的三个支座反力位于同一处（侧），故也可先不求反力，而直接用截面法截出悬臂段计算内力（图 4-2d）。

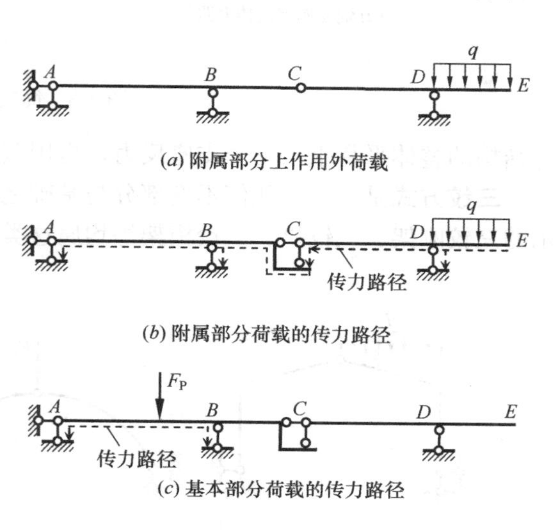

图 4-1　多跨静定梁的传力路径

简支方式是一个几何不变部分用分离两侧的三根支座链杆与基础相连的构成方式（图 4-3），其上部荷载将直接由三根支座链杆传至基础（图 4-3a）。因此，内力分析时可由上

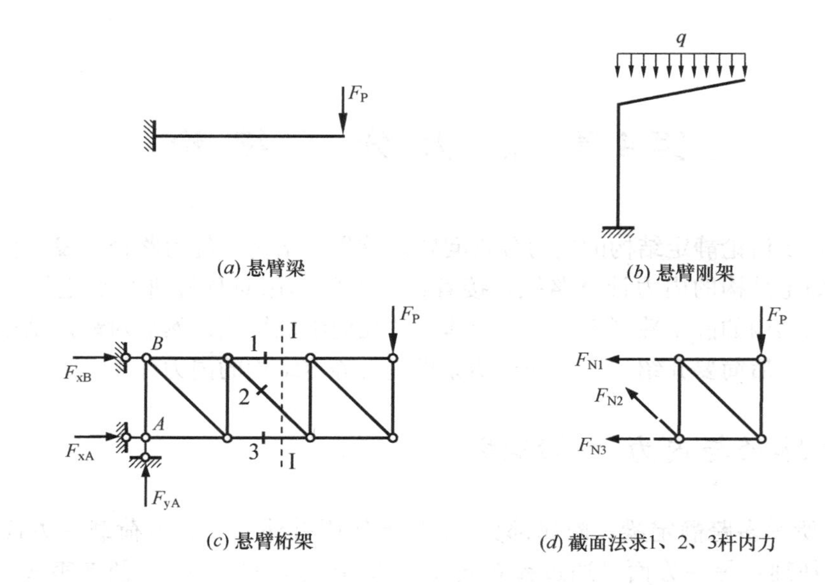

图 4-2　悬臂方式示例

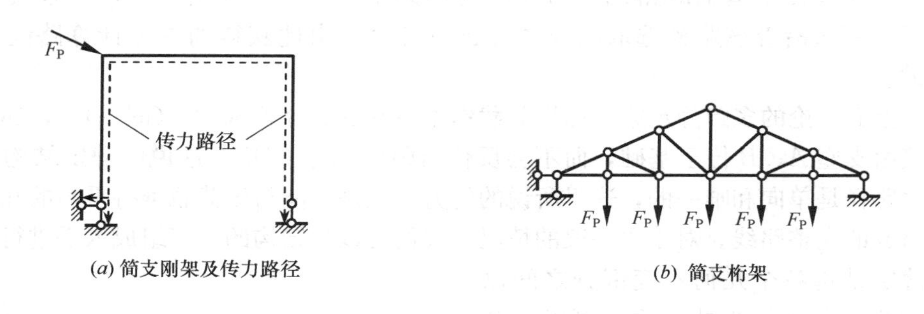

图 4-3　简支方式示例

部结构的整体平衡求出三个支座反力，再用截面法计算内力。

三铰方式是由两个几何不变部分与基础之间按三刚片规则组成的方式，例如图 4-4 所示的三铰刚架、三铰拱、三铰桁架等均属这类结构。以三铰拱为例，当中间铰作用集中荷

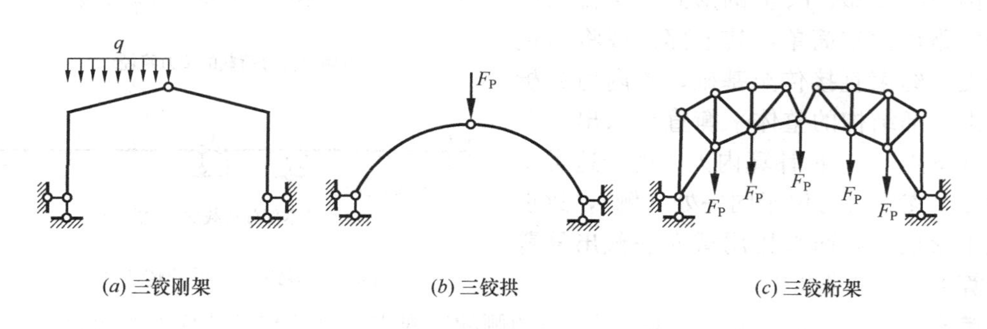

图 4-4　三铰方式示例

载时，该荷载的传力路径是通过左右两根两端铰接曲杆（二力杆）直接传至左右支座（图 4-5a），故可按类似结点法的方式求出两侧反力（图 4-5b）。

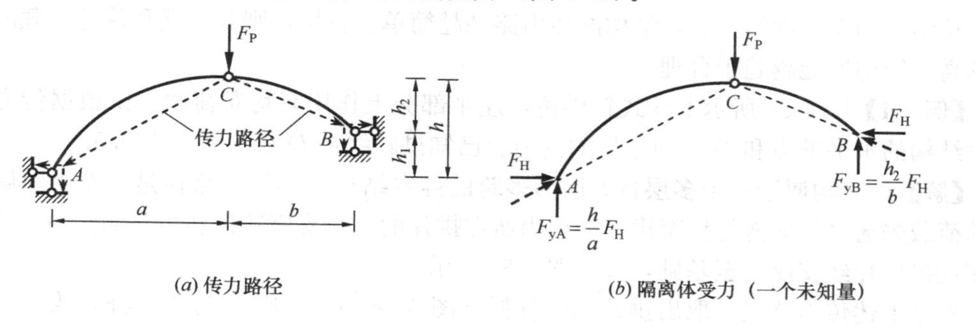

(a) 传力路径　　(b) 隔离体受力（一个未知量）

图 4-5　三铰结构作用结点荷载

如果上述三铰拱的一侧曲杆上作用外荷载，那么该荷载将通过另一侧的两端铰接曲杆（二力杆）和该侧的支座链杆传至基础（图 4-6a）。取出该侧曲杆为隔离体，显然可按类似简支结构的方式进行计算（图 4-6b）。若左右两侧曲杆上同时作用有外荷载，则可按上述方法分别计算左侧和右侧荷载引起的反力，再行叠加即可；当然也可按第 3 章介绍的一般方法计算。

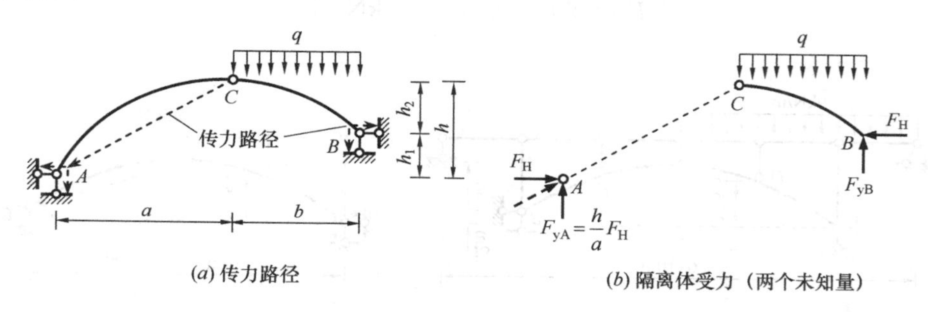

(a) 传力路径　　(b) 隔离体受力（两个未知量）

图 4-6　三铰结构作用单侧荷载

多跨（或多层）方式是从一个简支、悬臂或三铰方式的部分出发，再通过铰及支座链杆逐个增加其他几何不变部分的构成方式（图 4-7），其各个部分可分为基本部分、附属

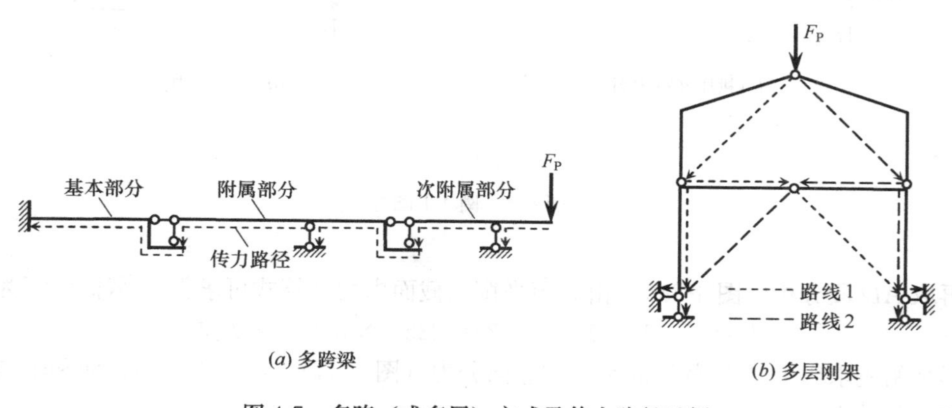

(a) 多跨梁　　(b) 多层刚架

图 4-7　多跨（或多层）方式及传力路径示例

部分和次附属部分等（图 4-7a）。这类结构的传力路径是从最上层的附属部分开始逐级向下，最后到基本部分，参见图 4-7a、b。

从结构的受力性能上看，结构的传力路径越简单、直接，则其承受和传递荷载的效率就越高，结构性能越趋于合理。

【例 4-1】 图 4-8a 所示上承式斜拱桥，左半部分上作用有均布荷载。试根据传力路径求拱结构的水平推力和 D 截面左侧的内力。已知拱轴线在 D 点的斜率为 0.5。

【解】 该结构属于一个多层且上层为多跨的静定结构。其传力路径是，左半附属部分上的荷载先通过竖向链杆传至拱片，再由所在拱片的一侧支座链杆和另一侧作为二力杆的两端铰接拱片经支座传至基础，参见图 4-8b 所示。

根据上述传力路径，取出拱片 AC 分析（图 4-8c）。因 BC 杆为二力杆，故其两端竖向分力很容易由几何关系用水平推力 F_H 表示出来。由隔离体 AC 的力矩平衡

$$\sum M_A = 0: 10F_H + 20 \times 0.4F_H - 20 \times 45 - 10 \times 90 = 0$$

可解得：$F_H = 100\text{kN}$。

于是容易求得三铰拱的两竖向反力为

$$F_{yB} = F_{yC} = 0.4F_H = 40\text{kN}\ (\uparrow)$$

$$F_{yA} = 90 + 45 - 40 = 95\text{kN}\ (\uparrow)$$

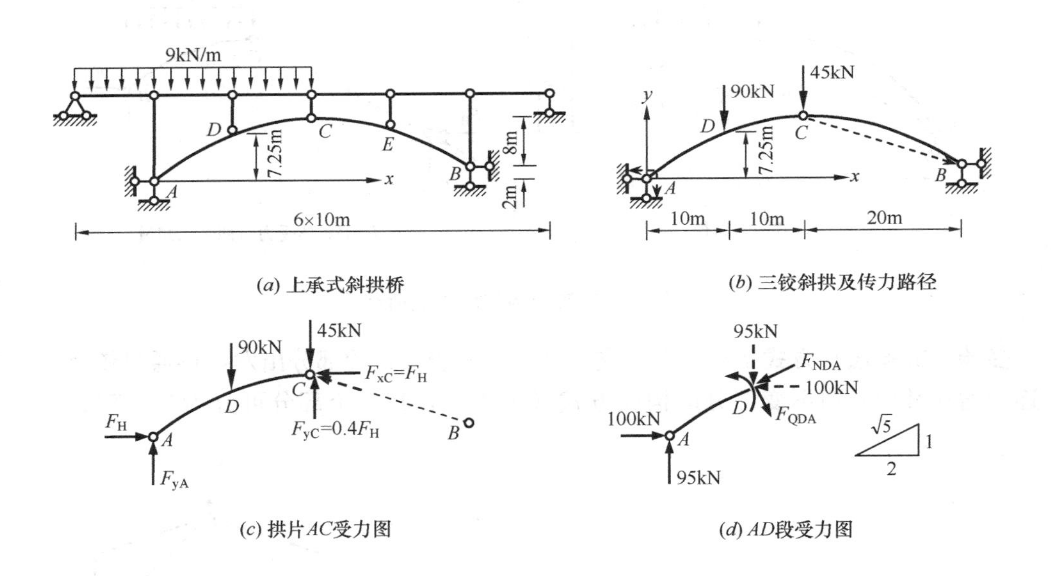

图 4-8　例 4-1 图

再取 AD 段分析（图 4-8d），由力矩平衡或截面内力计算式可求得 D 截面弯矩为

$$M_D = 95 \times 10 - 100 \times 7.25 = 225\ \text{kNm}\ (\text{下侧受拉})$$

由投影平衡先求出 D 左侧截面的水平和竖向分力（图 4-8d），然后将其沿切向和轴向分解即得剪力和轴力：

$$F_{QDA}=95\times\frac{2}{\sqrt{5}}-100\times\frac{1}{\sqrt{5}}=18\sqrt{5}\approx 40.25\text{kN}$$

$$F_{NDA}=-95\times\frac{1}{\sqrt{5}}-100\times\frac{2}{\sqrt{5}}=-59\sqrt{5}\approx -131.93\text{kN}$$

4-2 对称结构的简化计算

所谓**对称结构**是指几何形状、连接与支承情况、截面与材料性质等均关于同一条轴线对称的结构，例如图 4-9 的刚架就是一对称刚架。作用于对称结构上的荷载，若在对称轴两边大小相等，假想绕对称轴对折后其作用点和作用线均重合且指向相同，则称之为**正对称荷载**（简称**对称荷载**，图 4-9*a*）；若在对称轴两边大小相等，绕对称轴对折后其作用点和作用线均重合但指向相反，则称为**反对称荷载**（图 4-9*b*）。

对称结构的受力特性是：在正对称荷载作用下，结构的反力和内力都是正对称的；在反对称荷载作用下，其反力和内力都是反对称的。利用这一特性，往往能使结构计算得到简化。对于静定结构，由于其反力和内力只与杆件长度有关，而与杆件截面和材料性质无关，故截面和材料的变化或不对称并不影响反力和内力的对称性。

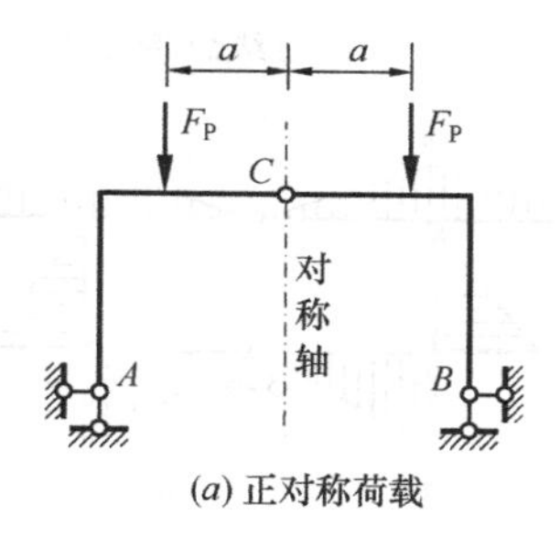

(*a*) 正对称荷载

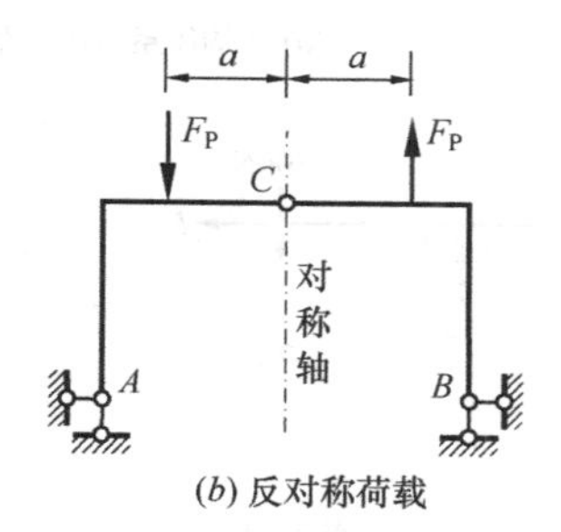

(*b*) 反对称荷载

图 4-9 对称结构和对称荷载

【例 4-2】 利用对称性判断图 4-10*a* 所示桁架的零杆数目。

【解】 在竖向荷载作用下，该桁架 A 处水平支座链杆不受力，故可视为一个受对称荷载作用的对称桁架。根据对称性，杆件 EH 和 EI 的内力相等，即

$$F_{NEH}=F_{NEI} \tag{a}$$

再考察结点 E，该结点为一 K 形结点且无荷载作用，故有

$$F_{NEH}=-F_{NEI} \tag{b}$$

联立式 (a)、(b)，有

$$F_{NEH}=F_{NEI}=0$$

即 EH、EI 两杆均为零杆。

于是，结点 H、G、A 和 I、J、B 均退化为 T 型或 L 型结点，故知杆件 HG、GD、GA、AD 和 IJ、JF、JB、BF 均为零杆，共计 10 根零杆（不含支座链杆），如图 4-10*b* 虚线所示。另外，支座 A、B 的三根支座链杆也是零杆。

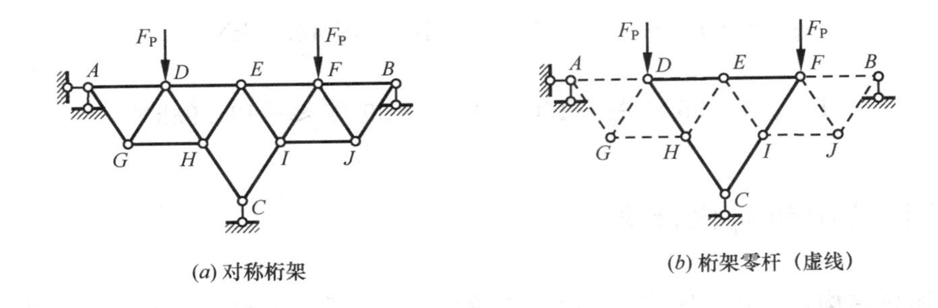

(a) 对称桁架　　(b) 桁架零杆（虚线）

图 4-10　例 4-2 图

【例 4-3】试利用对称性计算图 4-11a 所示刚架的内力，作出内力图。

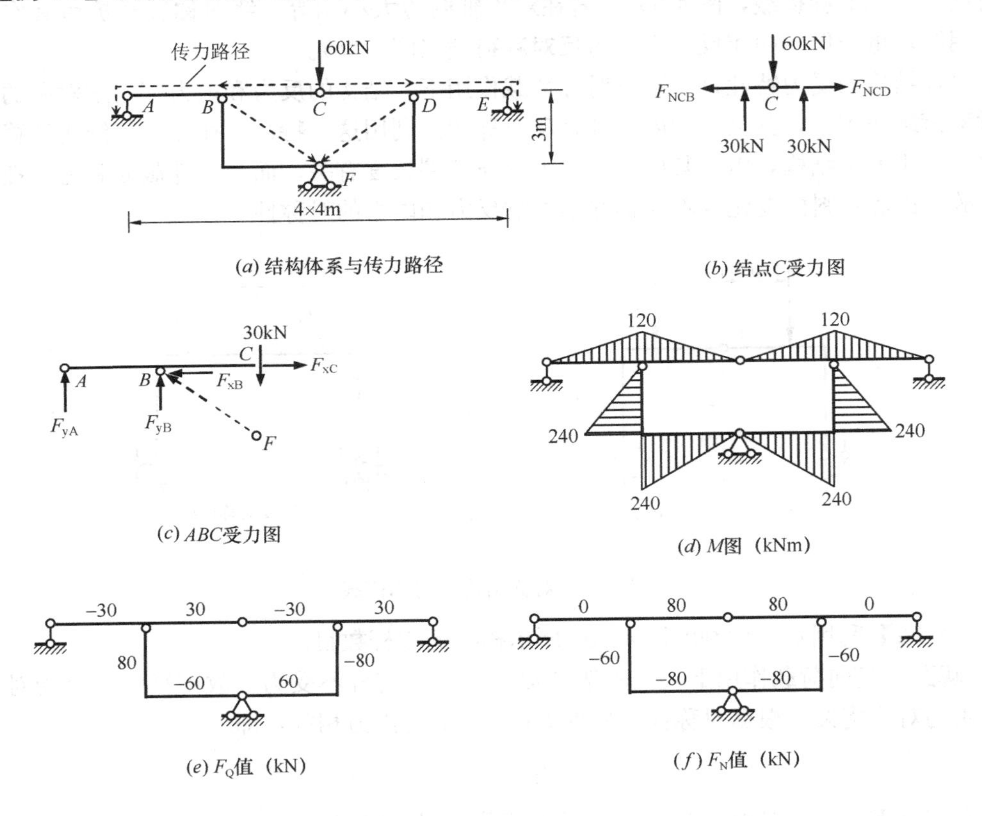

(a) 结构体系与传力路径　　(b) 结点C受力图

(c) ABC受力图　　(d) M图（kNm）

(e) F_Q值（kN）　　(f) F_N值（kN）

图 4-11　例 4-3 图

【解】　该结构的传力路径是，铰 C 上的荷载先传至左右两水平杆 ABC 和 CDE；左杆再由 A 处支座链杆和 BF 两端铰接折杆（二力杆）分别传至基础，右杆也有类似的传力路径（图 4-11a）。

根据这一路径，如果不利用对称性直接计算，则可分别取 ACE 和 ABC（或 CDE）为隔离体，通过解联立方程求出 A、E 和 B、D 处的两个支座反力和两个约束力，再计算各杆件的内力。为简化起见，这里利用对称性进行计算。

根据对称性，并利用结点 C 的平衡条件，可知该结点左右两侧的杆端剪力大小相等、方向相同（图 4-11b），即

$$F_{QCB}=-F_{QCD}=30\text{kN}$$

再取出 ABC 为隔离体（图 4-11c），根据对 B 点的力矩平衡，有

$$\sum M_B=0:\ F_{yA}\times4+30\times4=0,\ F_{yA}=-30\text{kN}\ (\downarrow)$$

进一步由投影平衡，可得

$$F_{yB}=60\text{kN},\ F_{xB}=F_{xC}=80\text{kN}$$

结构最终的弯矩图、剪力值和轴力值如图 4-11d、e、f 所示。由图可见，尽管三种内力都是正对称的，但表现到内力图或内力值上，弯矩图和轴力图（或轴力值）是正对称的，而剪力图（或剪力值）却是反对称的。

讨论：如果该刚架作用一般荷载，则可将其分解为一组正对称和一组反对称荷载的叠加（参见 8-3 节）；然后对两种情况分别进行简化计算，将算得的内力叠加即得原荷载下的内力。

4-3　零载法判别体系的几何组成

从第 2 章中得知，一个计算自由度 $W=0$ 的体系若是几何不变的，则其内力可由静力平衡条件唯一确定；若是几何可变的，则必有多余约束，且其内力不能由平衡条件唯一确定。这说明，一个 $W=0$ 的体系是否为几何不变，可以从其内力是否具有唯一确定的解答得到判断。

要判定一个体系的内力是否具有唯一解，最简单的方法是给体系施加零荷载，此时体系必具有零反力和零内力解，因此只需进一步判断该零解是否为唯一解，或者是否还有非零解即可。这种利用零荷载判别 $W=0$ 体系的几何组成性质的方法，称为**零载法**。

例如图 4-12a、b 所示均为 $W=0$ 的体系。在零荷载作用下，根据三个独立的平衡方程可知，图 4-12a 体系的反力和内力具有唯一零解，故为几何不变；而图 4-12b 体系的竖向反力有唯一零解，但水平反力和杆件轴力还存在非零解，故为几何可变。

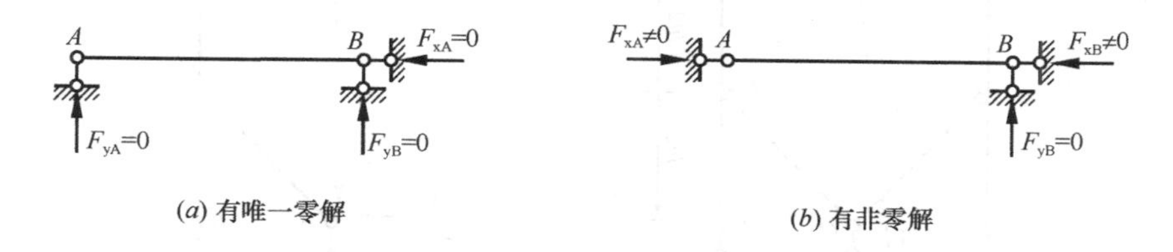

图 4-12　零载法示例

【例 4-4】 试用零载法判别图 4-13a 所示体系的几何组成，已知各斜杆倾角均为 45°。

【解】 在零荷载下，首先根据 T 形结点的受力，可以判断杆件 BE、CF、EF 均为零杆，即三杆有唯一零解。其余杆件的内力不易直接确定。为此可先假设其中一个反力或内力为 X，再由此求出其余的反力和内力，这种方法称为**初参数法**。这里不妨假设 A 处反力为 $X(\uparrow)$，然后依次由结点 A、E、G、F、D 的平衡可求得各杆内力或反力，如图 4-13b 所示。可见，当 X 不为零时体系仍能维持平衡，故为几何可变体系。

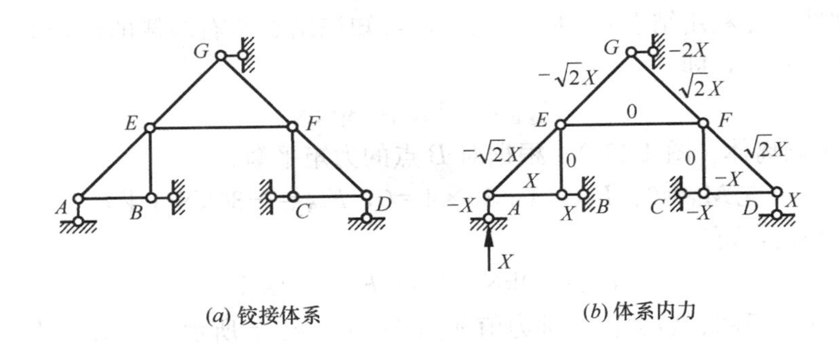

图 4-13　例 4-4 图

该例中，若将支座 B 改为竖向支座，读者可自行完成相应的分析。

【例 4-5】 试用零载法判断图 4-14a 所示组合体系的几何组成。

【解】 仍用初参数法计算内力。设支座 C 的反力为 X（↑），则由整体平衡可得 A、B 处的反力

$$F_{yA}=F_{yB}=\frac{X}{2}(\downarrow)$$

再由结点 C（Y 型结点）的平衡可求得 CD 和 CE 杆的内力：

$$F_{yCD}=F_{yCE}=-\frac{X}{2},F_{xCD}=F_{xCE}=-\frac{l}{2h}X$$

用Ⅰ-Ⅰ截面将结点 C 左侧杆件和铰 F 切开（图 4-14a），根据右侧部分的平衡条件（图 4-14b）

$$\sum M_F=0:\frac{l}{2h}X\cdot h-\frac{X}{2}\cdot\frac{l}{2}=0$$

可解得：$X=0$。由此可推知该体系的所有反力和内力均为零，即有唯一零解，否则不能维持平衡，故体系为几何不变体系。

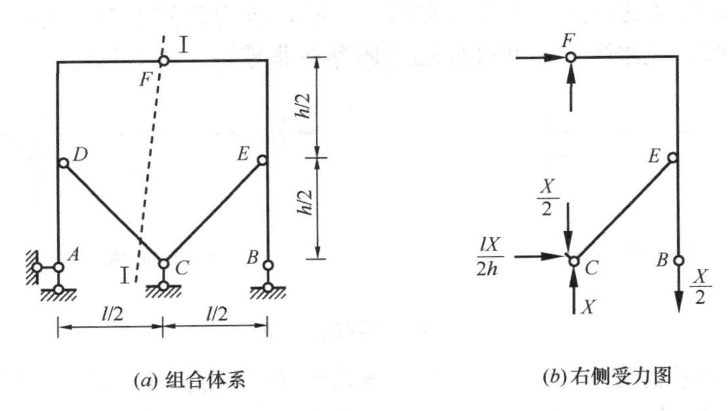

图 4-14　例 4-5 图

从上述例题分析可以看到，零载法实质上是一种依据体系的静力特性判定其几何组成特性的方法。该方法常用于分析几何构造不是按三个基本组成规则构成的体系，例如图 3-33 的复杂桁架、图 3-58 的组合结构等，或者用基本规则不易分析的体系。值得注意的

是，该方法只适用于计算自由度 $W=0$（或不与基础相连 $W=3$）的体系，并且当判定为几何可变后，将无法进一步区分是几何瞬变还是常变。当然，后者的区分通常并不是必要的。

4-4　静定结构的静力特性

从 2-5 节的讨论中获知，静定结构是一种没有多余约束的几何不变体系，这种体系的反力和内力可由静力平衡条件唯一确定。**静力可确定性**和**解答唯一性**是静定结构的基本静力特性，由该特性还可派生出静力学方面的其他一些特性：

（1）**零荷载零内力特性**。除了作为外力的荷载以外，其他外因如温度改变、支座移动、材料收缩、制造误差等，均不引起反力和内力（图 4-15）。实际上在这些外因作用下，零反力和零内力必定满足平衡条件，而根据解答的唯一性该零解就是结构的真实解。

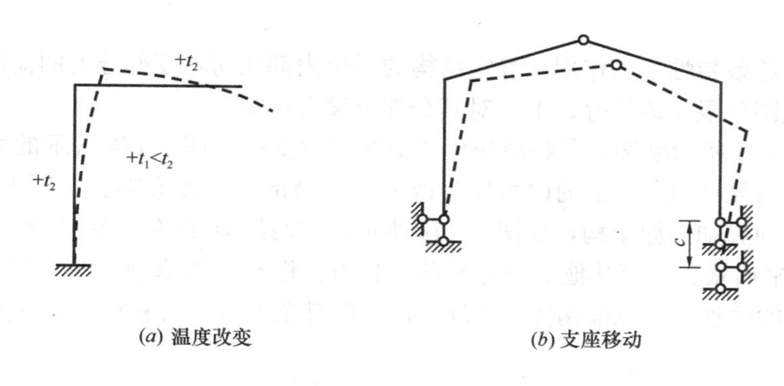

(a) 温度改变　　(b) 支座移动

图 4-15　零荷载零内力特性示例

（2）**局部平衡特性**。静定结构受平衡力系作用时，其影响范围只限于该力系所作用的最小几何不变部分或最小可独立承载部分，在此范围之外不受影响。

该特性已在上一章和本章的多个算例中得到验证。例如图 4-1c 所示的两跨静定梁，AB 部分上的荷载 F_P 与支座 A、B 处的两个竖向反力形成了一个平衡力系，故该力系仅引起 AB 部分受力，其余部分上的反力和内力均为零。又如图 4-16a 所示刚架受一对平衡力系 F_P 的作用，于是整个结构仅 CDE 这个最小几何不变部分上受力，其余部分的内力

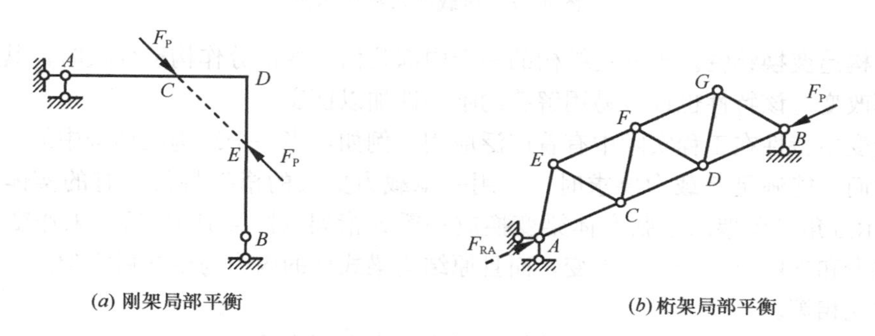

(a) 刚架局部平衡　　(b) 桁架局部平衡

图 4-16　局部平衡特性示例

和反力均为零。

再看图 4-16*b* 的桁架，其中荷载 F_P 的作用线与 AB 连线重合，这样 F_P 与支座 A 的反力 F_{RA} 便形成一对平衡力系。此时桁架下弦杆 AC、CD 和 DB 虽未组成一几何不变部分，但对于该平衡力系仍构成一独立承载体系，故只有这三杆及 A 处支座链杆受力，其余各杆均为零杆。

局部平衡特性很容易由解答的唯一性证实，因为这一受力状态已经满足各部分的平衡条件，故必为结构唯一的真实状态。该特性也可从结构的传力路径上得到解释：作用于静定结构某一构件上的荷载总是沿着该构件与基础所组成的最小几何不变部分或最小独立承载部分上传递的。图 4-10*b* 所示桁架就表现出了这种最小范围的局部平衡特性（参见图中实线标示杆）。

工程结构是一种支承和传递荷载的骨架体系。从本节和上一节的分析中看到，静定结构支承和传递荷载所遵循的基本原则是"独立和单向"，即某一部分可独立承担的荷载完全自我承担，而不与其他部分分担；不能独立承担的荷载向其所依赖的部分单向传递，一次完成。

（3）**荷载等效特性**。当作用于静定结构的一个内部几何不变部分上的荷载作等效变换时，其影响范围只限于该部分之上，对其余部分没有影响。

例如图 4-17*a* 所示刚架，若将所作用的荷载等效变换为图 4-17*b* 所示的集中荷载，则不难验证，只有悬臂段 CD 上的内力发生改变，其余部分并无影响。实际上，将图 4-17*b* 的等效荷载反向施加于原结构，如图 4-17*c* 所示，则两组荷载将构成一平衡力系，悬臂段 CD 处于局部平衡状态，而其他部分将不参与受力。根据叠加原理，图 4-17*a* 的受力等于图 4-17*b* 和 *c* 的叠加，可见前两图除 CD 杆以外的其余部分均具有相同的反力和内力。

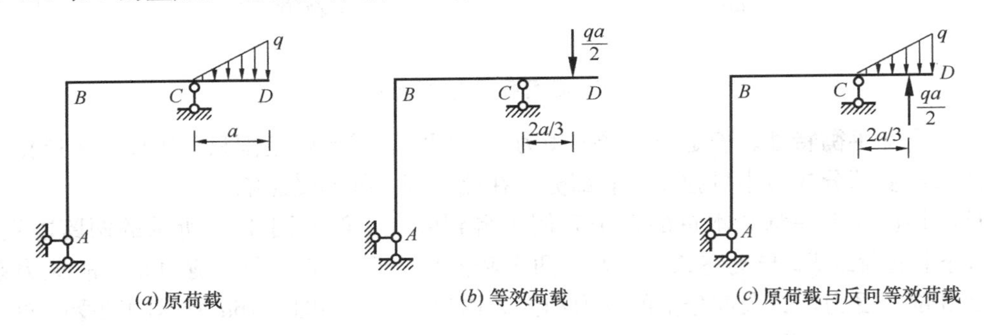

图 4-17　荷载等效特性示例

（4）**构造变换特性**。当静定结构的一个内部几何不变部分作构造变换时，其余部分的内力并不改变。该特性也很容易用解答的唯一性加以证实。

构造变换特性在工程实际中有着广泛应用。例如，当一个结构或结构中的某些构件因跨度较大而不能满足承载力要求时，常用一承载力更大的桁架替代原有的实体构件。图 4-18*a* 所示五角形屋架的上弦实体梁变换成一梁式桁架（图 4-18*b*）后，未作变换的下部各杆的内力和支座反力均保持不变，而且原结构梁式杆的内力与变换后桁架同一截面的内力合力彼此相等。

（5）**截面及材料无关性**。静定结构的反力和内力可由静力平衡条件唯一确定，与杆件

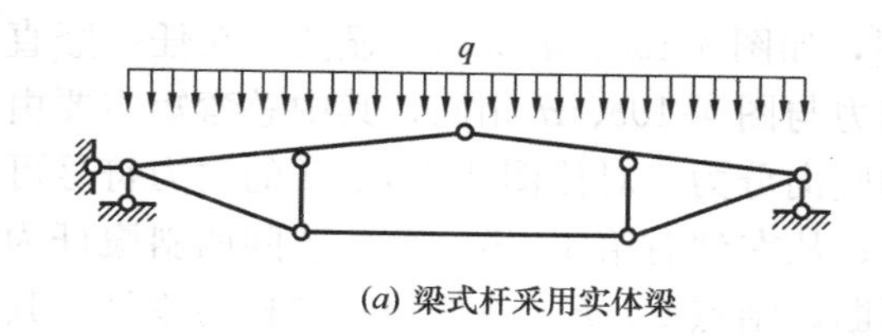

(a) 梁式杆采用实体梁

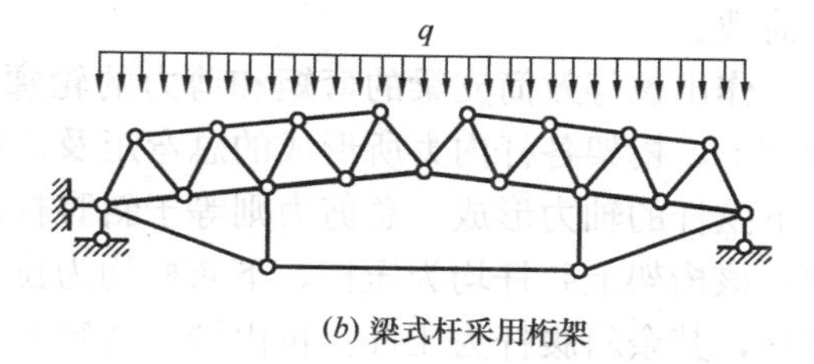

(b) 梁式杆采用桁架

图 4-18　构造变换特性示例

的截面形状、截面尺寸及材料性质等无关。正是基于这一特性，静定结构的强度设计通常可一步完成，即由外荷载求出各杆内力，再由内力直接进行截面设计，而无需事先设定截面再求内力。不过需要说明的是，结构的应变和位移仍然与截面及材料性质有关。

【例 4-6】试利用构造变换特性判断图 4-19a 所示桁架的各杆件是拉杆还是压杆。

【解】对整个上部桁架作构造变换，可得图 4-19b 所示受间接荷载作用的简支梁。该梁是一个纵横梁-主梁体系，由纵、横梁传至主梁的荷载是一组与图 4-19a 桁架相同的结

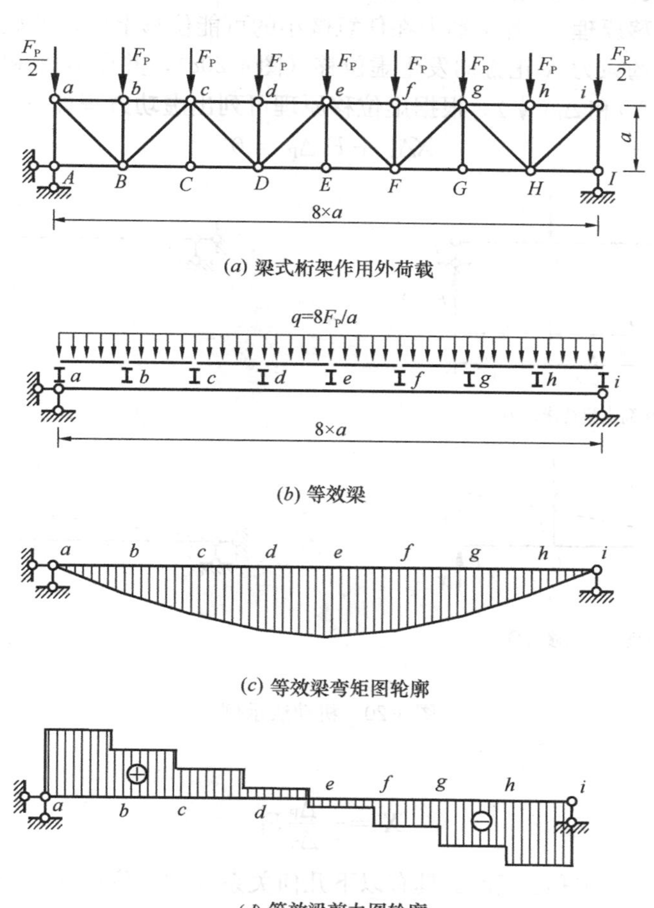

(a) 梁式桁架作用外荷载

(b) 等效梁

(c) 等效梁弯矩图轮廓

(d) 等效梁剪力图轮廓

图 4-19　例 4-6 图

点荷载。

作出该等效简支梁的弯矩和剪力的轮廓图，如图 4-19c、d 所示。显然，在任一竖直截面上，桁架各杆内力所形成的总弯矩及总剪力与图 4-19c、d 相同，其中总弯矩主要由上下弦杆的轴力形成，总剪力则等于斜腹杆的竖向分力。对比图 4-19c、d 的内力符号可知，该桁架上弦杆均为压杆，下弦杆均为拉杆；从左到右第 1、3、6、8 节间的斜腹杆为拉杆，其余斜腹杆为压杆。再由结点法容易判断，结点 C、E、G 处的竖腹杆为零杆，其余竖腹杆为压杆。

4-5 机动法求静定结构内力

静定结构的反力和内力除了依据静力平衡条件解算以外，还可以采用另一种基于虚功原理的方法进行计算。下面以简支梁的支座反力为例阐述这一计算方法。

图 4-20a 所示简支梁，若要计算支座 B 的反力 F_{yB}，则可先解除与该反力对应的支座约束，代之以约束反力 $F_{yB}=X$（↑）。这样，该梁就转化为具有一个自由度的机构（图 4-20b）。该机构在原有荷载和反力 X 作用下仍处于平衡，于是根据理论力学中的**刚体体系虚功原理（虚位移原理）**，各主动力在任意微小的可能位移上所做的虚功总和必等于零。为此令上述机构沿约束力 X 正方向发生虚位移（图 4-20c），并设沿 X 和荷载 F_P 正方向的虚位移分别为 Δ_X（↑）和 Δ_P（↓）。根据虚位移原理可列出**虚功方程**如下：

$$X\Delta_X + F_P\Delta_P = 0 \tag{4-1}$$

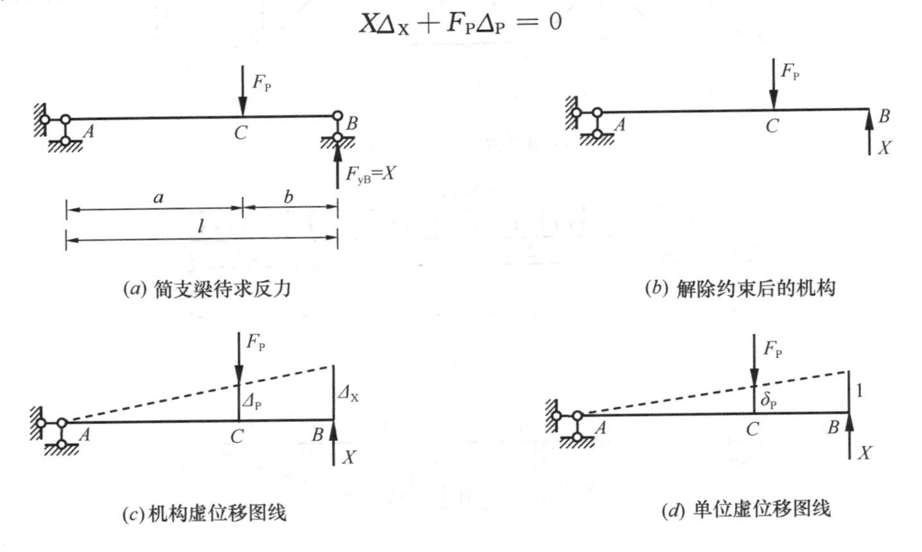

图 4-20 机动法示例

解方程得

$$X = -\frac{\Delta_P}{\Delta_X}F_P \tag{4-2}$$

由图 4-20c 可见，位移 Δ_P 和 Δ_X 具有以下几何关系（注意位移的正方向）：

$$\frac{\Delta_P}{\Delta_X} = -\frac{a}{l} \tag{a}$$

将上式代入式（4-2），可求得支座 B 的反力为

$$F_{yB}=X=\frac{a}{l}F_P(\uparrow) \tag{b}$$

这种利用解除约束后的单自由度体系发生机构运动而求静定结构反力和内力的方法称为**机动法**，而之前利用静力平衡条件进行内力计算的方法称为**静力法**。

应用机动法时，为计算方便，通常假设机构沿所求约束力 X 正方向的位移为单位位移，而荷载作用点沿其正方向的位移用 δ_P 表示，于是虚功方程可简化为

$$X\times1+\sum F_P\delta_P=0 \text{ 或 } X=-\sum F_P\delta_P \tag{4-3}$$

这种利用虚功原理和单位虚位移求约束力的方法又称为**单位位移法。**

对于上面讨论的例子，设沿 X 正方向的位移为单位位移（图 4-20d），则 F_P 作用点的位移

$$\delta_P=-\frac{a}{l} \tag{c}$$

代入式（4-3），可求得与式（b）相同的反力 F_{yB}。

【例 4-7】试用机动法计算图 4-21a 所示多跨梁的以下反力和内力：F_{yD}、M_F、F_{QBA}、F_{QBC}。

【解】为求支座 D 的反力，撤去该支座约束代之以反力 F_{yD}（↑），并令解除约束后的机构沿 F_{yD}正方向发生单位虚位移，如图 4-21b 所示。此时 ABC 部分仍为几何不变，故不发生位移。由图可写出虚功方程为：

$$F_{yD}\times1-F_P\times1.5=0$$

解得：$F_{yD}=1.5F_P$（↑）。

采用同样方法绘出解除 M_F 对应约束的机构的位移图线，如图 4-21c 所示。因 M_F 为内力，故相应的约束力是一对力矩。写出虚功方程如下：

$$M_F\times1+q\times\left(\frac{1}{2}\times a\times\frac{2a}{3}\right)-F_P\times\frac{a}{3}=0$$

解方程得：$M_F=\dfrac{F_Pa-qa^2}{3}$（下侧受拉）。

撤去与 F_{QBA}相应约束后的机构及其虚位移如图 4-21d 所示。因虚位移是满足变形协调条件的可能位移，而解除约束后的滑动结点仍保留轴向和转角方向的变形约束，故发生虚位移后其左右两侧的转角仍相等，由此可算出各控制截面的虚位移值。利用虚功方程，有

$$F_{QBA}\times1+q\times\left(\frac{1}{2}\times a\times\frac{1}{3}\right)-F_P\times\frac{1}{6}=0$$

求得：$F_{QBA}=\dfrac{F_P-qa}{6}$。

同理，根据图 4-21e 的位移图线，可求出支座 B 右侧的剪力为：$F_{QBC}=qa-\dfrac{F_P}{2}$。

【例 4-8】用机动法求图 4-22a 所示简支梁在间接荷载作用下截面 C 的弯矩和剪力。

【解】为求截面 C 的弯矩 M_C，解除与 M_C 对应的约束，并绘出机构沿 M_C 正方向的虚位移图线如图 4-22b 所示。显然主梁与纵梁的位移图线有所不同。因外荷载作用于纵梁，故做虚功时与荷载相乘的虚位移应是纵梁而非主梁的位移。为清晰起见，单独绘出纵梁的

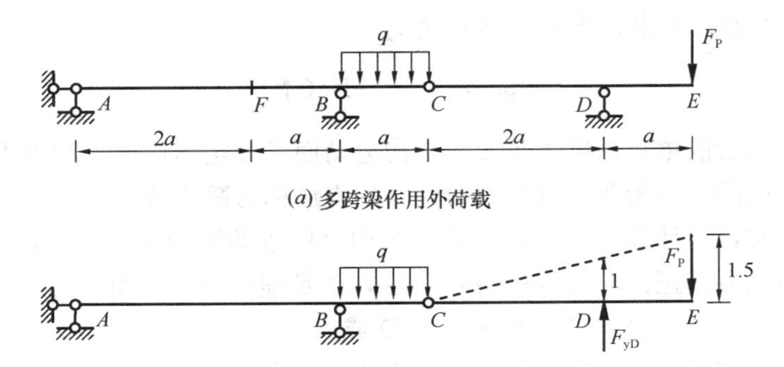

(a) 多跨梁作用外荷载

(b) 解除F_{yD}约束的机构及虚位移

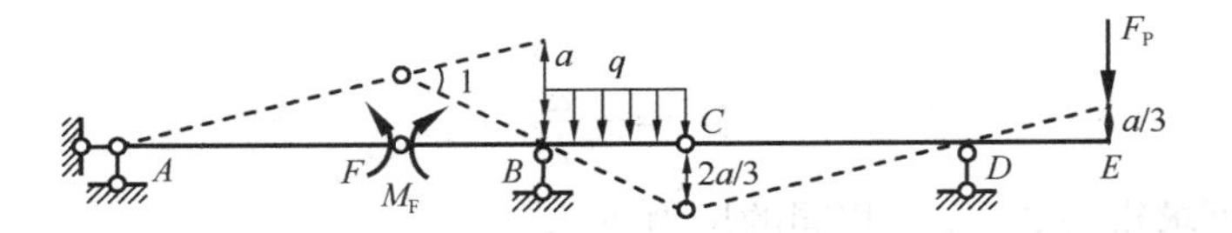

(c) 解除M_F约束的机构及虚位移

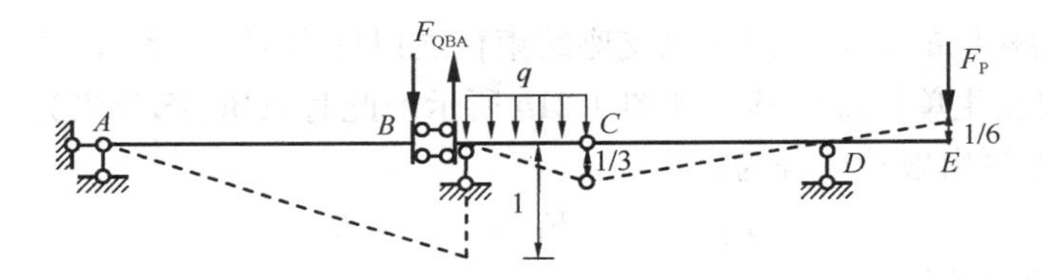

(d) 解除F_{QBA}约束的机构及虚位移

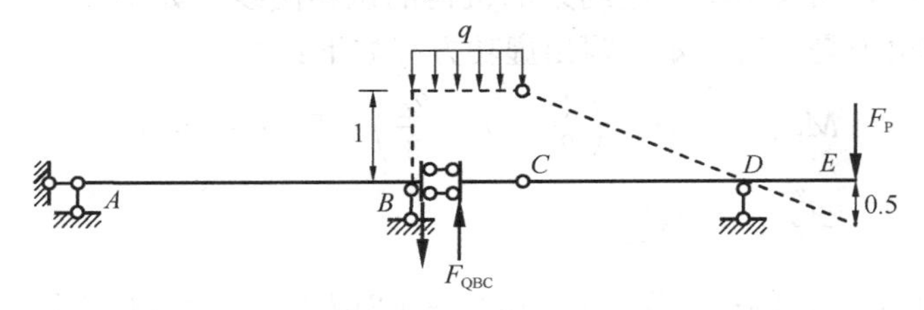

(e) 解除F_{QBC}约束的机构及虚位移

图 4-21 例 4-7 图

位移图线如图 4-22c 的实线所示。对该虚位移列出虚功方程如下：

$$M_C \times 1 - q \times \left[\frac{1}{2} \times 2a \times \frac{3a}{4} + \frac{1}{2} \times a \times \left(\frac{3a}{4} + \frac{5a}{8}\right) + \frac{1}{2} \times a \times \frac{5a}{8}\right] = 0$$

解方程得：$M_C = \dfrac{7}{4}qa^2$（下侧受拉）。

为求 F_{QC}，绘出相应机构及其中纵梁的位移图线如图 4-22d 和 e。对该图线列虚功方程，有

$$F_{QC} \times 1 + q \times \left[\frac{1}{2} \times 2a \times \frac{1}{2} + \frac{1}{2} \times a \times \left(\frac{1}{2} - \frac{1}{4}\right) - \frac{1}{2} \times a \times \frac{1}{4}\right] = 0$$

解得：$F_{QC}=-\frac{1}{2}qa$。

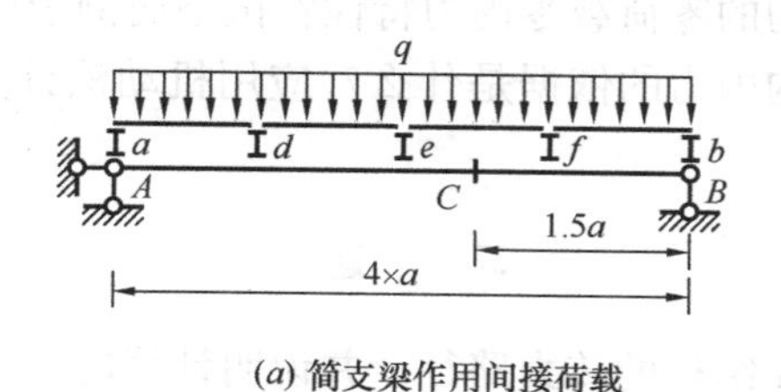

(a) 简支梁作用间接荷载

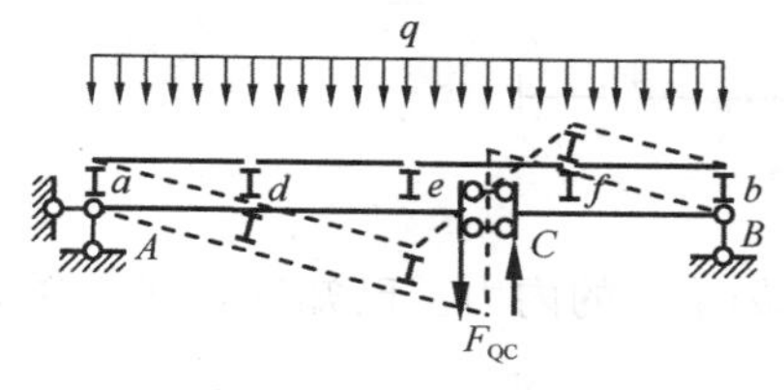

(b) 解除M_C约束的机构及虚位移

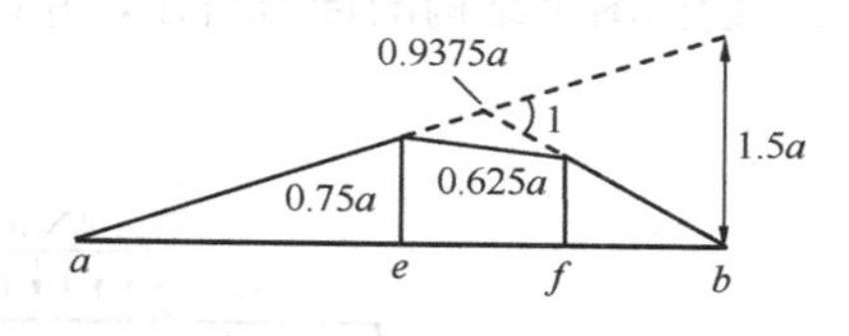

(c) 与M_C对应的纵梁虚位移（实线）

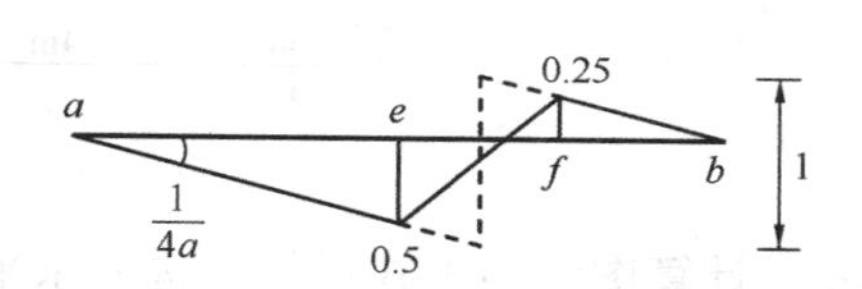

(d) 解除F_{QC}约束的机构及虚位移

(e) 与F_{QC}对应的纵梁虚位移（实线）

图 4-22　例 4-8 图

从上述算例可以看到，机动法实质上是一种将静定结构的静力关系转化为几何关系的计算方法，其依据是刚体体系的虚位移原理。显然，如果撤去约束的机构发生机构运动后的相对几何关系很容易确定，那么该方法就显得比较方便，反之就不一定如静力法简便。

思　考　题

4.1　静定结构的传力路径有何特点？试就不同结构形式举简例加以说明。

4.2　比较图示两桁架的传力路径（斜杆倾角均为 45°），分析其异同点，说明哪种方式更为直接、有利？

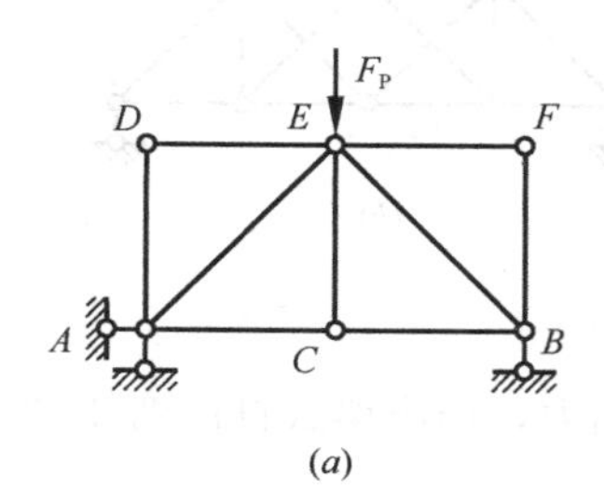

(a)　　(b)

思考题 4-2 图

4.3　静定结构的内力对称性与荷载对称性，以及与变形对称性、位移对称性之间分别有何相互关系？为什么？试举例加以阐述。

4.4　如何理解静定结构的零荷载零内力特性？试举简例予以说明。

4.5　机动法求静定结构内力的依据是什么？应用机动法计算时，荷载直接作用与间接作用有何不同？

习　　题

4-1　绘出 4-1 节图 4-4a 结构的传力路径，并说明计算内力的方法，作出弯矩轮廓图。

4-2　绘出图示结构的传力路径，并计算结构的内力，作出内力图。

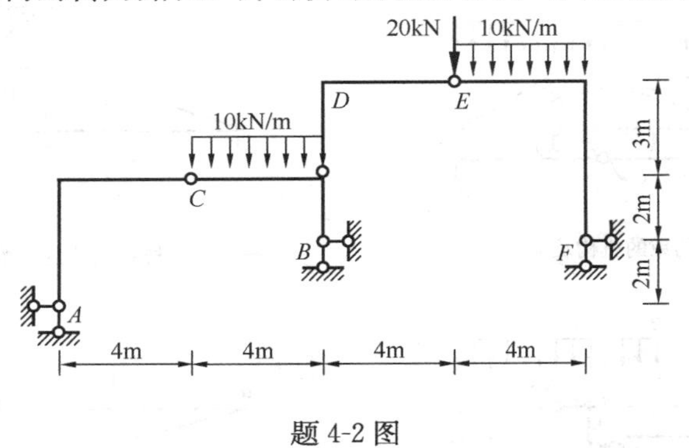

题 4-2 图

4-3　计算图示中承式拱桥结构的水平推力和截面 D 的内力。已知三铰拱的轴线方程为 $y=\frac{4f}{l^2}x(l-x)$，图中拱轴与横梁相交处不连接。

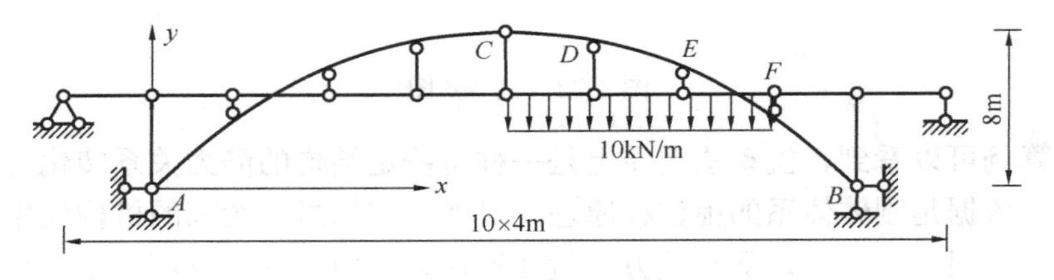

题 4-3 图

4-4　利用对称性判断图示桁架的零杆，已知各斜杆倾角均为 45°。

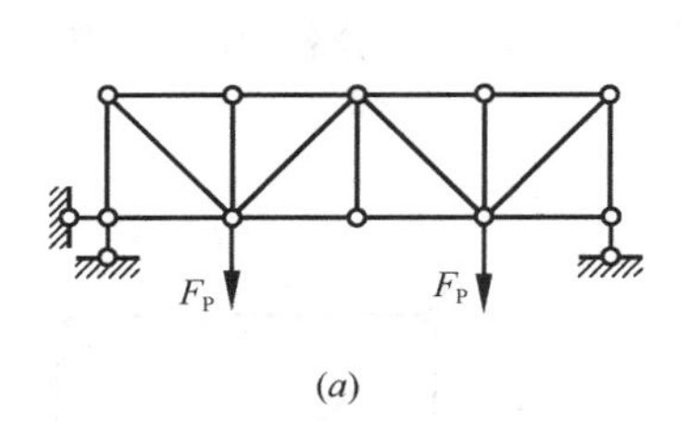

(a)

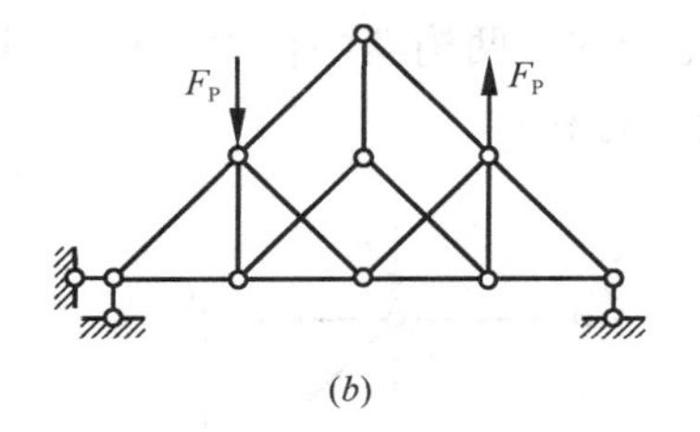

(b)

题 4-4 图

4-5　利用对称性计算图示结构，标出桁架杆的轴力，作出梁式杆的弯矩图。

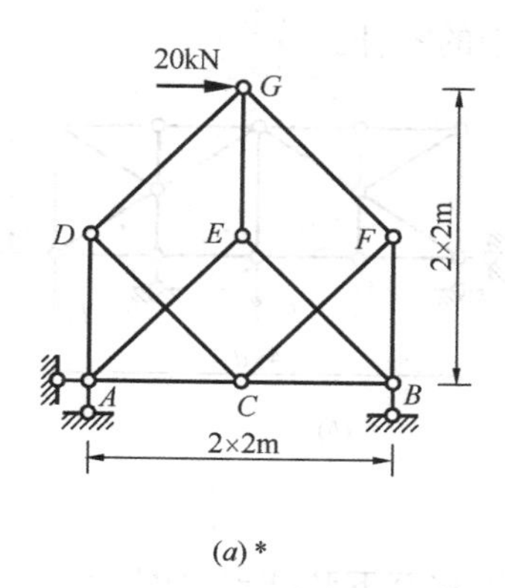

(a)*

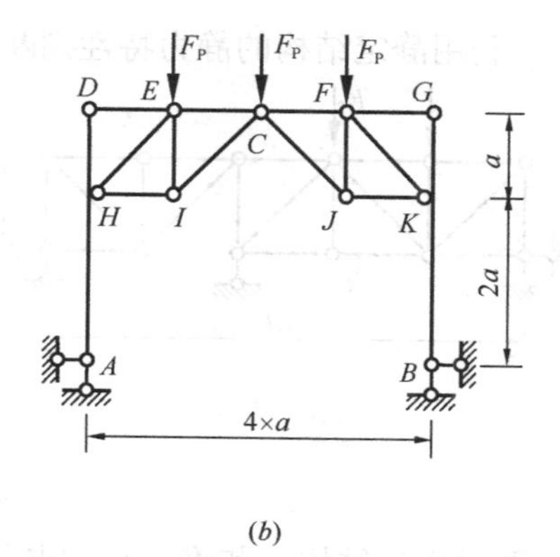

(b)

题 4-5 图

4-6　利用对称性求图示结构的链杆内力和 E 截面弯矩。已知拱轴线方程 $y=\frac{4f}{l^2}x(l-x)$。

4-7*　利用对称性计算图示结构，并作弯矩图。

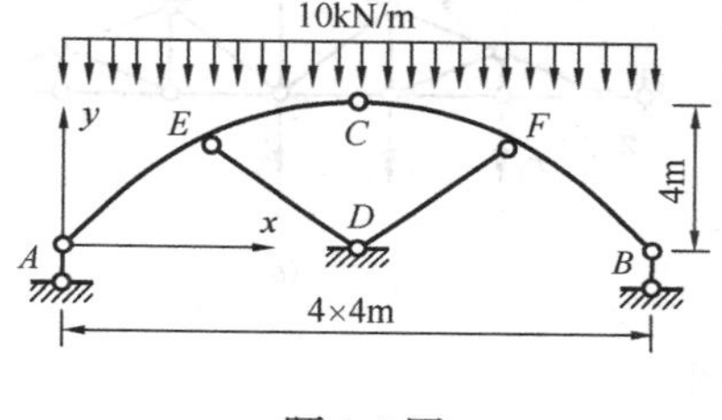

题 4-6 图

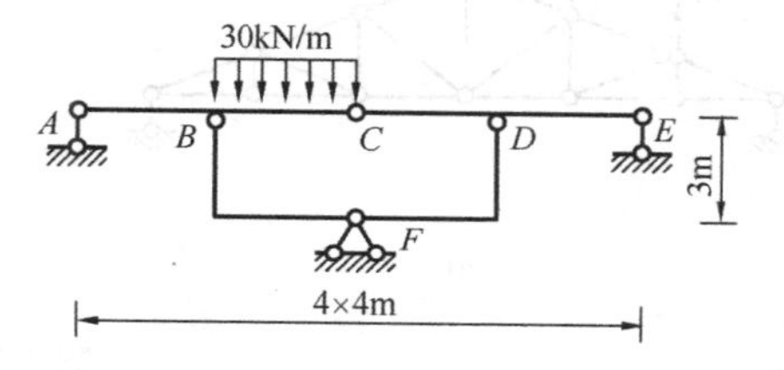

题 4-7 图

4-8　用零载法判别图示铰接链杆体系的几何组成性质（斜杆倾角均为 45°）。

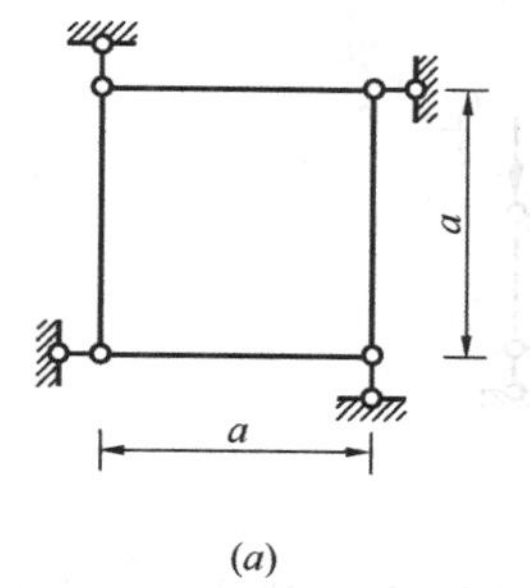

(a)

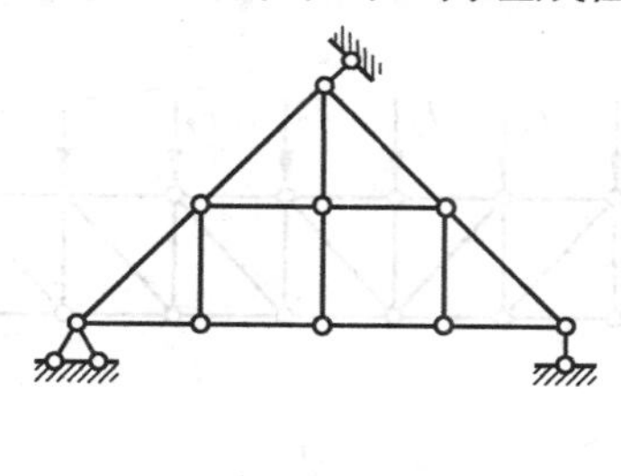
(b)

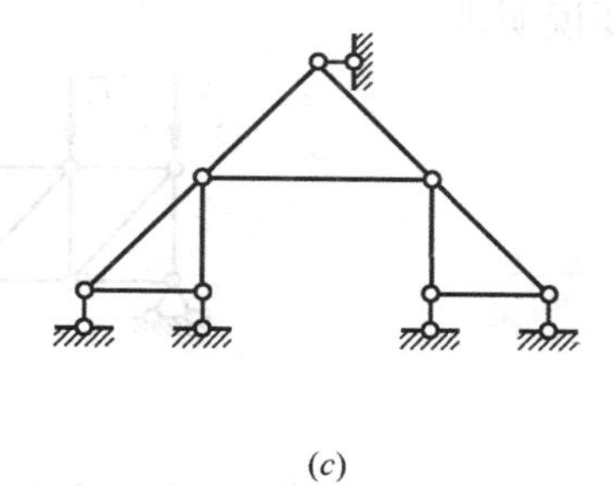
(c)

题 4-8 图

4-9　用零载法判别图示体系的几何组成性质。

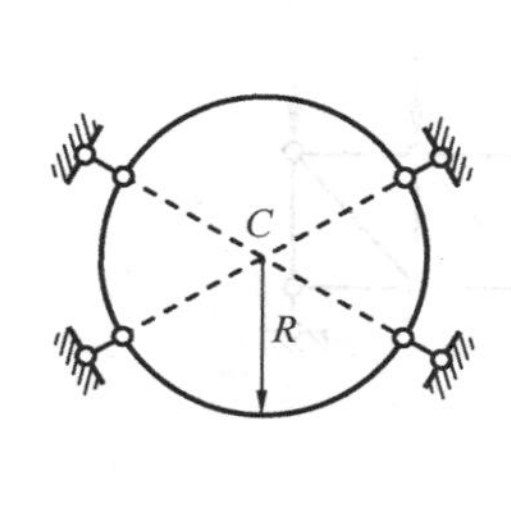

(a)

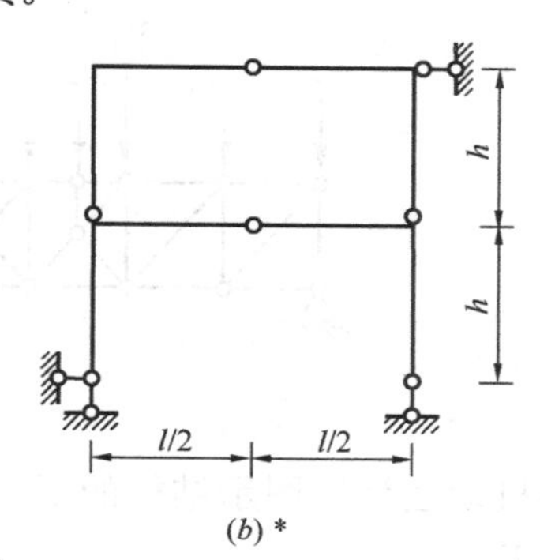

(b)*

题 4-9 图

4-10* 利用静定结构的静力特性判断图示桁架中的零杆。

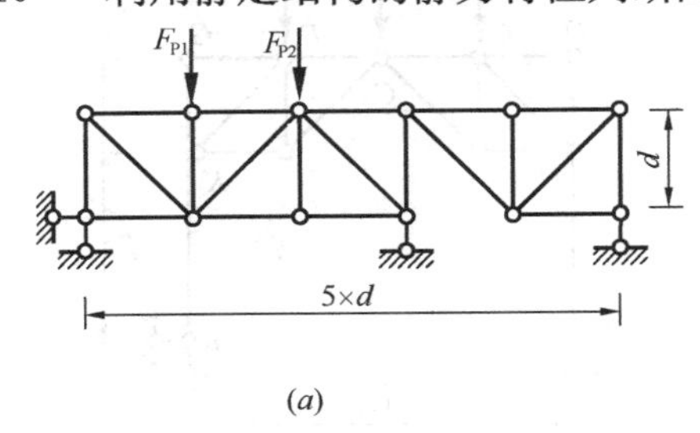

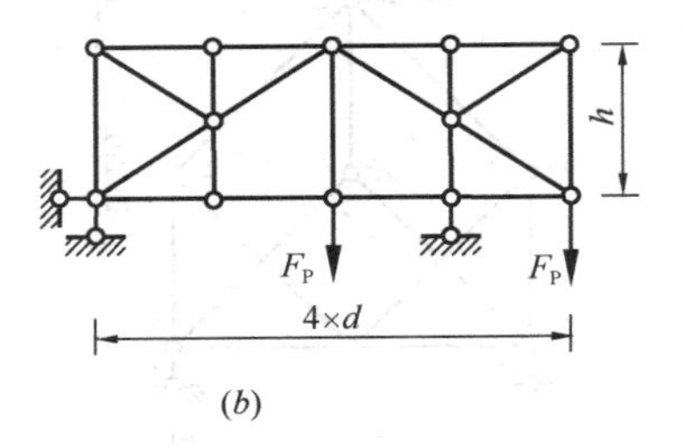

题 4-10 图

4-11 图示桁架结构，若将上弦结点荷载（图 a）移至下弦结点（图 b），指出哪些杆件的内力将发生改变。

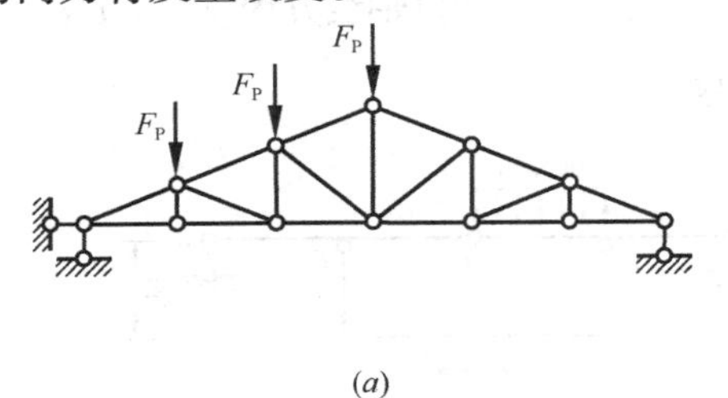

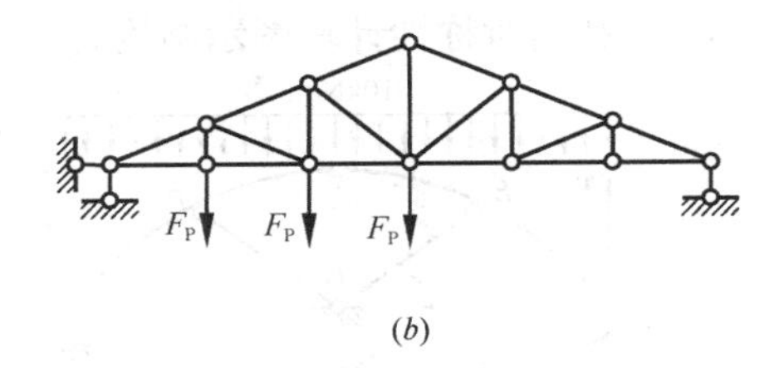

题 4-11 图

4-12 图示平行弦桁架，其上弦杆受到纵梁均布荷载的间接作用（已转化为结点荷载）。试比较上下弦杆、相邻弦杆的内力大小；比较相邻斜腹杆、竖腹杆的内力大小，并简要说明理由。

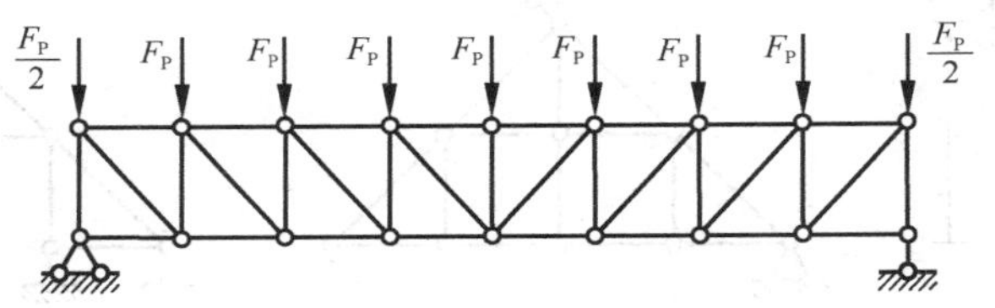

题 4-12 图

4-13 图示桁架，所作用的纵梁荷载与上题相同，试比较两桁架相同部位的杆件内力有何异同，并说明理由。

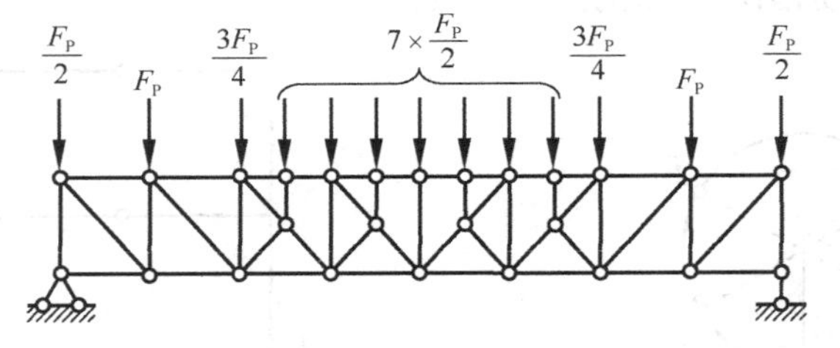

题 4-13 图

4-14 用机动法计算图示结构的下列反力和内力：（a）M_A、F_{yA}、F_{yC}；（b）M_K、F_{QKA}、F_{QKB}、F_{QB}。

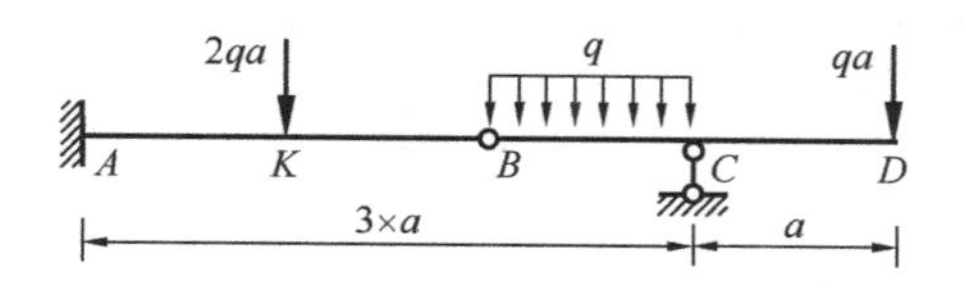

题 4-14 图

4-15 用机动法计算图示结构的以下反力和内力：F_{yB}、M_A、M_K、M_B、F_{QBC}、F_{QDC}。

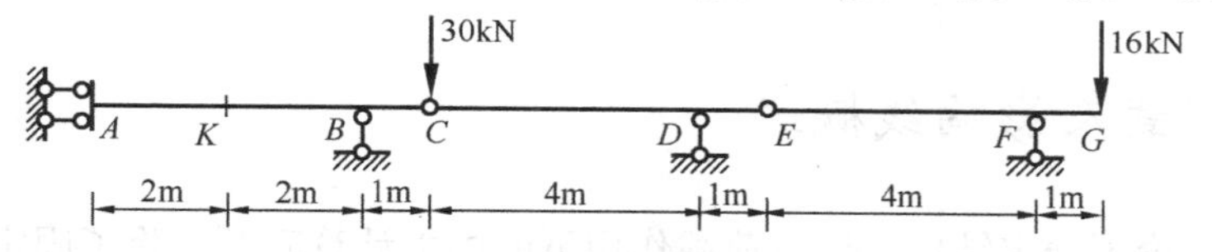

题 4-15 图

4-16* 用机动法计算图示结构中主梁的以下反力和内力：F_{yA}、M_K、F_{QK}、$F_{QB左}$、$F_{QB右}$。

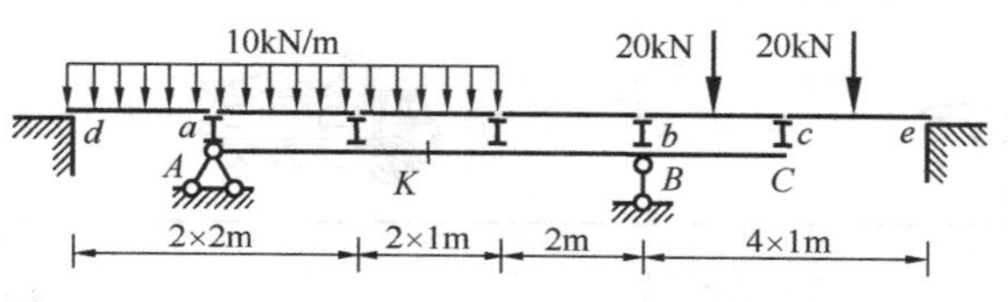

题 4-16 图

4-17** 题 4-12 中，若桁架跨度不变，但高度发生了改变，则其上下弦杆、斜腹杆和竖腹杆的内力将分别如何变化？由此可得出什么结论？工程设计中，应如何拟定合理的桁高？

4-18** 图示为一悬索桥梁的计算简图，已知其上弦铰点均落在一光滑悬链线上。试用零载法验证其为一几何不变体系。设该结构左半跨的梁式杆上作用有均布荷载 q，试确定结构分析方法，给出具体计算步骤。

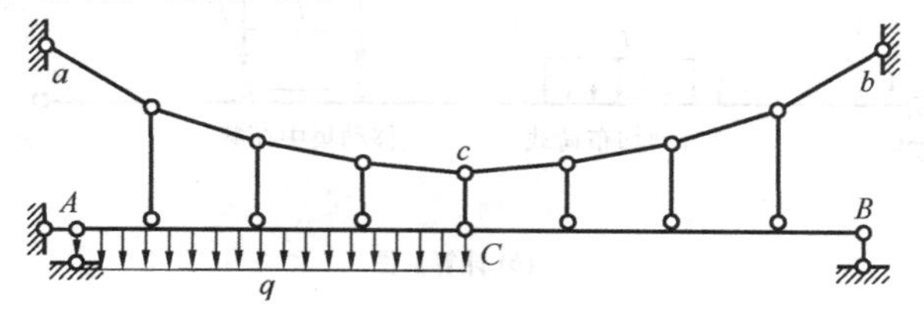

题 4-18 图

第 5 章　静定结构的影响线及其应用

5-1　移动荷载及影响线概述

前面几章讨论了静定结构在固定荷载作用下的内力计算问题。除了固定荷载，工程中还会遇到各种各样的移动荷载，例如行驶于桥梁上的汽车、架设于吊车梁上的移动吊车、分布于房屋或桥梁上的人群等（图 5-1*a*）。通常前二者可简化为一组大小和间距均保持不变的**移动集中荷载**，后者可简化为一个集度确定但可任意布置的**可动分布荷载**（图 5-1*b*）。

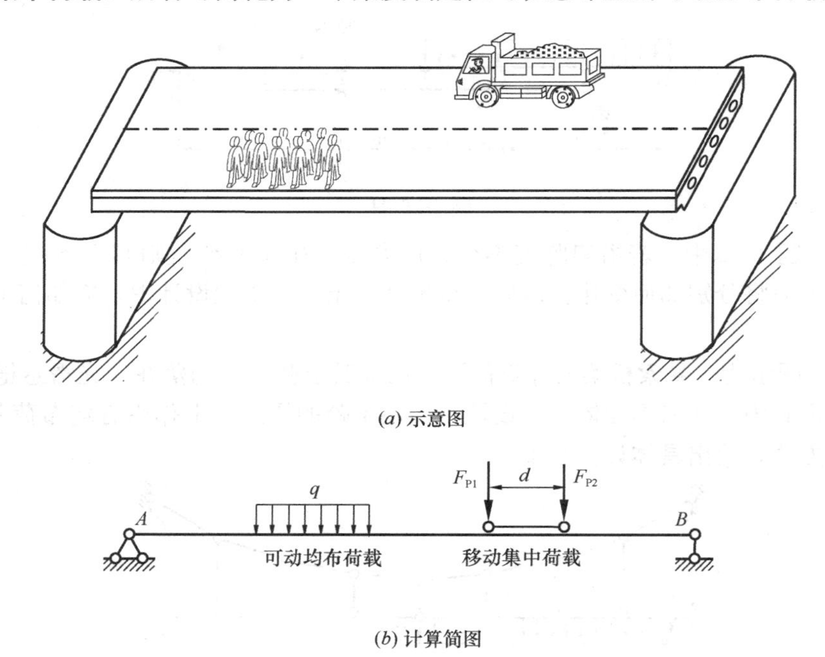

(*a*) 示意图

(*b*) 计算简图

图 5-1　常见移动荷载的简化类型

移动荷载的特点是其在结构上的作用位置可随时发生改变。因此，在这类荷载作用下，结构的内力和位移必将随着荷载位置的改变而改变。这一特点暗示，如果结构承受了一个很大的移动荷载（如超载车辆），那么它在一个荷载位置是安全的，并不说明在另一个位置也是安全的，正如图 5-2 出现的情况。对于移动荷载，结构工程师最关心的往往是使结构某一内力或位移达到最大的荷载位置，简称**最不利荷载位置**，因为一旦该位置确定了，结构设计或检算的后续问题也就迎刃而解了。

移动荷载的具体形式（含大小、间距、集度、范围等）千变万化。结构分析时不可能也无必要对每一种荷载作用下的内力变化情况进行逐一研究。但是，考虑到工程中绝大多数移动荷载的大小和方向在移动过程中是保持不变的，因此我们可以只研究最简单的一个单位集中荷载 $F_P=1$ 在结构上移动时，对结构某一指定量值 Z，例如某一支座反力或截面内力、位移等产生的影响，然后根据叠加原理，就可以解决结构在各种实际移动荷载作用下该量值的变化规律和最不利荷载位置的确定问题。

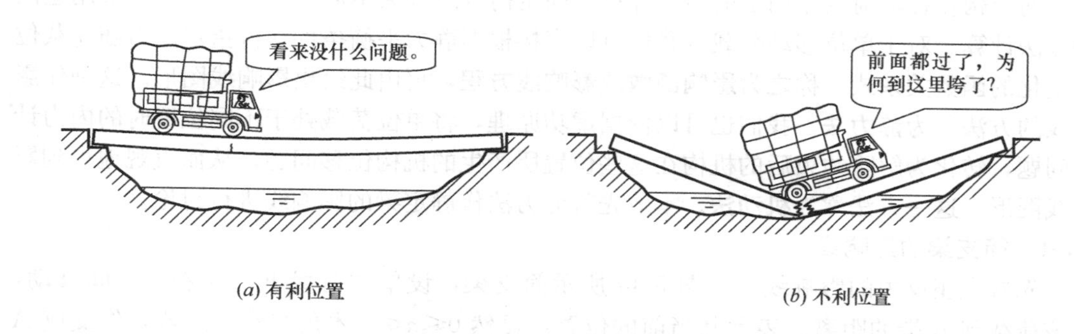

(a) 有利位置　　(b) 不利位置

图 5-2　移动荷载和最不利位置

在单位移动荷载作用下，若将某量值 Z 随荷载位置的变化规律用一图线表示出来，则称这种图线为该量值的**影响线**。例如图 5-3a 所示简支梁，竖向单位荷载 $F_P=1$ 在梁上移动。若以横坐标 x 表示 $F_P=1$ 在梁上的位置，以纵坐标 y 表示支座反力 F_{yB}（设向上为正）的大小，则 F_{yB} 随荷载位置的变化规律可用一直线图形表示出来，如图 5-3a 下方所示。该图形就称为反力 F_{yB} 的影响线，其中基线上的点（即横坐标 x）表示单位荷载的作用位置，竖标 y 表示单位荷载移动到该位置时 F_{yB} 的大小。作图时，一般将正值绘于基线以上，负值绘于基线以下，并在图中标明正负号。显然，无论是基线还是竖标，影响线与内力图的相应含义均有着本质区别，初学者应注意加以区分。

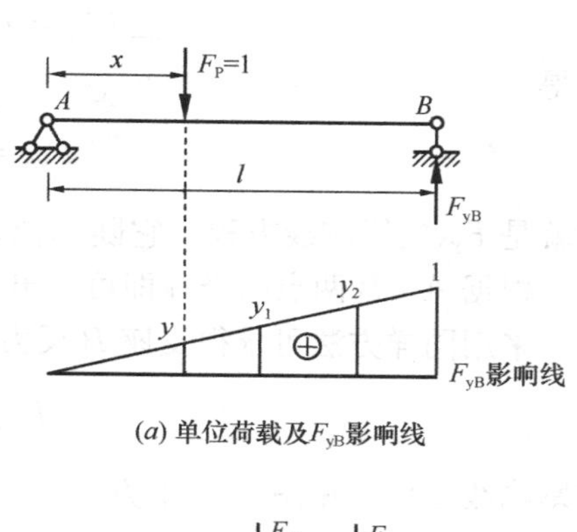

(a) 单位荷载及F_{yB}影响线

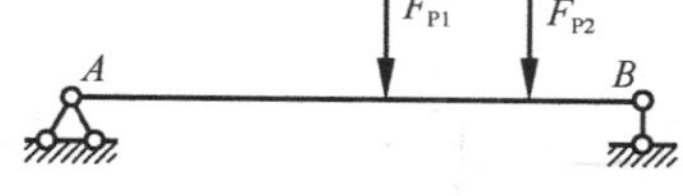

(b) 梁上作用已知荷载

图 5-3　简支梁反力影响线图解

有了 F_{yB} 的影响线，则当梁上作用有已知荷载 F_{P1}、F_{P2} 时（图 5-3b），根据影响线的竖标含义及叠加原理，容易得知此时反力 F_{yB} 的大小为

$$F_{yB}=F_{P1}y_1+F_{P2}y_2$$

这里 y_1、y_2 分别表示与荷载 F_{P1}、F_{P2} 对应的影响线竖标。

另需说明的是，影响线中涉及的单位荷载 $F_P=1$ 其实是一个无量纲（或称量纲为 1）的荷载系数，而由 $F_P=1$ 产生的量值 Z 的影响线实际上是指该量值的影响系数 $\overline{Z}$，其量纲与 Z 本身相差一个集中力的量纲，即

$$[\overline{Z}]=\frac{[Z]}{[F_P]}=\frac{[Z]}{[力]}$$

例如前述 F_{yB} 影响线的量纲为［力］/［力］=1，而杆件某一截面弯矩的影响线的量纲为：［力］［长度］/［力］=［长度］。

5-2 静力法作静定梁的影响线

从 4-5 节中得知，静定结构在固定荷载作用下的内力计算方法有静力法和机动法两种。而结构在移动荷载作用下的内力计算与固定荷载时并无本质区别，因此仍可采用这两种方法计算。对于单位移动荷载，我们可以直接根据静力平衡条件获得指定内力随荷载位置变化的函数关系式，称之为**影响函数**或**影响线方程**，再由此绘出影响线图形。这种作影响线的方法称为**静力法**。我们也可以依据虚功原理，将单位荷载处于不同位置时的内力计算问题，转化为解除约束后的机构在这些位置所产生的机构位移问题，从而直观地得到影响线图形。这一方法称为**机动法**。本节先就静力法作静定梁的影响线进行讨论。

5-2-1 简支梁的影响线

先看支座反力的影响线。如图 5-4a 所示简支梁，设单位荷载 $F_P=1$ 在 AB 间移动，以该荷载到 A 端的距离 x 表示其当前的位置，显然 $0\leqslant x\leqslant l$ 才是有效的。若要作支座 A 反力 F_{yA}（设向上为正）的影响线，则由全梁的平衡条件

$$\sum M_B = 0: F_{yA}l - 1\times(l-x) = 0$$

可得

$$F_{yA} = \frac{l-x}{l}(0\leqslant x\leqslant l) \tag{a}$$

这就是 F_{yA}的影响线方程，它随单位荷载 $F_P=1$ 的位置呈线性变化，故影响线为一条直线，根据 A、B 两点的竖标即可绘出，如图 5-4b 上方所示。

采用同样方法可求得支座 B 反力 F_{yB}（向上为正）的影响线方程为

$$F_{yB} = \frac{x}{l}(0\leqslant x\leqslant l) \tag{b}$$

其影响线图形参见图 5-4b 下方。

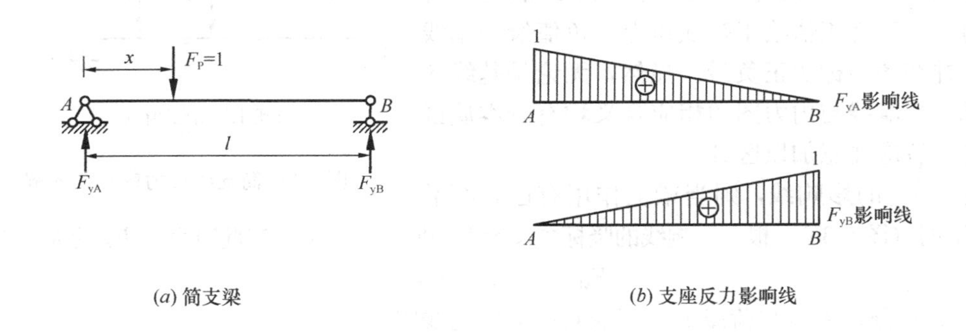

(a) 简支梁　　(b) 支座反力影响线

图 5-4　静力法作简支梁反力影响线

由图 5-4b 可见，简支梁反力影响线的形状均为直角三角形，其两端竖标分别为 1 和 0。该反力影响线在后续的内力影响线以及其他简支结构（如简支桁架、刚架、组合结构等）的影响线绘制中还要经常用到。容易证明，各类简支结构反力影响线的形状及其端部竖标值都是相同的，故后续使用时可直接绘出。

再考察梁上某一指定截面 C 的弯矩 M_C（设下侧受拉为正）的影响线，参见图 5-5a。

为求 M_C，需要用截面法将截面 C 切开，再取出其左侧或右侧部分分析，这与固定荷载下的分析是一样的。所不同的是，在选取隔离体时，需考虑单位移动荷载是否处于该部分之上。

（1）单位荷载处于截面 C 以左（$0 \leqslant x \leqslant a$）

为方便起见，选取截面 C 以右的半边梁为隔离体（图 5-5b 右侧），根据 $\sum M_C=0$，有

$$M_C - F_{yB}b=0$$

可得

$$M_C = F_{yB}b = \frac{x}{l}b(0 \leqslant x \leqslant a) \tag{c}$$

可见，M_C 影响线在截面 C 以左部分为一直线，称之为**左直线**。作图时，可以直接利用 F_{yB} 的影响线将其绘出，即把 F_{yB} 的竖标放大 b 倍，并以虚线表示，再将 AC 段（$0 \leqslant x \leqslant a$）的有效部分改为实线便得（图 5-5$c$）。这一方法在以后作图时经常用到，是求作影响线的基本技能之一。

（2）单位荷载位于截面 C 以右（$a \leqslant x \leqslant l$）

取截面 C 以左部分为隔离体（图 5-5b 左侧），由 $\sum M_C=0$ 可求得

$$M_C = F_{yA}a = \frac{l-x}{l}a(a \leqslant x \leqslant l) \tag{d}$$

此为 M_C 影响线的**右直线**。将 F_{yA} 影响线放大 a 倍，并用虚线绘出，再将 CB 段（$a \leqslant x \leqslant l$）改为实线，即得此右直线（图 5-5$c$）。

根据几何关系知道，左右直线恰好在 C 点相交。可见，M_C 影响线的形状为三角形，顶点位于 C 点，其竖标为 $\frac{ab}{l}$（图 5-5c）。

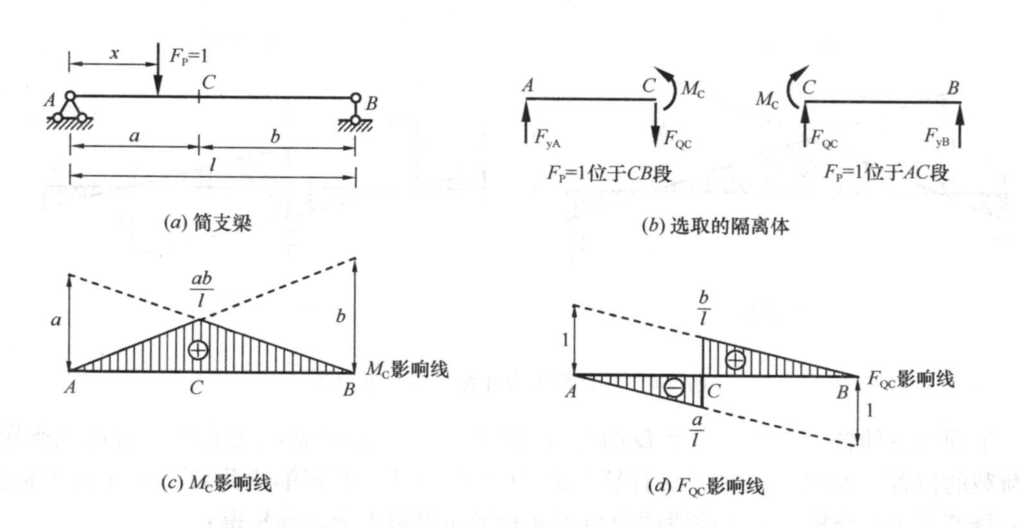

图 5-5　静力法作简支梁内力影响线

最后看截面 C 剪力 F_{QC} 的影响线。采用与求 M_C 相同的隔离体取法（图 5-5b），利用两种情况下对隔离体的竖向投影平衡，可得

$$F_{QC}=\begin{cases}-F_{yB}, 0\leqslant x<a\\ F_{yA}, a<x\leqslant l\end{cases} \tag{e}$$

作图时，将 F_{yB} 的影响线用虚线绘于基线以下，并把 AC 部分改为实线，便得 F_{QC} 影响线的左直线；用虚线绘出 F_{yA} 的影响线，并将 CB 部分改为实线，即得右直线。

由图可见，F_{QC} 影响线由两条平行直线段组成，其竖标在剪力所在的截面 C 处有一突变。由于截面 C 是不动的，故该突变说明，当 $F_P=1$ 由截面左侧移至右侧时，该截面剪力有一突变，突变值等于单位荷载 1。显然，该竖标突变与集中荷载作用处剪力图的突变具有不同的含义。

5-2-2 伸臂梁及多跨静定梁的影响线

图 5-6*a* 所示伸臂梁，单位荷载 $F_P=1$ 在 EF 间移动。要绘制支座反力 F_{yA}（↑）的影响线，则由全梁的平衡条件 $\sum M_B=0$，可得到与简支梁式（a）完全相同的影响线方程，但此时单位荷载的移动范围扩大了，即为 $-l_1\leqslant x\leqslant l+l_2$。这样，$F_{yA}$ 的影响线可由简支梁的相应影响线直接延伸至 E、F 点得到，如图 5-6*b* 所示。采用同样方法可绘出 F_{yB} 的影响线（读者可自行完成）。

再看 AB 跨内任一截面 C 的弯矩（下侧受拉为正）和剪力影响线。不难验证，这两个内力的影响线方程与简支梁相应内力的方程也是一样的，因此其影响线也可由简支梁的内力影响线直接延伸得到，如图 5-6*c*、*d* 所示。

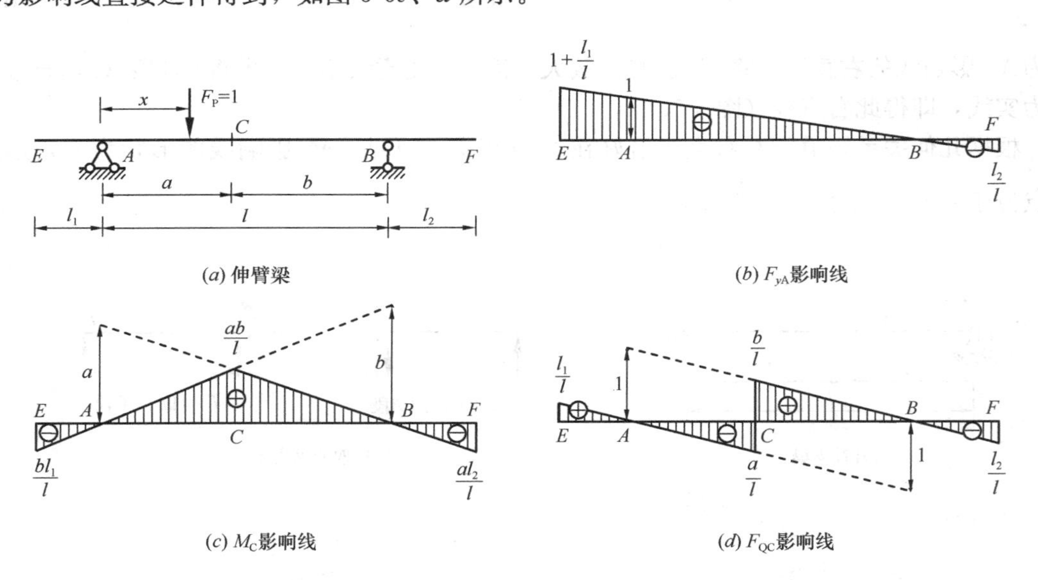

图 5-6 伸臂梁反力和跨间内力影响线

下面讨论伸臂段上任一截面 D 的内力影响线。为方便起见，这里以 D 为起点确定单位荷载的位置，如图 5-7*a* 所示。计算截面 D 的内力时，不管单位荷载 $F_P=1$ 位于何处，均取悬臂段 DF 分析。依据该段的力矩平衡和竖向投影平衡，容易得到

$$M_D=0,\ F_{QD}=0\ （F_P=1\ 位于\ D\ 点以左）$$

$$M_D=-x,\ F_{QD}=1\ （F_P=1\ 位于\ D\ 点以右）$$

由此绘出 M_D（下侧受拉为正）和 F_{QD} 的影响线如图 5-7*b*、*c* 所示。该影响线在 BF 段的部

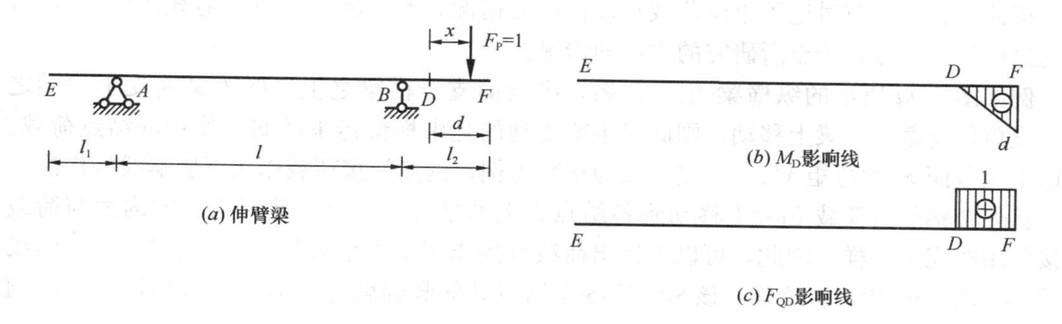

图 5-7　伸臂梁外伸段内力影响线

分与将该段视作悬臂梁的相应影响线完全相同。

总之，伸臂梁反力及跨内内力的影响线可由相应简支梁的影响线直接延伸得到，跨外悬臂段的内力影响线在该段的部分与相应悬臂梁的影响线完全相同，在该段以外的竖标均为零。

至于多跨静定梁，它由基本部分和附属部分所组成。根据两部分的传力关系，并利用静力法，可归纳出这类梁任一反力或内力影响线的一般规律如下：

（1）基本部分某量值的影响线，在基本部分之上的图形与该部分作为单跨梁时的影响线相同；在附属部分上的图形为单根直线，可由铰点的已知竖标以及支座点竖标为零绘出。

（2）附属部分某量值的影响线，在基本部分之上的竖标均为零，在附属部分之上的图形与将其作为单跨梁时的影响线相同。

图 5-8 给出了一两跨静定梁的基本部分上弯矩 M_J 和附属部分上剪力 F_{QK} 的影响线，读者可自行验证其形状及竖标的正确性。

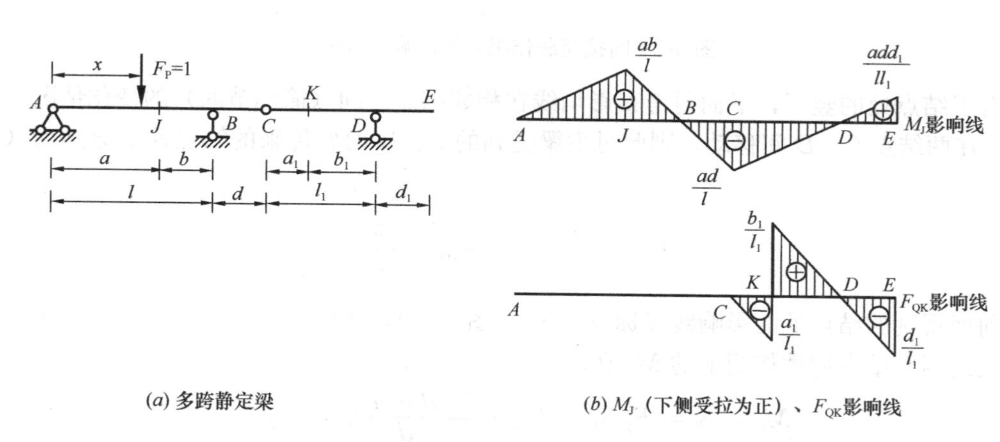

图 5-8　多跨静定梁影响线示例

5-3　间接荷载作用下静定梁的影响线

第 1-5 节中提到，根据荷载是否直接作用于所研究的结构对象，可将其分为直接荷载和间接荷载。上一节讨论了单位荷载直接作用的情况，本节将阐述单位荷载作用于纵梁，并通过横梁（结点）传至所研究的主梁的情况。

例如图 5-9*a* 所示的纵横梁-主梁体系，纵梁简支于横梁之上，横梁又简支于主梁之上。设单位荷载在纵梁上移动，则此时主梁受到的是由横梁传来的间接作用的结点荷载。现以主梁截面 K 的弯矩 M_K（下侧受拉为正）为例，阐述间接荷载作用下影响线的作法。

首先考察单位荷载 $F_P=1$ 移动到各结点之上的情况。显然，此时主梁的内力与荷载直接作用时完全一样。因此，可以先作出荷载直接作用于主梁时的 M_K 影响线，并以虚线表示，如图 5-9*b* 所示。这样，该影响线各个结点处的竖标就等于荷载间接作用时的影响线竖标。

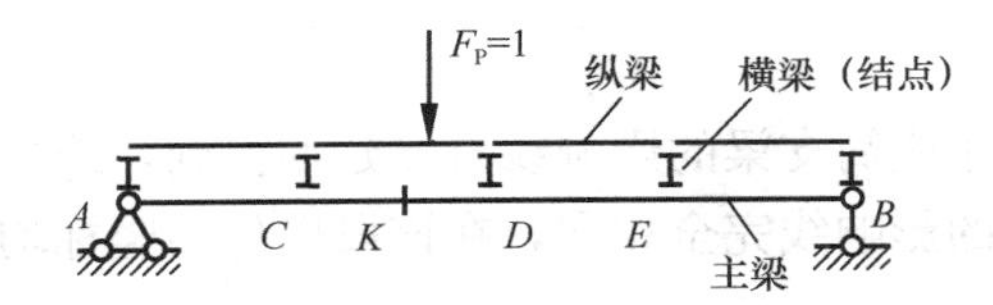

(*a*) 单位荷载间接作用

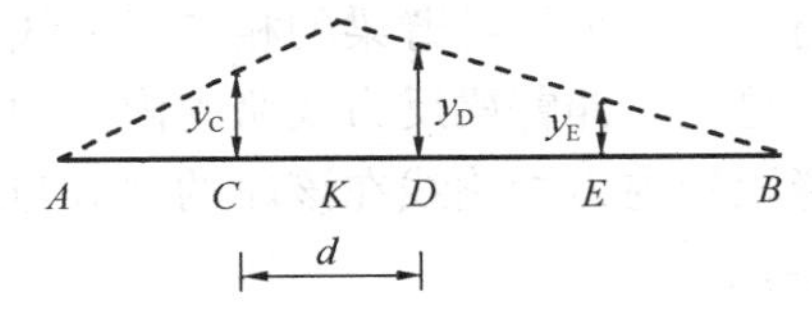

(*b*) 直接作用时 M_K 影响线（结点竖标等于间接作用）

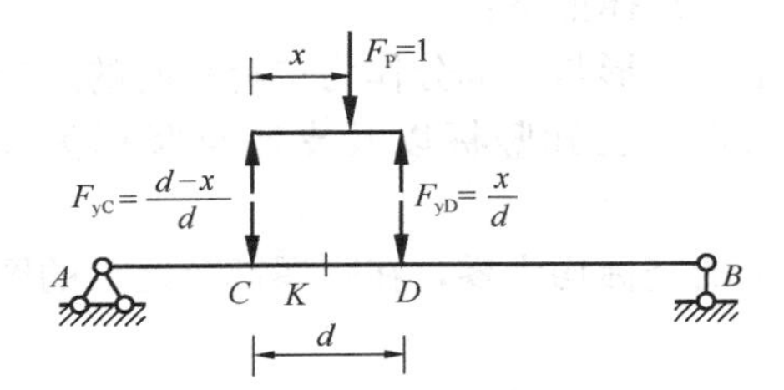

(*c*) 纵梁传至主梁的结点荷载

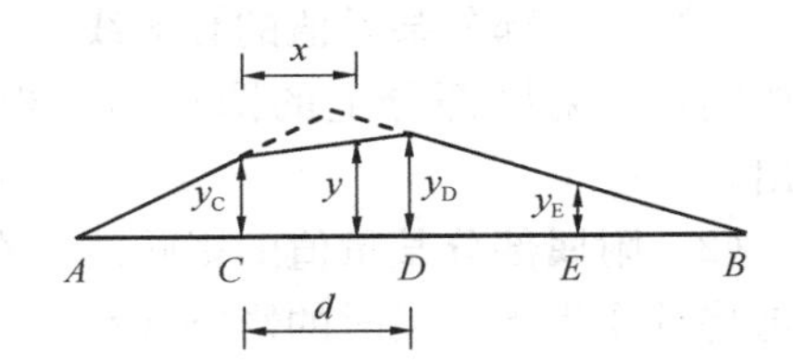

(*d*) 间接作用时 M_K 影响线（相邻结点间为直线）

图 5-9　间接荷载作用下的影响线作法

有了结点处的竖标，下面再考察影响线在相邻结点之间（简称节间）的变化情况。设 $F_P=1$ 在两结点 C、D 间移动，则此时主梁受到的 C、D 两处传来的结点荷载分别为（图 5-9*c*）

$$F_{yC}=\frac{d-x}{d},\quad F_{yD}=\frac{x}{d}$$

利用前面得到的结点处的影响线竖标 y_C、y_D（图 5-9*b*），并依据竖标含义和叠加原理，可求得上述两个结点荷载作用下的 M_K 值为

$$M_K=y=F_{yC}y_C+F_{yD}y_D=\frac{d-x}{d}y_C+\frac{x}{d}y_D$$

此为 x 的一次函数，表明 M_K 影响线在相邻两结点之间是按直线变化的，作图时直接将两结点处的竖标 y_C、y_D 连成直线即可，如图 5-9*d* 实线所示。该结论同样适用于间接荷载作用下其他量值的影响线。

根据以上分析，可将间接荷载作用下影响线的一般作法归纳如下：

（1）作出单位荷载直接作用于主梁时的影响线，并用虚线表示；

(2) 取出各结点处的影响线竖标，若主梁之外另有结点，则补充这些点的竖标（一般为零）；再将各相邻结点的竖标连成直线（实线），此实线图形即为间接荷载作用下的影响线图形。

【例 5-1】 图 5-10a 所示静定梁，试作支座 A 反力、结点 C 左截面剪力和截面 K 弯矩的影响线。

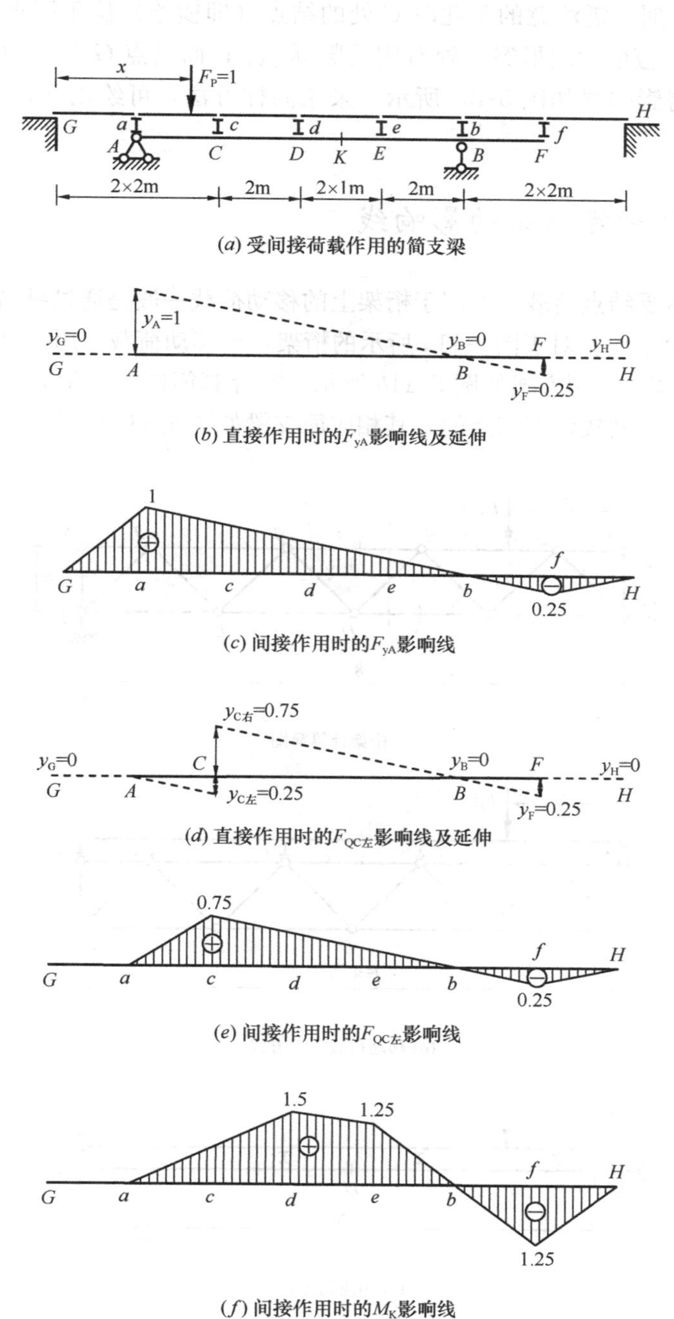

图 5-10 例 5-1 图

【解】为作支座A反力的影响线，先作出单位荷载直接作用于AB主梁时该反力的影响线，如图5-10b虚线所示。由图绘出各结点处的竖标：$y_a = y_A$、…、$y_b = y_B$、$y_f = y_F$，并补充主梁以外的纵梁结点G、H处的竖标$y_G = 0$、$y_H = 0$。从左到右将上述结点处的竖标连成直线，即得单位荷载间接作用下F_{yA}的影响线，如图5-10c所示。

下面再绘制$F_{QC左}$的影响线，其中荷载直接作用时截面C的剪力影响线如图5-10d虚线所示。在取竖标时，需注意的是此时C处的结点（即横梁）位于所求截面的右侧，故该处的结点竖标y_c应取为图形突变处右侧的竖标$y_{C右}$；而结点G和H处的竖标仍为零。这样依次连线可得影响线如图5-10e所示。采用同样方法，可绘出M_K（下侧受拉为正）的影响线如图5-10f。

5-4 静力法作静定桁架的影响线

桁架结构只承受结点荷载。作用于桁架上的移动荷载一般是通过纵横梁传至桁架结点的（参见第1章图1-4）。对于图5-11a所示的桁架，设移动荷载作用于上弦结点（简称上承），此时荷载的实际作用方式如图5-11b所示。在计算简图中，常略去纵横梁，但仍默认此时的移动荷载是间接传至结点的，其相应简支梁如图5-11c所示。图5-11a的桁架属

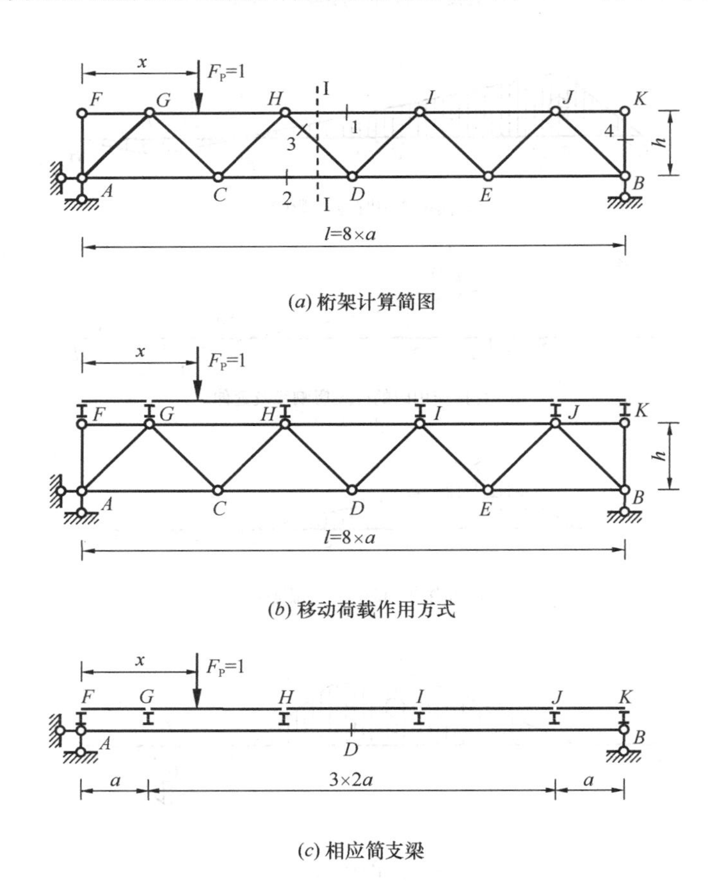

图5-11 桁架上的移动荷载及作用方式

于单跨简支梁式桁架，前面提到，其支座反力的影响线与相应简支梁（图 5-11*c*）的反力影响线完全一样，故以下仅讨论杆件内力影响线的绘制。

由第 3 章得知，静定桁架的内力计算方法有结点法和截面法之分，后者又可分为力矩法和投影法。利用静力法作影响线时同样可运用这几种方法。

（1）力矩法

先考察上弦杆 1 的内力 F_{N1} 的影响线。为求 F_{N1}，用Ⅰ-Ⅰ截面将桁架切开（图 5-11*a*），以结点 *D* 为矩心用力矩法可求出该内力。考虑到单位荷载是移动的，故分以下三种情况计算。

a）单位荷载位于被截节间以左（结点 *F*、*H* 间），取截面以右部分分析，由$\sum M_D=0$有

$$F_{N1}\times h+F_{yB}\times 4a=0$$

可得

$$F_{N1}=-\frac{4a}{h}F_{yB}$$

将 F_{yB} 的影响线竖标乘以 $\frac{4a}{h}$，并用虚线在基线下方绘出，再把结点 *F*、*H* 之间的部分改为实线，即得影响线的左直线（图 5-12*a*）。

b）单位荷载位于被截节间以右（结点 *I*、*K* 间），取截面以左部分分析，同样由$\sum M_D=0$得

$$F_{N1}\times h+F_{yA}\times 4a=0$$

$$F_{N1}=-\frac{4a}{h}F_{yA}$$

将 F_{yA} 的影响线乘以 $\frac{4a}{h}$ 并用虚线在基线下方绘出，然后将结点 *I*、*K* 之间的部分改为实线，即得该影响线的右直线（图 5-12*a*）。

c）当单位荷载处于Ⅰ-Ⅰ截面所在的节间 *HI* 上时，根据间接荷载作用下的影响线特点，直接将上面得到的 *H*、*I* 点的竖标连成直线即可。

再看下弦杆 2 的内力 F_{N2} 的影响线。用Ⅰ-Ⅰ截面切开后（图 5-11*a*），以结点 *H* 为矩心，同理可得：

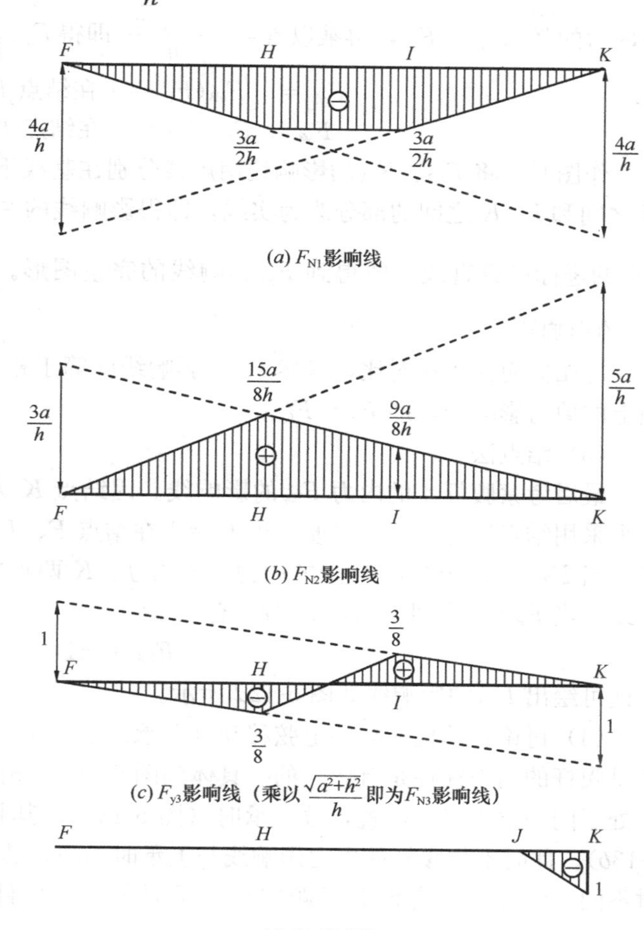

图 5-12　桁架内力影响线示例

$$F_{N2}=\begin{cases}\dfrac{5a}{h}F_{yB}, & F_P=1\text{ 在 }F、H\text{ 间}\\ \dfrac{3a}{h}F_{yA}, & F_P=1\text{ 在 }I、K\text{ 间}\\ y_H、y_I\text{ 连成直线}, & F_P=1\text{ 在 }H、I\text{ 间}\end{cases}$$

采用与 F_{N1} 影响线类似的作图方法，可绘出 F_{N2} 的影响线如图 5-12*b* 所示，可见其中的 HI 段与 IK 段正好为同一直线。

根据第 3 章简支桁架上、下弦杆内力与相应简支梁弯矩之间的关系式（3-6），有

$$F_{N1}=-\frac{M_D^0}{h},\quad F_{N2}=\frac{M_H^0}{h}$$

可见，1、2 杆的影响线就分别等于相应简支梁对应矩心 D、H 处的弯矩 M_D^0、M_H^0 的影响线除以常系数 h（桁高）。

（2）投影法

要作腹杆 3 的内力影响线，则用Ⅰ-Ⅰ截面切开后，由隔离体的竖向投影平衡先求出该内力的竖向分力 F_{y3}，再乘以常数 $\frac{\sqrt{a^2+h^2}}{h}$ 即得 F_{N3}。计算时，先考虑以下两种情况：

$$F_{y3}=-F_{yB}(F_P=1\text{ 在结点 }F、H\text{ 间})$$
$$F_{y3}=F_{yA}(F_P=1\text{ 在结点 }I、K\text{ 间})$$

作图时，将 F_{yB}、F_{yA} 的影响线用虚线分别在基线下方和上方绘出，再分别把结点 F、H 之间和 I、K 之间的部分改为实线，即得影响线的左、右直线（图 5-12*c*）；最后将 H、I 点的竖标连成直线，便得到 F_{y3} 影响线的完整图形。将该图形放大 $\frac{\sqrt{a^2+h^2}}{h}$ 倍，即得 F_{N3} 的影响线。

与相应简支梁作对比，显然 F_{y3} 的影响线就等于相应简支梁的主梁在 HI 节间任一截面上的剪力影响线，即 $F_{y3}=F_{QHI}^0$。

（3）结点法

最后考察腹杆 4 的内力 F_{N4} 的影响线。因结点 K 为一 L 形结点（图 5-11*a*），故该杆内力采用结点法计算更为方便。当 $F_P=1$ 在结点 F、J 间移动时，该内力为零，因此只要计算当 $F_P=1$ 位于结点 K 上的内力，再将 J、K 两点的竖标连成直线即得杆 4 的内力影响线。当 $F_P=1$ 作用于结点 K 时，有

$$F_{N4}=-1$$

据此可绘出 F_{N4} 的影响线如图 5-12*d* 所示。

（4）讨论：单位荷载在上弦移动（上承）还是在下弦移动（下承）对桁架的内力，特别是腹杆的内力往往是有影响的。具体到图 5-11*a* 的桁架，因上下弦结点除支座位置外均不处于同一水平坐标位置，故下承时（图 5-13*a*），其相应简支梁与上承时并不相同（图 5-13*b*）。此时不仅腹杆的内力影响线与上承时不同，其上、下弦杆的内力影响线也与上承时不同。读者可结合课后习题完成下承时各指定杆件的影响线绘制，并与上承时作一对比。

【例 5-2】 图 5-14*a* 所示桁架，单位荷载在下弦节间移动，试作 1 杆的内力影响线。

【解】 1 杆内力单纯采用结点法或截面法都不易求得，故这里采用两种方法的联合。

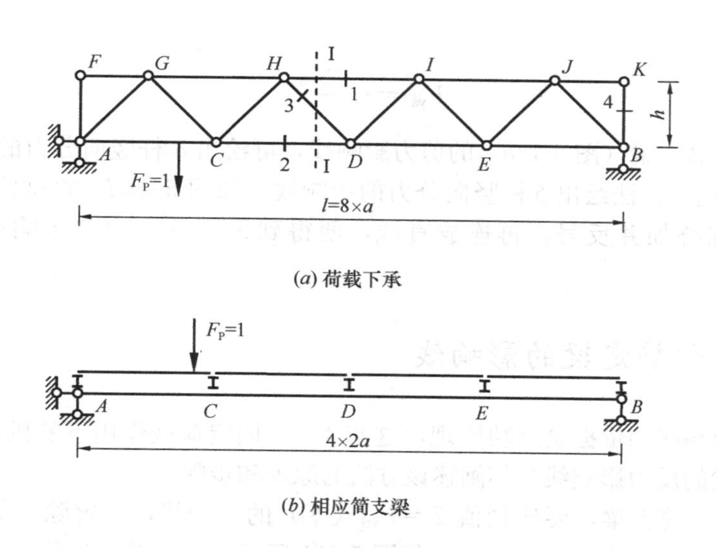

图 5-13　下承时的桁架及相应简支梁

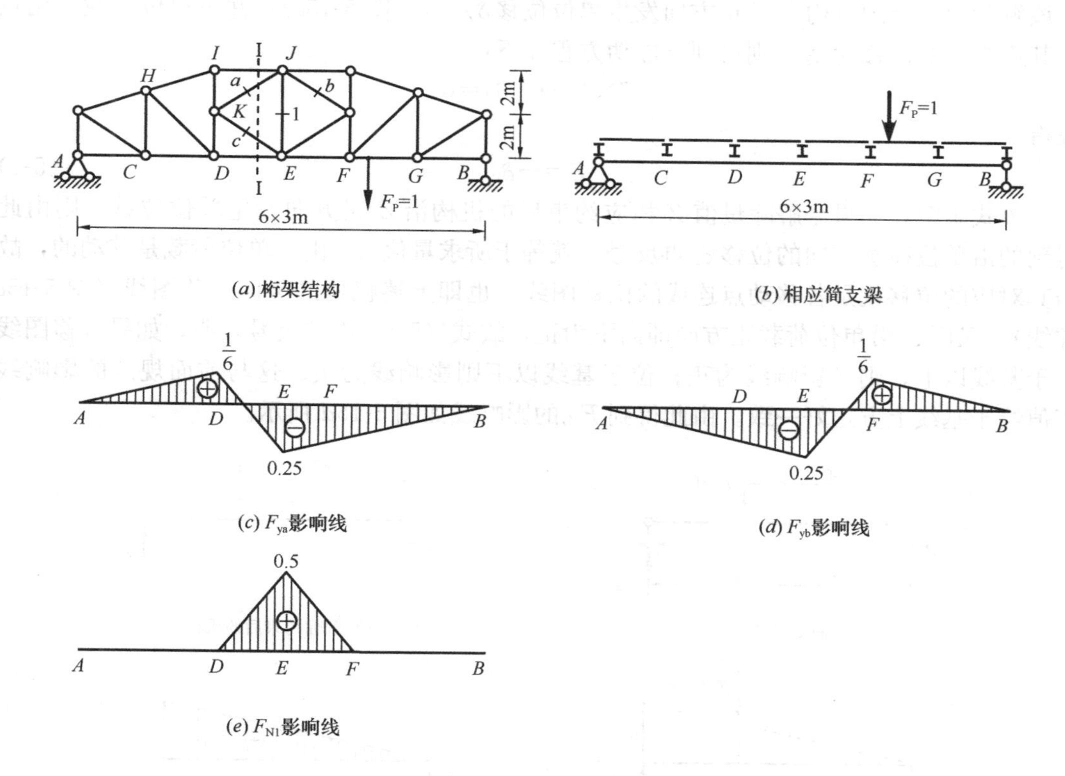

图 5-14　例 5-2 图

由结点 J 的竖向平衡得知，1 杆内力等于 a、b 两杆竖向分力之和再反号，即

$$F_{N1}=-\left(F_{ya}+F_{yb}\right)$$

这样，可以先作出 a、b 两杆竖向分力的影响线，再用叠加法绘出 1 杆内力的影响线。

注意到结点 K 为一 K 形结点，于是 a、c 两杆的内力数值相等，符号相反。再根据Ⅰ-Ⅰ截面的受力，a、c 两杆共同承担其所在节间的剪力。对于 a 杆，可写出其竖向分

力为

$$F_{ya}=-\frac{F^0_{QDE}}{2}$$

于是，根据相应简支梁（图 5-14b）的剪力影响线，可绘出 a 杆竖向分力的影响线如图 5-14c 所示。采用同样方法绘出 b 杆竖向分力的影响线，如图 5-14d。将这两个影响线图形在结点处的竖标叠加并反号，再连成直线，便得到了 1 杆内力的影响线，如图 5-14e 所示。

5-5　机动法作静定梁的影响线

机动法作影响线的依据是虚功原理，这与 4-5 节固定荷载作用下的机动法是一样的。下面仍以简支梁的反力影响线为例阐述该方法的原理和步骤。

图 5-15a 所示简支梁，要作量值 $Z=F_{yB}$（↑）的影响线，则解除与 Z 相应的约束，即支座 B 的链杆约束，代之以反力 Z，如图 5-15b 所示。利用单位位移法（参见 4-5 节），令该解除约束后的机构沿 Z 正方向发生单位位移 $\delta_Z=1$（图 5-15c），并设单位荷载作用点沿其正方向的位移为 δ_P，则可列出虚功方程如下：

$$Z\times1+1\times\delta_P=0$$

故得

$$Z=-\delta_P \tag{5-1}$$

该式表明，如果令解除量值 Z 相应约束后的机构沿 Z 正方向发生单位位移，则由此得到的沿单位荷载方向的位移 δ_P 再反号，就等于所求量值 Z。由于单位荷载是移动的，故与其对应的位移就是各移动点连成的位移图线，也即上述机构的竖向位移图线（图 5-15c 虚线）。又因 δ_P 沿单位荷载正方向即向下为正，故式（5-1）中的负号表明，如果位移图线位于基线以上，则 Z 影响线为正；位于基线以下则影响线为负。这与前面规定的影响线正值绘于基线上方正好一致。由此得到 F_{yB} 的影响线如图 5-15d 所示。

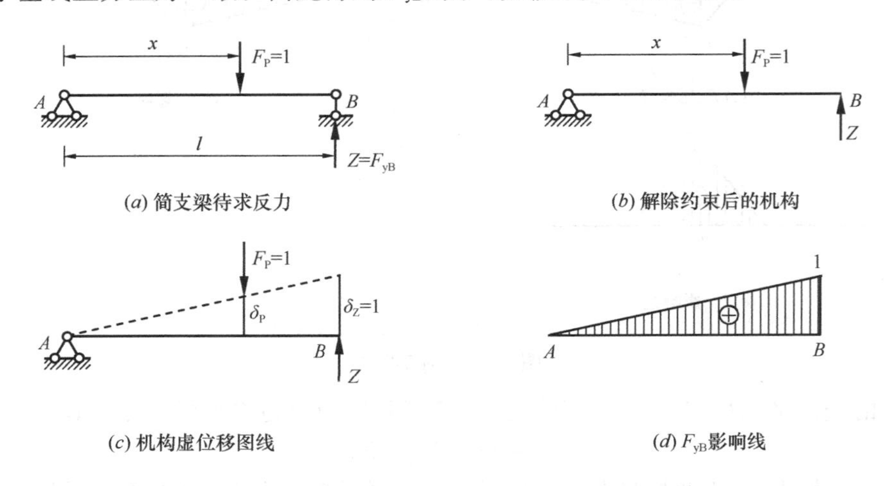

图 5-15　机动法作影响线图解

从上面的分析看到，机动法作影响线的实质依然是将静定结构的静力关系转化为几何关系。对于单跨或多跨梁等一维结构，由于其位移图线简单明了，因此采用机动法作影响线往往更为简便、直观。

例如要进一步作图 5-16a 所示简支梁截面 C 弯矩 M_C 的影响线，则解除截面 C 的内部转动约束，即将该截面改为铰接，并在铰结点两侧加一对外力偶 $Z=M_C$（以下侧受拉为正），如图 5-16b 所示。令该机构沿 M_C 正方向发生单位转动 $\delta_Z=1$（图 5-16c），根据式(5-1)，由此得到的该机构的位移图线 δ_P 就是量值 M_C 的影响线，如图 5-16d 所示。

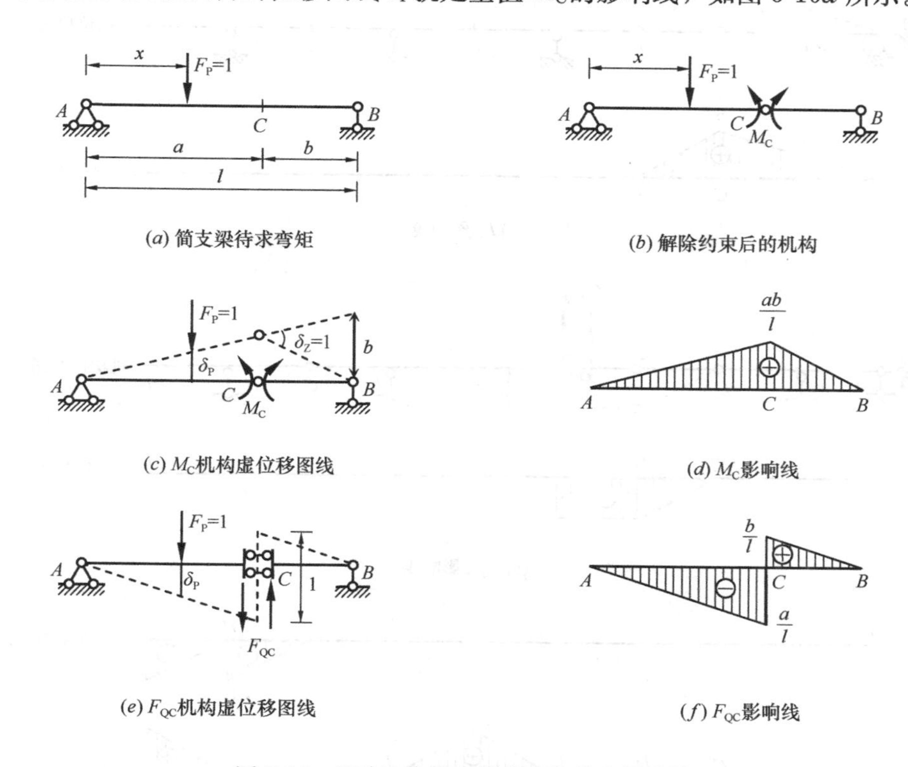

图 5-16　机动法作简支梁弯矩和剪力影响线

类似地，若要作上述简支梁截面 C 剪力 F_{QC} 的影响线，则解除与 F_{QC} 相应的约束，并令解除约束后的机构沿 F_{QC} 正方向发生单位位移（图 5-16e）。注意到发生机构运动后左右两杆段的转角仍保持一致，故得该机构的位移图线如图中虚线所示。根据几何关系确定出该图线在控制截面处的竖标，即可绘出 F_{QC} 的影响线如图 5-16f。

【例 5-3】 用机动法作图 5-17a 所示多跨梁以下反力和内力的影响线：F_{yB}、$F_{QE左}$、$F_{QH左}$、M_K。

【解】（1）为作 F_{yB} 的影响线，撤去支座 B 的竖向约束并使之发生单位位移，得到图 5-17b 所示的位移图线。因 D 以右为基本部分或与 $ABCD$ 无关的附属部分，故该部分不发生位移。根据几何关系求出各控制点的位移值，即得 F_{yB} 影响线的竖标，如图 5-17b 所示。

（2）撤去与 $F_{QE左}$ 相应约束后的机构及其位移图线如图 5-17c。图中要求 E 左右侧截面发生相对竖向位移 1，但由于 E 以右部分不动，故只有左侧部分向下移动，且因转角约束并未解除，故发生位移后仍与右侧部分保持平行。由该图线可得 $F_{QE左}$ 的影响线如图 5-17c

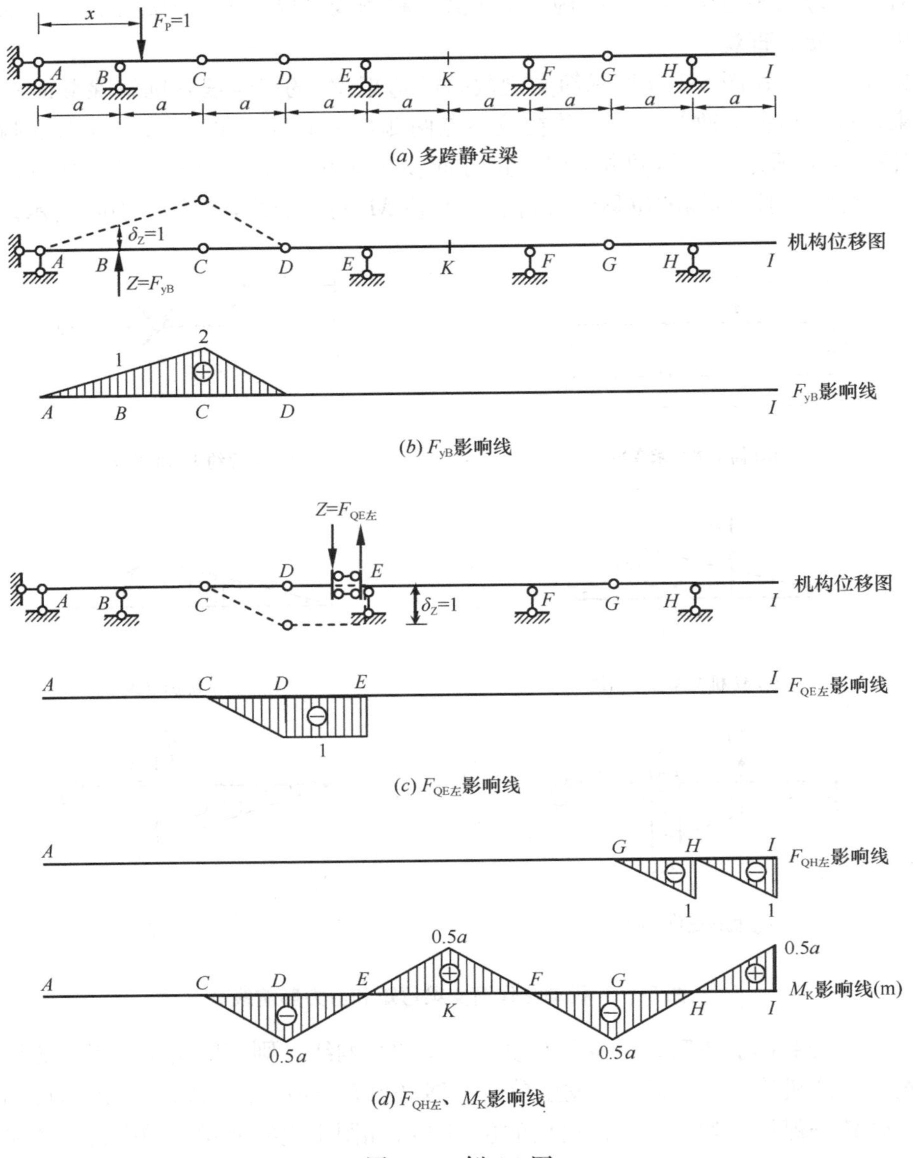

图 5-17 例 5-3 图

所示。

(3) 采用类似方法可作出支座 H 左侧剪力 $F_{QH左}$ 和截面 K 弯矩 M_K 的影响线如图 5-17d。

总结由机动法获得的影响线的形状特征，同样可归纳出与静力法结论相一致的关于多跨静定梁任一反力或内力影响线的一般规律，该规律已在 5-2-2 节中阐述。

【例 5-4】 用机动法作图 5-18a 所示结点荷载作用下截面 K 的弯矩和剪力影响线。

【解】 本例的简支梁为纵横梁-主梁体系，单位荷载作用于纵梁而非主梁之上。因此，根据做功的对应性，此时与影响线对应的位移图线是纵梁而非主梁的图线。

先考察弯矩 M_K（下侧受拉为正）的影响线。撤去与 M_K 对应的约束并令其发生单位转角后，纵梁将伴随主梁发生虚位移（图 5-18*b*），单独绘出纵梁的位移图线如图 5-18*c* 实线所示。于是，以该位移图线为竖标，以纵梁为基线得到的图形就是 M_K 影响线（图 5-18*d*）。

同理，解除 F_{QK} 约束后的机构发生虚位移后（图 5-18*e*），虽然主梁的位移图线不连续，但纵梁的位移是连续的，因此与纵梁位移图线对应的 F_{QK} 影响线也是连续的。而且不难验证，*K* 所在的 *EF* 节间任一截面上的剪力影响线完全相同，如图 5-18*f* 所示。

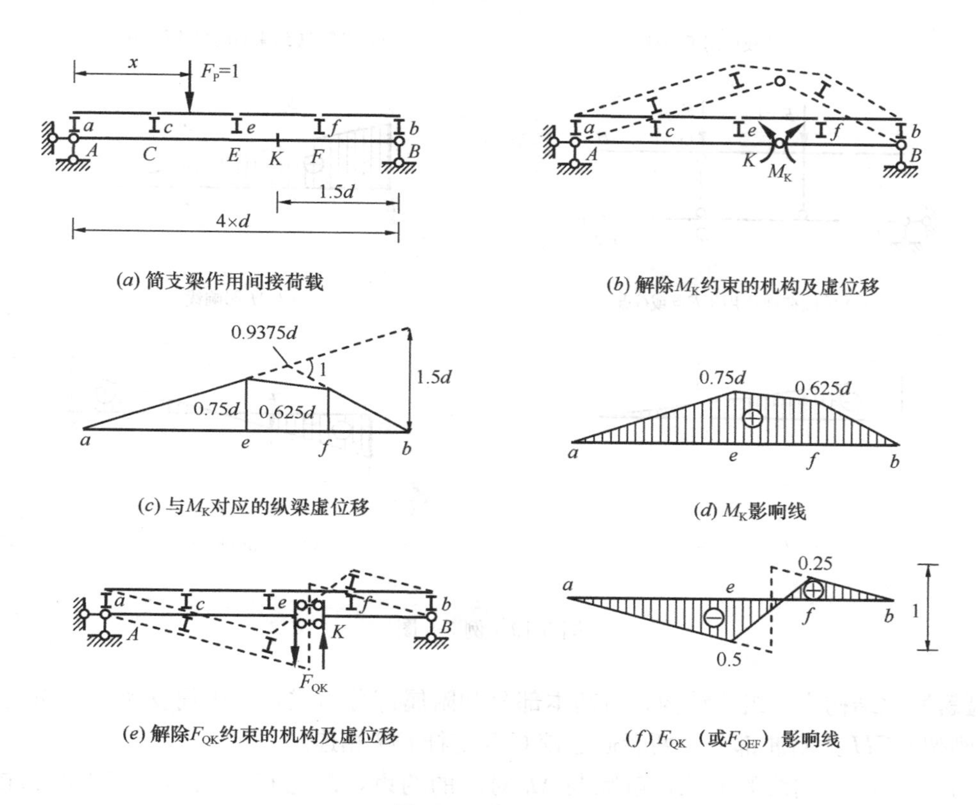

图 5-18　例 5-4 图

5-6　静力法和机动法作其他结构的影响线

5-6-1　静力法和机动法的联合应用

有些结构的影响线单纯采用静力法或机动法会显得比较繁琐，此时若将两种方法联合应用，则往往能使问题得到简化。鉴于静定结构的影响线均由直线段组成，应用联合法时，一般先用机动法判断影响线的形状，确定控制点的位置，再用静力法求出单位荷载位于各控制点时的影响线竖标；然后将这些竖标依次连成直线，即得整个荷载范围的影响线。

【例 5-5】试作图 5-19*a* 所示结构 *C* 点弯矩及该点左右截面剪力的影响线，单位荷载 $F_P=1$ 在 *EH* 间移动。

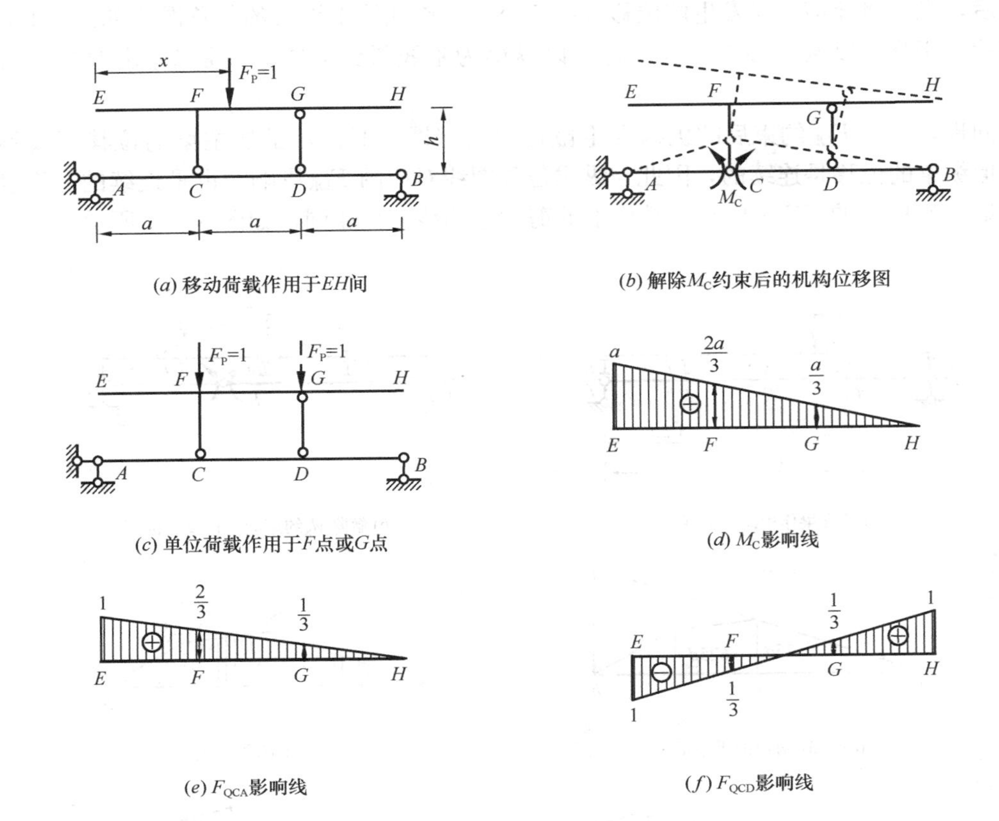

(a) 移动荷载作用于EH间

(b) 解除M_C约束后的机构位移图

(c) 单位荷载作用于F点或G点

(d) M_C影响线

(e) F_{QCA}影响线

(f) F_{QCD}影响线

图 5-19　例 5-5 图

【解】 此结构为一组合结构，由基本部分和附属部分组成，其中简支梁 AB 为基本部分，刚架 CEH 为附属部分，两者通过铰 C 和链杆 DG 相连。

为判断 M_C影响线的形状，解除与 M_C对应的约束，即把 C 点的连续截面改为铰点，并与上方的铰点合并，得到图 5-19b 所示的机构。令该机构沿 M_C正方向（设下侧受拉为正）发生机构运动，可得位移图线如图中虚线所示，其中 EH 杆的图线就是 M_C影响线的形状，显然它为一直线。采用同样方法可判断 F_{QCA}、F_{QCD}影响线也为单根直线，因此由两点竖标即可绘出整个影响线的图形。

将 $F_P=1$ 分别移至 F 点和 G 点（图 5-19c），求出 C 点在两种情况下的弯矩和剪力值如下：

$$(M_C)_F=\frac{2a}{3},(F_{QCA})_F=\frac{2}{3},(F_{QCD})_F=-\frac{1}{3}$$

$$(M_C)_G=\frac{a}{3},(F_{QCA})_G=\frac{1}{3},(F_{QCD})_G=\frac{1}{3}$$

该内力值就是 M_C、F_{QCA}、F_{QCD}影响线在 F 点和 G 点的竖标值，将其连成直线并延伸至整个荷载作用范围，即得三种内力的影响线，如图 5-19d、e、f 所示。

该题若单纯用静力法作图，则可先作出附属部分 CEH 在 C 点和 D 点的竖向约束力

F_{yC}、F_{yD}的影响线，它们与相应伸臂梁的反力影响线相同；再将F_{yC}、F_{yD}反作用于基本部分AB，利用静力关系写出基本部分的量值用F_{yC}、F_{yD}表示的线性叠加式，然后用叠加法绘出该量值的影响线。读者可自行完成该方法的计算与作图，并与联合法的结果相互校核。

5-6-2 三铰拱的影响线

考虑到单位移动荷载$F_P=1$为竖向荷载，故第3章关于三铰拱在竖向荷载作用下的反力和内力计算式在此均完全适用。单位荷载的位置仍以其作用点到左端点A的水平距离x计量。现以图5-20a所示的对称三铰拱为例简述其反力和内力影响线的绘制。

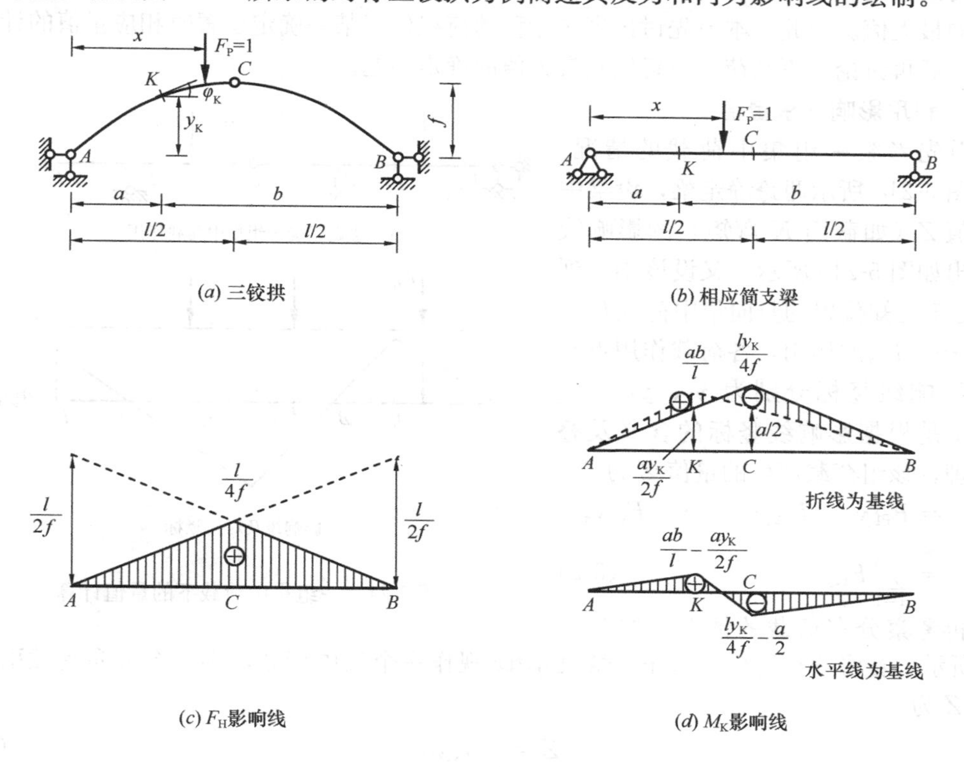

图5-20 三铰拱影响线作法图解

先看支座反力的影响线。由式（3-7）得知，三铰拱的支座反力为

$$F_{yA}=F^0_{yA},F_{yB}=F^0_{yB},F_H=\frac{M^0_C}{f}$$

可见，三铰拱竖向反力的影响线与相应简支梁（图5-20b）的反力影响线完全相同（均以水平线为基线绘制）；而水平推力的影响线与相应简支梁截面C的弯矩影响线仅差一常数倍（拱高f），即影响线形状为三角形，顶点位于铰C处，如图5-20c所示。

再看任一截面K的弯矩影响线。由式（3-8）可知该截面的弯矩为：

$$M_K=M^0_K-F_H y_K$$

由于$M_K{}^0$、F_H的影响线均为已知，故按上式叠加即可绘出M_K的影响线。作图时，可先用虚线绘出相应简支梁M^0_K的影响线（图5-20d），再用实线绘出水平推力F_H乘以常数y_K的影响线。这两者之差，也即两图形之间的竖标就是M_K影响线的竖标，且实线以上为正，以下为负。将该图的折线（实线）改为水平基线，便得到M_K影响线的最终图形，如图5-20d下方。

如需进一步绘制截面K轴力和剪力的影响线，则按式（3-8）的后两式进行叠加，可同样绘出最终影响线的图形，读者可结合习题自行完成。

5-7 影响线的应用

前面提到，绘制影响线的目的是为了确定实际移动荷载对某一量值的最不利位置及该量值的最大值。为此，本节先讨论当实际移动荷载位于某一确定位置时相应量值的计算问题，然后再讨论最不利荷载位置以及最大值的确定问题。

5-7-1 利用影响线求量值

首先考察一组集中荷载的情况。例如图5-21a所示两跨静定梁，设梁中某量值Z（如截面K弯矩）的影响线已作出如图5-21b所示。又设该梁受到n个处于已知位置的竖向集中荷载F_{P1}、F_{P2}、…、F_{Pn}的作用，各荷载作用点对应的影响线竖标分别为y_1、y_2、…、y_n。于是根据影响线竖标的含义及叠加原理，该组荷载产生的量值Z为

$$Z = F_{P1}y_1 + F_{P2}y_2 + \cdots + F_{Pn}y_n = \sum_{i=1}^{n} F_{Pi}y_i \qquad (5\text{-}2)$$

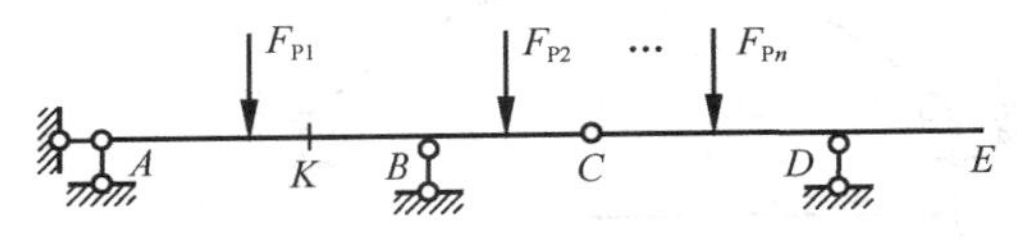

(a) 多跨梁受一组集中荷载作用

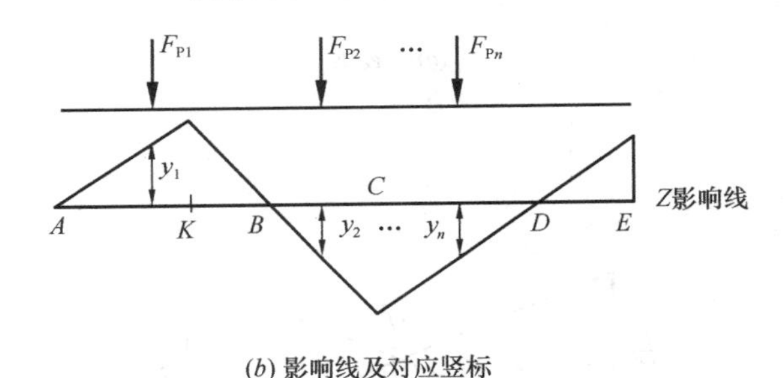

(b) 影响线及对应竖标

图5-21 一组集中荷载下的量值计算

再考察分布荷载的情况。如图5-22a所示，若将分布荷载中的任一微段$q_x\mathrm{d}x$视作一个集中荷载，则整个分布荷载引起的量值Z为

$$Z = \int_a^b q_x y \mathrm{d}x \qquad (5\text{-}3)$$

当q_x为均布荷载q时（图5-22b），上式可简化为

$$Z = \int_a^b q_x y \mathrm{d}x = q\int_a^b y \mathrm{d}x = qA \qquad (5\text{-}4)$$

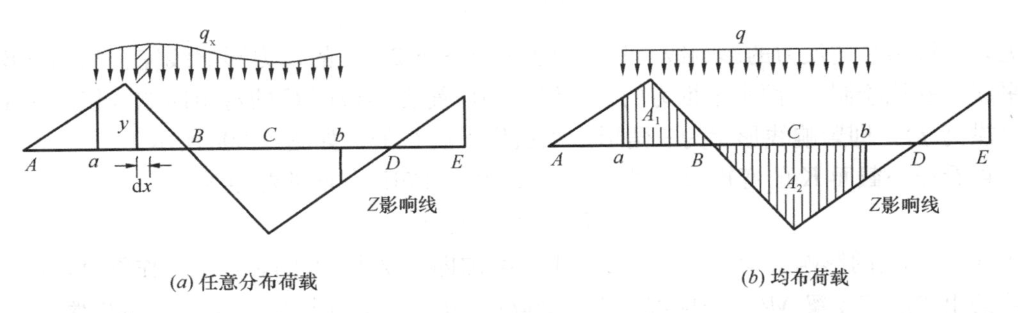

(a) 任意分布荷载　　(b) 均布荷载

图5-22 均布荷载下的量值计算

式中 A 表示影响线在均布荷载范围内的正负面积之代数和。

【例 5-6】 试利用影响线求图 5-23a 所示多跨静定梁在图示荷载作用下支座 A 的反力 F_{yA}。

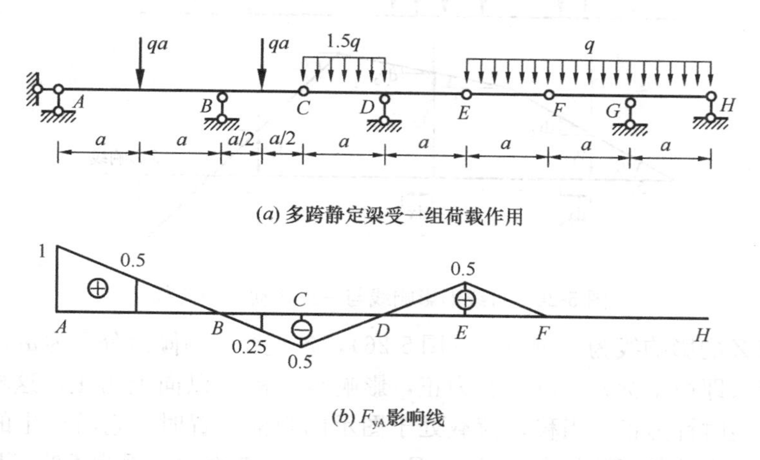

图 5-23　例 5-6 图

【解】 先作出 F_{yA}（↑）的影响线如图 5-23b，再由叠加原理算得 F_{yA} 的量值为

$$F_{yA}=qa\times0.5-qa\times0.25-1.5q\times(0.5\times0.5\times a)+q\times(0.5\times0.5\times a)=0.125qa(\uparrow)$$

5-7-2　可动均布荷载的最不利位置

可动均布荷载是指可以任意断续布置且集度不变的均布荷载，例如人群、货物荷载等。对这类荷载，只要将其布满影响线正号范围的区域，就得到了相应量值 Z 的最大正值 Z_{max}；布满影响线负号范围的区域，则得到最小值 Z_{min}，参见图 5-24 所示。

5-7-3　移动集中荷载的最不利位置

移动集中荷载是工程中常见的车辆荷载（含汽车、列车、吊车、人力推车等）的简化。先考察最简单的只有一个集中荷载的情况。此时只要将该荷载置于影响线的最大或最小竖标处，则所产生的量值就是最大值 Z_{max} 或最小值 Z_{min}（图 5-25）。

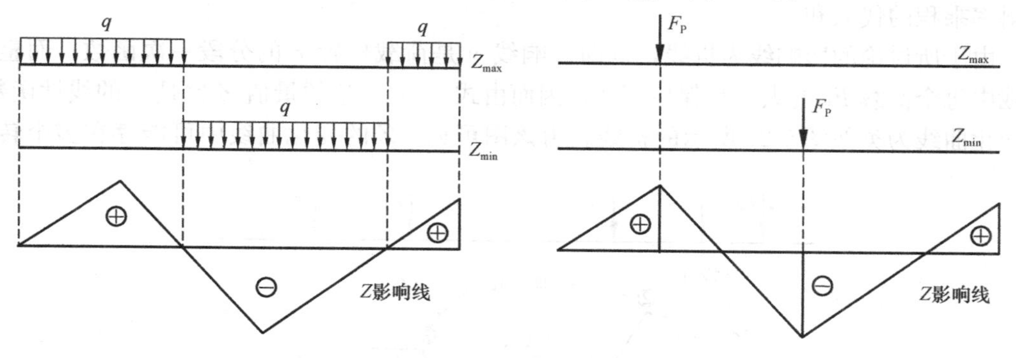

图 5-24　可动均布荷载的最不利位置　　图 5-25　单个集中荷载的最不利位置

对于由多个荷载组成的一组移动集中荷载的情况，考虑到各荷载之间的间距始终保持不变，于是只要其中某个荷载的位置确定了，则整组荷载的位置也就确定了（参见图 5-26）。

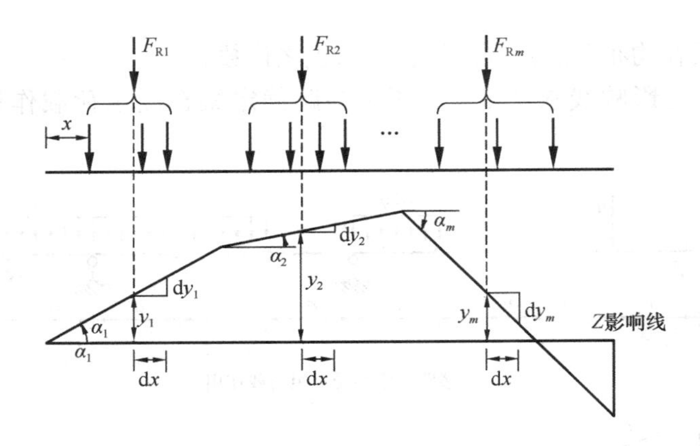

图 5-26　折线形影响线与一组移动集中荷载

设某量值 Z 的影响线为一折线形（图 5-26），各直线段的倾角分别为 α_1、α_2、…、α_m；并设荷载位置（即横坐标）x 以向右为正，影响线竖标 y 以向上为正，这样按照右手法则，倾角就以逆时针为正。当移动荷载处于图示的当前位置时，它所产生的量值 Z 可用每一直线段范围内的各荷载的合力 F_{R1}、F_{R2}、…、F_{Rm}来表示。因为不难证明，作用于影响线同一直线段上的多个荷载产生的量值，就等于这些荷载的合力所产生的量值，于是有

$$Z = F_{R1}y_1 + F_{R2}y_2 + \cdots + F_{Rm}y_m = \sum_{i=1}^{m} F_{Ri}y_i \tag{a}$$

式中 y_1、y_2、…、y_m为各合力作用点对应的影响线竖标。

令该组荷载发生一个微小移动 dx，则各合力作用点处的竖标改变量为（参见图 5-26）

$$dy_i = dx\tan\alpha_i \quad 或 \quad \frac{dy_i}{dx} = \tan\alpha_i (i = 1,2,\cdots,m) \tag{b}$$

由该微小移动引起的量值 Z 关于荷载位置 x 的变化率可对式（a）求导数得到：

$$Z' = \frac{dZ}{dx} = \sum_{i=1}^{m} F_{Ri}\frac{dy_i}{dx} = \sum_{i=1}^{m} F_{Ri}\tan\alpha_i \tag{5-5}$$

该式表明，量值 Z 随荷载位置的变化率就等于影响线每一直线段上的荷载合力与该直线段斜率乘积的代数和。

由于所讨论的影响线为折线，也即影响线 y 是荷载位置 x 的分段一次函数；而整组荷载中每个荷载 F_{Pi}的大小都保持不变，因而由式（a）表达的量值 Z 也是 x 的线性函数，其变化曲线为类似图 5-27 所示的折线。由该图可见，Z 的变化曲线中可能存在多个转折

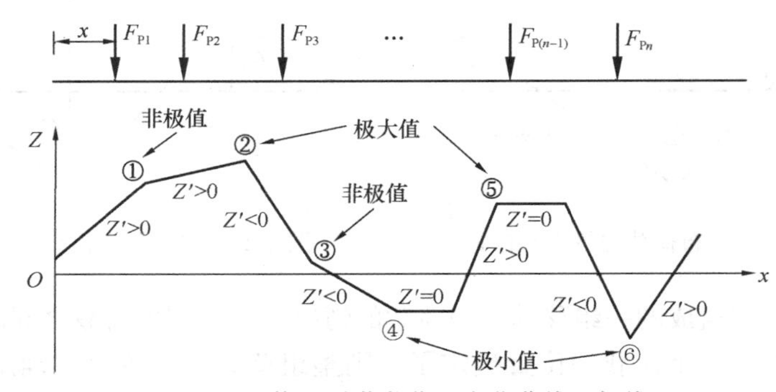

图 5-27　量值 Z 随荷载位置变化曲线（折线）

点，其中有的是极值点，有的不是极值点。这样，要确定 Z 的最大值和最小值可分两步走：先找到极值点及产生该极值的荷载位置，称之为荷载的**临界位置**；再从各临界位置的量值（极值）中找到最大值和最小值，对应的荷载位置即为最不利荷载位置。

从图 5-27 看到，在移动集中荷载作用下，Z 的极值点均为尖角点。这些点处的斜率 Z' 不确定，故不能由 $Z'=0$ 找到极值点。要找到极值点需要看其左右侧（即荷载左移或右移）的斜率是否变号（含变为零）。具体可分为以下两种情况：

（1）要使 Z 取极大值，例如图中转折点②、⑤，则有

$$\left.\begin{aligned}\text{荷载左移}:Z'&=\sum_{i=1}^{m}F_{\mathrm{R}i}\tan\alpha_i\geqslant 0\\ \text{荷载右移}:Z'&=\sum_{i=1}^{m}F_{\mathrm{R}i}\tan\alpha_i\leqslant 0\end{aligned}\right\}\tag{5-6a}$$

（2）要使 Z 取极小值，例如图中转折点④、⑥，则有

$$\left.\begin{aligned}\text{荷载左移}:\sum_{i=1}^{m}F_{\mathrm{R}i}\tan\alpha_i\leqslant 0\\ \text{荷载右移}:\sum_{i=1}^{m}F_{\mathrm{R}i}\tan\alpha_i\geqslant 0\end{aligned}\right\}\tag{5-6b}$$

式（5-6）就是一组移动集中荷载的**临界位置判别式**。该式表明：要使 Z 取极值，则 $\sum F_{\mathrm{R}i}\tan\alpha_i$ 必须变号（含变为零）。

下面再讨论在什么情况下 $\sum F_{\mathrm{R}i}\tan\alpha_i$ 才可能变号。首先上述判别式中的 $\tan\alpha_i$ 为影响线各直线段的斜率，它们并不随荷载位置而改变，因此要使 $\sum F_{\mathrm{R}i}\tan\alpha_i$ 变号，各直线段上的荷载合力 $F_{\mathrm{R}i}$ 必须发生改变。而这只有当至少一个集中荷载位于影响线的顶点时才有可能发生，因为此时若荷载组左移，则那个处于影响线顶点的集中荷载就归入了左边的直线段，右移便归入右边的直线段（当然，发生变号的实质是该荷载左、右移动后，它与 $\tan\alpha_i$ 的对应关系改变了）。

至此，我们可以将移动集中荷载作用下确定最不利荷载位置的一般步骤归纳如下：

（1）从荷载组中选定一个集中荷载，使之位于影响线的其中一个顶点上。

（2）计算荷载组分别左移和右移时的 $\sum F_{\mathrm{R}i}\tan\alpha_i$ 值，若该值变号（含变为零），则该位置就是临界荷载位置。由于处于影响线顶点的那个集中荷载对变号起到了决定作用，故将该荷载称为**临界荷载**，用 F_{Pcr} 表示。

（3）求出各临界荷载位置对应的量值（即为极值），从中找到最大值和最小值，其相应的位置就是最不利荷载位置。

形象地说，上面讲到的临界荷载就像社会生活中的骑墙派。当两派势均力敌时，他就起到了决定作用；而如果是一边倒的情况（对应 $\sum F_{\mathrm{R}i}\tan\alpha_i$ 不变号），自然就不会出现临界状态。

【例 5-7】 图 5-28*a* 所示两跨静定梁受一组移动集中荷载作用，试求由此引起的截面 K 弯矩的最大值和最小值。

【解】 作出 M_{K} 的影响线如图 5-28*b* 所示。影响线各直线段的斜率分别为

$$\tan\alpha_1=0.5,\ \tan\alpha_2=-0.5,\ \tan\alpha_3=0.5$$

由直观判断，20kN 的荷载位于影响线正值顶点时不会是最不利荷载位置，故对另外

三个荷载进行分析。为求 M_K 最大值，先将 40kN 的力置于影响线正值顶点（图 5-28*b* 位置 1），则

荷载左移：$\sum F_{Ri}\tan\alpha_i=(20+40)\times0.5+(30+80)\times(-0.5)=-25<0$

荷载右移：$\sum F_{Ri}\tan\alpha_i=20\times0.5+(40+30+80)\times(-0.5)=-65<0$

可见该位置不是临界位置，其变化属于图 5-27 中转折点③的情况。由图 5-27 可见，转折点③向左则直线段上升，向右则直线段下降，因此要找到极大值，荷载组应向左移动。

现将 30kN 的力作用于影响线的 *K* 点（图 5-28*b* 位置 2），则有

荷载左移：$\sum F_{Ri}\tan\alpha_i=(20+40+30)\times0.5+80\times(-0.5)=5>0$

荷载右移：$\sum F_{Ri}\tan\alpha_i=(20+40)\times0.5+(30+80)\times(-0.5)=-25<0$

可见该位置是一个临界位置，对应的极值为

$$M_K=20\times0.5+40\times2+30\times3+80\times1=260\text{kNm}$$

再将 80kN 的力作用于影响线的 *K* 点（图 5-28*b* 位置 3）。经计算当荷载左右移动时，$\sum F_{Ri}\tan\alpha_i$ 由 55 变为 −5，故该位置也是临界位置，相应的极值为

$$M_K=30\times1+80\times3=270\text{kNm}$$

由此可见，当 80kN 的力作用于影响线正值顶点时，M_K 达到最大，$M_{K,\max}=270\text{kNm}$。

采用同样方法可求得 M_K 的最小值。读者可自行验证，将 80kN 的力和 40kN 的力分别置于影响线负值顶点时，这两个位置都不是临界位置。前者的 $\sum F_{Ri}\tan\alpha_i$ 均小于零，属于图 5-27 中转折点③的情况，荷载组应右移才能找到极小值；后者的 $\sum F_{Ri}\tan\alpha_i$ 都大于零，属于图 5-27 中转折点①的情况，荷载组应左移才能找到极小值。而将 30kN 的力置于影响线负值顶点时，该位置是临界位置，故得 M_K 的最小值为

$$M_{K,\min}=20\times(-0.5)+40\times(-2)+30\times(-3)+80\times(-1)=-260\text{kNm}$$

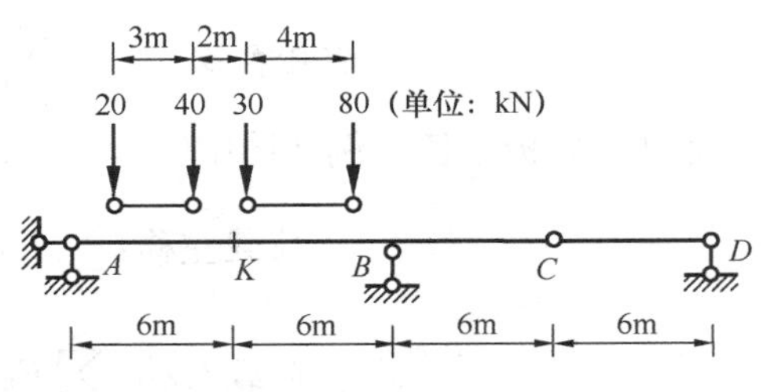

(*a*) 两跨静定梁作用一组集中荷载

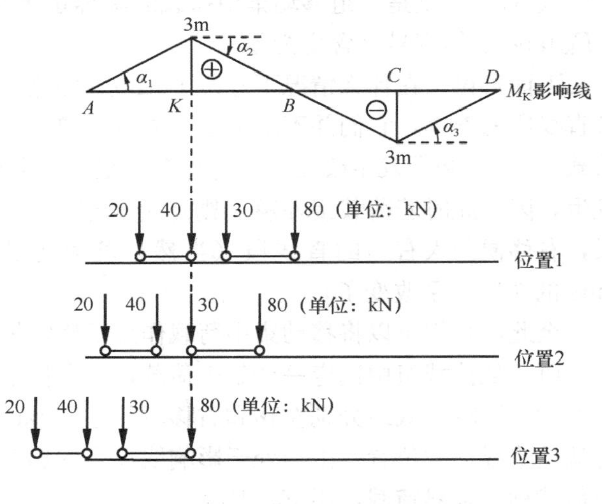

(*b*) M_K影响线及荷载位置

图 5-28　例 5-7 图

最后讨论经常遇到的三角形影响线的情况。此时的临界位置判别式可简化为物理含义更明确的形式。如图 5-29*a* 所示，以 F_{Pcr} 表示位于影响线顶点的那个集中荷载，而左右直线段上的荷载合力分别用 F_R^L 和 F_R^R 表示；对三角形影响线还有 $\tan\alpha_1=\dfrac{c}{a}$，$\tan\alpha_2=-\dfrac{c}{b}$。于是，极大值的临界位置判别式（5-6a）可写为

$$荷载左移：(F_R^L + F_{Pcr})\frac{c}{a} - F_R^R\frac{c}{b} \geqslant 0$$

$$荷载右移：F_R^L\frac{c}{a} - (F_R^R + F_{Pcr})\frac{c}{b} \leqslant 0$$

经整理得

$$\left.\begin{array}{l}\dfrac{F_R^L + F_{Pcr}}{a} \geqslant \dfrac{F_R^R}{b} \\ \dfrac{F_R^L}{a} \leqslant \dfrac{F_R^R + F_{Pcr}}{b}\end{array}\right\} \tag{5-7}$$

该式就是三角形影响线的临界位置判别式，其物理含义为：若将处于影响线顶点的荷载归入哪一边，则哪一边的平均荷载集度就大些，那么该荷载位置就是临界位置。

如果三角形影响线上作用一个跨越其顶点的移动均布荷载 q（图 5-29b），则可将其看成是由无穷多个微段集中荷载 $q\mathrm{d}x$ 所组成。此时式（5-7）的不等式就转化为一个求极值的等式，即

$$Z' = \sum_{i=1}^{m} F_{Ri}\tan\alpha_i = F_R^L\frac{c}{a} - F_R^R\frac{c}{b} = 0 \quad 或 \quad \frac{F_R^L}{a} = \frac{F_R^R}{b} \tag{5-8}$$

该式表明，临界位置就是左右两边的平均荷载集度相等的位置。

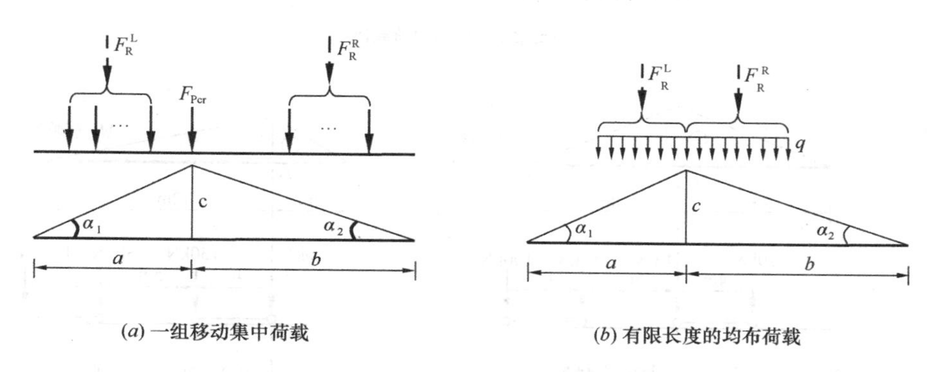

(a) 一组移动集中荷载　　(b) 有限长度的均布荷载

图 5-29　三角形影响线的临界位置

【例 5-8】 图 5-30a 所示简支梁，受车辆移动荷载的作用，试求跨中截面 C 和 1/4 跨截面 D 的弯矩最大值。

【解】 作出 M_C影响线如图 5-30b 所示。由直观判断可先排除 70kN 的荷载为临界荷载，故对另外三个荷载进行分析。

若将第二个荷载（130kN）作为临界荷载 F_{Pcr}（如图 5-30b），则由判别式得

$$荷载左移：\frac{70+130}{8} > \frac{50}{8}$$

$$荷载右移：\frac{70}{8} < \frac{130+50}{8}$$

说明该荷载位置是临界位置，相应的极值为

$$M_{C2} = 130\times4 + 70\times2 + 50\times1.5 = 735\text{kNm}$$

同理可判别第三和第四个荷载也是临界荷载，其相应的极值分别为

$$M_{C3}=130\times1.5+50\times4+100\times2=595\text{kNm}$$

$$M_{C4}=50\times2+100\times4=500\text{kNm}$$

由此可见，第二个荷载（130kN）处于影响线顶点的位置即为量值M_C的最不利荷载位置，$M_{C,max}=735\text{kNm}$。

采用同样方法可求得1/4跨截面弯矩M_D的最大值，其中M_D的影响线如图5-30c所示。对图中的三个荷载位置进行分析时发现，这三个位置都是临界位置，其相应的极值为

$$M_{D1}=70\times3+130\times2+50\times0.75=507.5\text{kNm}$$

$$M_{D2}=130\times3+50\times1.75+100\times0.75=552.5\text{kNm}$$

$$M_{D3}=50\times3+100\times2=350\text{kNm}$$

可见，第二个荷载（130kN）处于影响线顶点时为M_D的最不利荷载位置，$M_{D,max}=552.5\text{kNm}$。

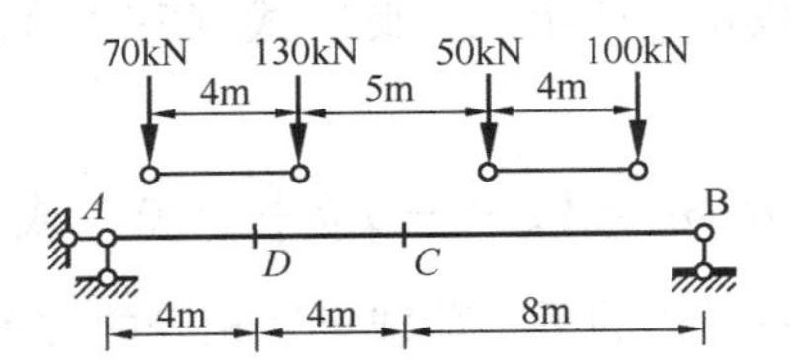

(a) 简支梁受一组集中荷载作用

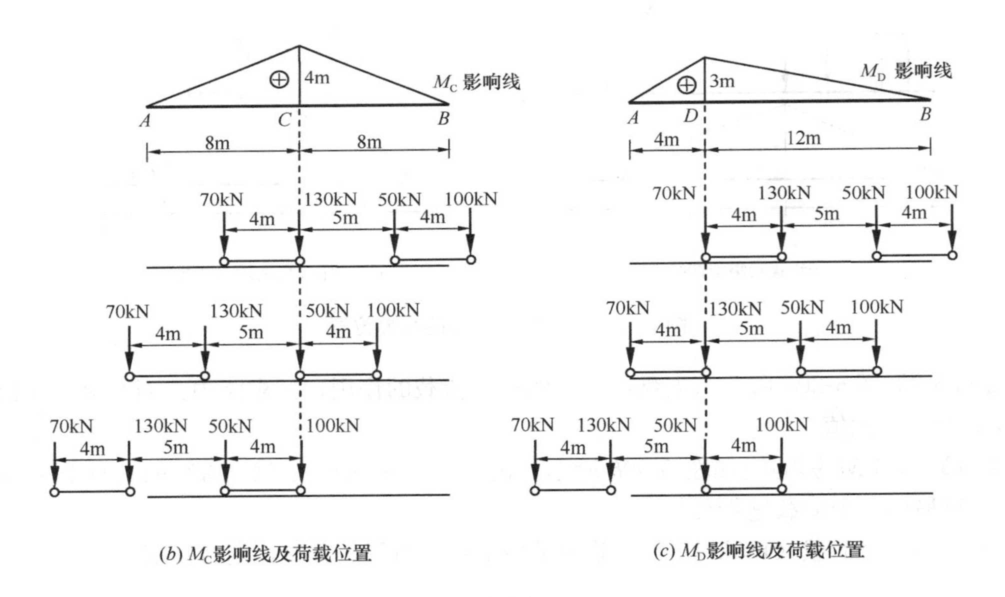

(b) M_C影响线及荷载位置

(c) M_D影响线及荷载位置

图5-30　例5-8图（简支梁及弯矩影响线）

5-8　简支梁的包络图和绝对最大弯矩

工程结构一般受到恒载和活载的共同作用，活载在多数情况下需要按照移动荷载进行最不利计算。结构设计时工程师们不仅想知道某些指定截面的内力最大值，他们更希望知

道的是恒载和活载共同作用下各个截面的内力最大值和最小值，并以此作为截面设计或验算的依据。连接各个截面的最大和最小量值（内力、位移等）的图形，称为该量值的**包络图**，包络图中的最大或最小竖标值称为该量值的**绝对最大值**。

例如，将简支梁在恒载和活载共同作用下各个截面的最大正弯矩连成图线，即得该梁的弯矩包络图（简支梁一般不出现负弯矩，故各截面的最小弯矩均默认为零）。弯矩包络图中的最大值称为该梁的**绝对最大弯矩**，它是简支梁各个截面最大弯矩中的最大值。包络图是一种范围图，它表示不论活载处于何种位置，恒载和活载所产生的内力或位移均不超出这一范围。包络图是移动荷载作用下结构设计的重要工具。本节以简支梁为例，阐述内力包络图的作法以及一组移动集中荷载作用下绝对最大弯矩的计算。

5-8-1 简支梁的内力包络图

绘制包络图时，一般将梁分为若干（如 8 或 10）等分，先求出每个等分截面在作为移动荷载的活载作用下的量值最大值，再加上恒载作用下同一截面的量值，然后将各截面的上述结果按一定比例绘出并连成曲线，就得到了恒载和活载共同作用下该量值的包络图。

【例 5-9】绘制图 5-31a 所示简支梁在给定荷载工况下的内力包络图。已知该工况的活载为一组 $F_{P1}=F_{P2}=F_{P3}=F_{P4}=105\text{kN}$ 的移动集中荷载，恒载为 5kN/m 的满跨均布荷载。

【解】将梁按图 5-31b 分成 8 等分，绘出各等分截面的弯矩和剪力影响线，利用影响线求出各等分截面的最大、最小弯矩值和剪力值。因梁及荷载均为对称，故只需计算半跨范围的截面。以截面 3 剪力为例，其影响线及与最小、最大剪力对应的最不利荷载位置如图 5-32a 所示，由此求得最小和最大剪力值分别为－26.25kN 和 185.06kN。

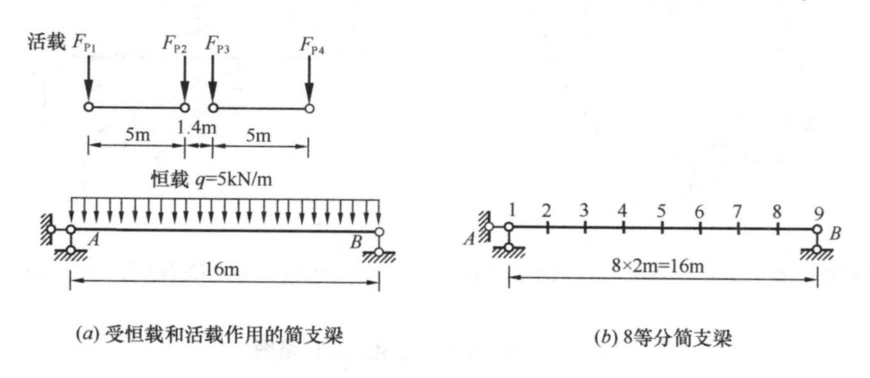

(a) 受恒载和活载作用的简支梁　　(b) 8等分简支梁

图 5-31　例 5-9（简支梁及所作用的荷载）

采用同样方法可求出其他截面的内力最大值。将各截面的弯矩最大值用竖标绘出并连成曲线，可得活载作用下的弯矩包络图，如图 5-32b。由图可见，弯矩包络图中的最大竖标值，即绝对最大弯矩并非出现在跨中截面，而是在邻近跨中的另一截面上（计算方法参见 5-8-2 节）。将各截面的最大弯矩加上恒载引起的同一截面弯矩，并绘成曲线图，可得恒载和活载共同作用下的弯矩包络图，如图 5-32d 所示。

将各截面的剪力最大值和最小值分别连成曲线，可得活载作用以及恒载和活载共同作用下的剪力包络图，分别如图 5-32c、e 所示。可见，剪力包络图由最大和最小两条曲线组成，表明相应荷载作用下各截面的剪力值均不超出两条曲线之间的范围。

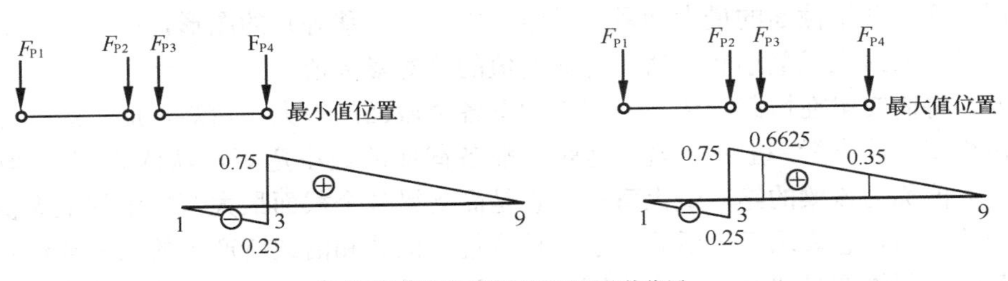

(*a*) 截面3剪力影响线及最不利荷载位置

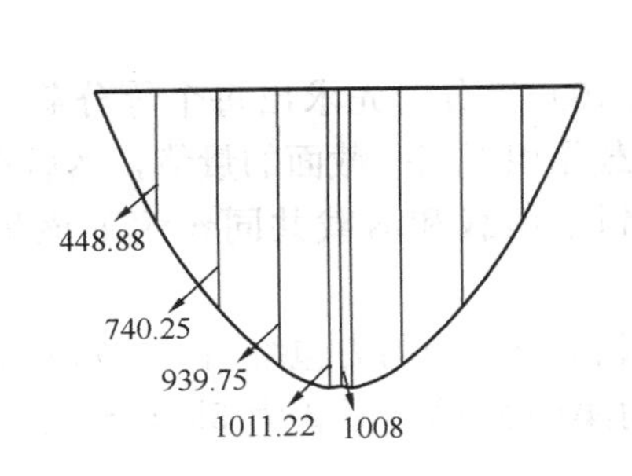

(*b*) 活载下的弯矩包络图（左右对称，kNm）

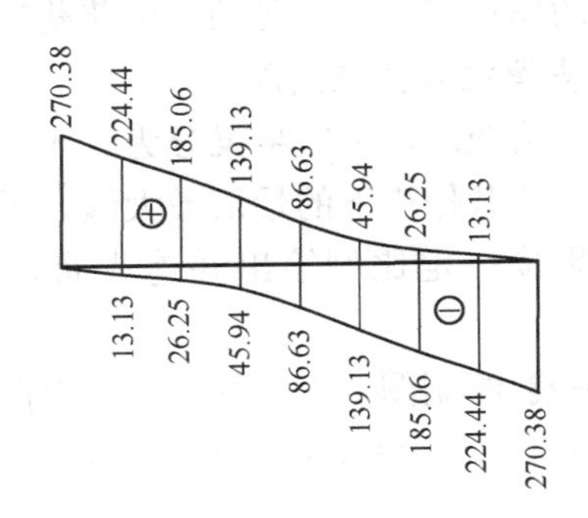

(*c*) 活载下的剪力包络图（kN）

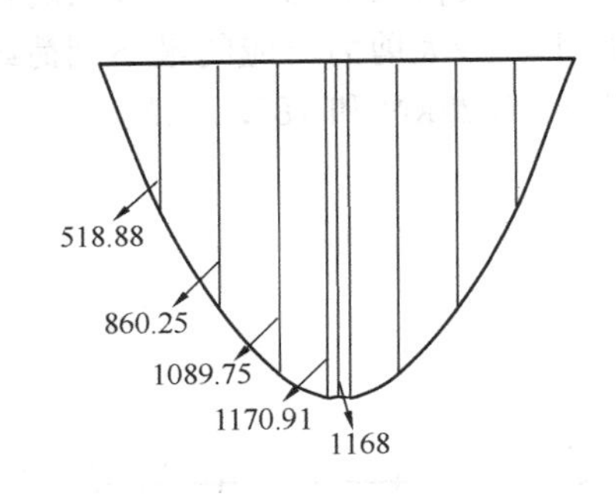

(*d*) 恒载+活载下的弯矩包络图（左右对称，kNm）

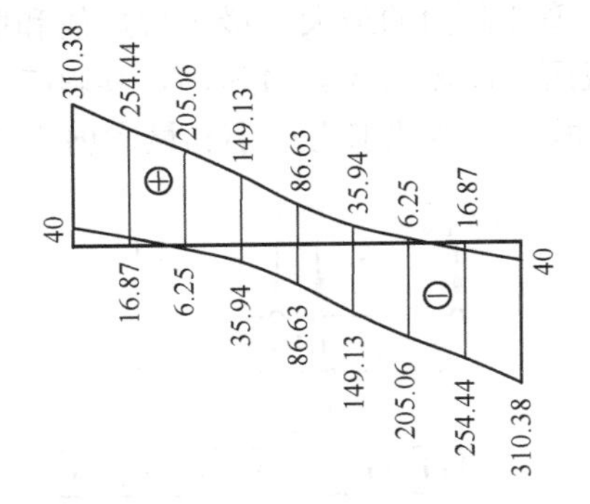

(*e*) 恒载+活载下的剪力包络图（kN）

图 5-32　例 5-9（简支梁内力包络图）

5-8-2　简支梁的绝对最大弯矩

在给定荷载工况下，简支梁的绝对最大弯矩可通过上面介绍的先绘制弯矩包络图，再从各截面中找出最大值的方法获得。这种方法比较繁琐，且获得的最大值为一近似值。当简支梁仅受一组移动集中荷载作用时，可以用下面介绍的方法更方便地求出绝对最大弯矩。

欲求梁的绝对最大弯矩，不仅要知道该弯矩发生在哪个截面，还要知道使该截面弯矩达到最大的荷载位置。对于图 5-33 所示承受一组移动集中荷载 F_{P1}、F_{P2}、…、F_{Pn} 的情况，问题可得到简化。因为要使某一给定截面的弯矩达到最大，则必有一个集中荷载位于该截面（也是影响线顶点）之上。由此可得出一个结论，即绝对最大弯矩必然出现在某个荷载位置的其中某个荷载作用点处。这样，就获得了确定绝对最大弯矩的另一途径：选取一个集中荷载，分析荷载组处于什么位置时，该荷载所在截面的弯矩达到最大（此截面随荷载移动）。再按同样方法求出其他荷载作用点的最大弯矩，相互比较就找到了绝对最大弯矩。

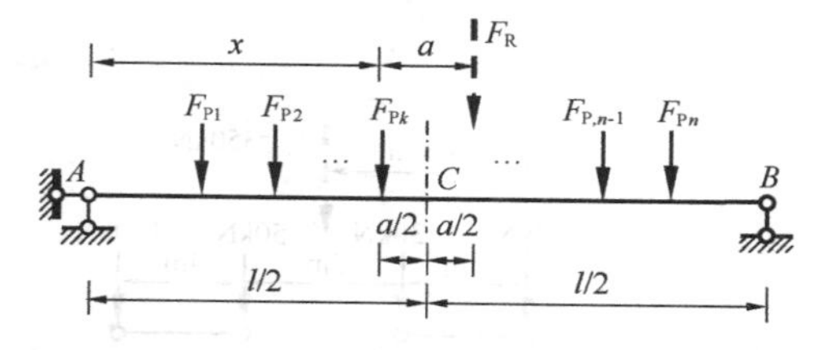

图 5-33　简支梁绝对最大弯矩的确定方法

如图 5-33 所示，选取某一集中荷载 F_{Pk}，设其到支座 A 的距离为 x，到梁上各集中荷载的合力 F_R 的距离为 a，则支座 A 的反力为

$$F_{yA}=\frac{F_R}{l}(l-x-a)\ (\uparrow)$$

而 F_{Pk} 作用点的弯矩为

$$M_k=F_{yA}x-M_{Pk}=\frac{F_R}{l}(l-x-a)x-M_{Pk}$$

式中 M_{Pk} 表示 F_{Pk} 以左的梁上荷载对 F_{Pk} 作用点的力矩之和，它为一常数。

为使 M_k 达到极大值，根据极值条件

$$\frac{dM_k}{dx}=\frac{F_R}{l}(l-2x-a)=0$$

可得

$$x=\frac{l-a}{2} \tag{5-9}$$

该式表明，当 F_{Pk} 与合力 F_R 的位置对称于梁的中点时，F_{Pk} 所在截面的弯矩达到最大，其值为

$$M_{k,\max}=\frac{F_R}{l}\left(\frac{l}{2}-\frac{a}{2}\right)^2-M_{Pk} \tag{5-10}$$

当梁上荷载合力 F_R 位于 F_{Pk} 的左侧时，上面两式含 a 项前的减号改为加号或认为 a 是负值。

采用同样方法可求出其他荷载作用点处的最大弯矩，再从各最大弯矩中找出最大值就是该梁的绝对最大弯矩。当然，当集中荷载较多时，这种方法仍较繁琐，故实际计算中宜预估产生绝对最大弯矩的临界荷载 F_{Pk}，以减少计算工作量。对于简支梁，其绝对最大弯矩通常发生在梁跨中截面附近，因此可以将使得跨中截面达到最大弯矩的临界荷载，作为产生绝对最大弯矩的临界荷载。这一预估 F_{Pk} 的方法在多数情况下是正确的。

值得注意的是，当荷载组的作用范围较大时，在找到临界位置后，之前预设的荷载组中可能有荷载移出了梁上，或有新的荷载移入梁上。此时应重新计算合力 F_R，因为 F_R 是指梁上实有荷载的合力。

【例 5-10】 图 5-34*a* 所示简支梁受一组移动集中荷载作用，试求梁的绝对最大弯矩。

【解】（1）确定跨中弯矩达到最大的临界荷载

由例 5-8 可知，使跨中弯矩达到最大的最不利荷载位置为第二个荷载（130kN）位于跨中截面处，参见图 5-30*b* 所示。

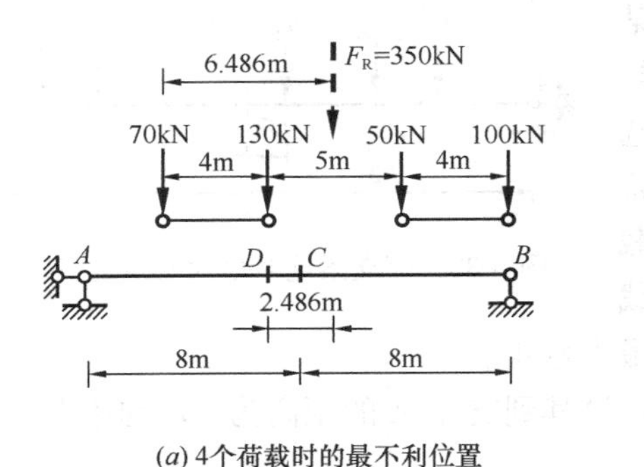

(a) 4个荷载时的最不利位置

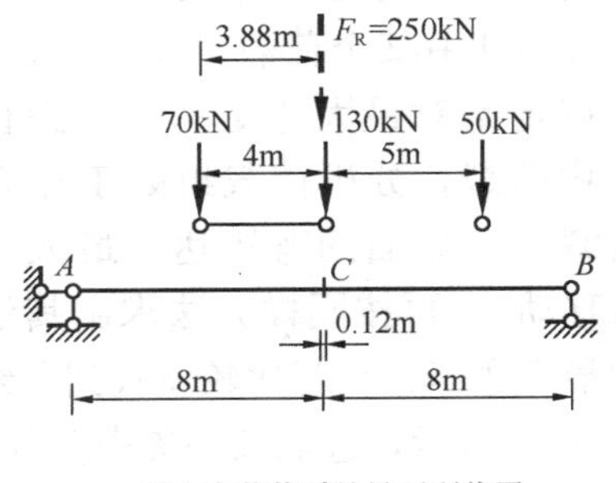

(b) 3个荷载时的最不利位置

图 5-34　例 5-10 图

(2) 计算绝对最大弯矩

以第二个荷载作为绝对最大弯矩的临界荷载。设发生绝对最大弯矩时 4 个荷载均在梁上，则合力 $F_R=350\text{kN}$，其作用点距左侧第一个荷载为 6.486m，据此有 $a=6.486-4=2.486\text{m}$。使该临界荷载与 F_R 的位置对称于梁的中点（图 5-34a），此时梁上荷载仍为 4 个。于是，可求得相应的绝对最大弯矩（截面 D 弯矩）为

$$M_{\max}=\frac{F_R}{l}\left(\frac{l}{2}-\frac{a}{2}\right)^2-M_{Pk}=\frac{350}{16}(8-1.243)^2-70\times4=718.75\ \text{kNm}$$

该弯矩小于跨中截面 C 的最大弯矩 735kNm（参见例 5-8），显然不是最终的绝对最大弯矩。

进一步考察左边 3 个荷载位于梁上的情况，如图 5-34b 所示。此时荷载合力 $F_R=250\text{kN}$，其作用点距左侧第一个荷载 3.88m，因此 $a=3.88-4=-0.12\text{m}$。此时梁上荷载仍是 3 个，故得

$$M_{\max}=\frac{250}{16}(8+0.06)^2-70\times4=735.06\ \text{kNm}$$

该弯矩即为此梁的绝对最大弯矩，可见跨中截面 C 的最大弯矩与绝对最大弯矩非常接近。

思　考　题

5.1　结合现行建筑结构、桥梁结构有关荷载作用的国家或行业标准，指出其中对汽车、吊车和人群荷载分别是如何简化的？作为移动荷载考虑时它们分别简化为书中的哪一种荷载？

5.2　什么是最不利荷载位置？结构设计时，为什么工程师们最关心的是最不利荷载位置？

5.3　比较简支梁跨中截面的弯矩影响线、剪力影响线与该梁跨中作用一单位固定荷载时的弯矩图、剪力图的异同点，包括图形形状、竖标含义等。

5.4　某一量值影响线的量纲与该量值本身的量纲有何区别和联系？试分别就反力、反力矩以及截面剪力、轴力和弯矩的影响线量纲进行说明。

5.5　某截面的剪力影响线在何种情况下在该截面处有突变，何种情况下无突变？若有突变，则突变处左右两侧的竖标各表示什么含义？左右两侧的直线段有何关系？

5.6　利用影响线为何可以计算固定荷载作用下的结构内力？这与前两章直接运用静力法或机动法求固定荷载下的结构内力有何区别和联系？试举例加以说明。

5.7　什么是荷载的临界位置？为什么在一组移动荷载作用下，确定荷载的最不利位置前需先找到其临界位置。

5.8　内力包络图与内力影响线、内力图之间有何区别和联系？它们分别有什么用途？

5.9　简支梁的绝对最大弯矩与跨中截面的最大弯矩一般并不相等，但计算前者时往往要利用后者计算中的一些结果，这是出于什么目的？

5.10　在一组移动集中荷载作用下，由图 5-27 不仅可直观判断某一荷载位置是否为临界位置，当不为临界位置时，还可进一步确定为达到极大或极小值的荷载移动方向。试举例说明如何分步、分类实施这一判别。

5.11　当影响线竖标有突变时，能否直接应用判别式（5-6）判别其临界位置？此时应如何处理？

习　　题

5-1　用静力法作图示单跨梁指定量值的影响线。

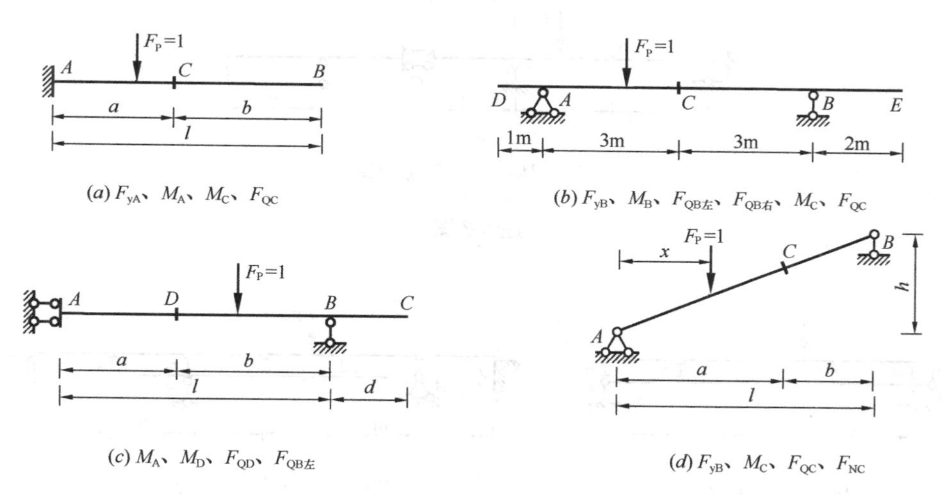

(a) F_{yA}、M_A、M_C、F_{QC}

(b) F_{yB}、M_B、$F_{QB左}$、$F_{QB右}$、M_C、F_{QC}

(c) M_A、M_D、F_{QD}、$F_{QB左}$

(d) F_{yB}、M_C、F_{QC}、F_{NC}

题 5-1 图

5-2　用静力法作图示多跨静定梁指定量值的影响线。

5-3　试用静力法作图示结构指定量值的影响线。

5-4　作图示桁架指定杆件的内力影响线。

5-5　对题 5-4c 结构完成下列分析：

(1) 作荷载下承时指定杆件的内力影响线，并分析与上承时的异同点及其产生原因；

(2)* 建立 3、4 杆内力影响线与相应简支梁内力影响线的相互关系，并总结相关规律。

5-6*　作正文图 5-13a 所示桁架 1、2、3、4 杆的内力影响线（荷载下承）；建立此时 1、2、3 杆的影响线与相应简支梁内力影响线之间的关系，并与上承时进行比较，总结导致两者不同的原因。

5-7　作图示桁架指定杆件的内力影响线。

5-8　用机动法作题 5-2 结构指定量值的影响线，并对静力法的结果进行校核。

5-9　用机动法作题 5-3b 所示结构指定量值的影响线。

5-10*　用机动法作图示单跨梁指定量值的影响线，注意位移图线与影响线竖标的对应关系。

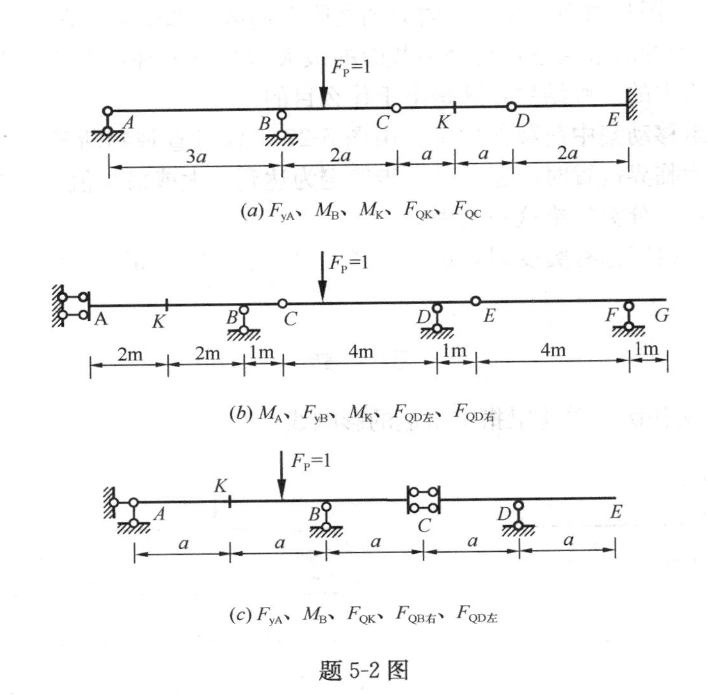

(a) F_{yA}、M_B、M_K、F_{QK}、F_{QC}

(b) M_A、F_{yB}、M_K、$F_{QD左}$、$F_{QD右}$

(c) F_{yA}、M_B、F_{QK}、$F_{QB右}$、$F_{QD左}$

题 5-2 图

F_P=1

a c e f b

A C E F B

4×d

(a) M_C、$F_{QC左}$、$F_{QC右}$

F_P=1

f a d e b c g

A K B C

4m 4m 2×2m 4m 4m 4m

(b) F_{yA}、M_K、F_{QK}、$F_{QB左}$、$F_{QB右}$

F_P=1

j a b c d e f g h

A C E K F H

5×2m 2m 2×1m 2m 2m

(c) M_C、$F_{QE左}$、F_{QK}、$F_{QF右}$

题 5-3 图

5-11　作图示结构指定量值的影响线。

5-12　图示抛物线形三铰拱，其拱轴线方程为 $y=\frac{4f}{l^2}x(l-x)$，试作以下量值的影响线：(a) F_H、M_D；(b)* F_{QD}、F_{ND}。

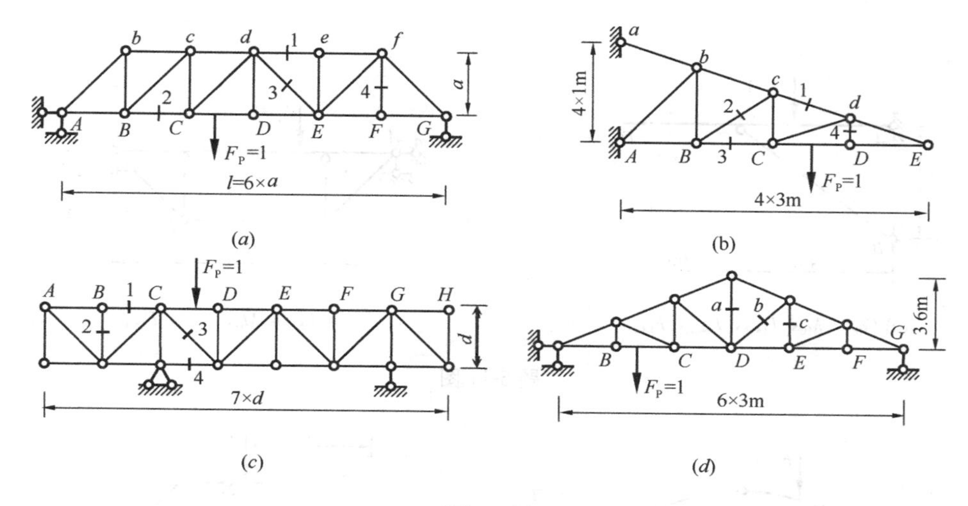

题 5-4 图

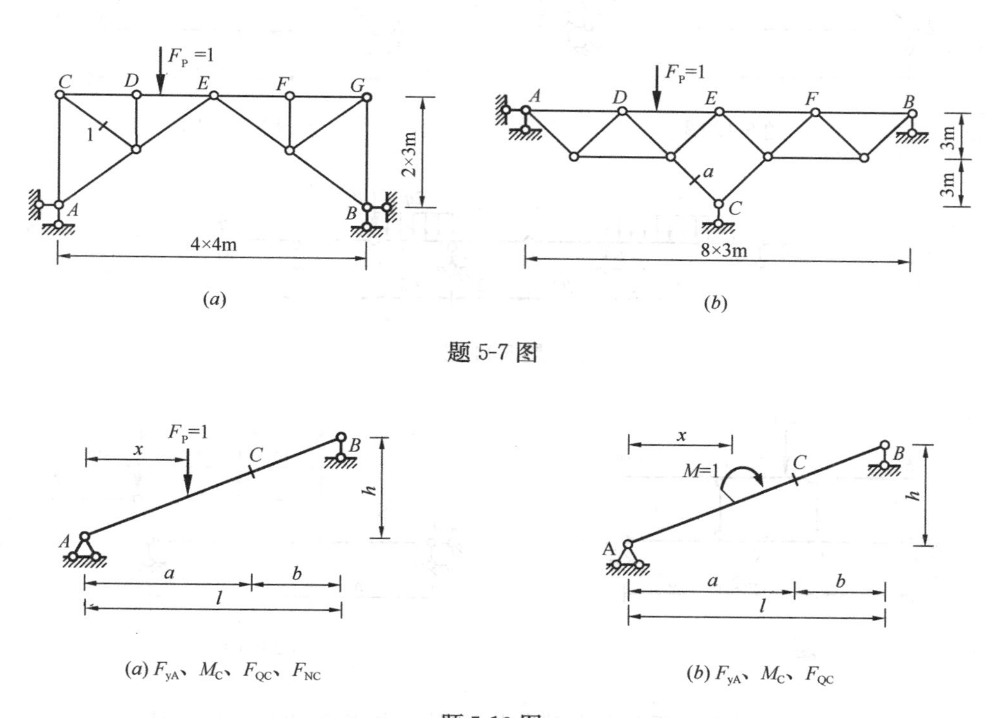

题 5-7 图

(a) F_{yA}、M_C、F_{QC}、F_{NC} (b) F_{yA}、M_C、F_{QC}

题 5-10 图

5-13* 试作图示结构 F_{NAB}、M_C、M_K、F_{QK}的影响线。

5-14 利用影响线求图示结构的以下量值：F_{yB}、M_B、F_{QED}、F_{QFE}。

5-15* 图示结构，$F_P=1$ 在 EH 上移动。试作 M_{CA}、M_K、F_{QK}、F_{NDG}的影响线，并利用影响线求 EH 间作用满跨均布荷载 q 时的 F_{QK}值。

5-16 计算图示简支梁在车队荷载作用下 M_C（下侧受拉为正）、F_{QC}的最大值和最小值。

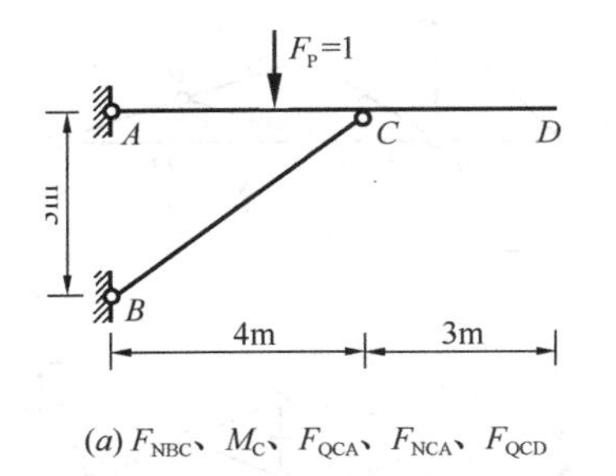

(a) F_{NBC}、M_C、F_{QCA}、F_{NCA}、F_{QCD}

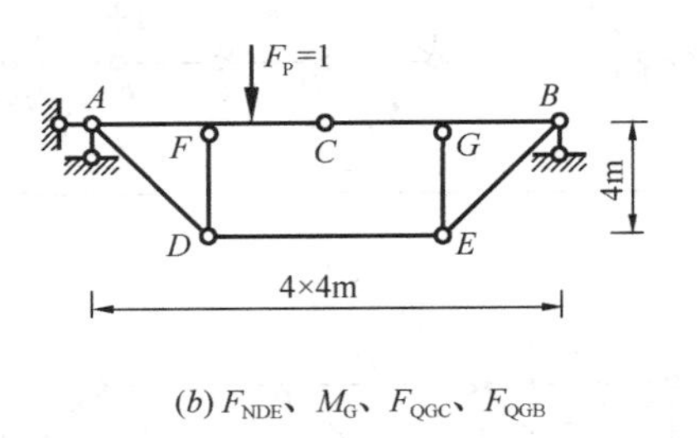

(b) F_{NDE}、M_G、F_{QGC}、F_{QGB}

题 5-11 图

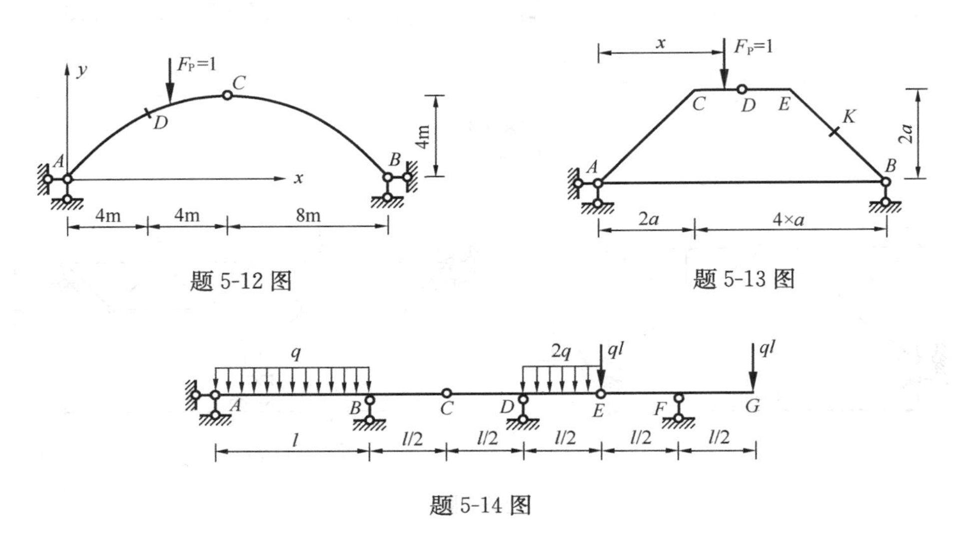

题 5-14 图

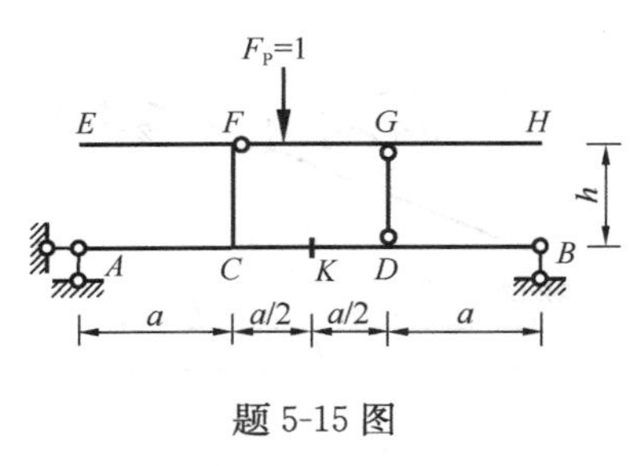

题 5-15 图

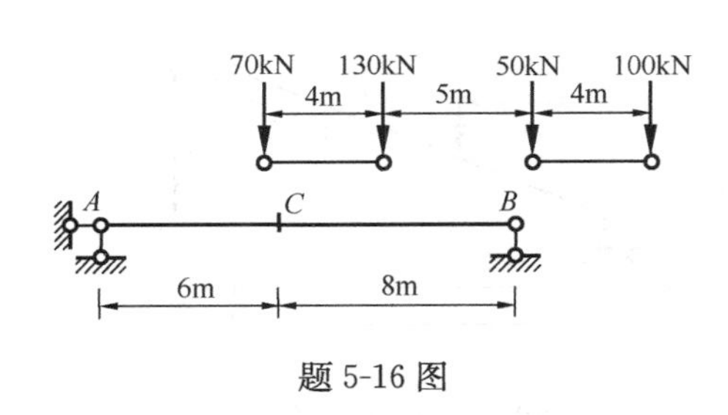

题 5-16 图

5-17　试求图示吊车梁在两台吊车荷载作用下，支座 B 的最大反力值。

5-18　图示结构承受图中车队荷载（左行）的作用，试求 M_K（下侧受拉为正）的最大值和最小值。

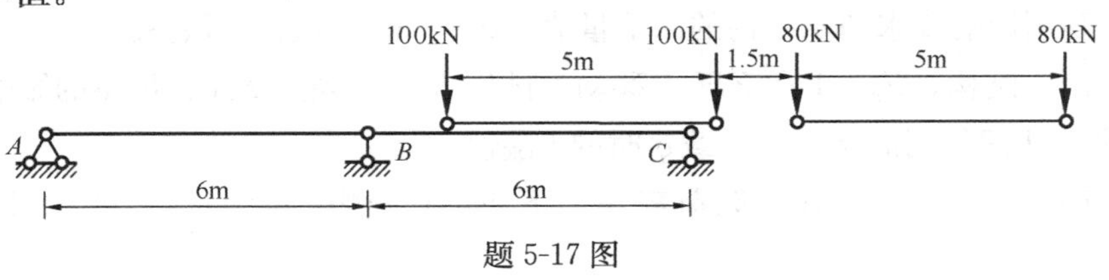

题 5-17 图

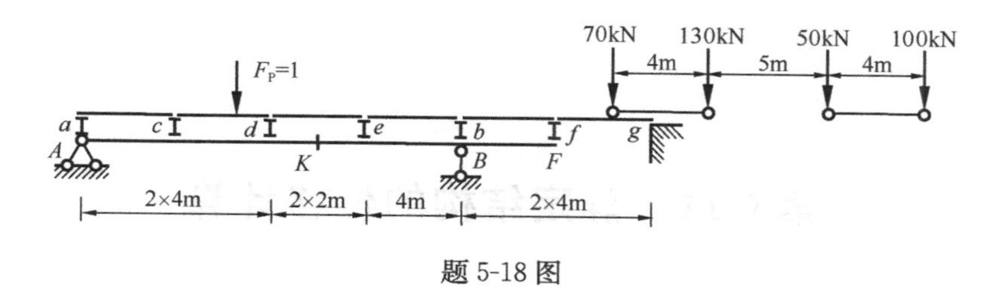

题 5-18 图

5-19* 求题 5-3b 结构在上题车队荷载作用下 $F_{QB左}$ 的最小值，考虑车队左行和右行的情况。

5-20* 确定图示结构在车队荷载（右行）作用下，使 M_K（下侧受拉为正）达到最大和最小的最不利荷载位置，并求出最大值和最小值。

5-21 计算题 5-17 其中一跨梁的跨中最大弯矩和绝对最大弯矩。

5-22* 试作图示结构的弯矩包络图和剪力包络图。

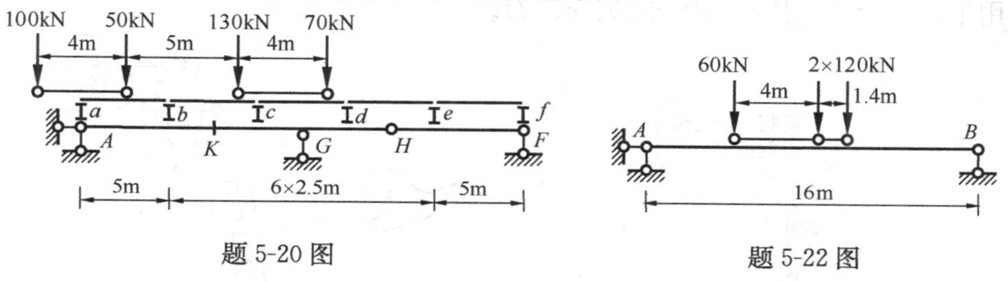

题 5-20 图

题 5-22 图

5-23** 图示移动荷载为一组间距不变的集中荷载加一个任意长的均布荷载。若已知 $F_{P1}=F_{P2}=F_{P3}=F_{P4}=100\text{kN}$，$q=50\text{kN/m}$，试分别求移动荷载直接作用和间接作用于图中简支梁时，截面 K 弯矩 M_K 的最大值；总结此类情况下荷载临界位置的判别方法。

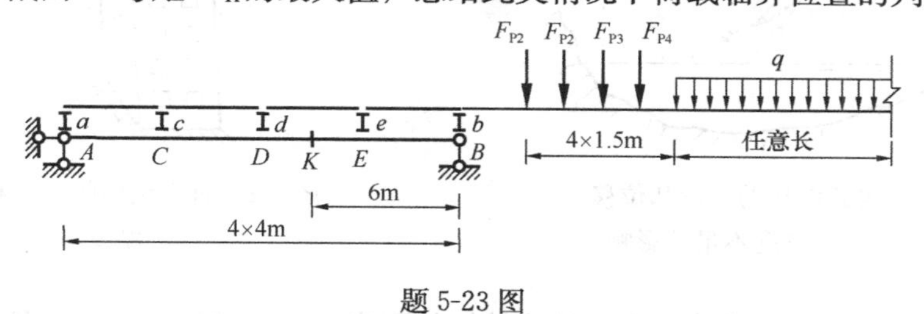

题 5-23 图

5-24** 若将题 3-37 中的固定荷载改为量值及间距保持不变的移动荷载，其他条件不变，试重新进行结构的优化选型和最优设计。

第 6 章　静定结构的位移计算

6-1　位移计算概述

杆系结构与其他变形体一样，在荷载作用下会产生变形和位移（图 6-1、图 6-2、图 6-3*a*）。所谓**变形**是指结构形状的改变，故也称形变；**位移**是指结构上各点位置的移动。除了荷载以外，杆系结构在其他外因，如温度改变、支座移动、制造误差和材料收缩等因素的作用下，也会产生位移（图 6-3*b*、*c*、*d*）。

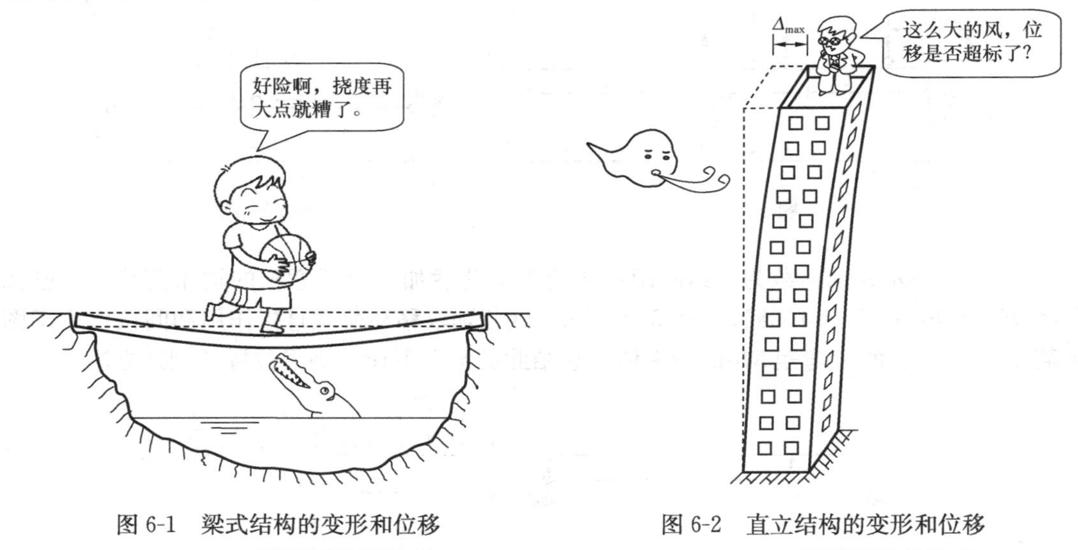

图 6-1　梁式结构的变形和位移
（刚度不足的影响）

图 6-2　直立结构的变形和位移
（刚度不足的影响）

计算位移的一个主要目的是为了校核结构的刚度。工程结构除了必须具备足够的强度而不至发生破坏以外，还应具有足够的刚度以便不影响其正常使用，或者不至于让人产生不安全或不舒适感（参见图 6-1、图 6-2）。计算位移的另一目的是为结构及构件的制作、安装与准确就位提供技术依据。例如，在桥梁的悬臂拼装法施工中，需要计算悬臂端在自重、设备负重等作用下的挠度，以便采取施工措施，保证拼接合拢的准确性和桥面的平顺性。又如，为了避免大跨度结构在投入使用后出现较明显的下垂，设计时可通过微调构件的长度，以使结构在空载时有一个向上的初始位移，即所谓的**建筑起拱**（图 6-4），此时也需要进行详细的位移计算。

结构位移计算还可为超静定结构分析、结构的动力和稳定分析打下基础。超静定结构需要同时考虑变形或位移协调条件才能获得确定的内力解，因此结构分析中必然涉及位移计算。结构动力分析涉及与时变位移相关的惯性力，稳定分析涉及结构失稳后的位移形态，因此也需要进行位移计算。

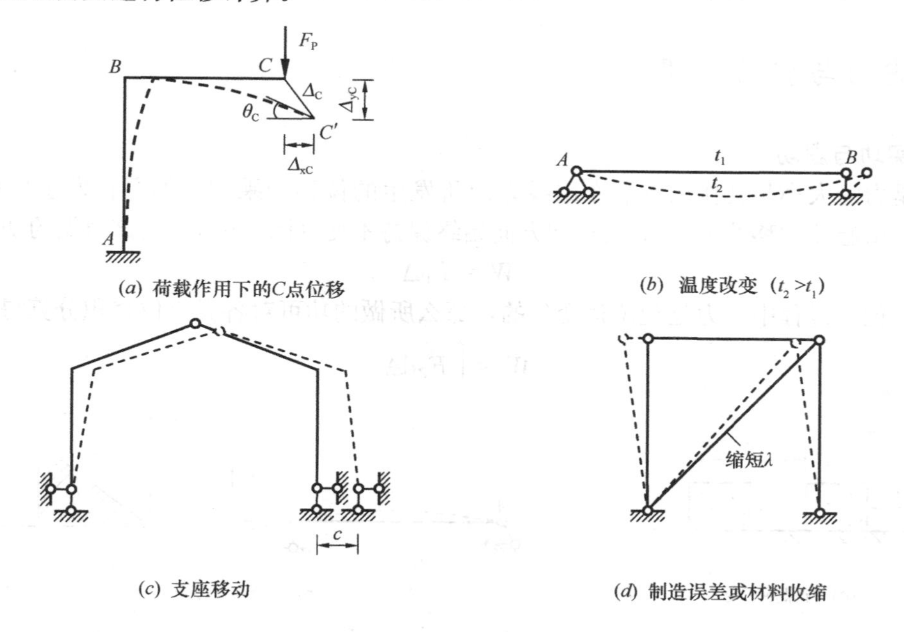

(a) 荷载作用下的C点位移

(b) 温度改变（$t_2>t_1$）

(c) 支座移动

(d) 制造误差或材料收缩

图 6-3　位移种类及产生位移的原因

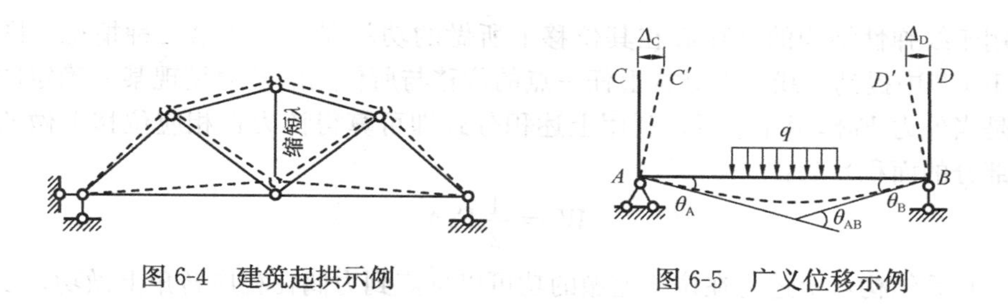

图 6-4　建筑起拱示例

图 6-5　广义位移示例

杆系结构某一截面上的位移可分为线位移和角位移。例如图 6-3*a* 所示刚架在荷载作用下发生了如虚线所示的变形，其中截面 C 的形心由原来的 C 点移至 C' 点，则线段 CC' 称为 C 点的**线位移**，记为 Δ_C；该截面还同时转动了一个角度，称之为截面的**角位移**，记为 θ_C。线位移常用水平线位移和竖向线位移两个分量来表示，对截面 C 分别记为 Δ_{xC} 和 Δ_{yC}（图 6-3*a*）。

除了上述单个截面某一方向的位移以外，工程中还会用到一些组合形式的位移。例如图 6-5 所示刚架，在荷载作用下 C、D 两点移到了 C'、D' 点，这两点之间的距离改变称为两点的**相对线位移**，可用 Δ_{CD} 表示，显然 $\Delta_{CD}=\Delta_C+\Delta_D$（若以一个方向为正，则为两点位移之差）。同理，$A$、$B$ 两截面的**相对角位移**可用 θ_{AB} 表示，$\theta_{AB}=\theta_A+\theta_B$。以上提到的线位移、角位移以及各种组合形式的位移统称为**广义位移**。

杆系结构由若干杆件连接而成。工程实践中一般并不需要掌握每根杆件各个截面的位移状态，而更多关注的是某些关键部位，如梁式结构的跨中点（图 6-1）、直立结构的顶点（图 6-2）、杆件连接点、杆端点（图 6-3*a*）等指定点处的位移。受弯梁的位移计算有挠曲方程积分法、弯矩面积法、共轭梁法等多种方法，但是对于指定截面的位移，基于虚功原理的位移计算方法是一种更为通用和有效的方法。本章将主要讨论这种方法。

6-2 虚功与虚功原理

6-2-1 实功与虚功

功是力的大小与其作用点沿作用线方向所发生的位移的乘积。如果在发生位移 Δ 的过程中，引起该位移的力 F_P的大小和方向始终保持不变（图 6-6*a*），则该力做的功为

$$W = F_P\Delta$$

如果发生位移过程中，力是随位移变化的，那么所做的功可对各微小位移积分算得，即

$$W = \int F_P d\Delta$$

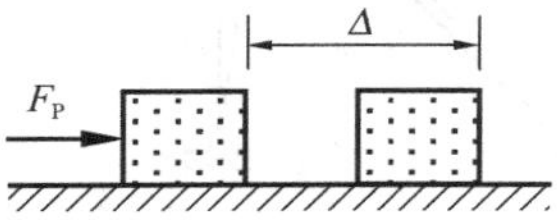

(*a*) 力保持不变 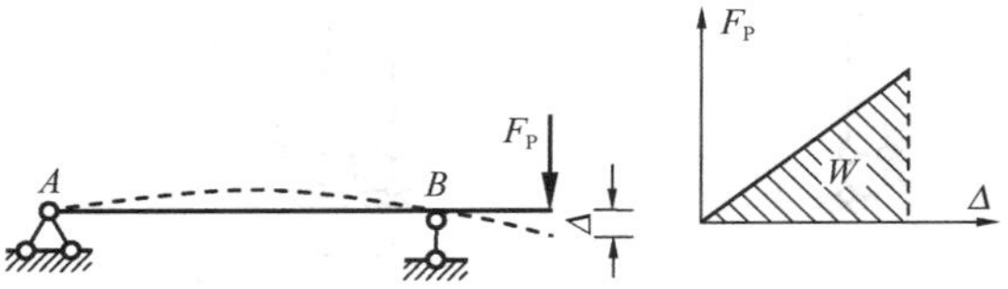　　(*b*) 力随位移变化

图 6-6　力做功的两种情况

作用于线弹性结构的外荷载在其位移上所做的功就属于上述第二种情况（图 6-6*b*）。第 1 章 1-6 节中提到，线弹性结构上任一点的位移与所作用的外力呈现某一确定的线性关系，于是当外力 F_P作用完毕后，利用上述积分式即可算得该力在相应位移上做的功（图中阴影部分的面积）为：

$$W = \frac{1}{2}F_P\Delta$$

对于杆系结构，上述力在位移上做的功可以推广到力偶在相应转角上做功，以及任一**广义力**在相应的**广义位移**上做功的情况，参见图 6-7 所示。

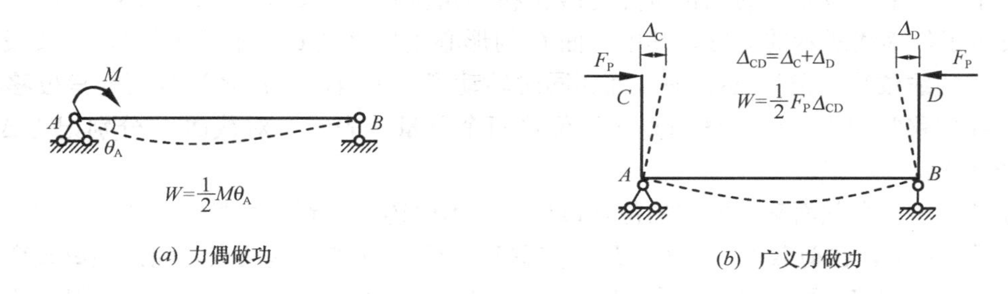

(*a*) 力偶做功　　(*b*) 广义力做功

图 6-7　力偶及广义力做功

以上讨论的是力在其自身引起的位移上所做的功，故为**实功**。结构分析中，还要经常用到虚功。当做功的两要素：力和位移互不相干时，它们的乘积称为**虚功**。尽管是虚功，但力与位移在做功上的对应关系仍须得到保证，即结构某截面上的一个集中力必须对应该截面相应方向上的一个线位移，一个集中力偶就对应一个角位移。同理，如果是一个广义力（例如一对集中力或集中力偶），则对应一个广义位移（如相对线位移或相对角位移）。

实际应用中，虚功多用于同一结构的两个状态中的力与位移相互关系的构建上，这两个状态分别称为**力状态**和**位移状态**。例如，图 6-8a、b 所示为同一结构的两种受力变形状态。如果将前者视作力状态，后者视作位移状态，则力状态中的力 F_{P1} 与位移状态中的相应位移 Δ_2 的乘积就是典型的虚功。由于虚功两要素中的力和位移互不相关，因此可以认为两者在做功过程中均保持不变，或认为是瞬时完成的，虚功就等于最终状态的力与位移的直接相乘，这有别于同一状态中的外力在其自身位移上做实功的情况（图 6-8b）。

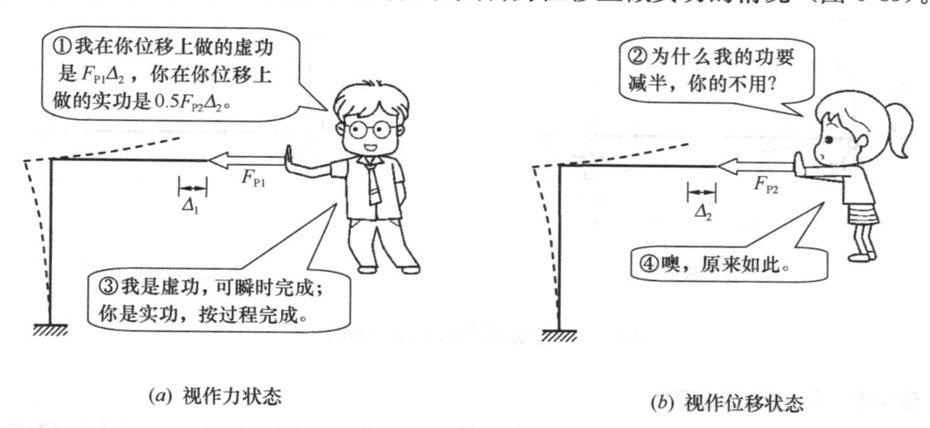

(a) 视作力状态　　(b) 视作位移状态

图 6-8　弹性结构实功与虚功的区别

6-2-2　刚体体系的虚功原理

对于具有理想约束的刚体体系，如果力状态中的力系满足平衡条件，位移状态中的位移为满足约束条件的微小位移，则力状态中的主动力在位移状态中的相应位移上所做的虚功总和等于零。这就是**刚体体系的虚功原理**。这里的理想约束是指约束反力在任意虚位移上所做的虚功为零的约束，例如光滑铰、刚性链杆等。

引入虚功原理的目的是为了求解所需要的未知量，因此虚功原理常有以下两种应用：

（1）虚设位移求解实际的未知力。此时的力状态为**实际状态**，而位移状态为**虚拟状态**，对应的虚功原理就是**虚位移原理**。

（2）虚设力求解实际的未知位移。此时位移状态为实际状态，而力状态为虚拟状态，对应的虚功原理即为**虚力原理**。

根据虚功原理的要求，虚设的位移必须满足变形协调条件，虚设的力系必须满足平衡条件。为了便于计算，虚设的力或位移还应尽可能简单。实用中，为求结构的某个未知力，常在同一结构上虚设一个与该力对应的单位位移，该单位位移状态能够满足变形协调条件。这种方法称为**单位位移法**。单位位移法在 4-5 节机动法求静定结构的内力时已有应用。同样道理，为求未知位移，可在同一结构上虚设一个与该位移对应的单位力，这样单位力与各支座反力形成了一个平衡力系。这一方法称为**单位力法**或**单位荷载法**。本章将利用这一方法进行结构位移计算。

下面先用一个简例说明单位荷载法的应用。图 6-9a 所示结构，已知支座 B 发生了向下的支座位移 c，现欲求 C 点的水平位移 Δ_{xC}。为此虚设单位力状态如图 6-9b 所示，图中已给出了支座 B 的反力。根据虚功原理可列出虚功方程如下：

$$1\times\Delta_{xC}-F_{yB}\times c=0$$

式中 F_{yB}前的负号表示该反力在实际状态的支座位移上做负功；而支座 A 的反力未列入方程是因为该反力不做虚功。将 $F_{yB}=h/l$ 代入上式，即得

$$\Delta_{xC}=\frac{h}{l}c\ (\rightarrow)$$

式中结果为正表示求得的位移与所设单位力的指向一致。

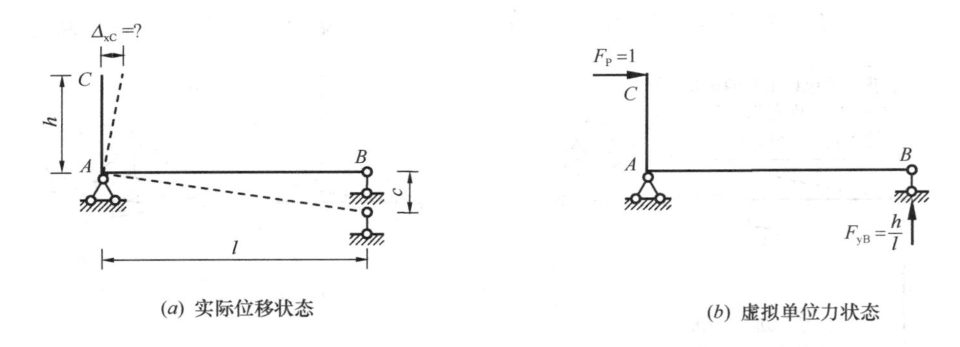

(a) 实际位移状态　　(b) 虚拟单位力状态

图 6-9　虚功原理求未知位移示例

6-2-3　变形体系的虚功原理

对于变形体系，如果力状态中的力系满足平衡条件，位移状态中的微小位移满足变形协调条件，则力状态中的主动力在位移状态中的相应位移上所做的虚功总和并不等于零，而等于力状态各微段上的内力在位移状态中的相应变形上所做的虚功总和，这就是**变形体系的虚功原理**。简单来说就是**外力虚功**等于**变形虚功**，变形虚功也称为**虚变形能**。

变形体系的虚功原理可以根据微段（或微元体）的平衡方程、几何方程以及体系上力和位移的边界条件导出，读者可参阅其他书籍。以下我们仅从物理概念上阐述原理的正确性。

图 6-10a 和 c 分别为同一杆系结构的两种状态，其中力状态的力包括作用于杆轴的外力（荷载与支座反力）和作用于各微段左右截面的内力（弯矩、剪力与轴力，图 6-10b）；位移状态的总位移包括各微段的刚体位移和微段变形引起的左右截面的相对位移两部分（图 6-10c、d）。各微段的最终位移可认为是分两步达到的：先整体移至微段左截面的最终位置（包括平动 u_2、v_2和转动 θ_2，图 6-10c）但维持微段形状不变，此为**刚体位移**；再保持左截面不动，而包括右截面在内的其他部位相对左截面发生位移（图 6-10d），此为**变形位移**。

力状态的各力在位移状态的位移上做的总虚功可以用两种方法获得：

(1) 总虚功等于力状态的外力在位移状态的相应总位移上做的虚功，与力状态的内力在位移状态的相应总位移上做的虚功之和，即

$$W=W_e+W_i=\sum\int \mathrm{d}W_e+\sum\int \mathrm{d}W_i$$

式中 $\mathrm{d}W_e$、$\mathrm{d}W_i$分别表示微段的外力虚功和内力虚功；积分号 $\int$ 表示对同一杆件各微段求和，求和号$\sum$表示对不同杆件作叠加。由于微段截面上的内力对于整个结构来说为作用力与反作用力，而根据变形协调条件，相邻微段同一截面的位移始终保持一致，故上式内力虚功积分后必为零。于是总虚功就等于外力虚功，即

$$W = W_e \tag{a}$$

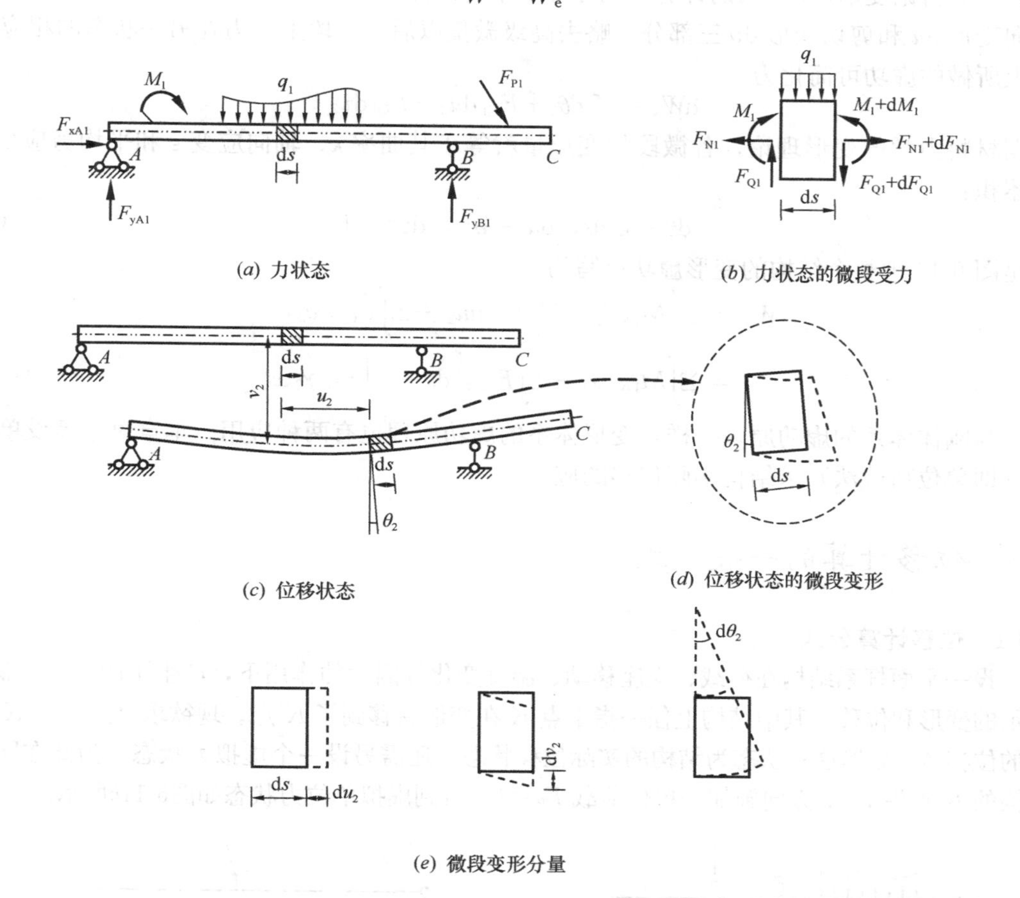

图 6-10　力状态和位移状态

（2）总虚功等于力状态各微段的作用力（外力和内力）在位移状态的刚体位移上所做虚功之和（或积分）加上各微段作用力在相应的变形位移上所做虚功之和，即

$$W = W_r + W_v = \sum\int dW_r + \sum\int dW_v$$

式中 dW_r、dW_v分别表示微段的作用力在刚体位移和变形位移上所做的虚功。由于微段处于平衡状态，故其作用力（外力和内力）在刚体位移上所做的虚功必为零，而整个结构的这部分虚功为各微段虚功之和，故也必为零。于是总虚功就等于各力在变形位移上做的虚功，即

$$W = W_v \tag{b}$$

比较式（a）和式（b）可得

$$W_e = W_v \tag{6-1}$$

这就是变形体系的虚功原理，该表达式又称为变形体系的**虚功方程**。对于刚体体系，由于不存在变形和变形位移，故其变形虚功恒等于零，于是上式退化为刚体体系的虚功方程。

在上述虚功原理的讨论中，并未涉及材料性质，也不涉及微小位移以外的其他变形假设，故该原理适用于弹性、非弹性、线性或非线性等各类变形体系。

下面讨论变形虚功 W_v 的计算。对于平面杆系结构，微段的变形可分为弯曲变形 $d\theta$、轴向变形 du 和剪切变形 dv 三部分。略去高级微量以后，微段上各力在另一状态的相应变形上所做的虚功可简化为

$$dW_v = M_1 d\theta_2 + F_{N1} du_2 + F_{Q1} dv_2$$

根据材料力学的变形理论，各微段的变形量就等于其曲率 κ、轴向应变 ε 和平均剪应变 γ 的累积：

$$d\theta = \kappa\, ds,\quad du = \varepsilon ds,\quad dv = \gamma ds \tag{c}$$

于是图 6-10 中整个结构的变形虚功可写为

$$\begin{aligned} W_v &= \Sigma\int M_1 d\theta_2 + \Sigma\int F_{N1} du_2 + \Sigma\int F_{Q1} dv_2 \\ &= \Sigma\int M_1 \kappa_2 ds + \Sigma\int F_{N1} \varepsilon_2 ds + \Sigma\int F_{Q1} \gamma_2 ds \end{aligned} \tag{6-2}$$

与刚体体系的虚功原理一样，变形体系的虚功原理也有两种应用。本章讨论虚设单位力（即单位荷载法）求结构实际位移的应用。

6-3 位移计算的一般公式

6-3-1 位移计算公式

设一平面杆系结构在荷载、支座移动、温度变化等因素的作用下，产生了图 6-11a 虚线所示的变形和位移，其中结构上任一指定点 K 在变形后移到了 K' 点。现欲求该点沿 K-K 方向的位移 Δ。显然这一状态为结构的实际位移状态，还需另设一个虚拟力状态。为此在同一结构的 K 点沿 K-K 方向施加一单位荷载 $F_P=1$，得到虚拟单位力状态如图6-11b所示。

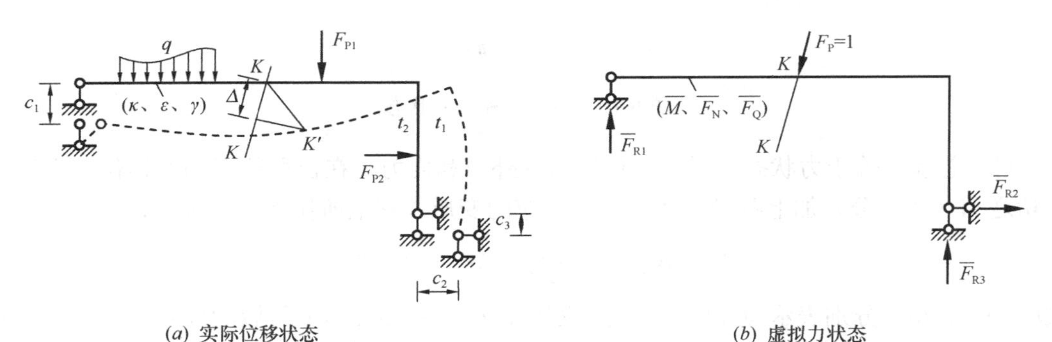

(a) 实际位移状态　　(b) 虚拟力状态

图 6-11 位移计算一般公式图解

假设实际状态的支座位移分别为 c_1、c_2、c_3，由各种因素引起的结构任一截面的应变为 κ、ε、γ，而虚拟力状态由单位荷载引起的支座反力分别为 $\overline{F}_{R1}$、$\overline{F}_{R2}$、$\overline{F}_{R3}$，任一截面的内力为 $\overline{M}$、$\overline{F}_N$、$\overline{F}_Q$，则力状态中的外力（单位荷载和支座反力）在位移状态的相应位移上所做的虚功为

$$W_e = F_P \times \Delta + \overline{F}_{R1} c_1 + \overline{F}_{R2} c_2 + \overline{F}_{R3} c_3 = 1 \times \Delta + \sum_i \overline{F}_{Ri} c_i$$

而力状态中的内力（弯矩、剪力和轴力）在位移状态的相应变形上所做的变形虚功为

$$W_v = \Sigma\int \overline{M}\kappa ds + \Sigma\int \overline{F}_N \varepsilon ds + \Sigma\int \overline{F}_Q \gamma ds$$

根据虚功原理 $W_e = W_v$，可得

$$\Delta = \Sigma\int \overline{M}\kappa \mathrm{d}s + \Sigma\int \overline{F}_N \varepsilon \mathrm{d}s + \Sigma\int \overline{F}_Q \gamma \mathrm{d}s - \sum_i \overline{F}_{Ri} c_i \tag{6-3}$$

这就是平面杆系结构**位移计算的一般公式**。该式的建立除了运用小变形假设和叠加原理外，仍未涉及材料性质、荷载方式等条件，故仍是一个普遍性的公式，也即同时适用于弹性和非弹性结构、静定和超静定结构，也适用于荷载、支座移动、温度改变、制造误差和材料收缩等各种外部作用的情况。

6-3-2 广义位移与广义力

位移计算的一般公式（6-3）虽然是以单个截面的线位移为例建立的，但它同样适用于角位移以及各种组合形式的广义位移，例如相对线位移、相对角位移、两截面位移之和等。表 6-1 列举了几种常见的广义位移及与之相对应的广义单位力。

需要说明的是，桁架杆件只受轴力和轴向变形，故杆件的角位移实际上就是它的**弦转角**，定义为两杆端的相对横向（垂直于杆轴方向）位移与杆长之比。另一方面，桁架结构只受结点荷载，因此与杆件角位移相对应的广义单位力不能为一集中力偶，而应将其转换为等效的结点力，如表 6-1 最后一栏所示。读者不妨照此方法，进一步给出与该桁架两根斜腹杆的相对角位移对应的广义单位力。

广义位移与广义单位力示例 **表 6-1**

广义位移	广义单位力
A、B 两截面相对转角 $\theta_{AB} = \theta_A + \theta_B$ 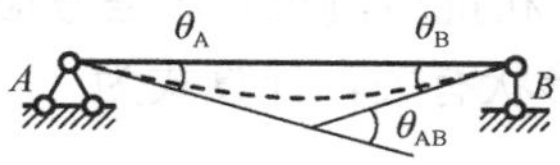	A、B 两截面一对方向相反的单位力偶 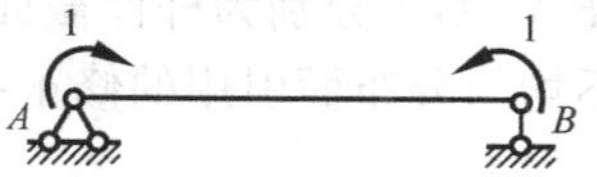
A、B 两点的水平相对位移 $\Delta_{AB} = \Delta_A + \Delta_B$ 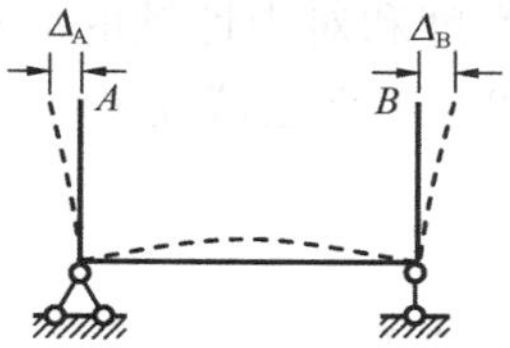	A、B 两点一对方向相反的水平单位力 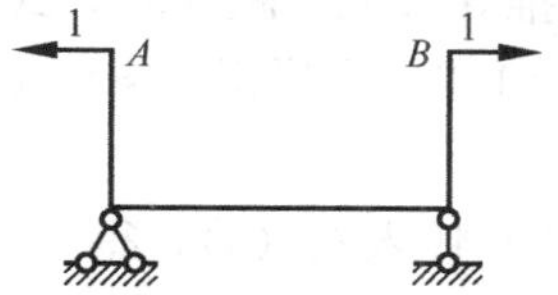
A、B 两点的竖向相对位移 $\Delta_{AB} = \Delta_A + \Delta_B$ 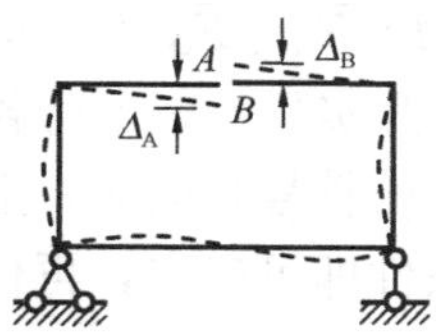	A、B 两点一对方向相反的竖向单位力 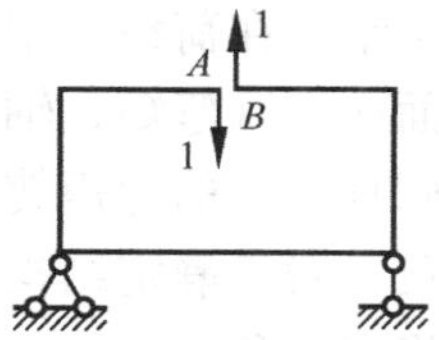
铰 C 两侧截面相对转角 $\theta_C = \theta_{CL} + \theta_{CR}$ 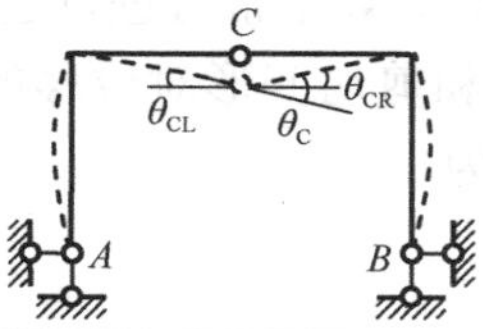	铰 C 两侧截面一对反向单位力偶 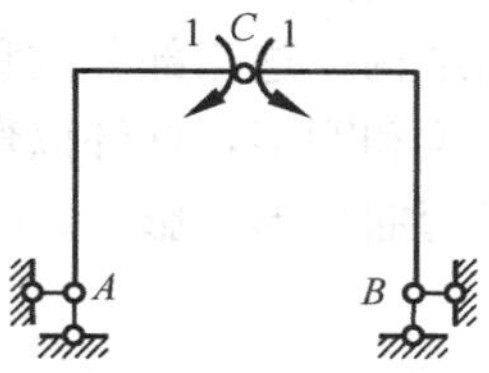

续表

广义位移	广义单位力
AB 杆的转角 $\varphi_{AB}=\dfrac{\Delta_A+\Delta_B}{l}$	A、B 结点上一对垂直杆轴的反向力构成单位力偶

6-4 荷载作用下的位移计算

结构在荷载作用下的位移计算是工程中最常见的位移计算内容。此时我们将荷载作用下的位移状态作为实际状态，设该状态下结构任一截面上的应变为 κ_P、ε_P、γ_P，并暂设结构没有支座移动，则位移计算的一般公式（6-3）可写为

$$\Delta=\sum\int\overline{M}\kappa_P\mathrm{d}s+\sum\int\overline{F}_N\varepsilon_P\mathrm{d}s+\sum\int\overline{F}_Q\gamma_P\mathrm{d}s \tag{a}$$

若实际状态中由荷载作用引起的截面内力为 M_P、F_{NP}、F_{QP}，则根据材料力学的知识可写出各截面的应变为

$$\kappa_P=\frac{M_P}{EI},\quad \varepsilon_P=\frac{F_{NP}}{EA},\quad \gamma_P=k\frac{F_{QP}}{GA} \tag{b}$$

式中 EI、EA、GA 分别为杆件截面的抗弯、抗拉（压）和抗剪刚度；k 是考虑剪应力沿截面高度不均匀分布而引用的修正系数，其值与截面的形状有关，计算式为

$$k=\frac{A}{I^2}\int_A\frac{S^2}{b^2}\mathrm{d}A \tag{c}$$

该式的具体推导参见文献［3］，式中 b、S 分别为截面的宽度和对中性轴的面积矩。对于矩形截面 $k=1.2$，圆形截面 $k=10/9$，薄壁圆管截面 $k=2$，工字型截面 $k=A/A_1$（A_1 为腹板面积）。

将式（b）代入式（a），得

$$\Delta=\sum\int\frac{\overline{M}M_P}{EI}\mathrm{d}s+\sum\int\frac{\overline{F}_NF_{NP}}{EA}\mathrm{d}s+\sum\int k\frac{\overline{F}_QF_{QP}}{GA}\mathrm{d}s \tag{6-4}$$

这就是平面杆系结构在荷载作用下的位移计算公式。式中 $\overline{M}$、$\overline{F}_N$、$\overline{F}_Q$ 为虚拟力状态由单位力引起的截面内力（弯矩、轴力、剪力）；M_P、F_{NP}、F_{QP} 为实际状态由荷载作用引起的截面内力。当两种状态的弯矩使截面同侧受拉、轴力和剪力的符号相同时，上式各项乘积取正，否则取负。对于静定结构，这些内力根据静力平衡条件即可确定，再代入该式便可求得结构上的指定位移。

上式等号右边的三项分别表示结构由弯曲变形、轴向变形和剪切变形引起的位移。对于不同类型的结构，这三部分位移往往处于不同量级，因此计算中常可进行适当取舍。

（1）对于梁和刚架，杆件以弯曲变形为主，轴向变形和剪切变形对位移的影响很小，故一般仅考虑弯曲变形的影响。这样，位移计算式就简化为

$$\Delta=\sum\int\frac{\overline{M}M_P}{EI}\mathrm{d}s \tag{6-5}$$

(2) 对于桁架，因杆内只有轴力，且同一杆件的轴力和轴向刚度沿杆长不变，计算中可提至积分之外，于是可求出该积分式为

$$\Delta=\sum\frac{\overline{F}_{N}F_{NP}l}{EA} \tag{6-6}$$

(3) 对于拱和曲杆结构，通常只需考虑弯曲变形的影响。这样，对于小曲率杆（忽略曲率对变形的影响）就可直接按式（6-5）近似计算。当拱轴线与其合理轴线较接近，或者计算扁平拱的水平位移时，一般还需计入轴向变形的影响，此时的位移计算公式为

$$\Delta=\sum\int\frac{\overline{M}M_{P}}{EI}ds+\sum\int\frac{\overline{F}_{N}F_{NP}}{EA}ds \tag{6-7}$$

(4) 对于组合结构，梁式杆以弯曲变形为主，链杆只有轴力，这样位移计算公式应计入梁式杆弯曲变形引起的位移和链杆轴向变形引起的位移，即

$$\Delta=\sum\int\frac{\overline{M}M_{P}}{EI}ds+\sum\frac{\overline{F}_{N}F_{NP}l}{EA} \tag{6-8}$$

【例 6-1】 试求图 6-12a 所示刚架截面 C 的竖向位移。已知各杆 EI＝常数。

【解】 (1) 作出结构在荷载作用下的弯矩图，即 M_P 图如图 6-12b 所示。在图示坐标下，两杆件的弯矩表达式分别为

$$BC\text{ 杆：}\quad M_{P}=\frac{qx^{2}}{2}\text{（上侧受拉）}$$

$$AB\text{ 杆：}\quad M_{P}=qlx+\frac{ql^{2}}{2}\text{（左侧受拉）}$$

(2) 为求 C 端的竖向位移 Δ_C，在 C 点施加竖向单位力，作出力状态的弯矩图（$\overline{M}$ 图），如图 6-12c 所示。两杆的弯矩表达式为

$$BC\text{ 杆：}\quad \overline{M}=x\text{（上侧受拉）}$$

$$AB\text{ 杆：}\quad \overline{M}=l\text{（左侧受拉）}$$

利用位移计算式（6-5），得

$$\Delta_{C}=\sum\int\frac{\overline{M}M_{P}}{EI}dx=\frac{1}{EI}\int_{0}^{l}\left[x\cdot\frac{qx^{2}}{2}+l\left(qlx+\frac{ql^{2}}{2}\right)\right]dx=\frac{9ql^{4}}{8EI}\ (\downarrow)$$

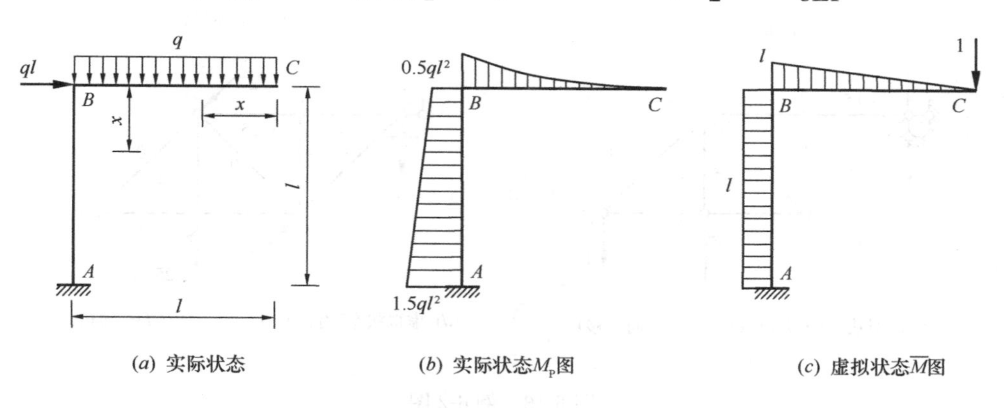

图 6-12　例 6-1 图

(3) 讨论：上述计算中忽略了轴向变形和剪切变形的影响。为检验这两部分变形对位移的贡献，这里不妨对其做个计算，并分别用 Δ_{NC}、Δ_{QC} 表示这两部分位移，而 Δ_{MC} 表示弯

曲变形引起的位移。先写出两种状态下的轴力和剪力表达式，即

$$AB\text{杆：}\quad F_{NP}=-ql,\quad F_{QP}=ql;\quad \overline{F}_N=-1,\quad \overline{F}_Q=0$$

$$BC\text{杆：}\quad F_{NP}=0,\quad F_{QP}=qx;\quad \overline{F}_N=0,\quad \overline{F}_Q=1$$

于是由位移计算式可求出这两部分位移为

$$\Delta_{NC}=\Sigma\int\frac{\overline{F}_N F_{NP}}{EA}\mathrm{d}x=\frac{1}{EA}\int_0^l[-1(-ql)]\mathrm{d}x=\frac{ql^2}{EA}\ (\downarrow)$$

$$\Delta_{QC}=\Sigma\int k\frac{\overline{F}_Q F_{QP}}{GA}\mathrm{d}x=\frac{k}{GA}\int_0^l(1\times qx)\mathrm{d}x=\frac{kql^2}{2GA}\ (\downarrow)$$

假设杆件截面为矩形，截面面积 $A=bh$，惯性矩 $I=\frac{bh^3}{12}$，$G=0.4E$，$k=1.2$。将之代入上述两部分位移表达式，有

$$\frac{\Delta_{NC}}{\Delta_{MC}}=\frac{2}{27}\left(\frac{h}{l}\right)^2$$

$$\frac{\Delta_{QC}}{\Delta_{MC}}=\frac{1}{9}\left(\frac{h}{l}\right)^2$$

可见轴向变形和剪切变形引起的位移均随杆件高跨比 h/l 的增大而增大。当杆件高跨比为 1/10 时，两种变形的影响分别为弯曲变形的 0.074% 和 0.111%，因此它们的影响可以忽略。

【例 6-2】 计算图 6-13*a* 所示桁架结点 *F* 的竖向位移和 *CD* 杆的转角。已知各杆的截面积 $A=1.5\text{cm}^2$，材料弹性模量 $E=210\text{GPa}$。

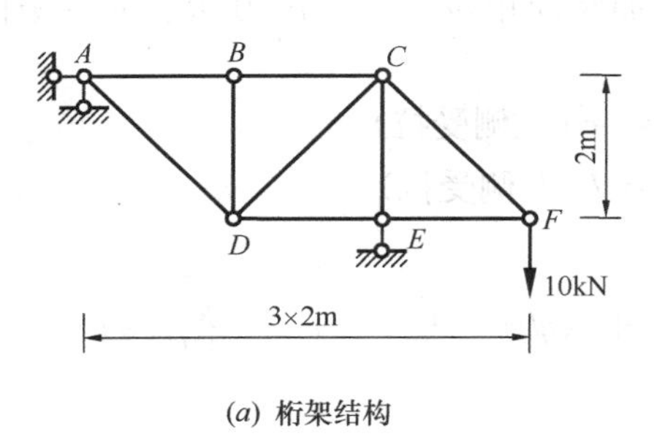

(*a*) 桁架结构

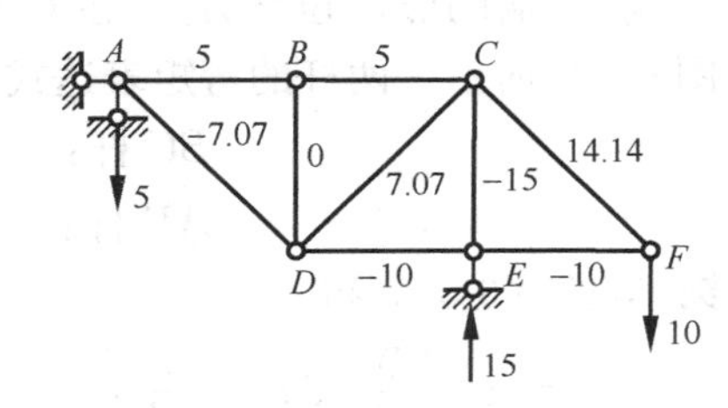

(*b*) 实际状态内力值

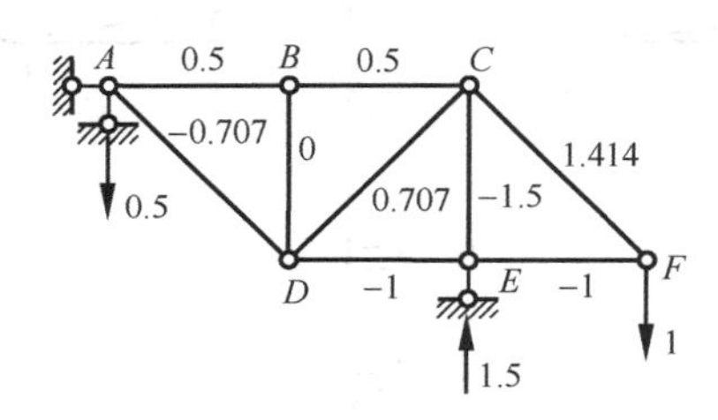

(*c*) 虚拟状态1内力值（对应*F*点竖向位移）

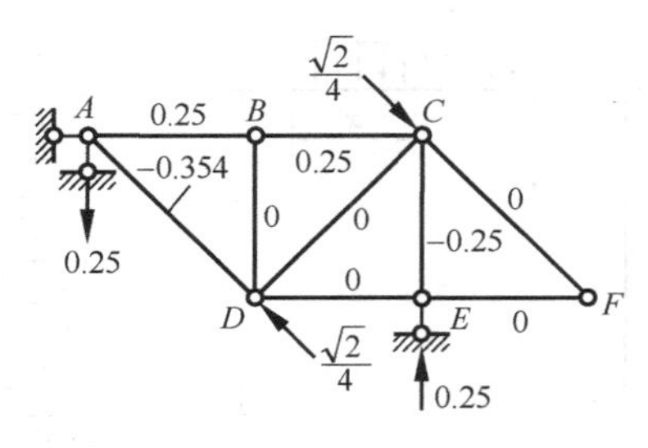

(*d*) 虚拟状态2内力值（1/m，对应*CD*杆转角）

图 6-13　例 6-2 图

【解】 (1) 计算结点 *F* 的竖向位移 Δ_{yF}

首先计算实际荷载作用下的桁架内力，如图 6-13*b* 所示。然后在结点 *F* 处施加竖向单

位力 $F_P=1$，求得该虚拟力状态的内力如图 6-13c。为便于计算，将各杆杆长、内力值及其乘积列于表 6-2 中。由表中结果可得

$$\Delta_{yF}=\sum\frac{\overline{F}_N F_{NP} l}{EA}=\frac{1}{EA}(5\times2+20\times2+45+14.14\times2+56.56)=\frac{179.84\text{kNm}}{EA}$$

将 E、A 数值代入，有

$$\Delta_{yF}=\frac{179.84\text{kNm}}{EA}=\frac{179.84}{210\times10^6\times1.5\times10^{-4}}=5.709\times10^{-3}\text{m}=5.709\text{mm}(\downarrow)$$

（2）计算 CD 杆的转角 φ_{CD}

在结点 C、D 上沿垂直于 CD 方向施加一对构成单位力偶的集中力，并计算由此引起的虚拟内力，如图 6-13d 所示。由式（6-6）可得

$$\varphi_{CD}=\sum\frac{\overline{F}_N F_{NP} l}{EA}$$

$$=\frac{1}{EA}[(5\times0.25\times2\times2+(-7.07)\times(-0.354)\times2.828+(-15)\times(-0.25)\times2]$$

$$=\frac{19.57\text{kN}}{EA}$$

代入 E、A 数值，得

$$\varphi_{CD}=\frac{19.57\text{kN}}{EA}=\frac{19.57}{210\times10^6\times1.5\times10^{-4}}=6.213\times10^{-4}\ \text{rad}\ (\curvearrowright)$$

例 6-2 桁架 F 点竖向位移计算列表 **表 6-2**

杆 件		l (m)	F_{NP} (kN)	$\overline{F}_N$	$\overline{F}_N F_{NP} l$ (kNm)
横杆	AB	2	5	0.5	5
	BC	2	5	0.5	5
	DE	2	−10	−1	20
	EF	2	−10	−1	20
竖杆	BD	2	0	0	0
	CE	2	−15	−1.5	45
斜杆	AD	2.828	−7.07	−0.707	14.14
	DC	2.828	7.07	0.707	14.14
	CF	2.828	14.14	1.414	56.56

【例 6-3】 图 6-14a 所示圆弧形三铰拱，拱轴线曲率半径为 R，半圆心角 $\varphi_0=\pi/3$，各截面 EI、EA=常数。试求顶铰 C 左右截面的相对转角 θ_C。

【解】 为求铰 C 左右截面的相对转角，在两截面处施加一对单位力偶 $M=1$，如图 6-14b所示。分别计算三铰拱在荷载作用下和单位力偶作用下的内力，并设弯矩以下侧受拉为正，则可写出任一截面 K 的弯矩和轴力表达式如下：

$$M_P=\frac{F_P}{2}\left(\frac{\sqrt{3}R}{2}-R\sin\varphi\right)-\frac{\sqrt{3}F_P}{2}\left(R\cos\varphi-\frac{R}{2}\right)=\frac{F_P R}{2}(\sqrt{3}-\sin\varphi-\sqrt{3}\cos\varphi)$$

$$F_{NP}=-\frac{F_P}{2}\sin\varphi-\frac{\sqrt{3}F_P}{2}\cos\varphi=-\frac{F_P}{2}(\sin\varphi+\sqrt{3}\cos\varphi)$$

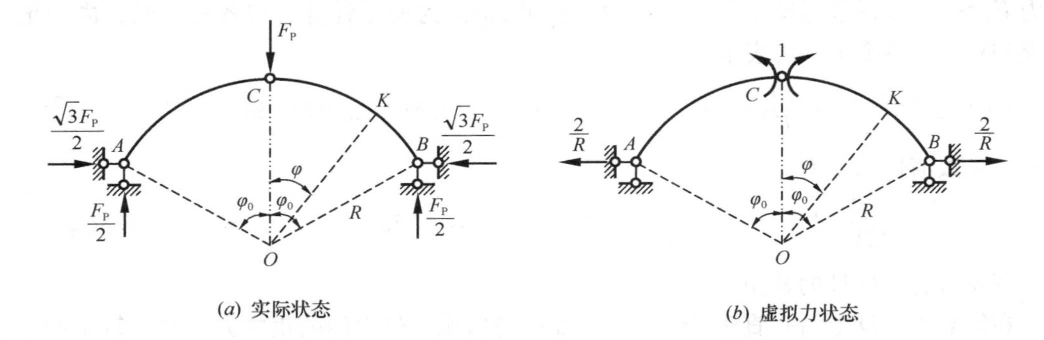

(a) 实际状态　　(b) 虚拟力状态

图 6-14　例 6-3 图

$$\overline{M}=\frac{2}{R}\left(R\cos\varphi-\frac{R}{2}\right)=2\cos\varphi-1,\quad \overline{F}_{\mathrm{N}}=\frac{2}{R}\cos\varphi$$

若用 θ_{MC}、θ_{NC}分别表示由弯曲变形和轴向变形引起的相对转角，则有

$$\theta_{\mathrm{MC}}=\Sigma\int\frac{\overline{M}M_{\mathrm{P}}}{EI}\mathrm{d}s=\frac{2}{EI}\times\frac{F_{\mathrm{P}}R}{2}\int_0^{\pi/3}(\sqrt{3}-\sin\varphi-\sqrt{3}\cos\varphi)(2\cos\varphi-1)R\mathrm{d}\varphi$$

$$=\frac{F_{\mathrm{P}}R^2}{EI}\left(\frac{7}{2}-\frac{2\sqrt{3}\pi}{3}\right)=-0.1276\frac{F_{\mathrm{P}}R^2}{EI}$$

$$\theta_{\mathrm{NC}}=\Sigma\int\frac{\overline{F}_{\mathrm{N}}F_{\mathrm{NP}}}{EA}\mathrm{d}s=-\frac{2}{EA}\times\frac{F_{\mathrm{P}}}{R}\int_0^{\pi/3}(\sin\varphi+\sqrt{3}\cos\varphi)\cos\varphi R\mathrm{d}\varphi$$

$$=-\frac{F_{\mathrm{P}}}{EA}\left(\frac{3}{2}+\frac{\sqrt{3}\pi}{3}\right)=-3.3138\frac{F_{\mathrm{P}}}{EA}$$

故总的相对转角为

$$\theta_{\mathrm{C}}=\theta_{\mathrm{MC}}+\theta_{\mathrm{NC}}=-0.1276\frac{F_{\mathrm{P}}R^2}{EI}-3.3138\frac{F_{\mathrm{P}}}{EA}=-\left(1+25.9702\frac{I}{AR^2}\right)\theta_{\mathrm{MC}}\ (\curvearrowright\curvearrowleft)$$

设拱肋截面为矩形，截面高度为 h，则其惯性矩与截面积之比 $\frac{I}{A}=\frac{h^2}{12}$。若拱截面高度与拱轴曲率半径之比 $\frac{h}{R}=\frac{1}{10}$，则轴向变形与弯曲变形引起的相对转角之比为

$$\frac{\theta_{\mathrm{NC}}}{\theta_{\mathrm{MC}}}=25.9702\frac{I}{AR^2}=\frac{25.9702}{12}\times\left(\frac{h}{R}\right)^2\approx 2.164\%$$

可见对于矩形截面，两种变形引起的位移之比与截面高度和拱轴曲率半径之比的平方成正比。当后者比值较小时（小曲率拱），轴向变形的影响并不大，一般可以忽略。

6-5　图乘法

6-5-1　应用条件及计算方法

在荷载作用下梁和刚架的位移计算中，要用到以下的积分式

$$\int\frac{\overline{M}M_{\mathrm{P}}}{EI}\mathrm{d}s \tag{a}$$

如果该积分式满足下面的三个条件，那么就可以用一种称为**图乘法**的方法代替积分运算：

(1) EI=常数，这样 EI 可提至积分号之外；

(2) 杆轴为直线，这样 $\mathrm{d}s=\mathrm{d}x$（x 轴沿杆轴）；

(3) $\overline{M}$ 图和 M_P 图中至少有一个是直线图形，这样直线图形的竖标呈线性变化。

对于等截面直杆，前两个条件自然满足；至于第三个条件，虽然在分布荷载作用下 M_P 图为曲线图形，但 $\overline{M}$ 图是一个或几个集中力或集中力偶作用的结果，故总是由直线段组成，只要分段处理就可满足这一条件。

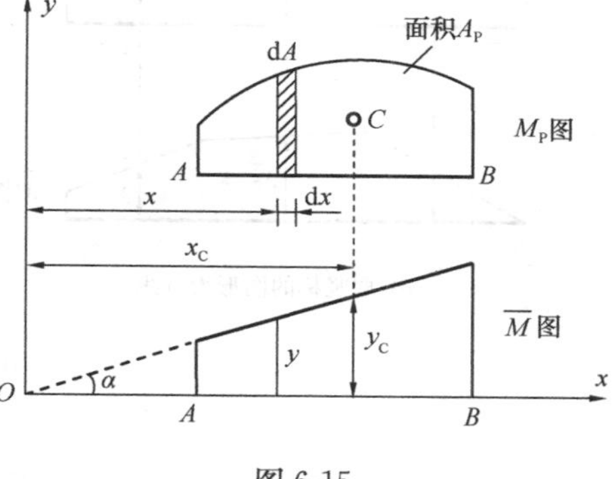

图 6-15

设图 6-15 所示的 AB 段是满足上述三个条件的杆段。不失一般性，这里设 $\overline{M}$ 图为直线图形，M_P 图为任意图形。于是在图示坐标系下，直线图形任一点的竖标可表示为

$$\overline{M}=y=x\tan\alpha$$

这样式（a）可写成

$$\int\frac{\overline{M}M_P}{EI}\mathrm{d}s=\frac{1}{EI}\int\overline{M}M_P\mathrm{d}x=\frac{1}{EI}\int x\tan\alpha\cdot M_P\mathrm{d}x=\frac{\tan\alpha}{EI}\int xM_P\mathrm{d}x=\frac{\tan\alpha}{EI}\int x\mathrm{d}A \tag{b}$$

式中 $\mathrm{d}A=M_P\mathrm{d}x$ 为 M_P 图中的微分面积（图中阴影部分）；$x\mathrm{d}A$ 为该微分面积对 y 轴的面积矩，而 $\int x\mathrm{d}A$ 就是 M_P 图的整个面积 A_P 对 y 轴的面积矩。

若用 x_C 表示 M_P 图的形心 C 到 y 轴的距离，则有

$$\int xM_P\mathrm{d}x=\int x\mathrm{d}A=A_Px_C$$

将上式代入式（b），并考虑到直线图形中 $y_C=x_C\tan\alpha$，可得

$$\int\frac{\overline{M}M_P}{EI}\mathrm{d}s=\frac{A_Py_C}{EI} \tag{6-9}$$

该式就是有着广泛应用的**图乘计算式**，它表明对于 EI=常数的直杆，方程左边的积分式等于一个图形的面积乘以其形心所对应的另一直线图形的竖标，再除以 EI。

如果结构中的某杆件只能分段满足前述三个条件，例如图 6-16a、b 的情况，那么就可以对其进行分段图乘，此时该杆的积分式可写为

$$\int\frac{\overline{M}M_P}{EI}\mathrm{d}s=\sum_i\frac{A_iy_i}{EI_i} \tag{6-10}$$

式中 A_i、y_i 分别表示第 i 个杆段的图形面积及其形心对应的另一直线图形的竖标，EI_i 为该杆段截面的抗弯刚度。当 A_i 与 y_i 位于基线同一侧时，其乘积为正，否则为负。

图 6-17 给出了几个常见图形的面积及其形心位置，供计算时使用。需注意的是，图中给出的抛物线图形均为顶点处的切线平行于基线的**标准抛物线图形**。附录 C 列出了几种常见图形两两图乘的结果算式，供读者参考使用。

6-5-2 图乘法的应用

(1) 无荷载区段 M_P 图的图乘

任一无荷载区段的 M_P 图为单根直线图形；如果 $\overline{M}$ 图亦为单根直线且 EI=常数，则一般情况就是图 6-18a 所示的两个梯形图乘的情况。此时竖标可取自任一图形。为便于计算面积和确定形心，可将求面积的图形沿对角方向分为 A_1、A_2 两个三角形，而另一图形

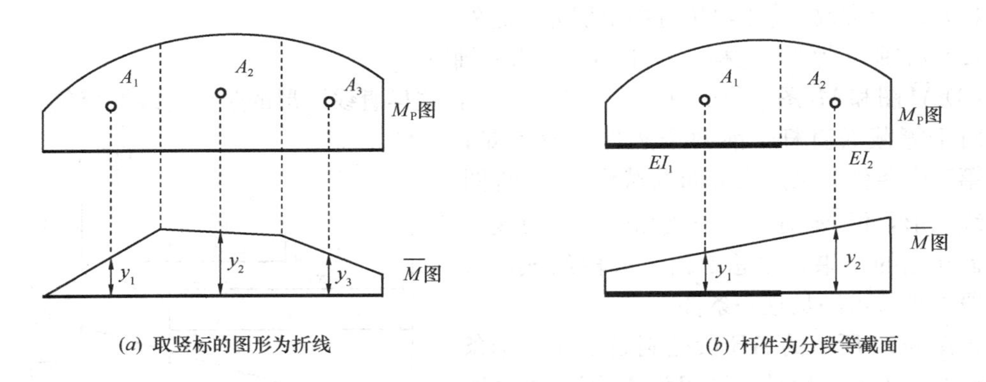

图 6-16 杆件的分段图乘

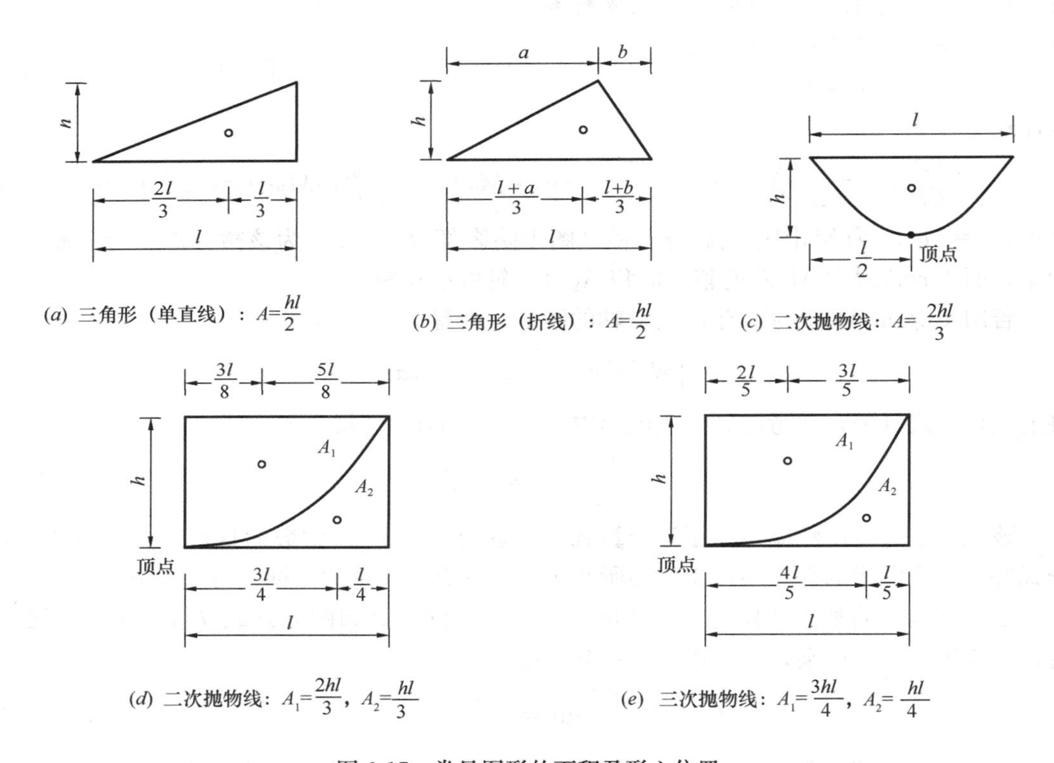

图 6-17 常见图形的面积及形心位置

中的竖标沿对角方向分为上下两个三角形的竖标的叠加。于是该区段的图乘结果可写为

$$\int \frac{\overline{M}M_P}{EI}dx = \frac{1}{EI}(A_1y_1 + A_2y_2) = \frac{1}{EI}\left[\frac{M_1l}{2}\left(\frac{2}{3}M_3 + \frac{1}{3}M_4\right) + \frac{M_2l}{2}\left(\frac{1}{3}M_3 + \frac{2}{3}M_4\right)\right] \quad (c)$$

不难验证，当两梯形的端部竖标位于基线不同侧时（图 6-18*b*），上述积分算式仍然成立。此时只需规定基线某一侧的竖标为正，而另一侧为负代入即可。

显然，当两图形中的一个或两个为三角形时，就属于上述一般情况的特例。其中，当一个图形为三角形而另一个为梯形时，一般对前者求面积，后者取竖标更为简便。这些图形的图乘结果计算式参见附录 C 所示。

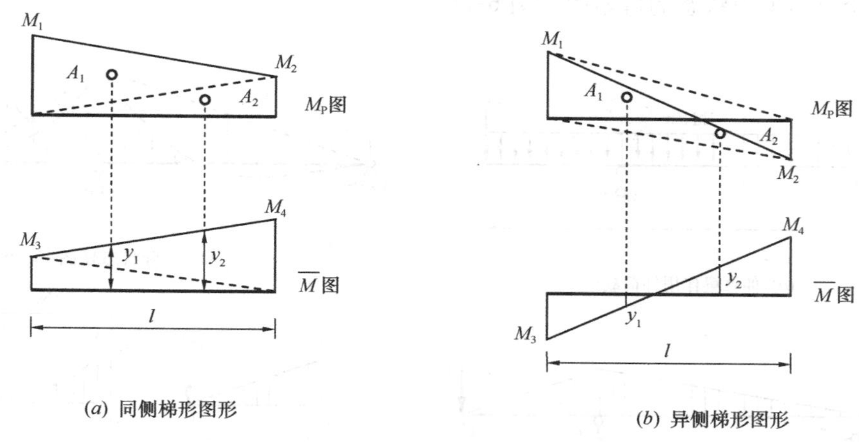

图 6-18　无荷载区段的图乘

(2) 均布荷载区段 M_P 图的图乘

均布荷载区段的 M_P 图可用区段叠加法绘出，参见图 6-19 所示。此时的图乘计算也可按绘制 M_P 图时的叠加法进行。其一般情况是，将该图乘分解为两个梯形的图乘（图 6-19*b*）和一个标准抛物线与一个梯形图乘（图 6-19*c*）的叠加。其中，前者可按式（*c*）算出，而后者的面积和形心由图 6-17 很容易确定。

对于图 6-19 的情况，其图乘结果为

$$\int \frac{\overline{M}M_P}{EI}dx = \frac{1}{EI}\left[\left(-\frac{M_1 l}{2}\frac{2M_3 - M_4}{3} + \frac{M_2 l}{2}\frac{M_3 - 2M_4}{3}\right) + \frac{2}{3}M_0 l\frac{M_4 - M_3}{2}\right] \tag{d}$$

这里 M_P 图中的虚线与抛物线包围的图形就是将杆段看作简支梁作用均布荷载的弯矩图形（图 6-19）。尽管该图形往往是斜置的，但与平置的标准抛物线图形的竖标完全相同，故两者的面积（含同一截面处的微分面积，参见图中阴影部分）及形心位置也完全一致。

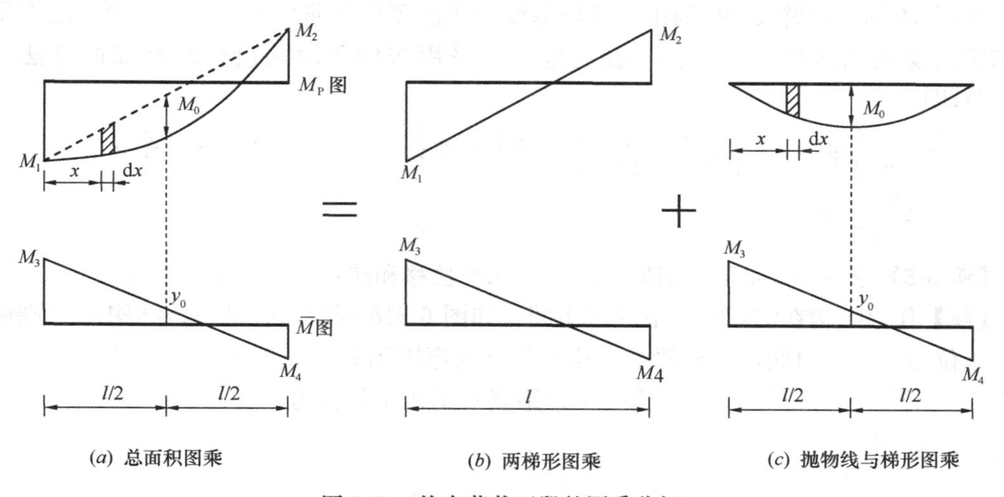

图 6-19　均布荷载区段的图乘分解

【例 6-4】 计算图 6-20*a* 所示伸臂梁 C 点的挠度，已知梁截面抗弯刚度 EI＝常数。

【解】 作出结构在实际状态下的弯矩图，如图 6-20*b* 所示。在该结构的 C 端施加竖向单位力，绘出虚拟力状态的弯矩图如图 6-20c。

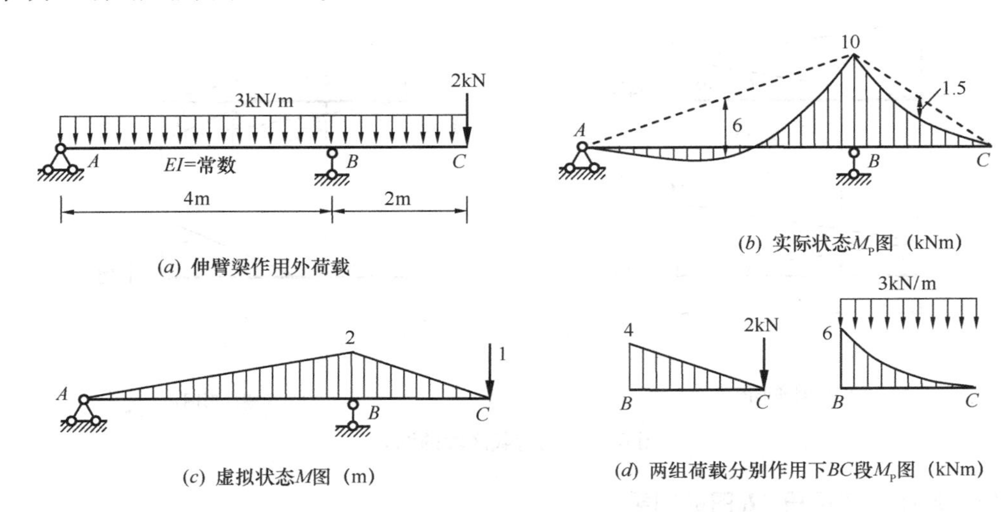

图 6-20　例 6-4 图

因实际状态中的 AB 和 BC 段都为均布荷载区段，故均可按区段叠加法作弯矩图时的叠加方式图乘。以 M_P图中的虚线为分界线（图 6-20b），AB、BC 区段的图乘均可分解为两个三角形的图乘分别减去一个三角形与一个标准抛物线图形的图乘，即

$$\Delta_C = \Sigma\int \frac{\overline{M}M_P}{EI}ds = \sum_i \frac{A_i y_i}{EI_i} = \frac{1}{EI}\Big[\Big(\frac{1}{2}\times 4\times 10\times\frac{2}{3}\times 2-\frac{2}{3}\times 4\times 6\times\frac{1}{2}\times 2\Big)$$

$$+\Big(\frac{1}{2}\times 2\times 10\times\frac{2}{3}\times 2-\frac{2}{3}\times 2\times 1.5\times\frac{1}{2}\times 2\Big)\Big]$$

$$=\frac{80-48}{3EI}+\frac{40-6}{3EI}=\frac{22\ \text{kNm}^3}{EI}\ (\downarrow)$$

本例 M_P图中伸臂段 BC 的抛物线与基线围成的图形并非标准抛物线图形。上面采用了基于简支梁的区段叠加算法，我们也可以采用按伸臂段两组荷载叠加的算法（图 6-20d)，即

$$\Delta_C = \sum_i \frac{A_i y_i}{EI_i} = \frac{80-48}{3EI}+\frac{1}{EI}\Big(\frac{1}{2}\times 2\times 4\times\frac{2}{3}\times 2+\frac{1}{3}\times 2\times 6\times\frac{3}{4}\times 2\Big)$$

$$=\frac{22\ \text{kNm}^3}{EI}\ (\downarrow)$$

【例 6-5】 求图 6-21a 所示刚架杆端 C 的水平位移和转角，各杆 EI=常数。

【解】 作出结构在实际状态下的弯矩图，如图 6-21b 所示。分别在该结构的 C 端施加水平单位力和单位力偶，绘出两个虚拟力状态的弯矩图如图 6-21c、d。将虚拟力状态的弯矩图 1（图 6-21c）与 M_P图图乘，可得结点 C 的水平位移为

$$\Delta_C = \sum_i \frac{A_i y_i}{EI_i}$$

$$=\frac{1}{EI}\Big(2\times\frac{1}{2}\times l\times\frac{ql^2}{2}\times\frac{2}{3}\times l+\frac{1}{2}\times l\times\frac{ql^2}{4}\times\frac{1}{2}\times l+\frac{2}{3}\times l\times\frac{ql^2}{8}\times\frac{1}{2}\times l\Big)$$

$$=\frac{7ql^4}{16EI}\ (\rightarrow)$$

将虚拟力状态的弯矩图 2（图 6-21d）与 M_P图图乘，可得杆端 C 的转角为

$$\theta_C=\sum_i \frac{A_i y_i}{EI_i}=-\frac{1}{EI}\left(\frac{1}{2}\times l\times\frac{ql^2}{2}\times\frac{1}{3}\times 1+\frac{1}{2}\times l\times\frac{ql^2}{4}\times\frac{1}{2}\times 1\right)=-\frac{7ql^3}{48EI}\ (\curvearrowleft)$$

式中结果后括号内所标示的方向为位移的实际方向。上述图乘计算中，BC 段也可分为 BD 和 DC 两段计算，读者不妨自行完成并作相互校核。

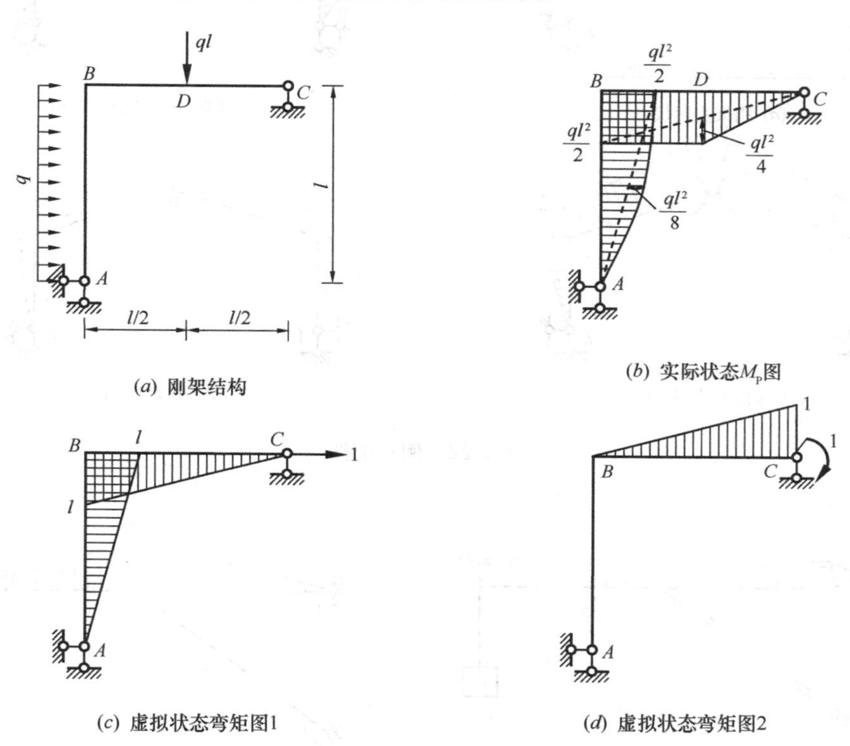

(*a*) 刚架结构

(*b*) 实际状态M_P图

(*c*) 虚拟状态弯矩图1

(*d*) 虚拟状态弯矩图2

图 6-21　例 6-5 图

【例 6-6】 求图 6-22a 所示三铰刚架顶铰 C 左右截面的相对转角，并绘出刚架的变形图线。

【解】 作出结构在实际状态下的弯矩图，如图 6-22b 所示。在铰 C 左右截面施加一对单位力偶，作出该力偶作用下的弯矩图如图 6-22c。利用图乘法并注意到图形的对称性，可得

$$\theta_C=\sum_i \frac{A_i y_i}{EI_i}=\frac{2}{EI}\left(\frac{1}{2}\times 4\times 48\times\frac{2}{3}\times\frac{2}{3}\right)$$

$$+\frac{2}{2EI}\left[\frac{1}{2}\times 2\sqrt{10}\times 48\times\left(\frac{2}{3}\times\frac{2}{3}+\frac{1}{3}\times 1\right)-\frac{2}{3}\times 2\sqrt{10}\times 18\times\frac{1}{2}\times\left(\frac{2}{3}+1\right)\right]$$

$$=\frac{(256+52\sqrt{10})\ \text{kNm}^2}{3EI}=\frac{140.15\text{kNm}^2}{EI}\ (\curvearrowright\curvearrowleft)$$

刚架的变形图线参见图 6-22d。

【例 6-7】 图 6-23a 所示组合结构，横梁截面为工字钢，$I=2500\text{cm}^4$；撑杆截面为角钢，$A=1.46\text{cm}^2$；材料弹性模量 $E=210\text{GPa}$。试求在图示悬挂重物 $W=10\text{kN}$ 作用下悬挂点的挠度。

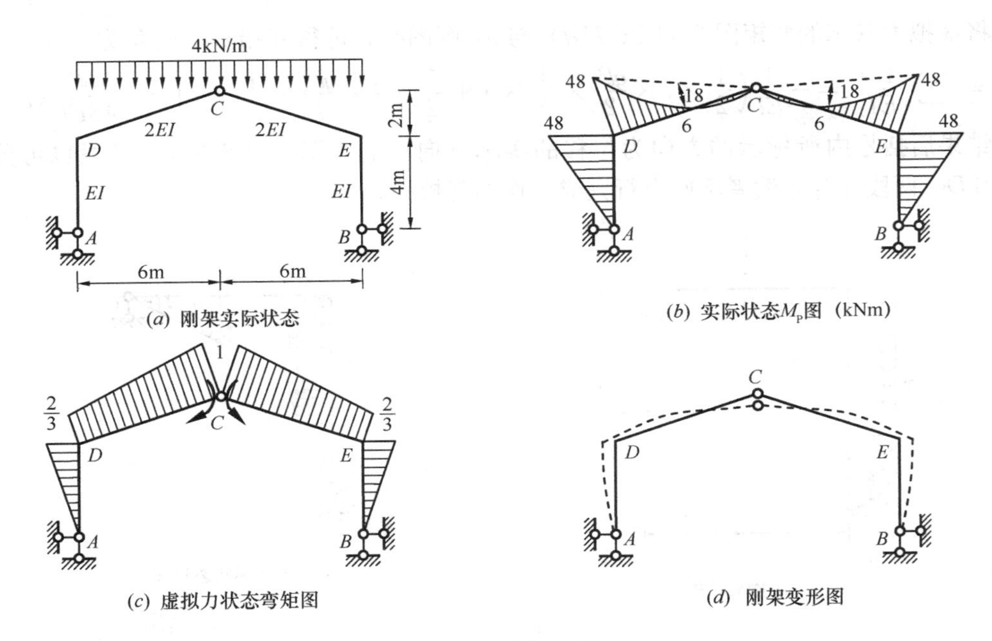

(a) 刚架实际状态　　(b) 实际状态M_P图（kNm）

(c) 虚拟力状态弯矩图　　(d) 刚架变形图

图 6-22　例 6-6 图

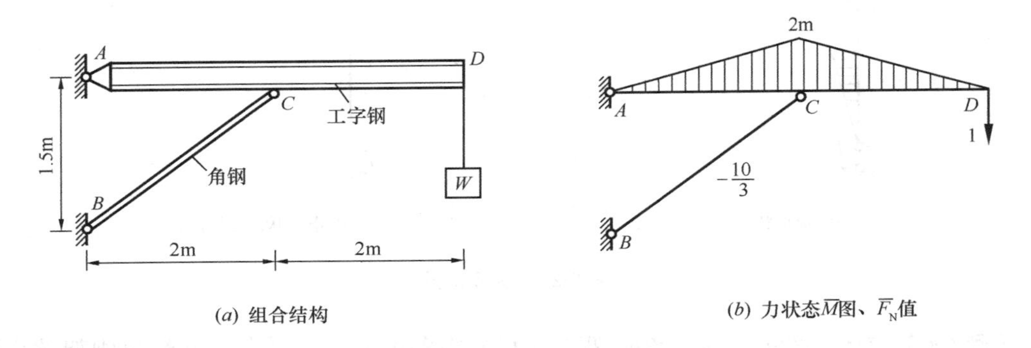

(a) 组合结构　　(b) 力状态$\overline{M}$图、$\overline{F}_N$值

图 6-23　例 6-7 图

【解】 在D端施加竖向单位力，作出虚拟力状态的弯矩图及链杆的轴力值如图 6-23b所示。显然，结构在实际荷载作用下的内力就等于单位力状态的内力乘以重量W，也即

$$M_P = W\overline{M}, \ F_{NP} = W\overline{F}_N$$

于是

$$\Delta_{yD} = 10 \times \left[\frac{2}{EI}\left(\frac{1}{2} \times 2 \times 2 \times \frac{2}{3} \times 2\right) + \frac{1}{EA}\left(\frac{10}{3} \times \frac{10}{3} \times 2.5\right)\right]$$
$$= \frac{160 \text{ kNm}^3}{3EI} + \frac{2500\text{kNm}}{9EA}$$

代入E、I、A、W数据，得

$$\Delta_{yD} = \frac{160}{3 \times 210 \times 10^6 \times 2500 \times 10^{-8}} + \frac{2500}{9 \times 210 \times 10^6 \times 1.46 \times 10^{-4}}$$
$$= 0.019219\text{m}$$
$$= 19.219\text{mm}(\downarrow)$$

6-6 其他外因作用下的位移计算

静定结构在支座移动、温度改变、材料收缩或制造误差等荷载以外的其他因素作用下，虽不会产生反力和内力，但会引起结构变形或产生刚体体系的位移。这些位移仍可采用单位荷载法和位移计算的一般公式（6-3）计算。

6-6-1 支座移动引起的位移

静定结构发生支座移动，杆件内部并不产生内力和变形，故此时的位移属于刚体体系的位移。这样，在支座移动作用下，位移计算的一般公式可简化为

$$\Delta = -\sum_i \overline{F}_{Ri} c_i \tag{6-11}$$

式中 c_i 为实际状态的第 i 个支座位移，$\overline{F}_{Ri}$ 为虚拟力状态与 c_i 对应的支座反力；当两者指向一致时，其乘积取正号，相反时取负号。

【例 6-8】图 6-24a 所示刚架，支座 A 发生了图示的平动和转动，试求 B 点的竖向位移，并绘出结构的位移图线。

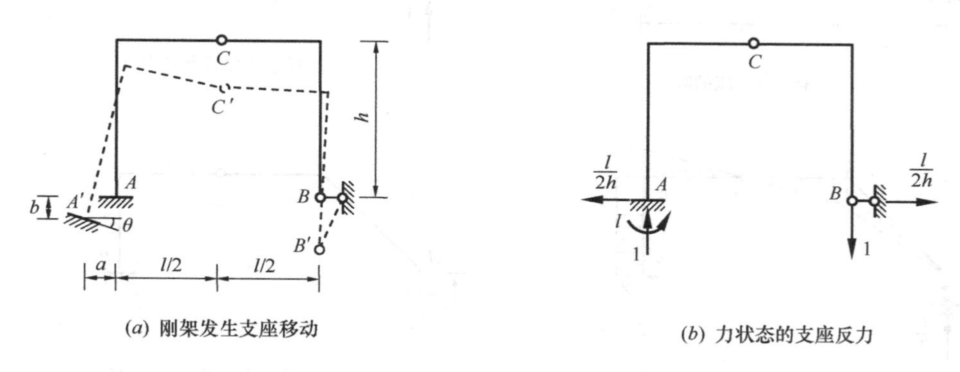

(a) 刚架发生支座移动

(b) 力状态的支座反力

图 6-24 例 6-8 图

【解】在 B 点施加竖向单位力，得到虚拟力状态及其支座反力如图 6-24b。由式(6-11)得

$$\Delta_{yB} = -\sum_i \overline{F}_{Ri} c_i = -\left(\frac{l}{2h}a - 1\times b - l\theta\right) = l\theta + b - \frac{la}{2h}\ (\downarrow)$$

结构的位移图线如图 6-24a 虚线所示。作图时，将折杆 AC、CB 均视为刚片。先将 AC 平移至 A' 点，再绕 A' 点作 θ 角度的转动，这样包括 C' 点在内的整个 AC 杆的位置就确定了。然后将折杆 CB 平移至 C' 点，并绕 C' 点作一适当角度的转动，使得 B' 点落到 B 点所在的竖直线上（因支座 B 只能发生竖向位移），这样便得到了最终的位移图线。

【例 6-9】图 6-25a 为一带弹性支座的刚架。已知各杆 EI＝常数，弹簧刚度系数 $k=\dfrac{3EI}{a^3}$，支座 B 发生了 $\theta=\dfrac{qa^3}{4EI}$ 的顺时针支座转动。试求结点 C 的竖向位移。

【解】本例所求的位移包括三部分：一由荷载所引起，二由支座 B 转动引起，三由支座 A 弹性支杆受力变形引起，故可采用叠加法进行计算。

先计算荷载作用引起的位移。图 6-25b、c 分别为实际状态在荷载作用下和虚拟状态

在单位力作用下的弯矩图。利用图乘法可得

$$\Delta_1=\int\frac{\overline{M}M_{\mathrm{P}}}{EI}\mathrm{d}s=\frac{1}{EI}\Big[\frac{1}{2}\times\sqrt{2}a\times\frac{qa^2}{4}\times\frac{2}{3}\times\frac{a}{2}+\frac{1}{2}\times2a\times\frac{qa^2}{4}\times\left(\frac{2}{3}\times\frac{a}{2}-\frac{1}{3}\times\frac{a}{2}\right)+\frac{1}{2}\times2a\times\frac{5qa^2}{4}\times\left(\frac{2}{3}\times\frac{a}{2}-\frac{1}{3}\times\frac{a}{2}\right)+\frac{2}{3}\times2a\times\frac{qa^2}{2}\times0+a\times\frac{5qa^2}{4}\times\frac{a}{2}\Big]=\frac{(21+\sqrt{2})qa^4}{24EI}$$

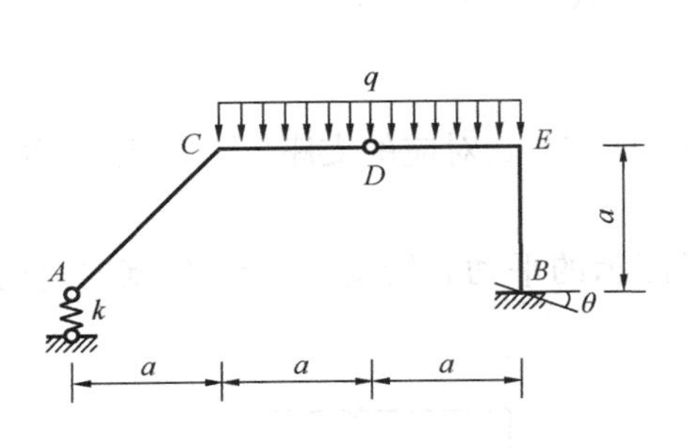

(a) 具有弹性支座的刚架

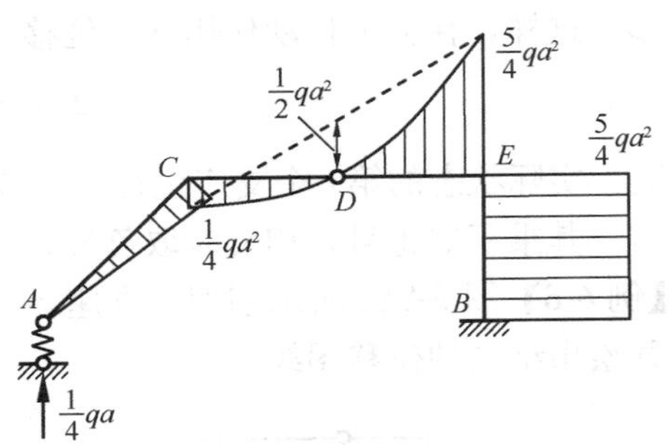

(b) 实际状态M_{p}图

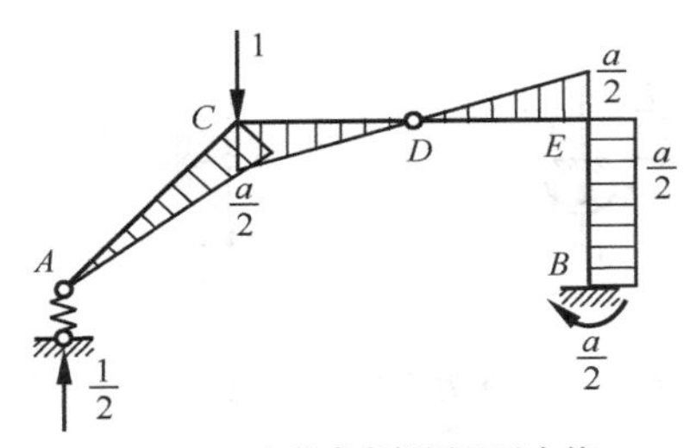

(c) 力状态弯矩图及反力值

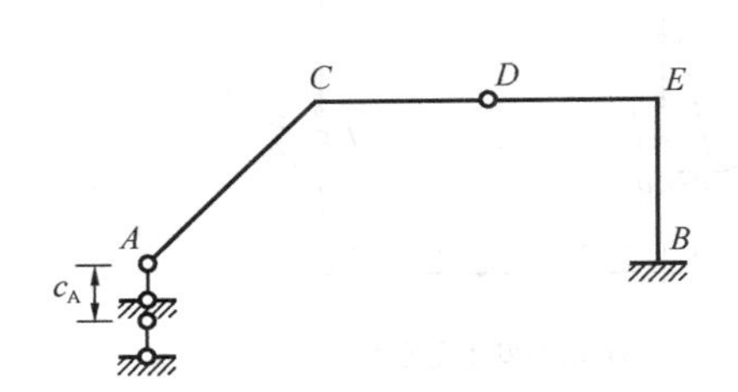

(d) 弹簧变形等效为支座位移

图 6-25 例 6-9 图

支座 B 转动引起的位移为

$$\Delta_2=-\sum\overline{F}_{\mathrm{Rk}}c_{\mathrm{k}}=-\left(\frac{a}{2}\cdot\theta\right)=-\frac{a}{2}\cdot\frac{qa^3}{4EI}=-\frac{qa^4}{8EI}$$

对于弹性支座产生的位移，一种方法是将弹簧变形量看作为刚架在刚性支承点 A 发生的竖向支座位移（图 8-25d），再按支座移动引起的位移计算。本例中，该支座位移 c_{A}为

$$c_{\mathrm{A}}=\frac{\frac{qa}{4}}{\frac{3EI}{a^3}}=\frac{qa^4}{12EI}\,(\downarrow)$$

于是，由弹性支座产生的 C 点位移为

$$\Delta_3=-\sum\overline{F}_{\mathrm{R}i}c_i=-\left(-\frac{1}{2}\cdot c_{\mathrm{A}}\right)=\frac{1}{2}\cdot\frac{qa^4}{12EI}=\frac{qa^4}{24EI}$$

另一种方法是将弹簧视为结构中的一根弹性杆件，它对位移的贡献就等于单位力状态

中的弹簧内力与位移状态中的弹簧变形量的乘积。若前者以拉力、后者以伸长为正，则有，

$$\Delta_3 = \overline{F}_{NA} u_A = -\frac{1}{2}\left(-\frac{qa^4}{12EI}\right) = \frac{qa^4}{24EI}$$

将三者叠加，可得到结点 C 的最终竖向位移为

$$\Delta = \Delta_1 + \Delta_2 + \Delta_3 = \frac{(21+\sqrt{2})qa^4}{24EI} - \frac{qa^4}{8EI} + \frac{qa^4}{24EI}$$

$$= \frac{(19+\sqrt{2})qa^4}{24EI} = 0.85\frac{qa^4}{EI}\ (\downarrow)$$

6-6-2 温度改变及材料收缩引起的位移

热胀冷缩是材料的天然特性，结构发生温度改变后必因材料胀缩而引起变形和位移。

设某结构外侧和内侧的温度改变分别为 t_1 和 t_2（以升高为正），如图 6-26a 所示，由此产生的结构位移如图中虚线所标示。为分析温度改变引起的杆件变形，从杆件中任意取出一个微段 ds（图 6-26b），该微段上下表面的温度改变分别为 t_1、t_2。根据平截面假设（即设定温度改变沿截面高度为线性分布），可求得截面形心轴处的温度改变为

$$t_0 = \frac{h_2 t_1 + h_1 t_2}{h}$$

显然，如果杆件截面关于形心轴对称（如矩形截面），即 $h_1 = h_2 = \dfrac{h}{2}$，则 $t_0 = \dfrac{t_1 + t_2}{2}$。

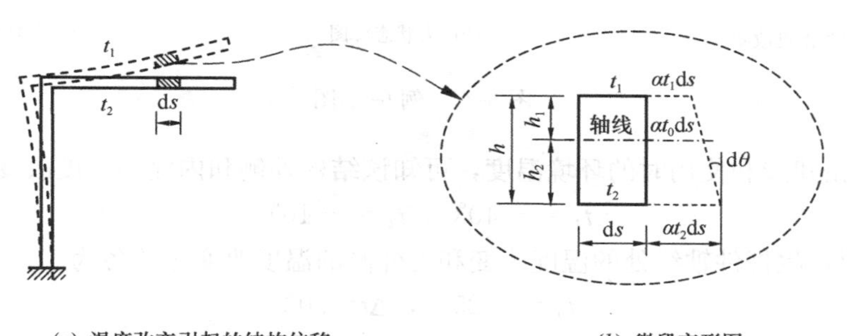

(a) 温度改变引起的结构位移　　(b) 微段变形图

图 6-26　温度改变引起的杆件变形

设材料的线膨胀系数为 α，则微段在上、下边缘及杆轴线处的伸长量如图 6-26b 所标示，由图可求得微段在杆轴线处的应变，以及微段由于左右截面相对转动引起的曲率分别为

$$\varepsilon = \frac{\alpha t_0 \mathrm{d}s}{\mathrm{d}s} = \alpha t_0$$

$$\kappa = \frac{\mathrm{d}\theta}{\mathrm{d}s} = \frac{\alpha(t_2 - t_1)\mathrm{d}s}{h\,\mathrm{d}s} = \frac{\alpha(t_2 - t_1)}{h} = \frac{\alpha\Delta t}{h}$$

式中 $\Delta t = (t_2 - t_1)$ 为截面上、下边缘的温度改变之差。又考虑到温度改变不引起杆件剪切变形，于是将上式代入位移计算的一般公式（6-3），可得

$$\Delta = \Sigma\int \overline{F}_N \alpha t_0 \mathrm{d}s + \Sigma\int \overline{M}\frac{\alpha\Delta t}{h}\mathrm{d}s \tag{6-12}$$

当各杆均为等截面且温度改变沿杆长不变时，上式可简化为

$$\Delta=\sum \alpha t_0\int\overline{F}_{\mathrm{N}}\mathrm{d}s+\sum\frac{\alpha\Delta t}{h}\int\overline{M}\mathrm{d}s=\sum \alpha t_0 A_{\overline{\mathrm{N}}}+\sum\frac{\alpha\Delta t}{h}A_{\overline{\mathrm{M}}} \tag{6-13}$$

式中 $A_{\overline{\mathrm{N}}}$、$A_{\overline{\mathrm{M}}}$ 分别为虚拟力状态的轴力图和弯矩图的面积。上述两式中，温度改变以升高为正，轴力以拉力为正；当温度改变之差引起的杆件伸长侧与虚拟单位力引起的弯矩受拉侧一致时，两者乘积取正，否则取负。

对于梁和刚架，在温度改变的位移计算中，轴向变形对位移的贡献与弯曲变形基本上处于同一量级，因此一般不能忽略轴向变形的影响。

【例 6-10】 图 6-27a 所示三铰刚架，建造时的温度为 25℃，冬季使用时的外侧温度为 −15℃，内侧温度为 15℃，各杆的截面均为矩形，截面高度为 60cm，材料线膨胀系数为 α。试求刚架在冬季使用时铰 C 的竖向位移。

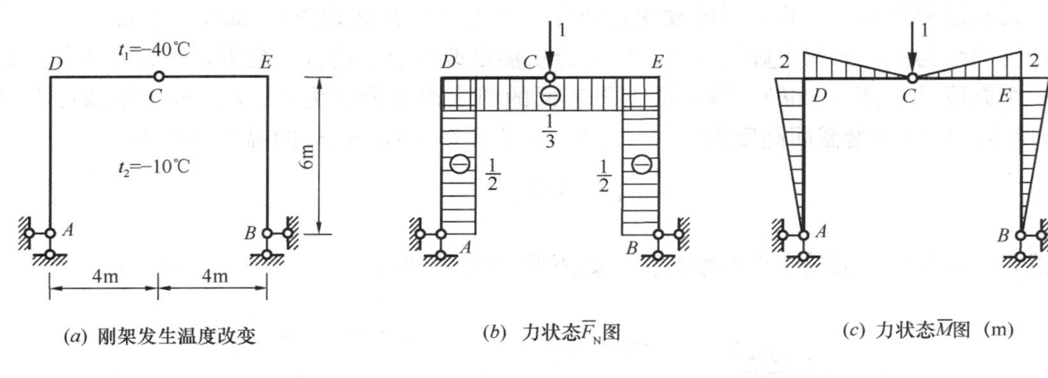

(a) 刚架发生温度改变　　(b) 力状态 $\overline{F}_{\mathrm{N}}$ 图　　(c) 力状态 $\overline{M}$ 图（m）

图 6-27　例 6-10 图

【解】 根据建造和使用时的环境温度，可知该结构外侧和内侧的温度改变分别为

$$t_1=-40℃,\ t_2=-10℃$$

因截面为矩形，故杆件轴线处的温度改变和内外侧的温度改变之差各为

$$t_0=-25℃,\ \Delta t=30℃$$

绘出虚拟单位力作用下结构的轴力图和弯矩图如图 6-27b、c 所示。注意到此时 Δt 引起的杆件伸长侧（内侧）与 $\overline{M}$ 引起的受拉侧（外侧）相反，故利用式（6-13）有

$$\begin{aligned}\Delta_{\mathrm{yC}}&=\sum \alpha t_0 A_{\overline{\mathrm{N}}}+\sum\frac{\alpha\Delta t}{h}A_{\overline{\mathrm{M}}}\\&=-25\alpha\left(-\frac{1}{2}\times6\times2-\frac{1}{3}\times8\right)-\frac{30\alpha}{0.6}\times2\left(\frac{1}{2}\times2\times6+\frac{1}{2}\times2\times4\right)\\&=-\frac{2350\alpha}{3}(\uparrow)\end{aligned}$$

若 $\alpha=0.00001℃^{-1}$，则可得

$$\Delta_{\mathrm{yC}}=-0.00783\ (\mathrm{m})=-7.83\mathrm{mm}\ (\uparrow)$$

静定结构由材料收缩引起的位移可按温度改变引起位移的相同方法计算。例如，就普通混凝土材料来说，其凝结时的收缩系数约为温度线膨胀系数的 25 倍，故混凝土凝结完成后对变形产生的影响大致相当于降温 25℃的影响。鉴于此，工程中对大体积或大面积的混凝土，常采用分段浇筑或设置后浇带的方法，以降低材料收缩产生的影响。

6-6-3　制造误差引起的位移

杆系结构沿杆长方向的制造误差主要有两类：一是杆件长度的误差，二是杆轴平直度（即某一截面相对转角）的误差。假设某杆件的长度比设计增长了λ，杆件某一截面K的相对转角变化了θ_K（图 6-28），又考虑到虚拟单位力作用下的杆件轴力一般为常数，而截面K的弯矩为一确定值，则位移计算的一般公式（6-3）中由这两个力在相应的制造误差上所做的虚功可写为

$$\int \overline{F}_N \varepsilon ds = \overline{F}_N \int \varepsilon ds = \overline{F}_N \lambda, \quad \int \overline{M} \kappa ds = \overline{M}_K \theta_K$$

(*a*) 杆长误差　　(*b*) 平直度（相对转角）误差

图 6-28　杆件的制造误差

于是位移计算的一般公式简化为

$$\Delta = \sum \overline{F}_N \lambda + \sum \overline{M}_K \theta_K \tag{6-14}$$

这就是制造误差引起的静定结构的位移计算公式。式中杆长误差和杆件轴力均以使杆件伸长为正；当截面的相对转角误差使杆件一侧有伸长趋势（该侧角度增大），而虚拟力状态中该弯矩使其同侧受拉时，两者的乘积取正，否则取负。

【例 6-11】 图 6-29*a* 所示下承式简支桁架，欲通过调整 DE 杆的长度，使下弦杆有一个初始起拱。若要使 C 点的向上位移达到 10cm，试确定 DE 杆长的调整值。

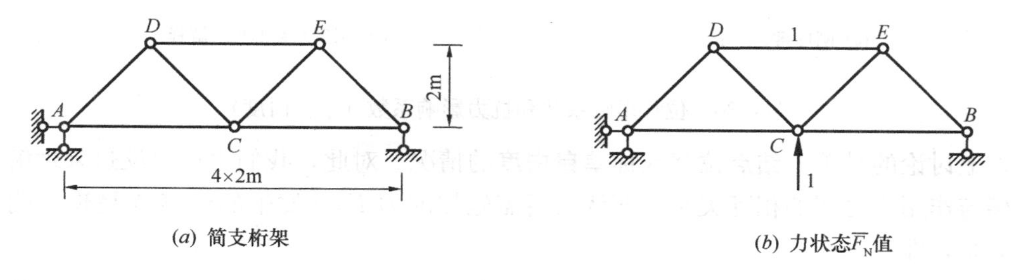

(*a*) 简支桁架　　(*b*) 力状态$\overline{F}_N$值

图 6-29　例 6-11 图

【解】 为使 C 点达到所需要的起拱量，设 DE 杆的长度比设计增长了λ。在桁架的结点 C 上施加竖直向上的单位力，得到虚拟力状态中 DE 杆的内力值如图 6-29*b* 所示。由式（6-14）可得

$$\Delta_{yC} = 1 \times \lambda = 10, \ \lambda = 10\text{cm}$$

6-7　位移影响系数和抗力影响系数

前已述及，线弹性结构上任一点的位移与所作用的荷载呈现一确定的线性关系。本章前几节给出的位移计算公式和算例分析结果已经验证了这一结论。下面进一步讨论位移与荷载之间的相互关系。先看结构受单个集中力 F_P作用时，其作用点沿作用线方向的位移Δ与 F_P之间的关系（图 6-30*a*）。显然，此时两者将呈现一确定的正比关系，设比例系数为δ，则有

$$\Delta = \delta F_P \tag{6-15}$$

式中，系数 δ 称为**位移影响系数**，表示结构沿某一给定方向作用单位力所引起的该方向上的位移（图 6-30*b*）。不难看出，该系数只与结构自身的性质，如结构体系、截面及材料特性有关，而与外部因素无关。该系数是一个反映结构变形或变位能力，或者说反映结构柔韧程度的参数，故又称为**柔度系数**。

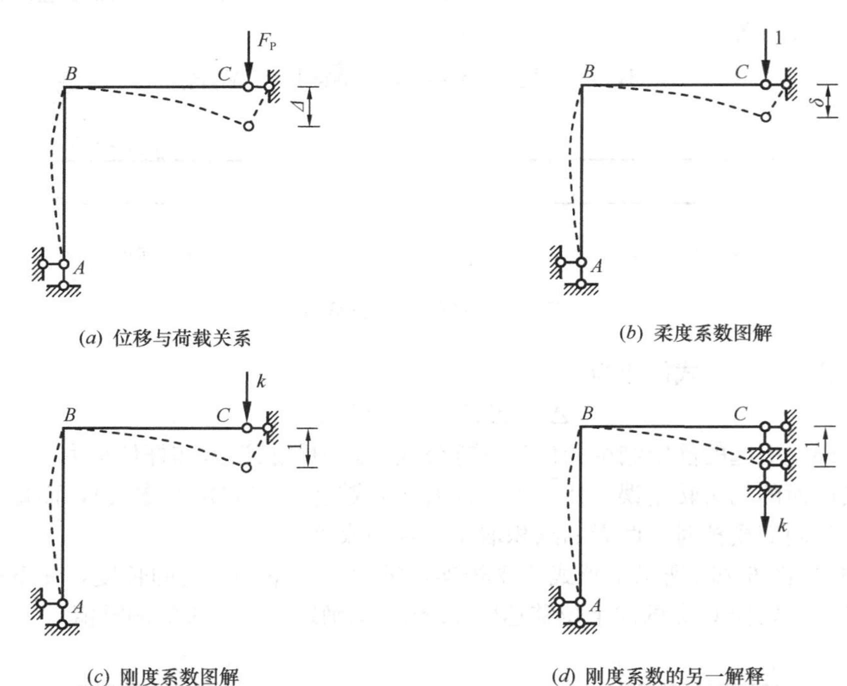

图 6-30　位移影响系数和抗力影响系数（单自由度）

以上讨论的是单个**结点位移**或称**单自由度**的情况。对此，我们也可以反过来理解其中的位移与作用力之间的相互关系，即认为所需施加的力 F_P与发生的位移 Δ 呈现一确定的比例关系，即

$$F_P = k\Delta \tag{6-16}$$

式中 k 称为**抗力影响系数**，表示要使结构沿某一给定方向发生单位位移，在这一方向所需施加的作用力（图 6-30*c*）。它是一个反映结构抵抗变形或变位能力，或者说反映结构刚性程度的参数，故又称作**刚度系数**。

根据刚度系数的定义，我们还可以这样对其作物理解释。先将结构沿所考虑的位移（即自由度）方向添加约束，然后令该约束发生单位位移，由此得到的该约束反力就是刚度系数的大小。例如，对于图 6-30*a* 中的 C 点竖向自由度，在该点附加一竖向支座链杆约束，再令该支座发生竖向单位位移，由此得到的该支座沿同一方向的约束反力就等于 k，参见图 6-30*d* 所示。

对比式（6-15）和式（6-16），有

$$\delta = \frac{1}{k} \tag{6-17}$$

该式表明，单自由度结构的柔度系数和刚度系数互为倒数。

下面讨论多个**结点位移**或称**多自由度**的情况。例如图 6-31a 所示结构，设 C 点的竖直向下为方向 1，水平向右为方向 2，这两个方向的位移（即两个自由度）和作用力分别用 Δ_1、Δ_2 和 F_{P1}、F_{P2} 表示。根据叠加原理及位移与荷载之间的线性关系（参见图 6-31b、c），有

$$\Delta_1 = \Delta_{11} + \Delta_{12} = \delta_{11} F_{P1} + \delta_{12} F_{P2}$$
$$\Delta_2 = \Delta_{21} + \Delta_{22} = \delta_{21} F_{P1} + \delta_{22} F_{P2}$$

式中 Δ_{ij} 及 δ_{ij}（i、$j=1$、2）中的第一个下标表示所考虑的对象为第 i 个位移（自由度），第二个下标表示引起该位移的原因是由第 j 个位移方向的作用力（或单位力）所引起。δ_{ij} 即为多自由度结构的**位移影响系数**或称**柔度系数**，表示结构在第 j 个单位力单独作用下，所引起的第 i 个位移的大小，参见图 6-32a、b。

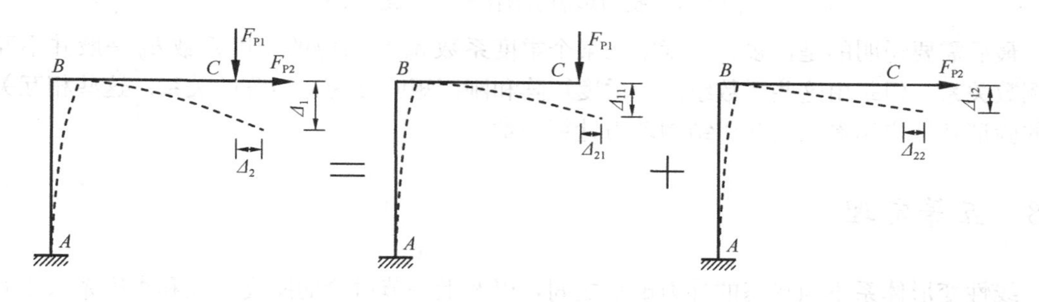

(a) 多个荷载下的位移　　(b) 第1个荷载下的位移　　(c) 第2个荷载下的位移

图 6-31　多自由度结构位移的分解

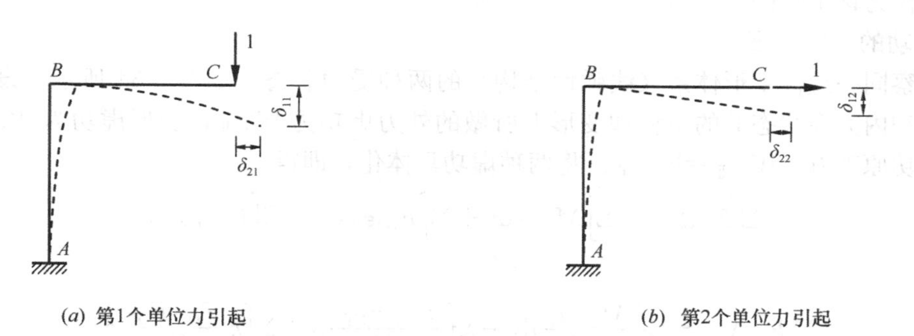

(a) 第1个单位力引起　　(b) 第2个单位力引起

图 6-32　位移影响系数图解（多自由度）

与 δ_{ij} 相对应，刚度系数 k_{ij} 可定义为：要使第 j 个位移单独成为单位位移（言下之意是自由度中的其他位移需为零），在第 i 个位移方向所需施加的力的大小。实际上，无论是柔度系数还是刚度系数，其所要求的单位力或单位位移均有排他性，这样才能体现结构排除其他因素的单一特性。对于柔度系数，因单位力是主动施加的力，很容易实现排他性（不加其他力即可），故柔度系数的物理解释及其量值计算在原结构体系上即可实现。但是对于刚度系数，需主动施加或希望达到的是单位位移，而位移总归是一种作用效应，要在原结构上直接实现位移的单一性比较困难。因此，我们采用类似单自由度结构获取刚度系数的第二种方法（图 6-30d），先将各自由度方向的位移全部约束住，然后令第 j 个附加约

束发生单位位移，这样第 i 个附加约束上的约束反力就是 k_{ij}，参见图 6-33 所示。由此可见，刚度系数可以统一从附加约束后的结构上得到物理解释和量值计算。

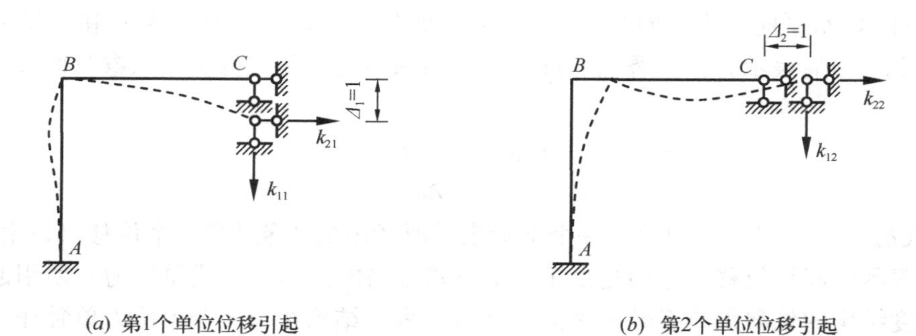

(a) 第1个单位位移引起　　(b) 第2个单位位移引起

图 6-33　抗力影响系数图解（多自由度）

最后需要说明的是，多自由度结构某个柔度系数 δ_{ij} 与相应的刚度系数 k_{ij} 一般并不互为倒数关系，但是由这些系数组成的柔度矩阵和刚度矩阵互为逆矩阵的关系。这些相互关系的验证及其应用参见第Ⅱ册结构动力计算一章。

6-8　互等定理

线性变形体系不同状态的外力虚功之间，以及上一节讨论的刚度系数和柔度系数之间存在一些内在的相互关系，这些关系可以用四个互等定理，即功的互等定理、位移互等定理、反力互等定理和反力位移互等定理表述。其中功的互等定理是基本定理，其他三个定理均可作为该定理的特殊情况。

6-8-1　功的互等定理

考察同一线性变形体系（线弹性结构）的两种受力状态，如图 6-34 所示。设状态Ⅰ的外力和内力在状态Ⅱ的位移和变形上所做的外力虚功为 $W_{\text{Ⅰ-Ⅱ}}$，变形虚功为 $W_{\text{vⅠ-Ⅱ}}$，则根据虚功原理有：$W_{\text{Ⅰ-Ⅱ}}=W_{\text{vⅠ-Ⅱ}}$。将两种虚功具体化，即得

$$\sum F_{\mathrm{P1}}\Delta_{12}=\sum\int M_{\text{Ⅰ}}\kappa_{\text{Ⅱ}}\,\mathrm{d}s+\sum\int F_{\mathrm{N}\text{Ⅰ}}\varepsilon_{\text{Ⅱ}}\,\mathrm{d}s+\sum\int F_{\mathrm{Q}\text{Ⅰ}}\gamma_{\text{Ⅱ}}\,\mathrm{d}s$$

或

$$\sum F_{\mathrm{P1}}\Delta_{12}=\sum\int\frac{M_{\text{Ⅰ}}M_{\text{Ⅱ}}}{EI}\mathrm{d}s+\sum\int\frac{F_{\mathrm{N}\text{Ⅰ}}F_{\mathrm{N}\text{Ⅱ}}}{EA}\mathrm{d}s+\sum\int k\frac{F_{\mathrm{Q}\text{Ⅰ}}F_{\mathrm{Q}\text{Ⅱ}}}{GA}\mathrm{d}s \tag{a}$$

式中 Δ_{12} 两个下标的含义与上一节所述相同。

同样道理，图 6-34 中状态Ⅱ的外力在状态Ⅰ的位移上所做的虚功 $W_{\text{Ⅱ-Ⅰ}}$，等于状态Ⅱ的内力在状态Ⅰ的变形上所做的虚功 $W_{\text{vⅡ-Ⅰ}}$，写出具体表达式即为

$$\sum F_{\mathrm{P2}}\Delta_{21}=\sum\int\frac{M_{\text{Ⅱ}}M_{\text{Ⅰ}}}{EI}\mathrm{d}s+\sum\int\frac{F_{\mathrm{N}\text{Ⅱ}}F_{\mathrm{N}\text{Ⅰ}}}{EA}\mathrm{d}s+\sum\int k\frac{F_{\mathrm{Q}\text{Ⅱ}}F_{\mathrm{Q}\text{Ⅰ}}}{GA}\mathrm{d}s \tag{b}$$

上述（a）、（b）两式的等号右边彼此相等，故有

$$\sum F_{\mathrm{P1}}\Delta_{12}=\sum F_{\mathrm{P2}}\Delta_{21} \tag{6-18}$$

或

$$W_{\text{Ⅰ-Ⅱ}}=W_{\text{Ⅱ-Ⅰ}} \tag{6-19}$$

这就是**功的互等定理**。它表明线性变形体系第一状态的外力在第二状态的位移上所做的虚功等于第二状态的外力在第一状态的位移上所做的虚功。该定理同样适用于任意组合形式的广义力和广义位移的情况。

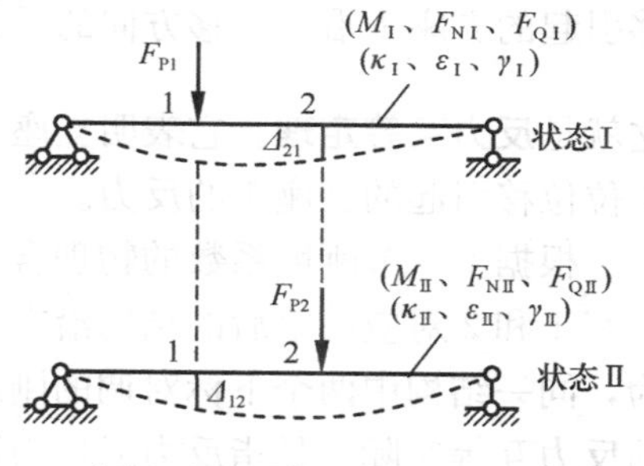

图 6-34　功的互等定理图解

6-8-2　位移互等定理

在功的互等定理中，如果两种状态的外力都只有一个单位力，如图 6-35 所示，那么式（6-18）就简化为

$$1\times\Delta_{12}=1\times\Delta_{21}$$

根据上一节柔度系数的定义，此时对应的位移就是相应的柔度系数，故有

$$\delta_{12}=\delta_{21} \tag{6-20}$$

这就是**位移互等定理**。它表明，作用于线性变形体系上的第二个单位力所引起的第一个单位力作用点沿其方向上的位移，等于第一个单位力引起的第二个单位力作用点沿其方向上的位移。简单来说就是，同一结构两个下标对调的柔度系数具有互等性。这也说明，所谓的位移互等其实是指位移影响系数的互等，而非位移本身的互等。不难验证，位移互等定理同样适用于角位移以及任意广义位移的情况。图 6-36 给出了一个线位移与角位移影响系数互等的例子。各影响系数均取为沿所对应的自由度正方向为正。

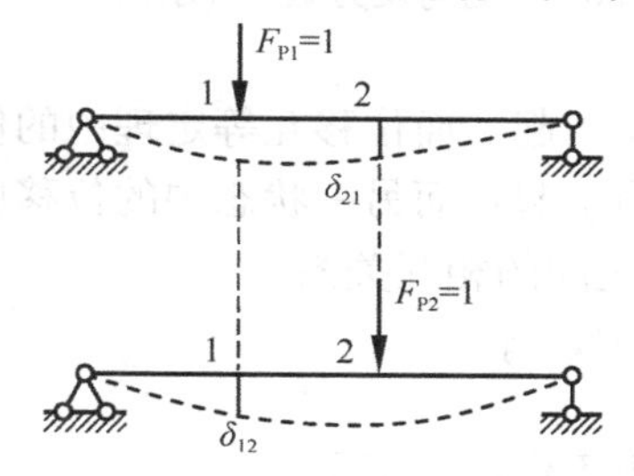

图 6-35　位移互等定理图解

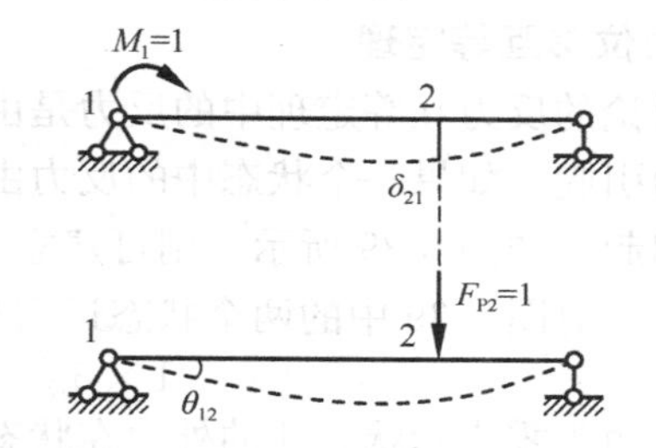

图 6-36　广义位移互等示例（$\delta_{21}=\theta_{12}$）

上述位移影响系数的互等不仅指两者数值的互等，而且其量纲也是一致的。位移影响系数的量纲可从其原始表达式（6-15）中获得，即

$$[\delta]=\frac{[\Delta]}{[F_{\mathrm{P}}]} \tag{c}$$

可见，位移影响系数的量纲等于与该系数对应的位移本身的量纲除以引起该位移的作用力的量纲。例如图 6-36 中的两个系数的量纲分别为

$$[\delta_{21}]=\frac{[\text{线位移}]}{[\text{力偶}]}=\frac{[\text{长度}]}{[\text{力}][\text{长度}]}=[\text{力}]^{-1}$$

$$[\theta_{12}]=\frac{[\text{角位移}]}{[\text{力}]}=\frac{[1]}{[\text{力}]}=[\text{力}]^{-1}$$

这说明两者量纲也是一致的，式中的角位移以弧度表示，其量纲为 1（或者说为无量纲）。

6-8-3　反力互等定理

图 6-37 为同一超静定结构中的支座 1 和支座 2 分别发生单位位移所形成的两种状态，其中支座 1 发生单位位移引起的支座 2 沿其位移方向的反力为 k_{21}，而支座 2 发生单位位

移引起的支座 1 沿其位移方向的反力为 k_{12}。利用功的互等定理，可得

$$k_{12}=k_{21} \tag{6-21}$$

这就是**反力互等定理**。它表明支座 1 发生单位位移引起的支座 2 的反力，等于支座 2 发生单位位移引起的支座 1 的反力。

根据上一节刚度系数的物理含义，上述两个反力 k_{12} 和 k_{21} 就是图 6-37 所示结构解除支座 1 和 2 对应约束后的结构沿方向 1 和 2 的刚度系数。因此反力互等定理也可简单表述为，同一结构中两个下标对调的刚度系数具有互等性。与前述位移互等的情况类似，所谓的反力互等实际上是指反力或抗力影响系数的互等，它同样适用于反力矩以及任意广义支座反力的情况。图 6-38 给出了一个竖向反力与反力矩互等的例子。读者不妨自行验证该图中两个反力影响系数的量纲的一致性。

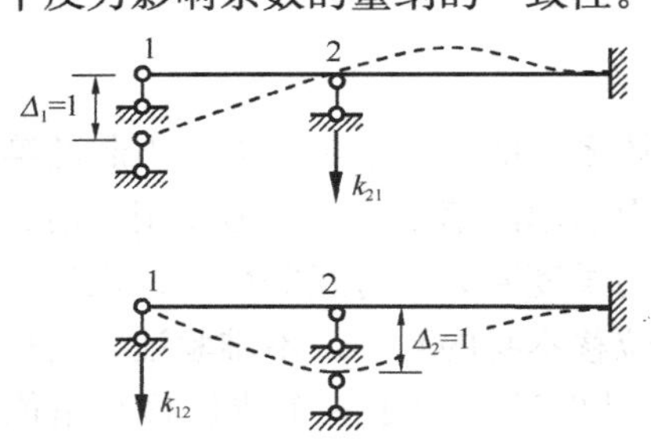

图 6-37　反力互等定理图解

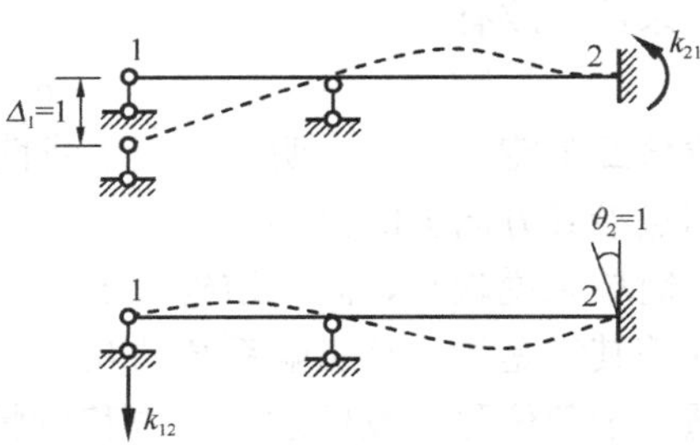

图 6-38　反力与反力矩互等示例

6-8-4　反力位移互等定理

上面讨论的反力互等定理中的反力是由支座位移所引起，而位移互等定理中的位移由外加作用力引起。如果一个状态中的反力由外加单位力引起，而另一状态中的位移由单位支座位移引起，如图 6-39 所示，则可建立反力与位移之间的相互关系。

实际上，对图 6-39 中的两个状态运用功的互等定理，有

$$1\times\delta_{12}'+k_{21}'\times 1=0$$

式中等号右边为零表示状态Ⅱ的外力在状态Ⅰ的位移上不做功，于是得

$$k_{21}'=-\delta_{12}' \tag{6-22}$$

这就是**反力位移互等定理**。它表明，单位力引起的某支座反力，等于该支座发生单位位移所引起的单位力作用点沿其方向上的位移，但符号相反。反力位移互等定理中的互等是指反力和位移影响系数的互等，但这里的影响系数 δ_{ij}' 是由单位位移所引起，而 k_{ji}' 是由单位力所引起，它们与前两个定理中的系数 δ_{ij}、k_{ji}（对应柔度系数和刚度系数）的物理含义有所不同。反力位移互等定理同样适用于反力矩及广义位移等情况（参见图 6-40），其互等不仅指两者数值的互等，量纲也是一致的。

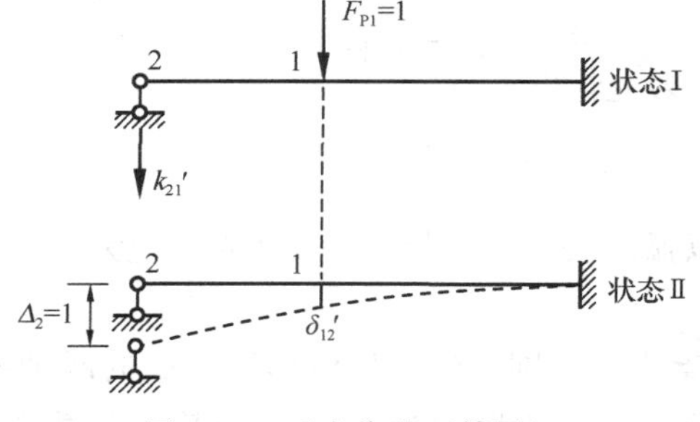

图 6-39　反力位移互等图解

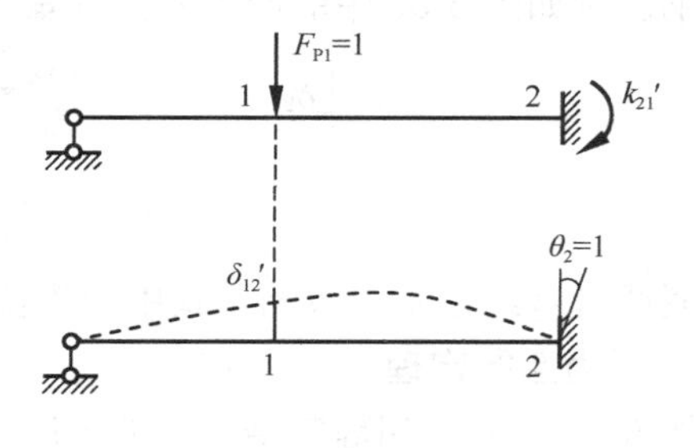

图 6-40　反力矩与位移互等示例

思 考 题

6.1 试举例说明虚功与实功的异同点。根据虚功的特点，计算时应注意哪些问题？

6.2 荷载作用、支座移动、温度改变、制造误差和材料收缩等因素引起的静定结构位移中，哪些可用刚体体系的虚功原理建立计算式？哪些必须用变形体系的虚功原理建立？为什么？

6.3 图乘法的适用条件是什么？是否适用于曲杆和变截面杆的计算？对分段等截面杆应如何处理？

6.4 均布荷载区段的弯矩图线与基线围成的图形，在什么情况下就是标准抛物线图形？什么情况下不是？若为后者，图乘计算时应如何处理？试举例加以说明。

6.5 支座移动、温度改变等外因不会对静定结构产生内力，但会引起位移。该位移与荷载作用引起的位移的性质有何不同？是否都与结构的刚度有关？

6.6 验证 6-8 节图 6-38 中两个反力影响系数的量纲是一致的。

6.7 分别验证 6-8 节图 6-39、6-40 中的反力影响系数与位移影响系数的量纲一致性。

6.8 本章讨论的位移影响系数和抗力影响系数概念，与上一章介绍的影响线概念在物理含义及量纲方面有何关联？影响线是否可理解为“影响系数的变化图线”？为什么？

习 题

6-1 标出图示结构与指定广义位移对应的广义单位力。

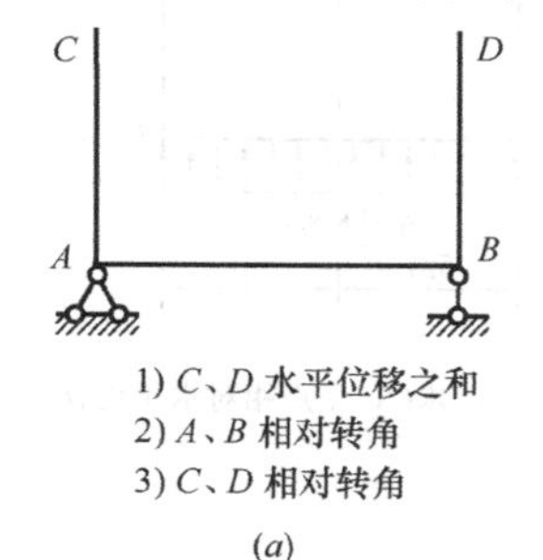

1) C、D 水平位移之和
2) A、B 相对转角
3) C、D 相对转角

(*a*)

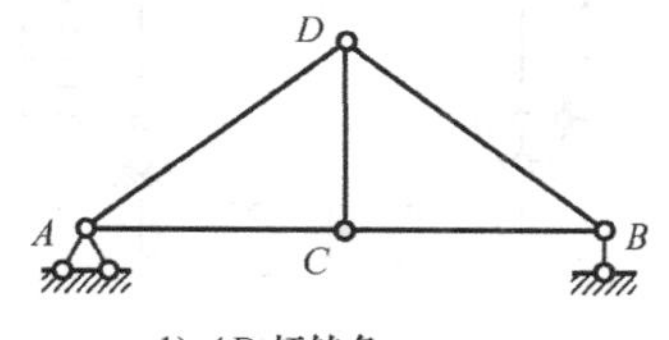

1) AD 杆转角
2) AD、BD 杆相对转角
3) C、D 竖向位移之和

(*b*)

题 6-1 图

6-2 试用积分法计算图示单跨梁指定截面的位移。杆件 EI=常数。

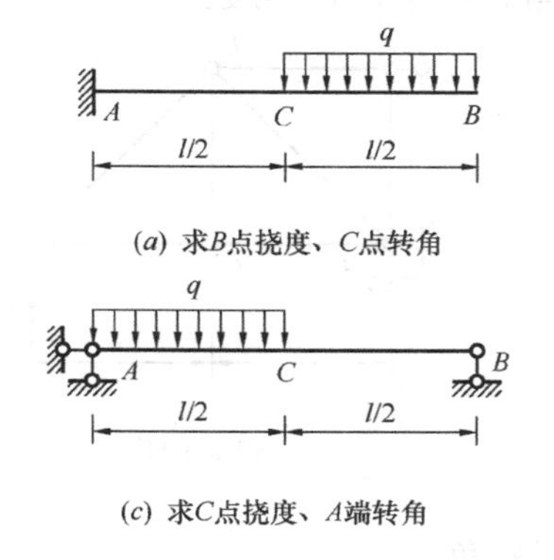

(*a*) 求B点挠度、C点转角

(*c*) 求C点挠度、A端转角

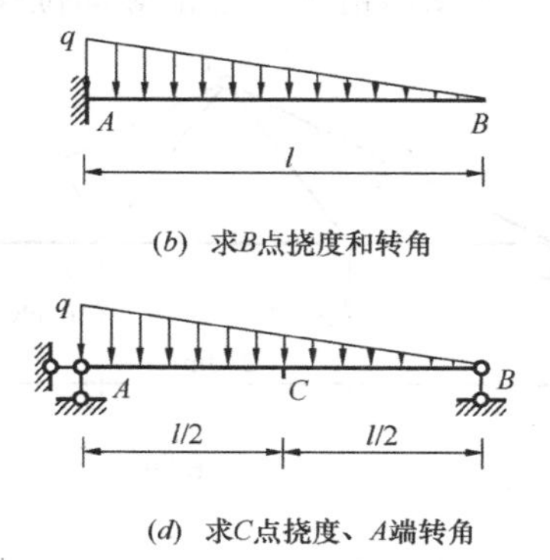

(*b*) 求B点挠度和转角

(*d*) 求C点挠度、A端转角

题 6-2 图

6-3　图示 1/4 圆弧悬臂曲梁，已知梁截面 EI＝常数，试求 B 点的水平位移。

6-4　采用积分法计算图示刚架 B 点的水平位移和转角。已知各杆 EI＝常数。若梁截面为矩形，截面高度 $h=l/10$，宽度 $b=h/3$，$E/G=8/3$，试比较轴向变形和剪切变形引起的 B 点水平位移与弯曲变形所引起的位移的相对大小。

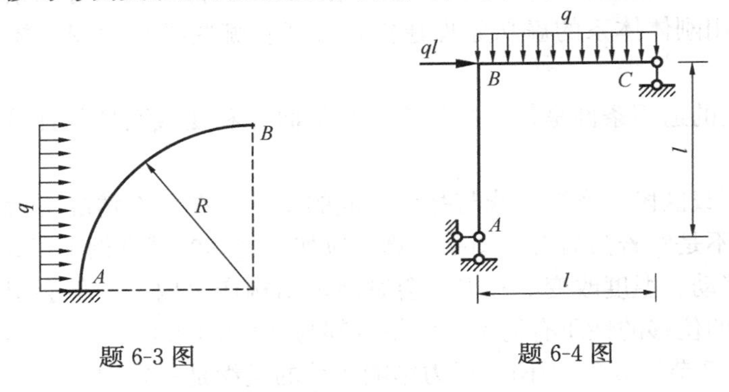

题 6-3 图　　　　题 6-4 图

6-5　求图示结构指定截面的位移。各杆 EI＝常数。

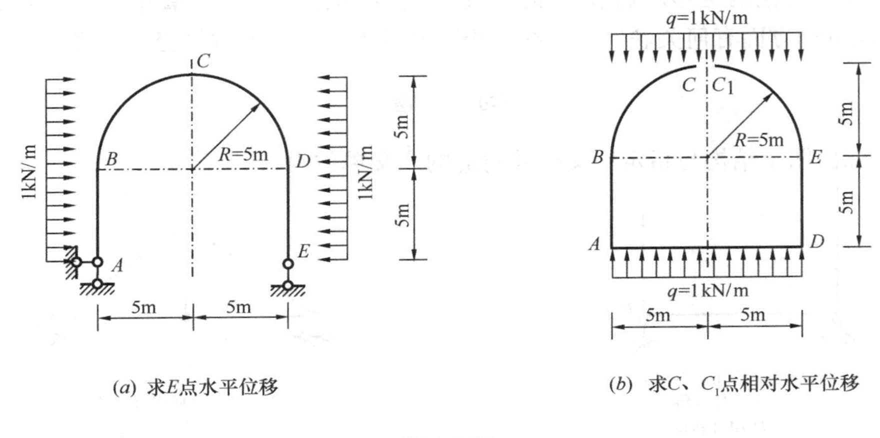

(a) 求E点水平位移　　　　(b) 求C、C_1点相对水平位移

题 6-5 图

6-6　图示桁架，各杆截面积 $A=30\text{cm}^2$，弹性模量 $E=210\text{GPa}$。试计算 C 点的竖向位移。

6-7　求图示桁架 E 点的竖向位移和 DE 杆的转角。各杆 EA＝常数。

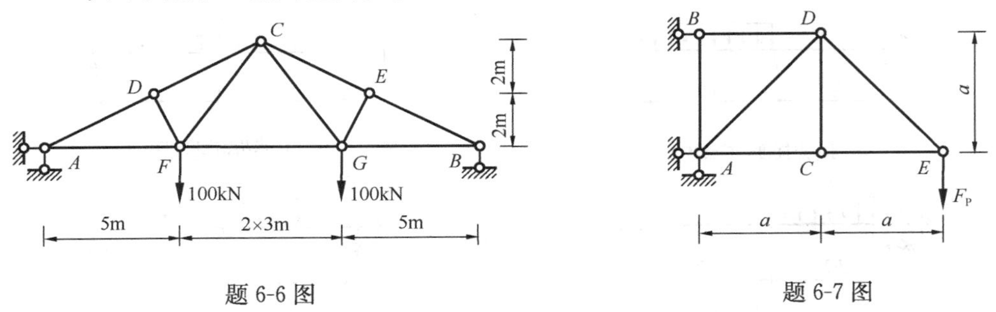

题 6-6 图　　　　题 6-7 图

6-8　计算上题桁架中 DA 和 DE 杆件之间的相对转角。

6-9　用图乘法计算题 6-2c，并与积分法的结果作相互校核。

6-10　用图乘法计算图示梁的指定位移。除注明外杆件 EI=常数。

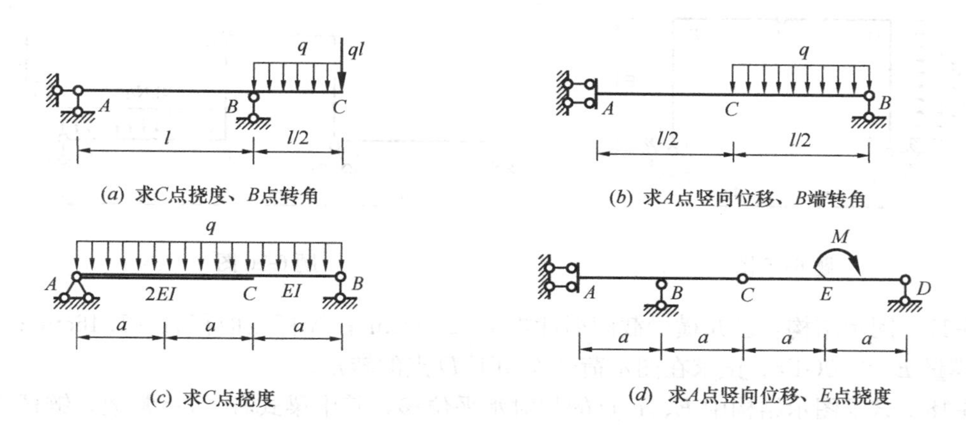

题 6-10 图

6-11　试用图乘法计算图示梁指定截面的位移，已知 $EI=2\times10^4\text{kNm}^2$。

6-12　用图乘法计算题 6-4，忽略轴向变形和剪切变形的影响。

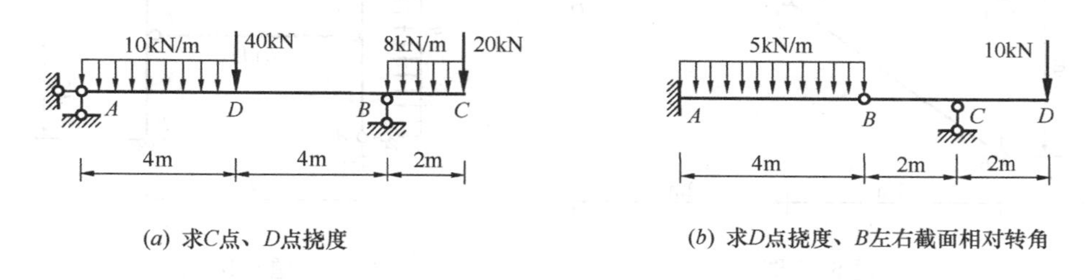

题 6-11 图

6-13　计算图示刚架结点 C 的转角和杆端 D 的水平位移，绘出结构的变形轮廓图。

6-14　用图乘法计算图示结构中 A、B 截面的相对水平位移、相对竖向位移和相对转角，绘出变形轮廓图，总结此类对称结构的变形与位移规律。

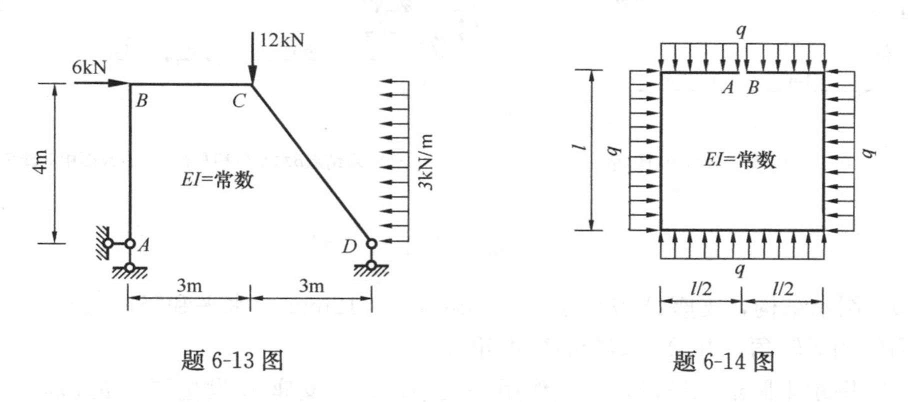

题 6-13 图　　题 6-14 图

6-15　试求图示三铰刚架中 D 点的水平位移和铰 C 左右截面的相对转角，并绘出结构的变形轮廓图。各杆 EI＝常数。

6-16　试求图示刚架中 EF 杆 F 端的转角，各杆 EI＝常数。

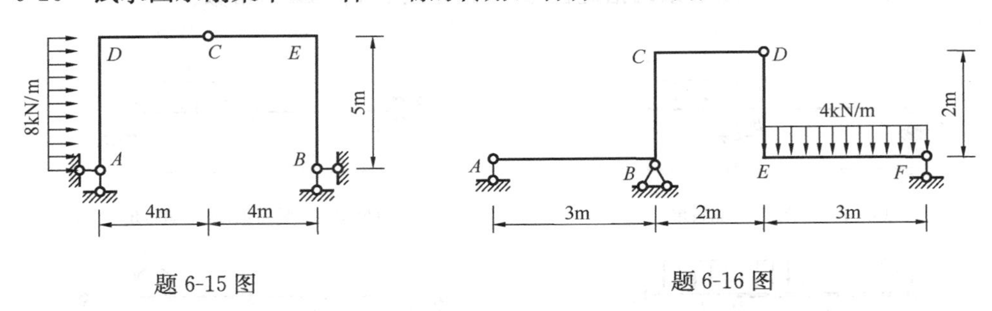

题 6-15 图　　　　题 6-16 图

6-17　图示结构，已知横梁截面惯性矩 $I=2500\text{cm}^4$；撑杆截面积 $A=1.46\text{cm}^2$；材料弹性模量 $E=210\text{GPa}$。试求在图示荷载作用下 D 点的转角。

6-18　试求图示结构中 E、F 点的相对水平位移，其中梁式杆 EI＝常数，链杆 $E_1A_1=64EI/l^2$。

6-19　试求图示结构由支座移动引起的指定点的位移，并绘出结构的位移轮廓图。

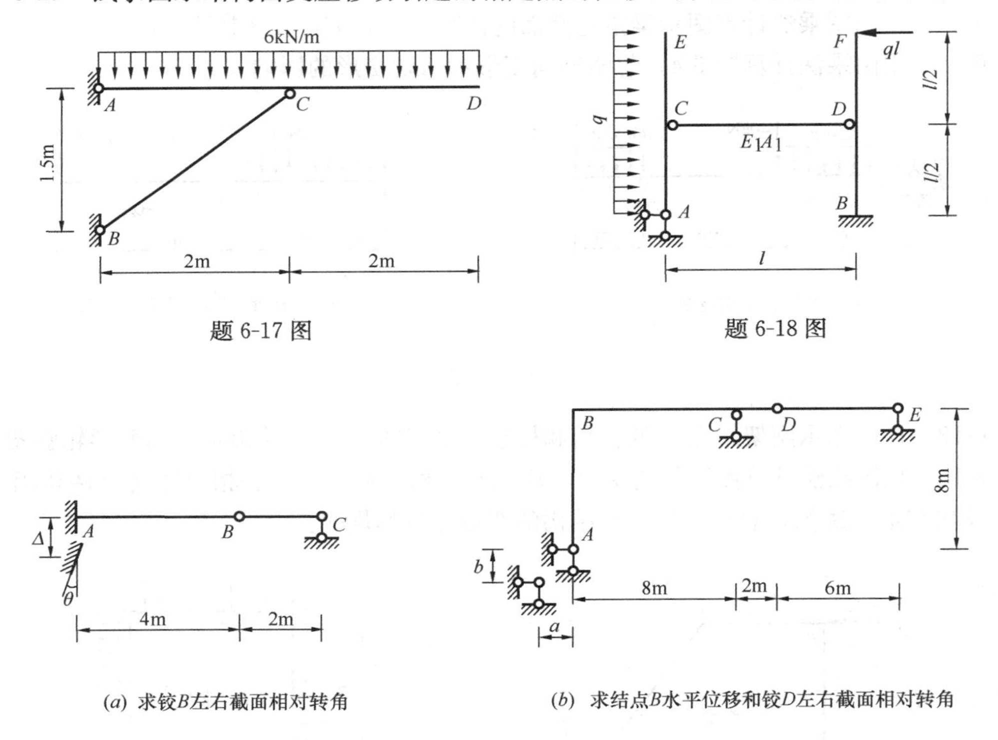

题 6-17 图　　　　题 6-18 图

(a) 求铰B左右截面相对转角　　　　(b) 求结点B水平位移和铰D左右截面相对转角

题 6-19 图

6-20　图示结构，支座 A 发生了 $a=10\text{mm}$，$b=12\text{mm}$ 的水平和竖向移动，试求铰 C 左右截面的相对转角，并绘出结构的变形轮廓图。

6-21*　图示半圆形三铰拱，拱顶作用一集中荷载，支座 B 发生了 Δ 的沉降，试求由此引起的铰 C 的竖向位移。拱杆 EI＝常数。

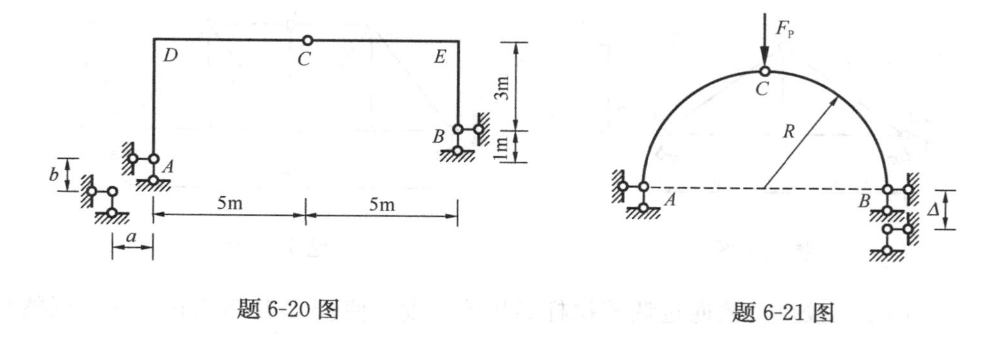

题 6-20 图　　　　题 6-21 图

6-22　图示桁架，斜向日照使得上弦两杆的温度分别升高了 $2t$ 和 t，试计算由此引起的 C 点的竖向位移。已知材料线膨胀系数为 α。

6-23　图示伸臂梁，上、下侧温度分别降低和升高了 t。试问要使 C 端竖向位移为零，应在该端施加多大的力偶 M。已知梁截面高度为 h，抗弯刚度为 EI，材料线膨胀系数为 α。

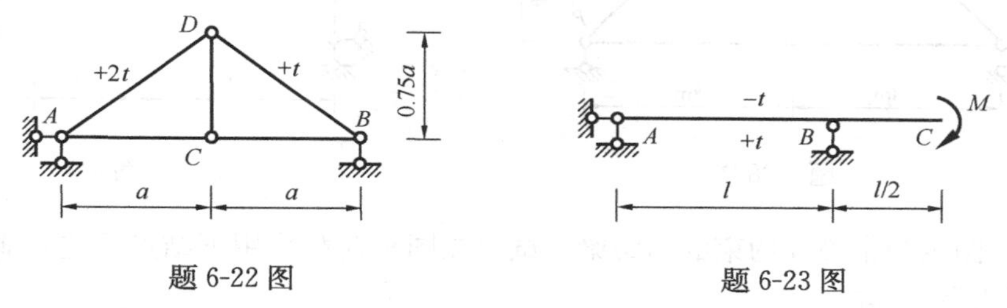

题 6-22 图　　　　题 6-23 图

6-24　图示门式刚架，各杆截面均为矩形，截面高度为杆长的 1/10。试求由温度改变引起的 D 点的水平位移，并绘出结构的变形轮廓图。已知材料线膨胀系数为 $\alpha=0.00001℃^{-1}$。

6-25　图示结构，各杆件由于材料收缩产生了收缩应变 ε，试求 E 点的水平位移。

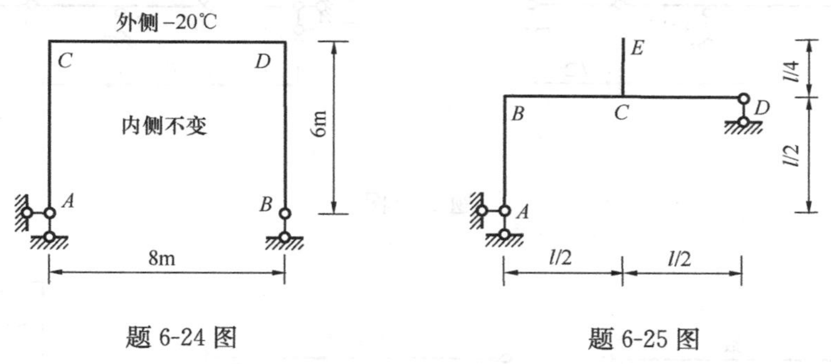

题 6-24 图　　　　题 6-25 图

6-26　图示桁架，AD 杆因制造误差比原长缩短了 λ，试求 C 点的竖向位移和 CD 杆的转角。

6-27　图示下承式桁架，采用微调 DE 和 EF 杆长度的方法取得上拱度。试求为使 C 点上拱 20mm，两杆的长度应调整多少（设两杆保持等长），并绘出结构的变形轮廓图。

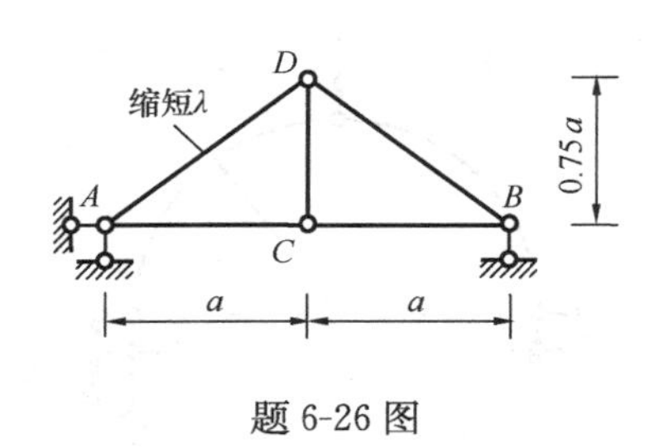

题 6-26 图

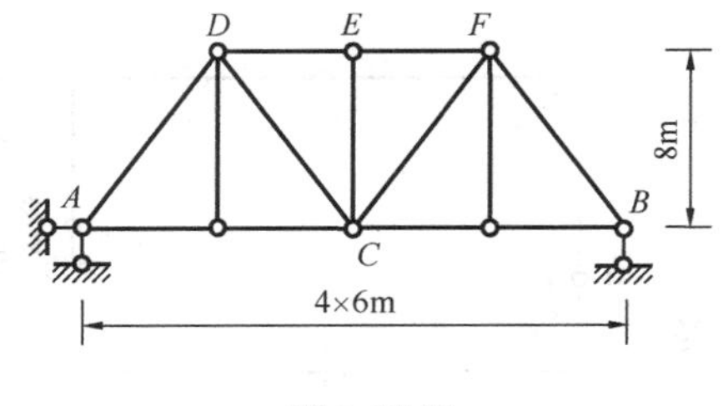

题 6-27 图

6-28　图示三铰拱，欲通过调整拉杆 AB 的长度，使铰 C 升高 4cm，试问调整量为多少。

6-29　图示刚架，AB 和 BD 杆在拼接时并未完成正交，从而使结点 B 的内角减小了 0.001rad。试求由此引起的 B 点的水平位移。

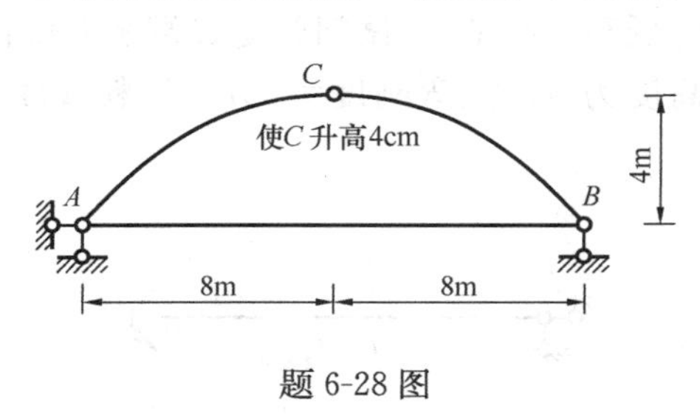

题 6-28 图

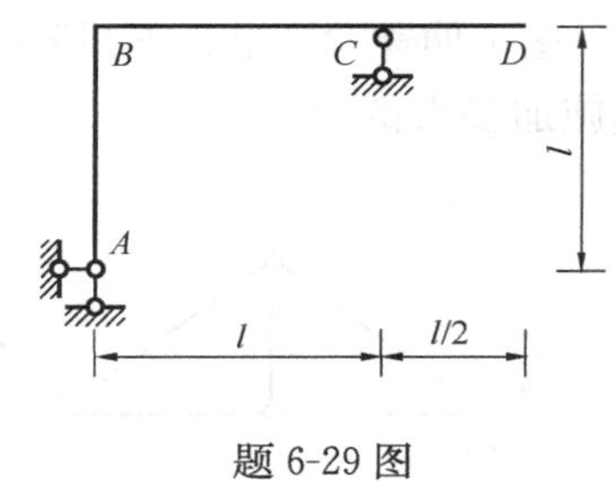

题 6-29 图

6-30*　图示为带弹性约束的两跨梁，试求在图示荷载作用下结点 C 左右截面的相对转角。各杆 EI＝常数。

6-31　图示简支梁，若仅考虑结点 A 转角一个自由度（图 a），试求出相应的柔度系数和刚度系数。若考虑结点 A、B 转角两个自由度（图 b），试求出各柔度系数，并说明各刚度系数的确定方法。

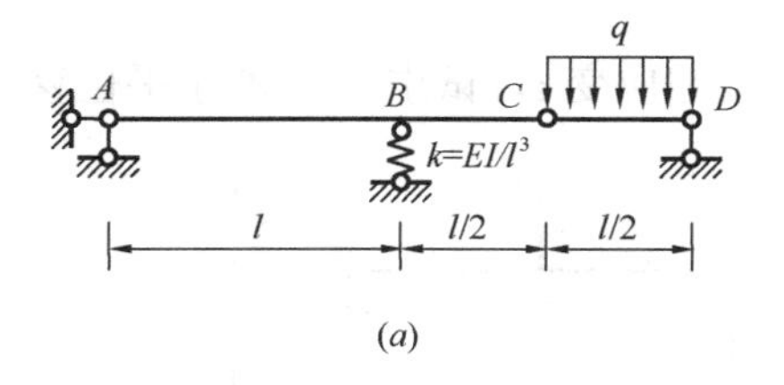

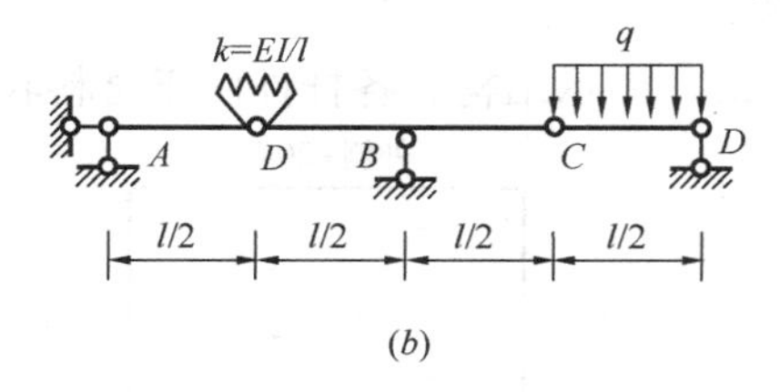

题 6-30 图

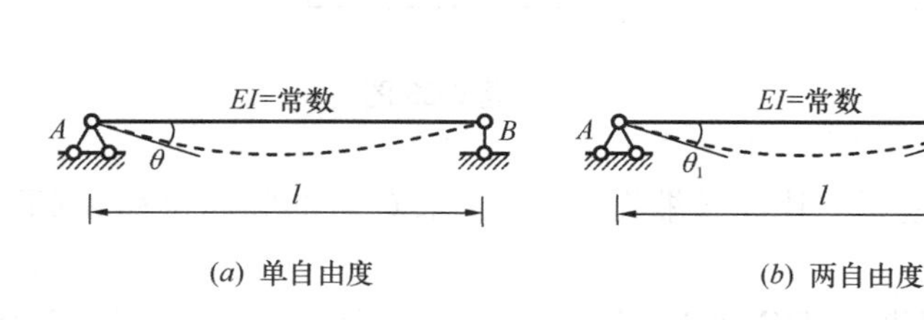

题 6-31 图

题 6-32 图

6-32　图示为工程中常见的单阶变截面柱。若仅考虑柱顶水平位移一个自由度，试求出相应的柔度系数和刚度系数。

6-33*　图示三角形构架，具有两个自由度 Δ_1、Δ_2。试根据柔度系数和刚度系数的概念，求出各系数之值，并验证副系数 $\delta_{12}=\delta_{21}, k_{12}=k_{21}$。若求得的两组副系数不为零，则说明什么问题？设各杆 EA=常数。

6-34**　图示简支梁，若将单位移动荷载 $F_P=1$ 作用下 K 截面的挠度 δ_{KP} 随荷载位置的变化关系用一图线表示出来，就得到了 K 截面挠度的影响线。根据位移互等定理，可以将该影响线转化为单位固定荷载作用下梁的位移图线。试以图示简支梁为例，说明如何实现这种转化，并给出位移影响线的一般作法。

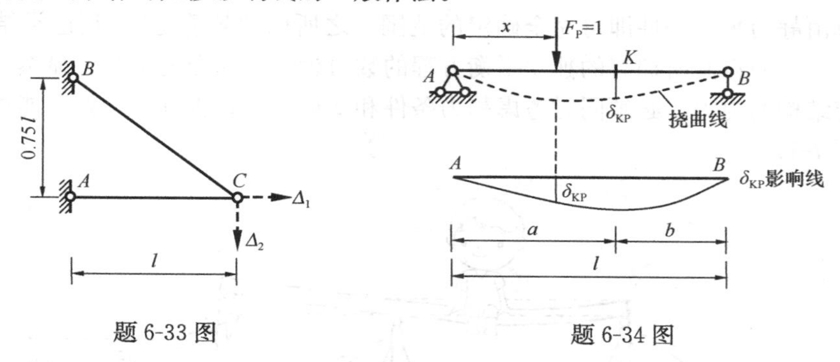

题 6-33 图　　题 6-34 图

6-35**　在反力位移互等定理中，设所施加的单位力为一单位移动荷载，试由该定理建立反力影响线与位移图线之间的相互关系，从而构建反力影响线的机动作法；然后将之推广到内力影响线的机动作法中，并分别举例加以验证。

第7章　超静定结构的基本解法

前面几章讨论了静定结构的内力和位移分析问题。从这些分析中看到，静定结构由于不存在多余约束，故其反力和内力单靠静力平衡条件即可完全确定，“静定”两字便由此得名。工程实际中，超静定结构的应用更为广泛。所谓“超静定”，就是结构的反力和内力超出了单由静力平衡条件即可完全确定的范围。之所以“超静定”，是这类结构中存在多余约束，从而使得其所拥有的独立平衡方程的数目少于未知力的个数。显然，要想完全确定超静定结构的内力，必须同时考虑静力条件和变形条件，否则结构就不能达到既平衡又协调（图7-1）。

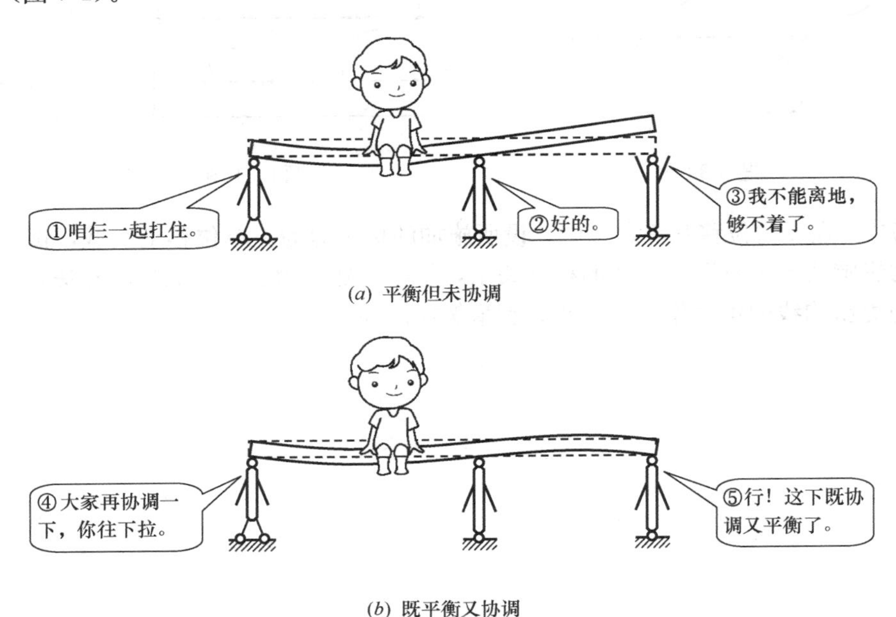

图7-1　超静定结构的受力与变形

从本章开始我们将转入超静定结构的分析。我们将从超静定结构的两种基本解法：力法和位移法入手，先讨论两种方法的基本原理和分析步骤，再在下一章介绍两种方法的应用，然后在第9章（第Ⅱ册）讨论由这两种方法演变而来的其他分析方法。

7-1　基本未知量和基本结构

相比于静定结构，超静定结构的内力分析往往更为复杂。因此，要同时确定不同杆件各个截面的内力、变形和位移等未知量通常比较困难。实际分析中，一般先求解关键部位的一种或几种未知量，称之为**基本未知量**。一旦这些未知量确定后，其他未知量即可在此基础上方便地求得，或者说其他未知量均可用基本未知量简单或显式地表示出来。

对于杆系结构，一般有两种方法选取基本未知量。一种是选取**多余约束力**作为基本未知量，即先求出多余约束上的力，再根据平衡关系求得其他内力，这种分析方法称为**力法**。第二种是选取**结点位移**作为基本未知量，先求出结构在各结点处（如杆件连接点、支承点、截面突变点等处）的位移，这样所有杆件的杆端位移也就确定了，然后根据杆端力与杆端位移之间的关系进一步求出各杆件的内力，这种分析方法称为**位移法**。

基本未知量本是原结构的内部效应，这里我们人为地将其视作一种外部作用，并将之从原结构中解除，由此得到的简化结构就称为**基本结构**。之所以引入基本结构，是希望将原结构的计算转移到简化了的基本结构上，以便从中更方便地解出基本未知量。例如在力法中，基本未知量是多余约束力（图 7-2*a*），解除多余约束力从物理上看就是解除多余约束（图 7-2*b*），因此力法的基本结构就是解除多余约束后的静定结构（图 7-2*c*）。

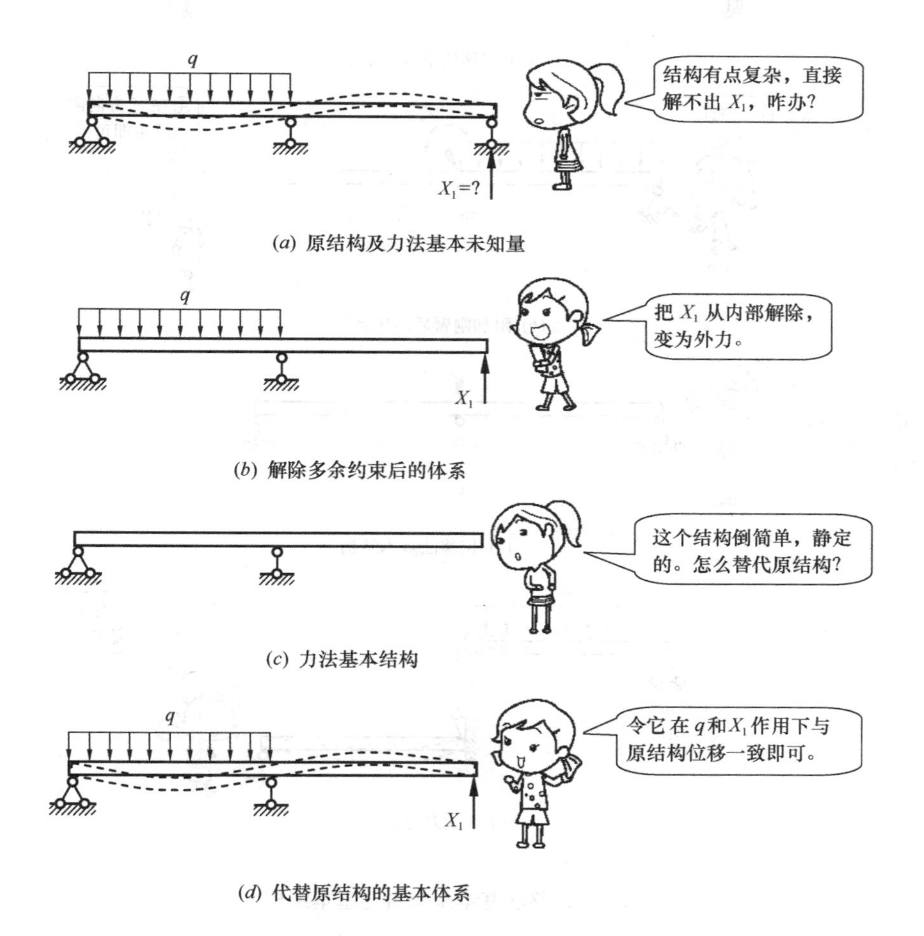

图 7-2　力法基本未知量与基本结构

在位移法中，基本未知量是结点位移（图 7-3*a*）。将结点位移视为一种外部位移作用并将之从物理上解除，实际上就相当于沿位移方向添加约束以阻止这些位移。例如要解除一个结点线位移，就需要在该线位移方向上添加一个支座链杆约束；要解除一个结点角位移，就需要在该结点上添加一个刚度无穷大的刚臂以阻止结点转动（图 7-3*b*）。因此，位移法的基本结构就是沿结点位移方向附加相应约束后的结构（图 7-3*c*）。由图 7-3*d* 可见，附加结点约束后的基本结构将各杆的外部作用独立开来，成为一种可逐杆分析的简化结构。需要说明的是，这里为阻止结点转动（不阻止移动）而添加的附加刚臂是一种假想的力学模型，而非真实的物理装置。

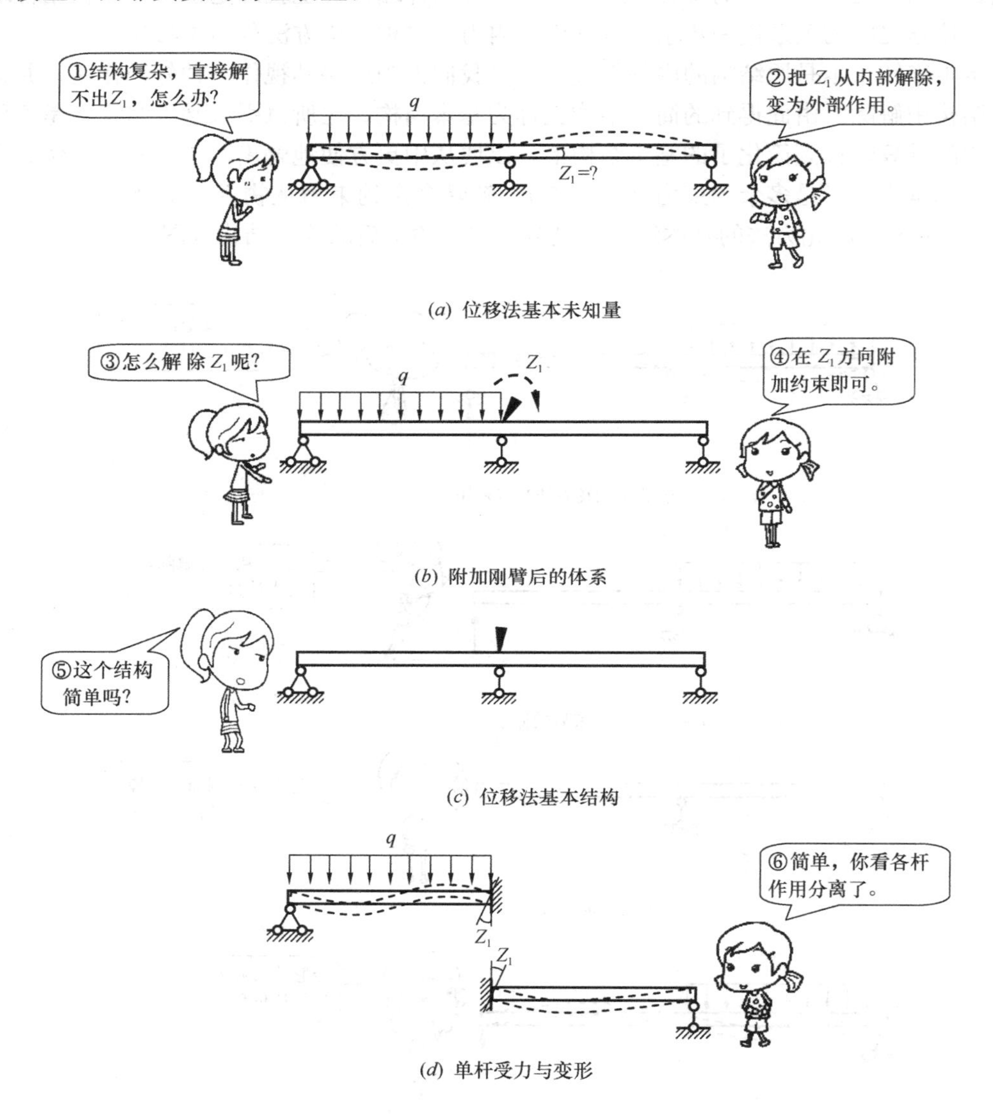

图 7-3　位移法基本未知量与基本结构

有了基本结构，就可以将原结构的计算转移到基本结构上，此时基本结构除了受到原有的外部作用以外，还受到基本未知量（力法中的多余约束力、位移法中的外部强制位移）的作用。通过使基本结构与原结构在协调条件和平衡条件上相一致，就可以实现对基本结构的解算，并使之与原结构完全等效。

基本结构是在原结构基础上用物理方法解除了基本未知量的作用后得到的，这将导致基本结构在该作用方向的平衡或协调条件与原结构不一致。例如，力法基本结构中解除了多余约束并代之以多余约束力，这样会使该约束方向的位移与原结构不一致，因此必须令其一致才能体现相同的协调条件（图 7-2*d*），由此得到的协调方程就称为**力法基本方程**。又如，位移法基本结构中添加了结点约束从而限制了本该发生的结点位移，这将使附加约束上产生约束力，故必须令该约束力为零才能与原结构等效，由此得到的平衡方程就是**位移法基本方程**。

由此可见，无论是力法还是位移法，所谓的基本结构就是在原结构基础上用物理措施解除基本未知量的作用后而得到的简化结构；基本方程的物理意义就是基本结构在原有外部因素和基本未知量的共同作用下，沿基本未知量方向上具有与原结构相同的协调或平衡条件。

7-2 超静定次数的确定

超静定结构中多余约束（或多余未知力）的个数称为**超静定次数**。超静定次数也是超静定结构中除静力平衡方程以外，为解算未知力尚需补充的反映变形协调条件（或位移条件）的方程数目，也即力法基本未知量的数目。

确定超静定次数最直接的方法是，从原结构中去除多余约束，使之成为一个静定结构，显然所去除约束的数目就是超静定次数。去除多余约束的方法一般有以下几种：

（1）撤除或切断一根链杆（含支座链杆），相当于去掉一个约束（图 7-4）。需注意的是，切断一根两端铰接的链杆后，实际上只撤除了其轴向的约束，另两个方向的约束仍然存在（图 7-5），杆件本身仍为几何不变。

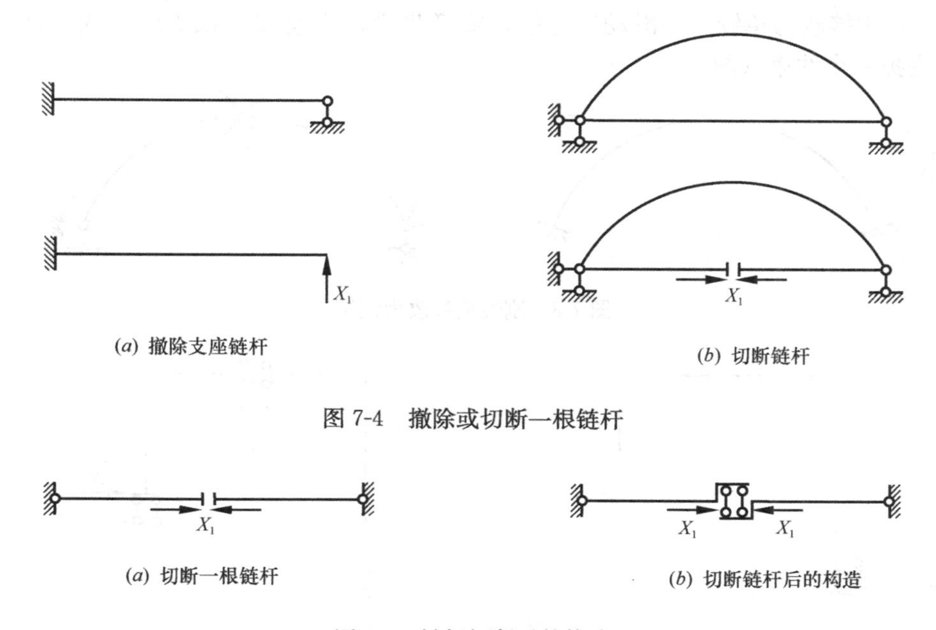

(*a*) 撤除支座链杆

(*b*) 切断链杆

图 7-4 撤除或切断一根链杆

(*a*) 切断一根链杆

(*b*) 切断链杆后的构造

图 7-5 链杆切断后的构造

（2）撤除一个单铰或一个固定铰支座，相当于去掉两个约束（图 7-6）。

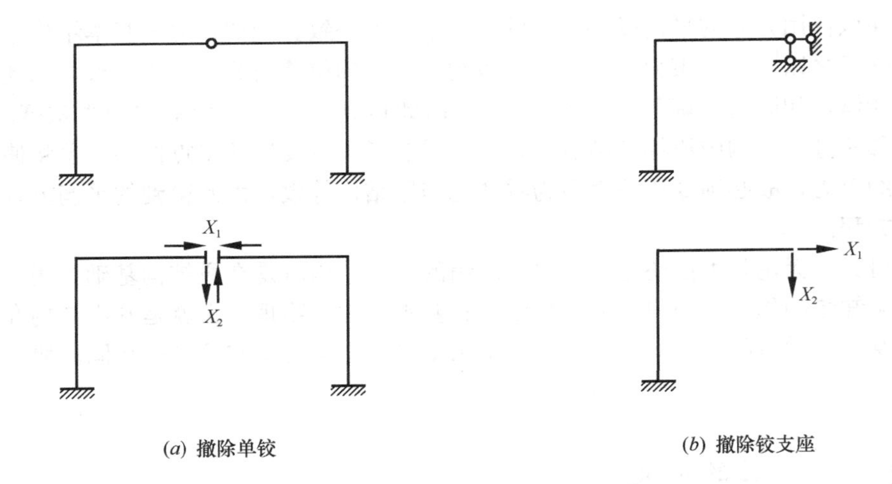

图 7-6　撤去一个单铰或铰支座

（3）切断一根梁式杆或撤除一个固定支座，相当于去掉三个约束（图 7-7）。

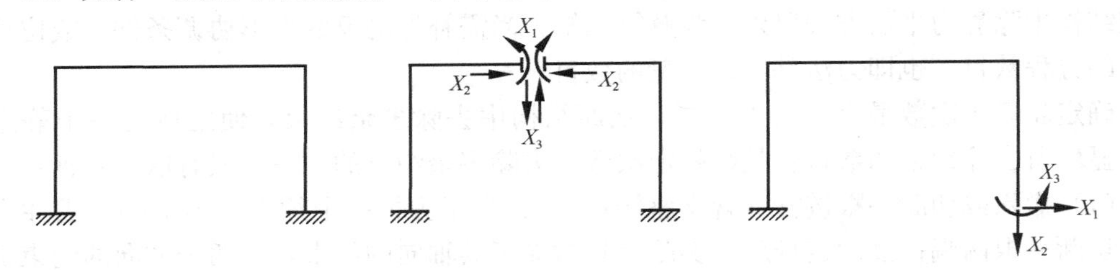

图 7-7　切断梁式杆或撤去固定支座

（4）将刚接改为单铰（或滑动）连接，或者将固定支座改为铰支座（或滑动支座），相当于去掉一个约束（图 7-8、7-9）。

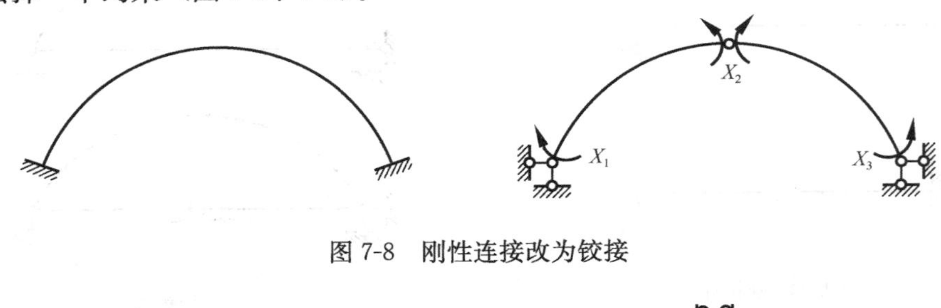

图 7-8　刚性连接改为铰接

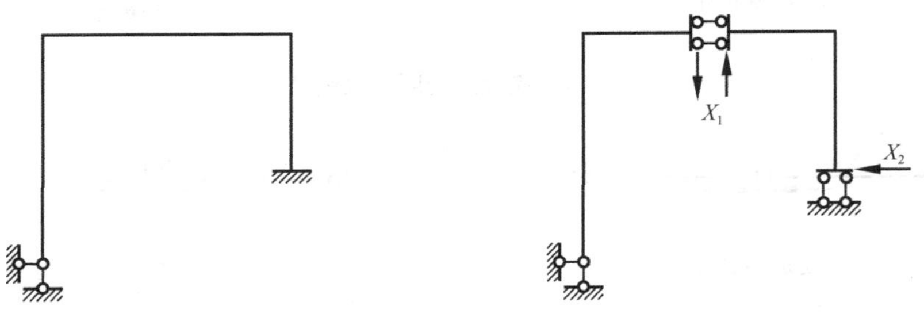

图 7-9　刚性连接改为滑动连接

【例 7-1】确定图 7-10a 所示结构的超静定次数，并绘出力法基本结构和多余未知力。

【解】该结构是一个组合结构。容易得知结构本身与基础间有 2 个多余约束，而结构内部也有多余约束，故属于一个既是外部超静定又是内部超静定的结构。进一步分析可知，切断结构左上角的链杆和下层的水平梁式杆后，其左半部分就成为一个可独立承载的几何不变部分（图 7-10b）。再切断右上角的链杆，并解除右端支座的其中一根链杆，这样结构右半部分就成为一个无多余约束的附属部分。总共解除了 6 个多余约束，可见该结构为 6 次超静定。

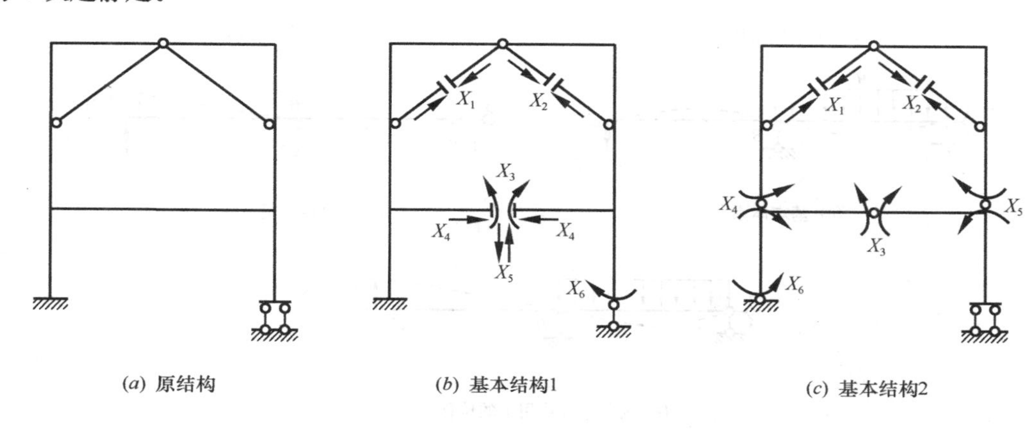

(a) 原结构　(b) 基本结构1　(c) 基本结构2

图 7-10　例 7-1 图

对于同一个超静定结构，可以采用不同的方式去除多余约束，从而得到不同的静定结构，但所去除多余约束的数目（即超静定次数）必定是相同的。例如例 7-1 的结构，采用图 7-10c 的方式去除多余约束，可得到另一个静定的基本结构，其超静定次数仍是 6。

超静定结构是具有多余约束的几何不变体系，那么根据计算自由度 W 的定义，其 W 值必为负，且 W 的绝对值数就是多余约束数或超静定次数（设为 n），即

$$n=-W$$

据此，我们也可以根据式（2-1）或（2-2）来确定超静定次数。例如对于图 7-10a 的结构，若将除去顶部铰和两侧链杆的上部无多余约束构架作为刚片，则由上式和式（2-1）可求得超静定次数为

$$n=-W=c+r-3m=4+5-3\times 1=6$$

读者也可利用式（2-2）另行完成该例的计算和校核。

7-3　力法基本原理及分析步骤

7-3-1　一次超静定结构

图 7-11a 所示梁为一次超静定结构。如果将 C 处支座链杆作为多余约束，则去除该约束可以得到图 7-11b 所示的力法基本结构。基本结构在多余未知力及荷载等外因共同作用下的体系与原结构是等效的，通常将这一体系称为**力法基本体系**（图 7-11c）。

考虑到原结构在支座 C 处沿 X_1 方向的位移 $\Delta_1=0$，那么基本结构在 X_1 和荷载 q 的共同作用下也必然具有相同的位移条件，即

$$\Delta_1 = \Delta_{11} + \Delta_{1P} = 0 \tag{a}$$

式中Δ_{11}表示基本结构在多余未知力X_1单独作用下沿X_1方向的位移（图 7-11d），Δ_{1P}表示基本结构在外荷载单独作用下沿X_1方向的位移，均以沿X_1正方向为正（图 7-11e）。

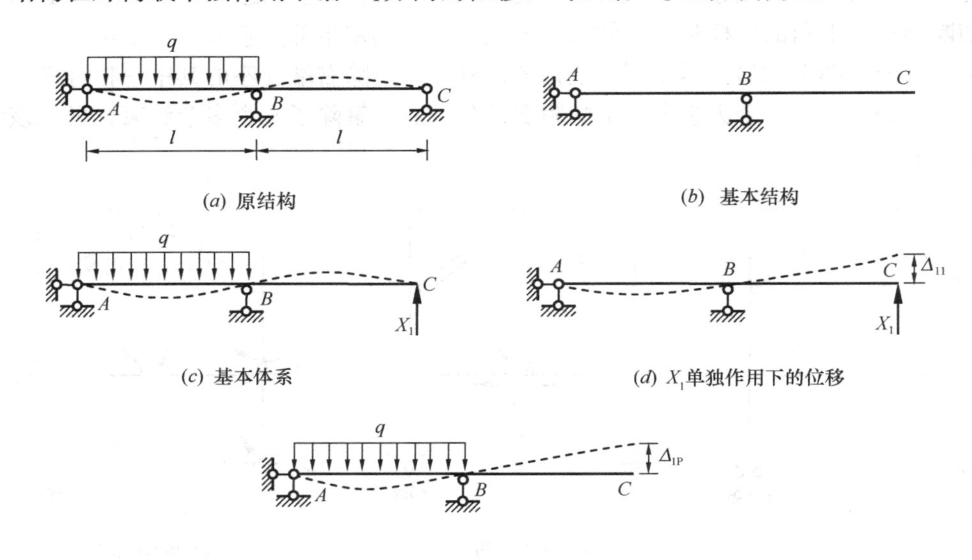

图 7-11　一次超静定结构力法示例

若以δ_{11}表示基本结构在单位多余未知力（即$X_1=1$）作用下沿X_1方向的位移，则有

$$\Delta_{11} = \delta_{11} X_1 \tag{b}$$

于是方程（a）可写成

$$\delta_{11} X_1 + \Delta_{1P} = 0 \tag{7-1}$$

这就是一次超静定结构的**力法基本方程**。该方程的左边各项都是关于基本结构的，而右端项则为原结构在相应多余约束方向上的位移。

由于基本结构是静定的，故δ_{11}、Δ_{1P}就属于静定结构在已知力作用下的位移，易由第 6 章的位移计算方法求得。对于本例，为求δ_{11}和Δ_{1P}，可先绘出基本结构在$X_1=1$和荷载q单独作用下的弯矩图，即$\overline{M}_1$图和M_P图，分别如图 7-12a、b所示；然后用位移计算公式及图乘法算出这两个位移：

$$\delta_{11} = \Sigma\int \frac{\overline{M}_1^2}{EI} \mathrm{d}s = \frac{2l^3}{3EI}$$

$$\Delta_{1P} = \Sigma\int \frac{\overline{M}_1 M_P}{EI} \mathrm{d}s = \frac{ql^4}{24EI}$$

将上式代入力法基本方程（7-1），可解得

$$X_1 = -\frac{\Delta_{1P}}{\delta_{11}} = -\frac{ql}{16}$$

结构的最终内力也可在基本结构上利用叠加原理求得，例如各杆弯矩可由下式计算：

$$M = \overline{M}_1 X_1 + M_P \tag{7-2}$$

一般情况下，可先用上式求得各杆端弯矩，再用区段叠加法作出弯矩图（参见图 7-12c）。剪力

和轴力的计算也可照此进行，当然也可直接由杆端弯矩计算杆端剪力，再由剪力求得轴力。

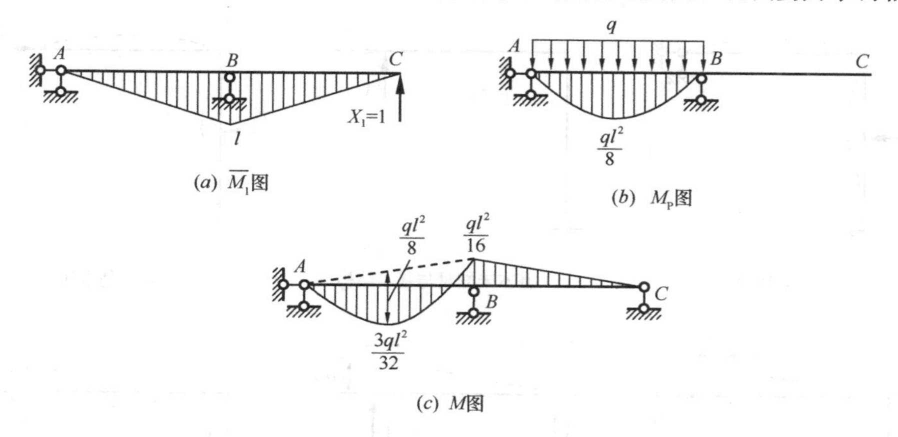

图 7-12　一次超静定力法示例弯矩图

7-3-2　多次超静定结构

多次超静定结构的力法分析原理与一次超静定结构完全相同，只是在对基本结构进行分析时，需将荷载和每个多余约束力都单独作为一组计算。例如图 7-13*a* 所示的两次超静定结构，利用基本结构计算其在 X_1、X_2 方向上的位移时（图 7-13*b*、*c*），需分为三组叠加，即

$$\left.\begin{aligned}\Delta_1 &= \delta_{11}X_1+\delta_{12}X_2+\Delta_{1P}=0\\ \Delta_2 &= \delta_{21}X_1+\delta_{22}X_2+\Delta_{2P}=0\end{aligned}\right\} \tag{7-3}$$

这里，δ_{11}、δ_{12}、Δ_{1P}分别表示 $X_1=1$、$X_2=1$ 和荷载单独作用于基本结构时所引起的沿 X_1 方向的位移，而 δ_{21}、δ_{22}、Δ_{2P} 表示上述三组力单独作用引起的沿 X_2 方向的位移（图 7-13*d*、*e*、*f*）。

上式即为两次超静定结构的力法基本方程。由该方程可解出基本未知量 X_1、X_2，再用叠加法可求得结构的最后内力，例如对弯矩有：

$$M=\overline{M}_1X_1+\overline{M}_2X_2+M_P$$

这里 $\overline{M}_1$、$\overline{M}_2$、M_P 分别为基本结构在 $X_1=1$、$X_2=1$ 和荷载单独作用下的弯矩图。

对于 n 次超静定结构，共有 n 个多余未知力。对应每一个多余未知力，都有一个与相应多余约束相关联的位移条件，据此可建立起 n 个关于多余未知力的变形协调方程，即为 n 次超静定结构的**力法基本方程**。假设原结构沿各多余约束方向上的位移均为零，则这 n 个方程为

$$\left.\begin{aligned}&\delta_{11}X_1+\delta_{12}X_2+\cdots+\delta_{1n}X_n+\Delta_{1P}=0\\ &\delta_{21}X_1+\delta_{22}X_2+\cdots+\delta_{2n}X_n+\Delta_{2P}=0\\ &\cdots\cdots\\ &\delta_{n1}X_1+\delta_{n2}X_2+\cdots+\delta_{nn}X_n+\Delta_{nP}=0\end{aligned}\right\} \tag{7-4}$$

就不同结构及荷载方式而言，这些方程的形式是不变的，故又称之为**力法典型方程**。

力法典型方程中，δ_{ij} 表示基本结构在第 j 个单位多余未知力（即 $X_j=1$）单独作用下，所引起的沿 X_i 方向的位移，是结构在相应方向的**柔度系数**，其中处于方程组主对角线位置的系数 δ_{ii} 称为**主系数**，其值恒为正；其他系数 δ_{ij}（$i\neq j$）称为**副系数**。根据位移

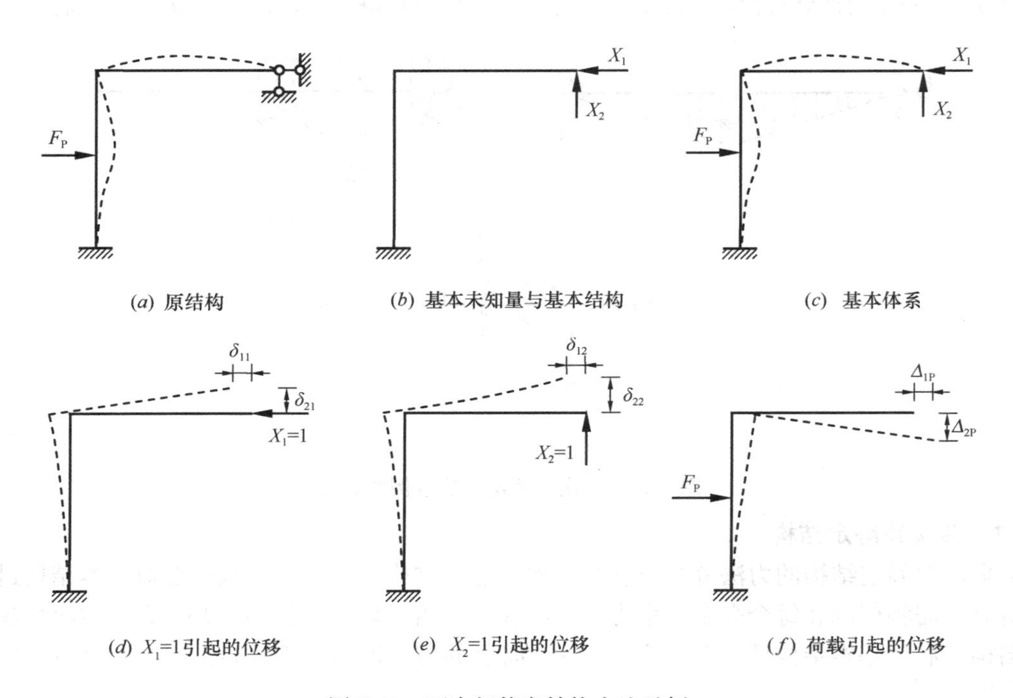

图 7-13 两次超静定结构力法示例

互等定理有 $\delta_{ij}=\delta_{ji}$。显然，δ_{ij} 只与基本结构本身的特性（结构尺寸、刚度、支承等）有关，而与荷载等外因无关。Δ_{iP}表示基本结构在外荷载单独作用下沿 X_i方向的位移，称之为**自由项**。

上述力法典型方程也可写成如下的矩阵形式：

$$\boldsymbol{\delta X}+\boldsymbol{\Delta}_{\mathrm{P}}=\mathbf{0} \tag{7-5}$$

式中 $\boldsymbol{\delta}$ 称为结构的**柔度矩阵**。力法方程实质上是反映位移条件的柔度方程，故力法又称为**柔度法**。

力法典型方程所涉及的各系数和自由项都是关于基本结构的，这反映了原结构的具体计算已转移到基本结构上的事实。因基本结构静定，故系数和自由项可以采用以下的静定结构位移计算式求得：

$$\left.\begin{aligned}\delta_{ij}&=\Sigma\int\frac{\overline{M}_i\overline{M}_j}{EI}\mathrm{d}s+\Sigma\int\frac{\overline{F}_{\mathrm{N}i}\overline{F}_{\mathrm{N}j}}{EA}\mathrm{d}s+\Sigma\int\frac{k\overline{F}_{\mathrm{Q}i}\overline{F}_{\mathrm{Q}j}}{GA}\mathrm{d}s\\ \Delta_{i\mathrm{P}}&=\Sigma\int\frac{\overline{M}_iM_{\mathrm{P}}}{EI}\mathrm{d}s+\Sigma\int\frac{\overline{F}_{\mathrm{N}i}F_{\mathrm{NP}}}{EA}\mathrm{d}s+\Sigma\int\frac{k\overline{F}_{\mathrm{Q}i}F_{\mathrm{QP}}}{GA}\mathrm{d}s\end{aligned}\right\} \tag{7-6}$$

式中 $\overline{M}_i$、$\overline{F}_{\mathrm{N}i}$、$\overline{F}_{\mathrm{Q}i}$ 以及 M_{P}、F_{NP}、F_{QP}分别表示基本结构由第 i 个单位多余未知力单独作用，以及荷载单独作用引起的弯矩、轴力和剪力。

多余未知力求得后，结构上的其他内力则可采用叠加法算得。例如对于弯矩，有

$$M=\overline{M}_1X_1+\overline{M}_2X_2+\cdots+\overline{M}_nX_n+M_{\mathrm{P}} \tag{7-7}$$

7-3-3 力法分析的一般步骤

根据力法的基本原理，采用力法分析超静定结构的一般步骤可归纳为：

（1）确定超静定次数，选取基本未知量和基本结构。注意所选取的基本结构在外力作用下必须是几何不变的。

（2）列出力法典型方程，方程的数目等于作为基本未知量的多余约束力的数目。

（3）作出基本结构在各单位多余未知力和荷载等外因单独作用下的内力图。

（4）利用位移计算公式计算典型方程的系数和自由项。

（5）解典型方程，求出多余未知力。

（6）用叠加法计算结构的最后内力，作出内力图。

按照上述一般步骤，可以完成梁、刚架、桁架、拱和组合结构等各类超静定结构的力法计算，其具体应用参见第8章所述。

7-4　等截面直杆的刚度方程

从7-1节得知，位移法基本结构是通过附加结点约束，将作为基本未知量的结点位移从原结构中解除后，而获得的一个可逐杆分析的简化结构。要进行逐杆分析，首先需要掌握单根杆件在杆端位移及荷载等外因作用下的内力变化关系。本节将针对等截面直杆讨论这一问题。

需要说明的是，在小变形条件下，直杆的轴力只与轴向变形或轴向位移相关，而弯矩和剪力仅与弯曲变形或杆端横向位移、转角有关。也就是说，直杆的轴向与横向刚度关系（内力-变形关系）是相互独立的。

7-4-1　拉压杆的刚度方程

设轴向拉压杆 AB 的两端分别发生了 u_A、u_B 的轴向（x 方向）位移，如图7-14，于是该杆的轴向伸长量为 $u_{AB}=u_B-u_A$，而杆端轴力（以受拉为正）的表达式可写为：

$$F_{NAB}=F_{NBA}=\frac{EA}{l}u_{AB} \tag{7-8}$$

该式即为轴向拉压杆的刚度方程，式中 $\frac{EA}{l}=i_a$ 称为杆件的**轴向线刚度**。

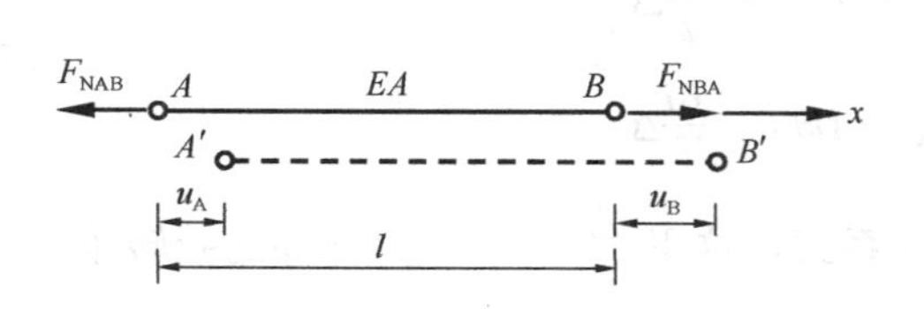

图7-14　轴向拉压杆的刚度关系

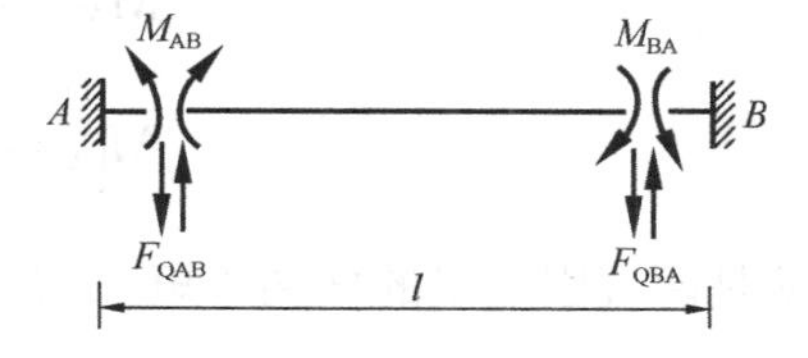

图7-15　梁式杆杆端力正负号规定

7-4-2　梁式杆的转角位移方程

为了便于对梁式杆建立统一的平衡关系，位移法中对杆端力和杆端位移的正负号作出如下规定：

a）杆端弯矩对杆端而言（即取杆件为隔离体）以顺时针方向为正，当然对结点或支座而言则以逆时针方向为正（图7-15）；杆端剪力的正负号规定与此前相同。

b）杆端转角以顺时针方向为正；杆端横向相对线位移以使整个杆件顺时针转动为正，或者说杆件的**弦转角**（即横向相对线位移与杆长之比）以顺时针为正（参见图7-16a）。

(1) 两端固定梁的转角位移方程

设两端固定梁 AB 的两端分别沿正方向（顺时针）发生了 θ_A、θ_B的支座转动，而 B 端又相对于 A 端发生了正方向的横向线位移 Δ，设由此产生的杆端弯矩各为 M_{AB}、M_{BA}（图 7-16a）。那么，该梁的受力和变形与两端分别作用 M_{AB}、M_{BA}，且 B 端相对于 A 端发生 Δ 的竖向支座位移，从而使其两端产生 θ_A、θ_B转角的简支梁（图 7-16b）是一致的。对于后者，利用位移计算公式容易求得其杆端转角表达式为：

$$\left.\begin{aligned}\theta_A &= \frac{l}{3EI}M_{AB} - \frac{l}{6EI}M_{BA} + \frac{\Delta}{l}\\ \theta_B &= -\frac{l}{6EI}M_{AB} + \frac{l}{3EI}M_{BA} + \frac{\Delta}{l}\end{aligned}\right\}$$

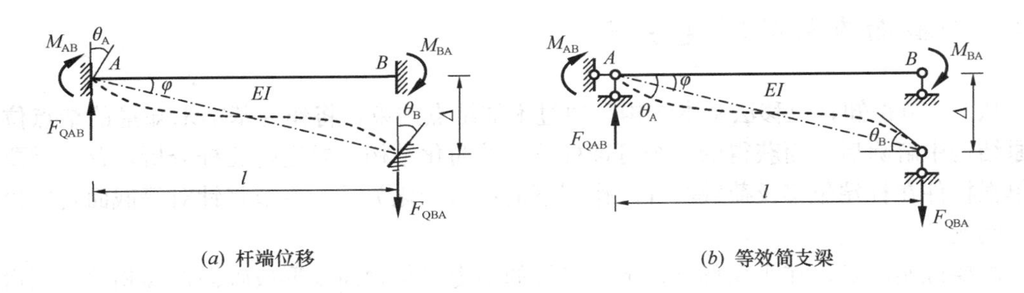

(a) 杆端位移　　(b) 等效简支梁

图 7-16　两端固定梁

再引入 $i=\dfrac{EI}{l}$，称之为杆件的**弯曲线刚度**，则有

$$\left.\begin{aligned}\theta_A &= \frac{1}{3i}M_{AB} - \frac{1}{6i}M_{BA} + \frac{\Delta}{l}\\ \theta_B &= -\frac{1}{6i}M_{AB} + \frac{1}{3i}M_{BA} + \frac{\Delta}{l}\end{aligned}\right\} \tag{a}$$

从上式解出杆端弯矩，得

$$\left.\begin{aligned}M_{AB} &= 4i\theta_A + 2i\theta_B - \frac{6i}{l}\Delta\\ M_{BA} &= 2i\theta_A + 4i\theta_B - \frac{6i}{l}\Delta\end{aligned}\right\} \tag{7-9}$$

该式就是两端固定梁的杆端弯矩-杆端位移关系式，这里 $\dfrac{\Delta}{l}=\varphi$ 即为杆件的弦转角。

利用对杆端的力矩平衡，可进一步得出杆端剪力的表达式为：

$$F_{QAB} = F_{QBA} = -\frac{M_{AB}+M_{BA}}{l} = -\frac{6i}{l}\theta_A - \frac{6i}{l}\theta_B + \frac{12i}{l^2}\Delta \tag{7-10}$$

将式（7-9）和（7-10）合并，并写成矩阵形式，有

$$\begin{Bmatrix}M_{AB}\\ M_{BA}\\ F_{QAB}\end{Bmatrix} = \begin{bmatrix}4i & 2i & -\frac{6i}{l}\\ 2i & 4i & -\frac{6i}{l}\\ -\frac{6i}{l} & -\frac{6i}{l} & \frac{12i}{l^2}\end{bmatrix}\begin{Bmatrix}\theta_A\\ \theta_B\\ \Delta\end{Bmatrix} \tag{7-11}$$

该式称为两端固定梁的**刚度方程**，其系数矩阵中的各系数称为**刚度系数**。这些系数是仅与杆长、截面尺寸、材料性质有关的常数，故又称之为**形常数**（参见表 7-1 第 1、2 栏）。

如果两端固定梁除了发生上述杆端位移（即支座位移）以外，还受到外荷载及温度改变等外因的作用，则此时在式（7-9）杆端弯矩表达式的基础上，还需叠加由荷载或其他外因单独作用引起的**固端弯矩**（因此时杆端无位移，属固定端，简称固端），即

$$\left.\begin{aligned} M_{AB} &= 4i\theta_A + 2i\theta_B - \frac{6i}{l}\Delta + M_{AB}^F \\ M_{BA} &= 2i\theta_A + 4i\theta_B - \frac{6i}{l}\Delta + M_{BA}^F \end{aligned}\right\} \tag{7-12}$$

该式即为两端固定等截面直梁的**转角位移方程**，M_{AB}^F、M_{BA}^F 为相应的**固端弯矩**。杆端剪力表达式也可由平衡条件进一步导得（用 F_{QAB}^F、F_{QBA}^F 表示**固端剪力**）：

$$\left.\begin{aligned} F_{QAB} &= -\frac{6i}{l}\theta_A - \frac{6i}{l}\theta_B + \frac{12i}{l^2}\Delta + F_{QAB}^F \\ F_{QBA} &= -\frac{6i}{l}\theta_A - \frac{6i}{l}\theta_B + \frac{12i}{l^2}\Delta + F_{QBA}^F \end{aligned}\right\} \tag{7-13}$$

表 7-2 第 1～4 栏、第 15 栏列出了常见荷载及温度改变作用下两端固定等截面直杆的固端弯矩和固端剪力。因固端力是与荷载形式有关的常数，故习惯上称之为**载常数**。

（2）一端固定一端铰支梁的转角位移方程

一端固定一端铰支梁的转角位移方程可由两端固定梁导出。设 B 端为铰支（图 7-17），那么我们可以认为该端的转角 θ_B是不独立的。实际上，令 $M_{BA}=0$，由式（7-12）的第二式可得

$$M_{BA} = 2i\theta_A + 4i\theta_B - \frac{6i}{l}\Delta + M_{BA}^F = 0$$

解出 θ_B，有

$$\theta_B = -\frac{\theta_A}{2} + \frac{3\Delta}{2l} - \frac{M_{BA}^F}{4i} \tag{b}$$

该式说明 θ_B可用 θ_A和 Δ 表示出来，作为不独立。将上式代入式（7-12）的第一式，便得一端固定一端铰支梁的转角位移方程：

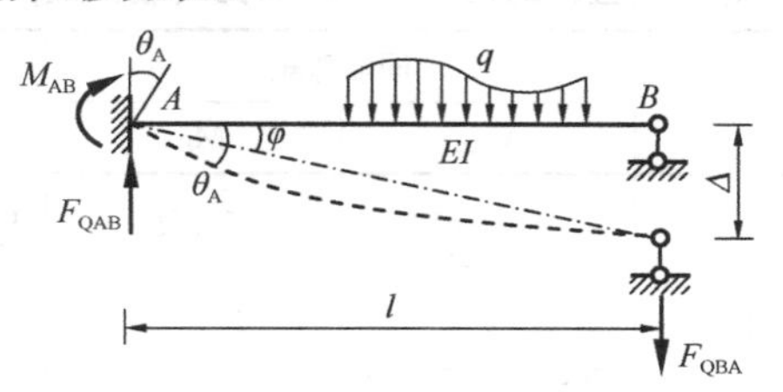

图 7-17　一端固定一端铰支梁

$$M_{AB} = 3i\theta_A - \frac{3i}{l}\Delta + M_{AB}^{F\prime} \tag{7-14}$$

式中 $M_{AB}^{F\prime}$为一端固定一端铰支梁的固端弯矩，它与两端固定梁的固端弯矩的关系是

$$M_{AB}^{F\prime} = M_{AB}^F - \frac{1}{2}M_{BA}^F \tag{c}$$

这类梁的杆端剪力表达式为

等截面直杆的形常数$\left(i=\frac{EI}{l}\right)$ 表 7-1

序号	简图	杆端弯矩		杆端剪力
		M_{AB}	M_{BA}	$F_{QAB}=F_{QBA}$
1	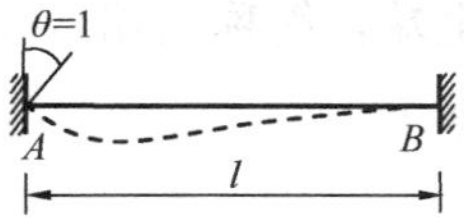	$4i$	$2i$	$-\frac{6i}{l}$
2	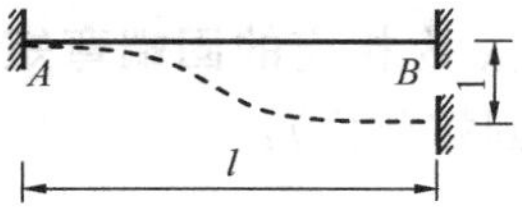	$-\frac{6i}{l}$	$-\frac{6i}{l}$	$\frac{12i}{l^2}$
3	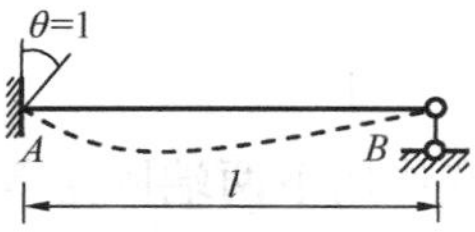	$3i$	0	$-\frac{3i}{l}$
4	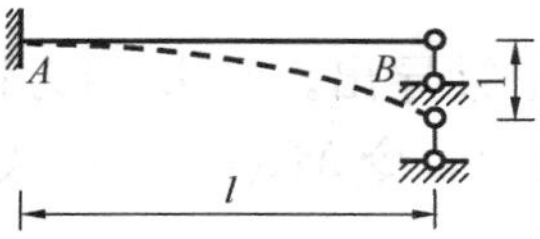	$-\frac{3i}{l}$	0	$\frac{3i}{l^2}$
5	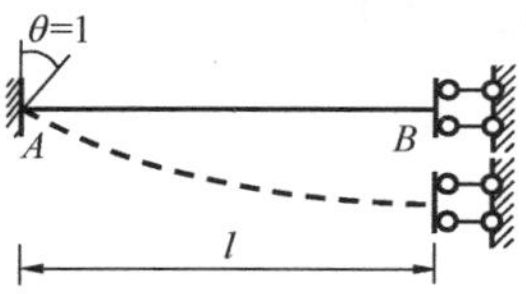	i	$-i$	0

等截面直杆的固端弯矩和剪力（载常数） 表 7-2

序号	简图	固端弯矩		固端剪力	
		M_{AB}	M_{BA}	F_{QAB}	F_{QBA}
1	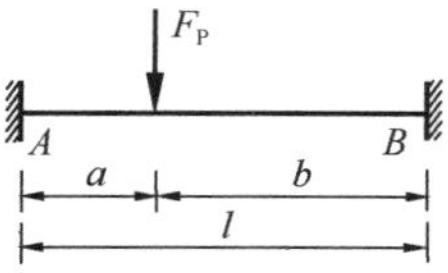	$-\frac{F_Pab^2}{l^2}$	$\frac{F_Pa^2b}{l^2}$	$\frac{F_Pb^2}{l^2}\left(1+\frac{2a}{l}\right)$	$-\frac{F_Pa^2}{l^2}\left(1+\frac{2b}{l}\right)$
		当$a=b=\frac{l}{2}$：$-\frac{F_Pl}{8}$	$\frac{F_Pl}{8}$	$\frac{F_P}{2}$	$-\frac{F_P}{2}$
2	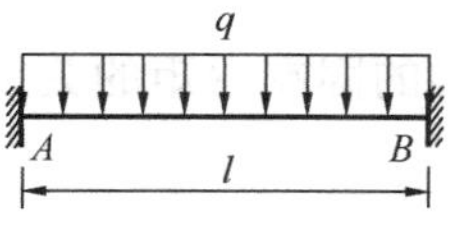	$-\frac{ql^2}{12}$	$\frac{ql^2}{12}$	$\frac{ql}{2}$	$-\frac{ql}{2}$

续表

序号	简　图	固端弯矩		固端剪力	
		M_{AB}	M_{BA}	F_{QAB}	F_{QBA}
3	q; A; B; l	$-\frac{ql^2}{20}$	$\frac{ql^2}{30}$	$\frac{7ql}{20}$	$-\frac{3ql}{20}$
4	M; A; B; a; b; l	$\frac{Mb(3a-l)}{l^2}$	$\frac{Ma(3b-l)}{l^2}$	$-\frac{6Mab}{l^3}$	$-\frac{6Mab}{l^3}$
		当 $a=b=\frac{l}{2}$：$\frac{M}{4}$	$\frac{M}{4}$	$-\frac{3M}{2l}$	$-\frac{3M}{2l}$
5	F_P; A; B; a; b; l	$-\frac{F_Pab(l+b)}{2l^2}$	0	$\frac{F_Pb(3l^2-b^2)}{2l^3}$	$-\frac{F_Pa^2(2l+b)}{2l^3}$
		当 $a=b=\frac{l}{2}$：$-\frac{3F_Pl}{16}$	0	$\frac{11F_P}{16}$	$-\frac{5F_P}{16}$
6	q; A; B; l	$-\frac{ql^2}{8}$	0	$\frac{5ql}{8}$	$-\frac{3ql}{8}$
7	q; A; B; l	$-\frac{ql^2}{15}$	0	$\frac{4ql}{10}$	$-\frac{ql}{10}$
8	q; A; B; l	$-\frac{7ql^2}{120}$	0	$\frac{9ql}{40}$	$-\frac{11ql}{40}$
9	M; A; B; a; b; l	$\frac{M(l^2-3b^2)}{2l^2}$	0 $(a<l)$	$-\frac{3M(l^2-b^2)}{2l^3}$	$-\frac{3M(l^2-b^2)}{2l^3}$
		当 $a=l,\ b=0$：$\frac{M}{2}$	M	$-\frac{3M}{2l}$	$-\frac{3M}{2l}$
10	F_P; A; B; a; b; l	$-\frac{F_Pa(l+b)}{2l}$	$-\frac{F_Pa^2}{2l}$	F_P	$0(a<l)$
		当 $a=b=\frac{l}{2}$：$-\frac{3F_Pl}{8}$	$-\frac{F_Pl}{8}$	F_P	0
		当 $a=l,\ b=0$：$-\frac{F_Pl}{2}$	$-\frac{F_Pl}{2}$	F_P	F_P

续表

序号	简　图	固端弯矩		固端剪力	
		M_{AB}	M_{BA}	F_{QAB}	F_{QBA}
11		$-\frac{ql^2}{3}$	$-\frac{ql^2}{6}$	ql	0
12		$-\frac{ql^2}{8}$	$-\frac{ql^2}{24}$	$\frac{ql}{2}$	0
13		$-\frac{5ql^2}{24}$	$-\frac{ql^2}{8}$	$\frac{ql}{2}$	0
14		$-\frac{Mb}{l}$	$-\frac{Ma}{l}$	0	0
15		$-\frac{EI\alpha\Delta t}{h}$	$\frac{EI\alpha\Delta t}{h}$	0	0
16		$-\frac{3EI\alpha\Delta t}{2h}$	0	$\frac{3EI\alpha\Delta t}{2hl}$	$\frac{3EI\alpha\Delta t}{2hl}$
17		$-\frac{EI\alpha\Delta t}{h}$	$\frac{EI\alpha\Delta t}{h}$	0	0

$$\left.\begin{aligned} F_{QAB} &= -\frac{3i}{l}\theta_A + \frac{3i}{l^2}\Delta + F_{QAB}^F \\ F_{QBA} &= -\frac{3i}{l}\theta_A + \frac{3i}{l^2}\Delta + F_{QBA}^F \end{aligned}\right\} \tag{7-15}$$

式中 F_{QAB}^F、F_{QBA}^F 为一端固定一端铰支梁的固端剪力。

方程（7-14）和（7-15）中涉及的系数为一端固定一端铰支梁的形常数，已一并列于表 7-1 中；这类梁的固端弯矩和剪力参见表 7-2 所示。

(3) 一端固定一端滑动梁的转角位移方程

这类梁的转角位移方程同样可由两端固定梁推出。设 B 端为滑动（图 7-18），则根据支座性质显然有 $\theta_B=0$，$F_{QBA}=0$。这样，由式(7-13)的第二式（此时 $F^F_{QBA}=0$）得到 $\dfrac{\Delta}{l}=\dfrac{\theta_A}{2}$，可见 Δ 可用 θ_A 表示出来，作为不独立。于是有

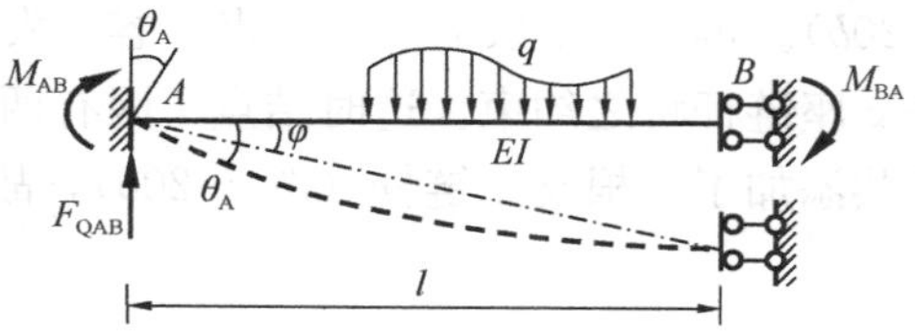

图 7-18　一端固定一端滑动梁

$$\left.\begin{aligned}M_{AB}&=i\theta_A+M^{F''}_{AB}\\M_{BA}&=-i\theta_A+M^{F''}_{BA}\end{aligned}\right\}\tag{7-16}$$

相应的杆端剪力为

$$F_{QAB}=F^{F''}_{QAB},\ F_{QBA}=F^{F''}_{QBA}=0\tag{7-17}$$

该类梁的形常数和载常数已一并列于表 7-1、7-2 中。

7-5　位移法基本未知量的确定

前已述及，位移法的基本未知量是结点位移，包括结点角位移和结点线位移。这里的结点一般布置在杆件连接点、支承点、截面突变点、杆末端点等处（图 7-19）。布置结点的原则是，一旦将这些结点的独立位移都约束住以后，得到的基本结构已将原结构分离为可逐杆分析的杆件集合体。独立结点位移的数目就是结点独立运动方式的数目，故又称为结构的**自由度**或**运动不确定次数**。所以，位移法基本未知量的数目就是结构的自由度数目，也是结构的运动不确定次数。

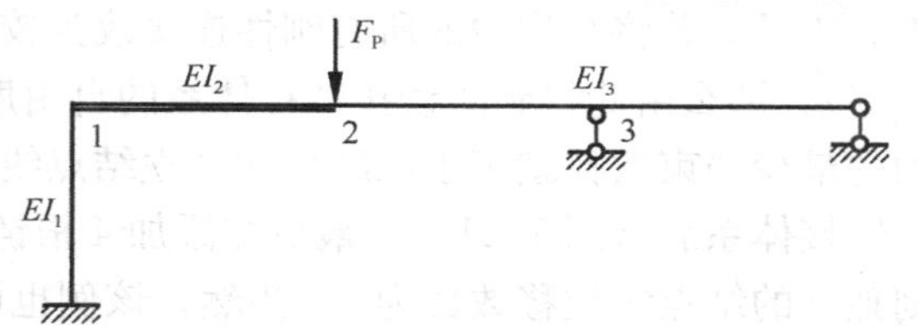

图 7-19　位移法的结点布置（3 个独立结点）

独立结点角位移的确定相对简单。因交于同一刚结点处的各杆端转角均彼此相等，故每个刚结点（含部分刚接的组合结点）只有一个独立的结点角位移。对于铰结点或铰支座处的各杆端转角，因另一端附加约束后可将各杆转化为一端固定一端铰支的梁分析，故可认为他们不独立，即不作为基本未知量考虑。例如图 7-19 右端铰支座处的杆端转角不独立，而对于图 7-20*a* 的刚架，容易判定其独立结点角位移的数目是 6（参见图 7-20*b* 添加刚臂处）。

确定独立结点线位移的数目时，如果同时考虑各杆的轴向变形和弯曲变形，那么每个自由结点都有两个独立线位移。但是在梁和刚架等以受弯为主的结构中，梁式杆由内力产生的轴向变形一般很小，因此结构分析时常忽略该轴向变形的影响，即认为在外力作用下梁式直杆两端的轴向位移始终保持相等。这就相当于在杆件两端的结点之间添加了一根刚性链杆，从而使得某些结点之间以及结点与支承点之间的线位移相互关联了。这种情况下，该如何判定独立结点线位移的数目呢？以下举例加以说明。

在图 7-20*a* 的刚架中，结点 D、E、G 与支座 A、B、C 均用竖杆相连，故都不存在竖

向位移；这三个结点与结点 F 用水平梁连接，故有一个相同的水平线位移；同时结点 F 还允许有微小的竖向线位移。为约束这两个结点线位移，可在相应方向添加支座链杆（图 7-20b）。再考察上层的三个结点，容易发现结点 H、J 各有一个独立的水平线位移，用水平支座链杆将之约束。这时结点 I 因有两根相交的杆件约束，已不存在独立线位移。这样总共添加了 4 根支座链杆（图 7-20b），故知结构有 4 个独立的结点线位移。

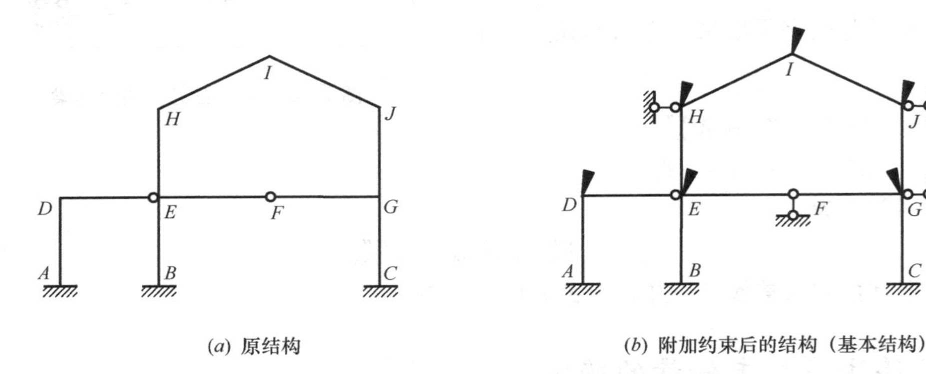

(a) 原结构　　(b) 附加约束后的结构（基本结构）

图 7-20　独立结点位移判定示例

如上所述，忽略杆件的轴向变形相当于在杆件两端的结点之间添加了一个刚性链杆约束。于是，若将结构中的所有刚性连接改为铰接（即刚结点改为铰结点，固定支座改为铰支座），那么由此得到的铰接链杆体系的自由度数目，或者使之成为几何不变体系所需添加的最少约束数目就等于原结构的独立结点线位移数目。例如图 7-20a 所示结构，将其改为铰接体系后（图 7-21a），最少需添加 4 根链杆才能使其成为几何不变体系（图 7-21b），则独立的结点线位移数目为 4。当然，该例也可以添加与图 7-20b 相同的 4 根支座链杆使之成为几何不变体系。

图 7-22a 所示结构并无独立的结点线位移，但若采用铰接链杆体系法判断，则可能得出错误的结论（图 7-22b）。这是因为所添加的链杆实际上是约束杆末端点 B 和 E 处的横向位移，而这两个位移我们认为它是不独立的。因此，利用铰接链杆体系判断时，如果遇到杆端为自由，或为轴向链杆支承、滑动支承的情况，由于这些杆端的横向位移并不独立，故为阻止这些位移所需添加的链杆就不应计入独立结点线位移的数目中。

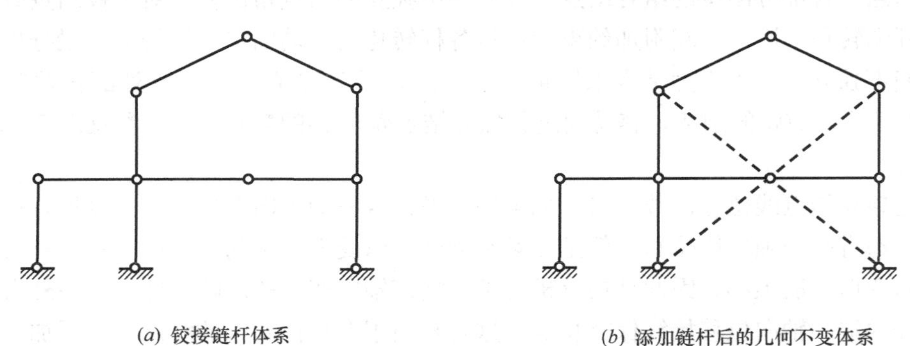

(a) 铰接链杆体系　　(b) 添加链杆后的几何不变体系

图 7-21　铰接链杆体系法示例

再看图 7-23a 所示的刚架，其水平梁的刚度无穷大。采用位移法分析时，注意到 C、

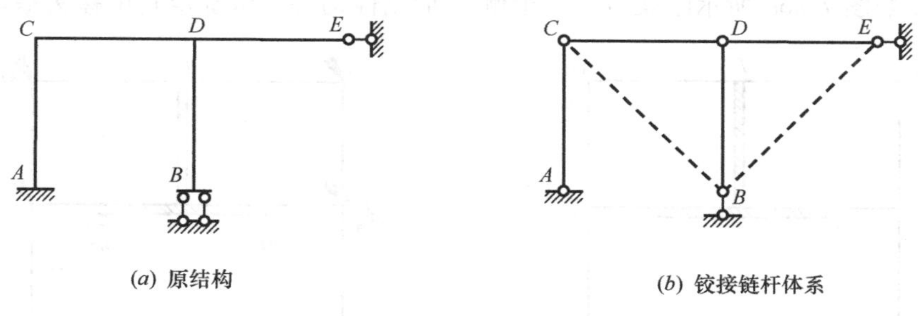

(a) 原结构　　(b) 铰接链杆体系

图 7-22　杆末端无横向支承的情况

D 两结点都是柔性杆与同一刚性杆的交点，故它们不仅线位移相关联，角位移也是不完全独立的。对这类结点，宜以整个刚性杆为对象分析。因刚性杆无约束时共有三个自由度，现已用梁式杆 AC、BD 将之沿杆轴约束，故仅剩一个自由度，例如可取结点 D 的水平位移作为该自由度，相应的基本结构如图 7-23b 所示。

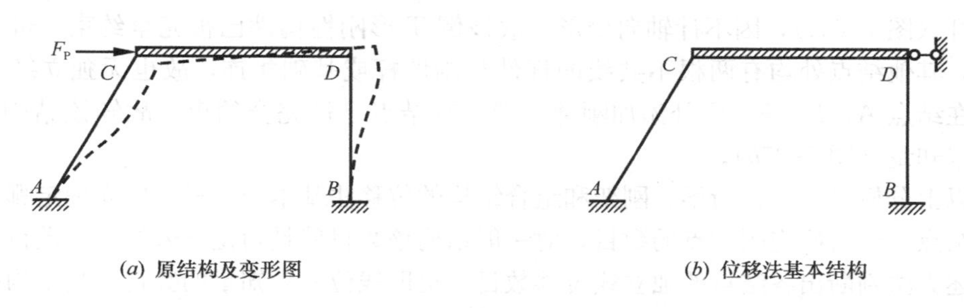

(a) 原结构及变形图　　(b) 位移法基本结构

图 7-23　具有刚性杆的结构

【例 7-2】 确定图 7-24a 所示斜坡排架的位移法基本未知量，绘出相应的基本结构。忽略各杆轴向变形。

【解】 因柱子为分段等截面，故除支座结点外应在 A、B、C、D、E 五处布置结点，其中结点 A、D 为（或包含）刚结点，故有两个独立的结点角位移。此外，结点 A 处有一个独立水平线位移，结点 B 和 C、D 和 E 分别共有一个水平线位移，故总计有 3 个独立的结点线位移。其位移法基本结构参见图 7-24b。

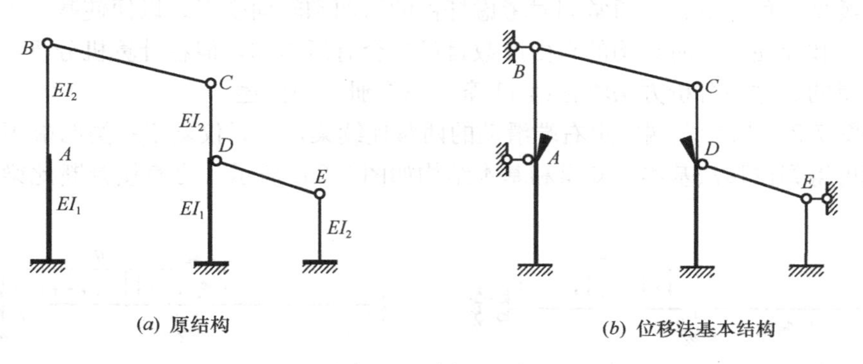

(a) 原结构　　(b) 位移法基本结构

图 7-24　例 7-2 图

此例中，如果考虑链杆 BC、DE 的轴向变形，则结点 C 和 D 的水平位移也为独立，故共计有 5 个结点线位移。

【例 7-3】图 7-25a 所示刚架带有一个倒 T 形刚性构件，试确定其位移法基本未知量。

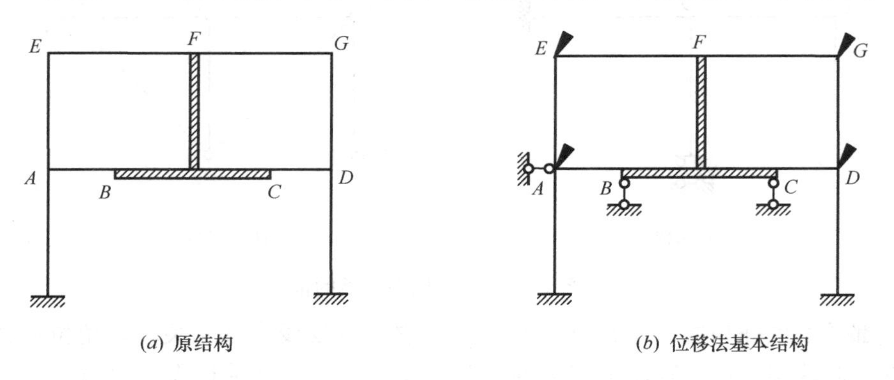

图 7-25 例 7-3 图

【解】先针对刚性构件进行分析。在结点 A、B、C 处分别添加一根水平和两根竖向支座链杆（图 7-25b），因不计轴向变形，故该倒 T 形刚性构件已被完全约束。进一步分析可知，其他结点处均有两根不共线的杆件与刚性杆或基础相连，故也无独立结点线位移。再在结点 A、D、E、G 处添加刚臂，则所有结点已被完全约束。故知该结构共有 7 个基本未知量（图 7-25b）。

从以上分析可知，判断梁、刚架和组合结构的位移法基本未知量，应先确定哪些位置需布置结点，然后确定刚结点的数目，对一般结构该数目就是角位移未知量的数目；接着采用前述方法判断出各结点的独立线位移数目，也即线位移未知量的数目。当结构中存在刚度无穷大的刚性杆时，宜取整个刚性杆为对象进行分析，并注意与同一刚性杆相连的各个结点的线位移和角位移都是关联的。

实际上，位移法基本未知量的数目是相对于单杆分析时所要用到的已知杆件类型而言的。前述基本未知量的确定都是基于三类单跨超静定杆（两端固定、一端固定一端铰支和一端固定一端滑动的等截面杆）以及可能存在的剪力静定杆，并忽略梁式杆的轴向变形的。此时铰结点的各杆端转角、各杆末端点（如自由端、铰支端、滑动端等）的位移并不独立，故不作为基本未知量。在后续的基于矩阵位移法的计算机分析中，我们更希望所依赖的单杆类型尽可能少，且通常同时考虑杆件的弯曲和轴向变形，以便使基本未知量的确定更为统一和简便。此时结构的自由度数目虽然会有所增加，但在计算机分析中这点代价往往是值得的。这一分析方法将在第 11 章（第Ⅱ册）中阐述。

例如图 7-26a 所示左端固定右端滑动的两跨连续梁，如果仅基于一类两端固定梁进行分析，则可得到位移法基本未知量和基本结构如图 7-26b 所示（可直接判断此梁无轴向变

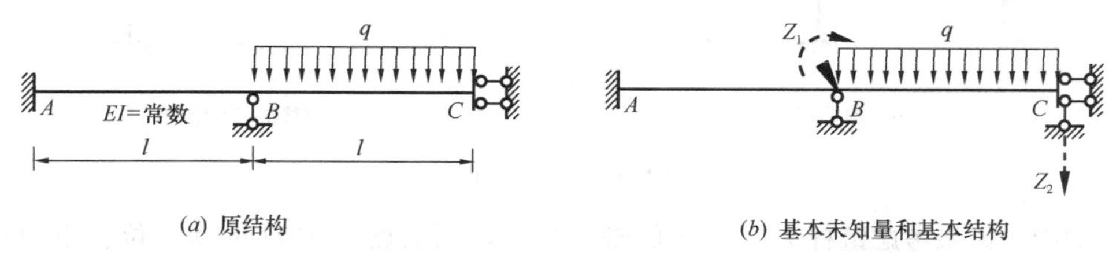

图 7-26 计算机分析时的基本未知量选取

形）。读者可按此基本结构，再结合后面介绍的方法自行完成计算，并与一个未知量的方法作一比较。

7-6 位移法基本原理及分析步骤

7-6-1 典型方程法

图 7-27a 所示的两跨连续梁，具有一个位移法基本未知量：结点 B 的角位移 Z_1。

利用典型方程法进行分析，需首先构建位移法的基本结构。为此在结点 B 处附加刚臂以锁定该结点的角位移，得到图 7-27b 所示的基本结构。这样，就可将原结构的计算转移到基本结构之上。此时基本结构除受原有荷载作用以外，还受到作为外部强制位移的基本未知量 Z_1 的作用。基本结构在这两种因素共同作用下的体系称为**位移法基本体系**（图 7-27c），该体系与原结构是等效的。

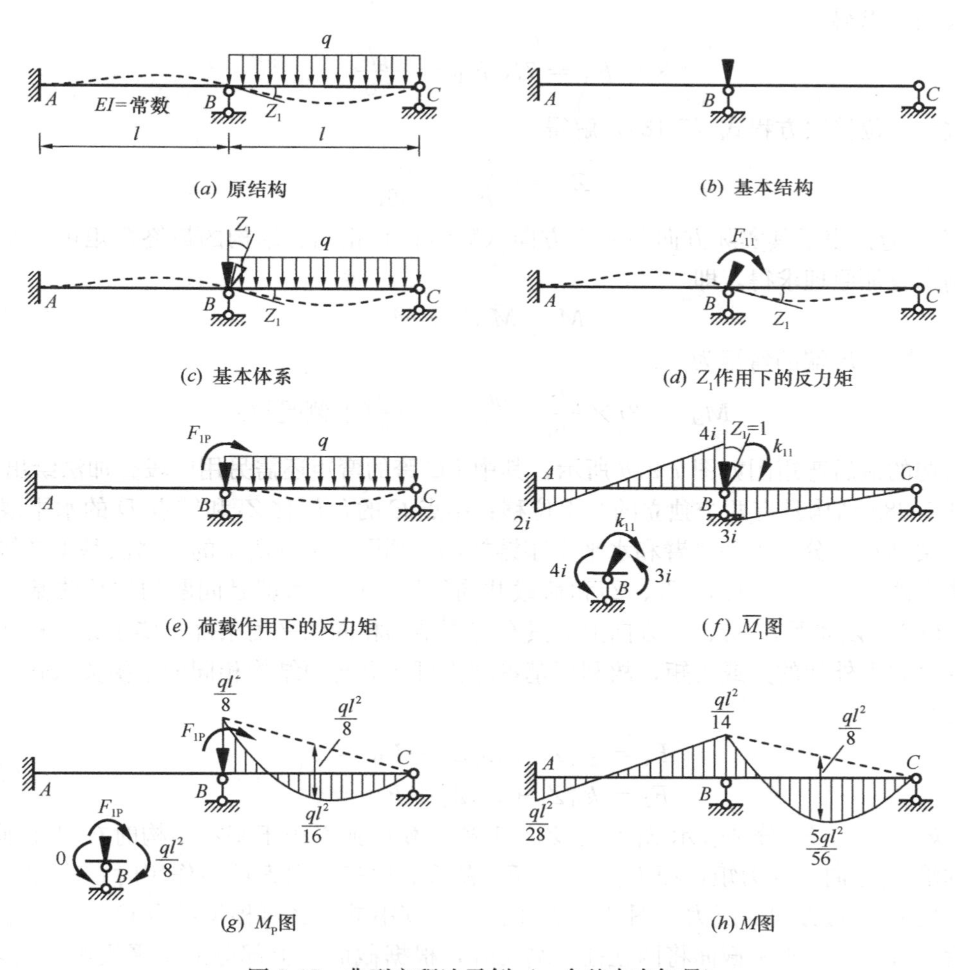

图 7-27 典型方程法示例（一个基本未知量）

基本结构在上述两种因素分别作用下，必然会在附加刚臂上产生附加约束力矩，而原结构并无此力矩，故两种因素叠加后，其附加约束力矩必为零，即

$$F_1 = F_{11} + F_{1P} = 0 \tag{a}$$

式中 F_{11} 表示基本结构在结点位移 Z_1 单独作用下，附加刚臂所产生的沿 Z_1 方向的反力矩（图 7-27*d*），F_{1P} 表示基本结构在外荷载单独作用下附加刚臂上的反力矩（图 7-27*e*）。

若以 k_{11} 表示基本结构在单位结点位移 $Z_1=1$ 作用下的附加约束力矩，则有

$$F_{11} = k_{11}Z_1 \tag{b}$$

于是式（a）可写为

$$k_{11}Z_1 + F_{1P} = 0 \tag{7-18}$$

该方程就是单自由度结构的**位移法基本方程**。该方程的左边各项均基于基本结构，而右端项为零表示原结构并无附加约束力或力矩。

由于基本结构中的各杆均可视为单跨超静定杆，故利用表 7-1 和 7-2 容易作出其弯矩图。本例中，为求 k_{11} 和 F_{1P}，可先绘出基本结构在 $Z_1=1$ 单独作用下的弯矩 $\overline{M}_1$ 图（图 7-27*f*），以及外荷载作用下的弯矩 M_P 图（图 7-27*g*）；然后根据结点 B 的力矩平衡（参见图 7-27*f*、*g*）求得

$$k_{11} = 7i，F_{1P} = -\frac{ql^2}{8}$$

将该式代入位移法方程式（7-18），解得

$$Z_1 = -\frac{F_{1P}}{k_{11}} = \frac{ql^2}{56i}$$

式中 Z_1 值为正表示其实际方向与所设方向（顺时针）相同。结构的最终弯矩可在基本结构上利用叠加原理求得，即

$$M = \overline{M}_1 Z_1 + M_P \tag{7-19}$$

例如 BC 杆件 B 端的弯矩为

$$M_{BC} = 3i \times \frac{ql^2}{56i} - \frac{ql^2}{8} = -\frac{ql^2}{14}\text{（上侧受拉）}$$

结构的最后弯矩图如图 7-27*h* 所示，其中 BC 跨的弯矩还需另用区段叠加法绘出。

图 7-28*a* 结构具有两个独立的结点位移：结点 C 的角位移 Z_1 和结点 D 的水平线位移 Z_2。在两结点上分别添加刚臂和水平支座链杆，得到图 7-28*b* 所示的位移法基本结构。基本结构在两个外部强制位移 Z_1、Z_2 和荷载共同作用下的体系就是问题的位移法基本体系（图 7-28*c*），该体系在 Z_1、Z_2 方向上应具有与原结构相同的平衡条件。鉴于原结构在这两个方向上并无外加的力或力矩，故利用基本结构可建立与原结构相同的平衡关系式，即位移法方程式如下：

$$\left.\begin{aligned} F_1 &= k_{11}Z_1 + k_{12}Z_2 + F_{1P} = 0 \\ F_2 &= k_{21}Z_1 + k_{22}Z_2 + F_{2P} = 0 \end{aligned}\right\} \tag{7-20}$$

式中，k_{11}、k_{12}、F_{1P} 分别表示 $Z_1=1$、$Z_2=1$ 和荷载单独作用于基本结构时在附加刚臂上产生的沿 Z_1 方向的反力矩，而 k_{21}、k_{22}、F_{2P} 表示上述三种因素单独作用时在附加支座链杆上产生的沿 Z_2 方向的反力（图 7-28*d*、*e*、*f*），其中前三者可根据结点 C 的力矩平衡求得，后三者可用一水平截面将两立柱顶端切开，根据截面以上部分的水平投影平衡求得，参见图 7-28*g*。

求解上述位移法方程，可获得基本未知量 Z_1、Z_2 的解，再用叠加法可进一步求得结构的最后内力。例如对于弯矩有：

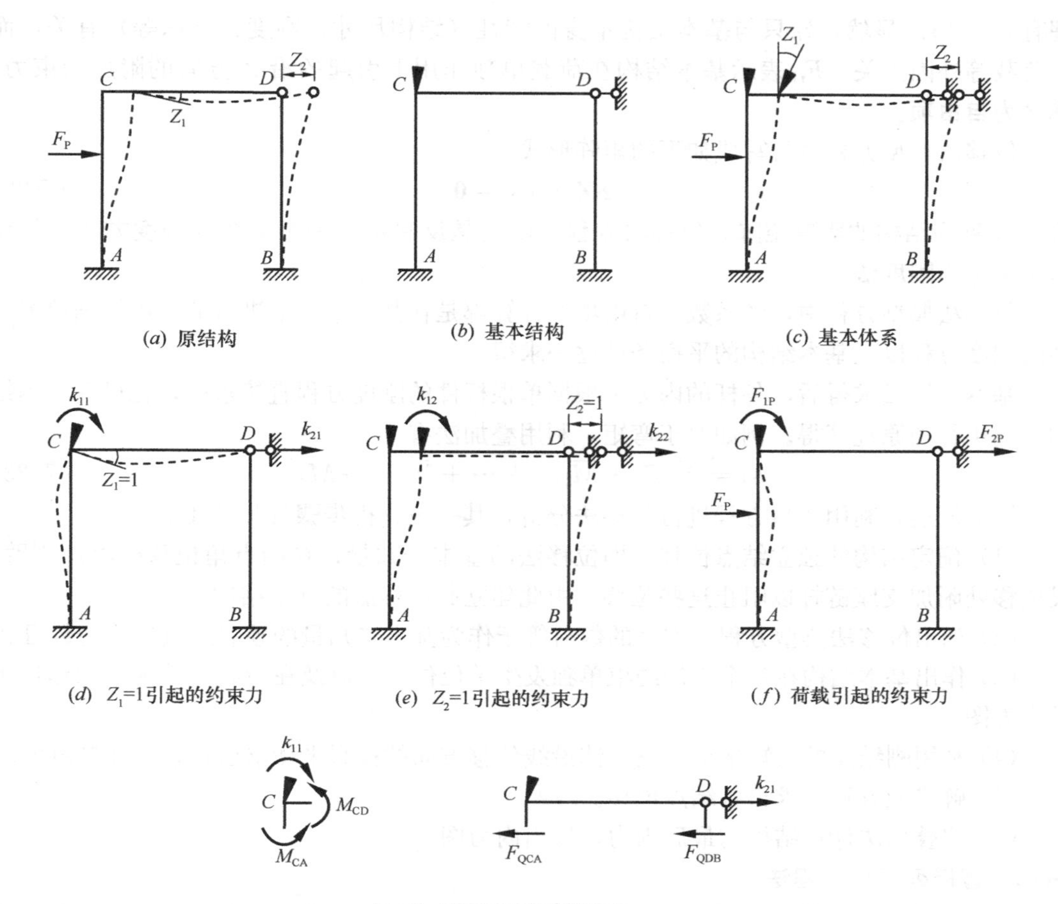

图 7-28　典型方程法示例（两个基本未知量）

$$M = \overline{M}_1 Z_1 + \overline{M}_2 Z_2 + M_P$$

这里 $\overline{M}_1$、$\overline{M}_2$、M_P 分别为基本结构在 $Z_1=1$、$Z_2=1$ 和荷载单独作用下的弯矩图。

对于具有 n 个独立结点位移的结构，共有 n 个基本未知量。为约束每一个结点位移，需加入 n 个附加刚臂或附加支座链杆。根据每一个附加约束上的约束反力都等于零的条件，可以建立 n 个关于结点位移未知量的方程，即

$$\left.\begin{aligned} &k_{11}Z_1 + k_{12}Z_2 + \cdots + k_{1n}Z_n + F_{1P} = 0 \\ &k_{21}Z_1 + k_{22}Z_2 + \cdots + k_{2n}Z_n + F_{2P} = 0 \\ &\cdots\cdots \\ &k_{n1}Z_1 + k_{n2}Z_2 + \cdots + k_{nn}Z_n + F_{nP} = 0 \end{aligned}\right\} \tag{7-21}$$

该方程即为 n 个自由度（独立结点位移）结构的**位移法基本方程**。对不同结构及荷载方式而言，这些方程的形式具有统一性，故又称为**位移法典型方程**。

位移法典型方程中，k_{ij} 表示基本结构在第 j 个单位结点位移（$Z_j=1$）作用下引起的沿 Z_i 方向的附加约束力，为原结构在相应方向的**刚度系数**，其中处于方程组主对角线位置的系数 k_{ii} 称为**主系数**，其值恒为正；其他系数 k_{ij}（$i \neq j$）称为**副系数**。根据反力互等定

理有 $k_{ij}=k_{ji}$。显然，k_{ij} 只与基本结构本身的特性（结构尺寸、刚度、支承等）有关，而与荷载等外因无关。F_{iP} 表示基本结构在荷载单独作用下引起的沿 Z_i 方向的附加约束力，称之为**自由项**。

位移法典型方程也可写成如下的矩阵形式：

$$\boldsymbol{KZ}+\boldsymbol{F}_{\mathrm{P}}=\boldsymbol{0} \tag{7-22}$$

式中 $\boldsymbol{K}$ 称为结构的**刚度矩阵**。位移法方程实质上是反映结构平衡关系的刚度方程，故位移法又称为**刚度法**。

位移法典型方程中，各系数和自由项的计算都是在基本结构上进行的，可根据单根杆件的刚度方程以及基本结构的平衡条件逐一求得。

基本未知量求得后，各杆的内力可根据单根杆件的刚度方程直接求得，也可在基本结构上利用叠加原理算得。例如对于弯矩，利用叠加法有

$$M=\overline{M}_1Z_1+\overline{M}_2Z_2+\cdots+\overline{M}_nZ_n+M_{\mathrm{P}} \tag{7-23}$$

综上所述，利用典型方程进行位移法分析，其一般分析步骤可归纳如下：

（1）确定结构的独立结点位移，即位移法的基本未知量；在结点角位移处附加刚臂，线位移处附加支座链杆以阻止这些位移，由此建立起位移法的基本结构。

（2）列出位移法典型方程，方程的数目等于作为基本未知量的独立结点位移的数目。

（3）作出基本结构在每个附加约束单独发生单位位移，以及在荷载等外因单独作用下的内力图。

（4）利用刚结点的力矩平衡或隔离体沿线位移方向的投影平衡求出各系数和自由项。

（5）解典型方程，求出各结点位移。

（6）按叠加法计算结构的最后内力，作出内力图。

7-6-2 直接列平衡方程法

位移法基本方程的实质反映了原结构的平衡条件。因此，我们也可以先由各杆件的刚度方程列出各杆端力的表达式，再利用原结构的平衡条件直接建立起位移法方程。现仍以图 7-27a 所示的两跨连续梁为例说明这一方法。

该梁具有一个基本未知量，即结点 B 的角位移 Z_1（图 7-29a）。根据结点 B 的力矩平衡（图 7-29b），可建立如下平衡方程：

$$\Sigma M_{\mathrm{B}}=M_{\mathrm{BA}}+M_{\mathrm{BC}}=0 \tag{c}$$

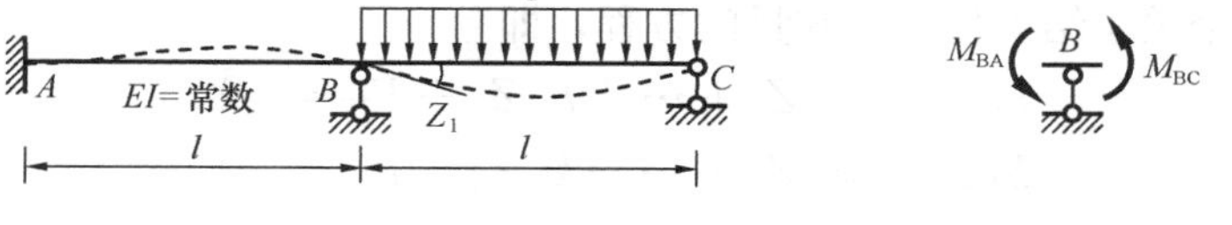

(a) 原结构　　(b) 结点B力矩平衡

图 7-29　直接列平衡方程法示例

利用转角位移方程（7-12）、（7-14）（或形常数与载常数表 7-1、表 7-2），可列出 AB、BC 杆的杆端弯矩表达式如下：

$$M_{\mathrm{AB}}=2iZ_1,\ M_{\mathrm{BA}}=4iZ_1,\ M_{\mathrm{BC}}=3iZ_1-\frac{ql^2}{8} \tag{d}$$

将上式代入方程（c），可得

$$7iZ_1-\frac{ql^2}{8}=0$$

该方程与上节建立的典型方程完全相同，说明两方法的本质是一致的。解方程得

$$Z_1=\frac{ql^2}{56i}$$

将解得的基本未知量回代到杆端弯矩表达式（d）中，可求得各杆端弯矩值。由该弯矩值容易绘出结构的最后弯矩图，如图 7-27*h* 所示。

如果结构具有多个独立的结点位移，那么对应每一个结点角位移，都可建立一个相应刚结点的力矩平衡方程；对应每一个结点线位移，都有一个相应方向的隔离体投影平衡方程。平衡方程的数目正好等于基本未知量的数目。

采用直接列平衡方程法进行位移法分析，其一般步骤如下：

（1）确定结构的位移法基本未知量；

（2）根据各杆件的刚度方程（对梁式杆可利用表 7-1、7-2 中的形常数、载常数），列出各杆端内力表达式；

（3）根据刚结点的力矩平衡或隔离体沿线位移方向的投影平衡，直接建立位移法基本方程；

（4）解方程求出各基本未知量，并回代到第（2）步的杆端内力表达式中，算出各杆端内力；

（5）由各杆端内力，并结合区段叠加法绘出结构的最后内力图。

从上面的分析步骤看到，无论是典型方程法还是直接列平衡方程法，其分析过程均可归结为以下四个环节：选取基本未知量和基本结构的过程相当于把原结构分解为若干可逐一分析的单杆，故称之为**“离散化”**；绘制基本结构的内力图或直接列出各杆件的杆端内力表达式是针对各分离单杆进行的，故称为**“杆件分析”**；求系数和自由项、列典型方程或直接建立平衡方程并求解是针对整体结构进行的，故称之为**“整体分析”**；解得结点位移后用叠加法求最后内力或回代到杆端内力表达式求最后内力又是针对各单杆的，故称为**“再次杆件分析”**。

按照上述分析步骤或依据四个分析环节，可以完成梁、刚架、桁架和组合结构等各类结构的位移法计算，其具体应用参见第 8 章所述。

思 考 题

7.1　解决复杂问题的一般规则是“分而治之”。力法和位移法从基本未知量和基本结构入手进行分析，试说明两种方法是否同样遵循了这一规则？具体是如何实现的？

7.2　结构的内部效应和外部作用有时是相对的。力法和位移法中将作为基本未知量的内部效应转化为外部作用，并将之从物理上解除，从而得到基本结构。如何理解这种转化？之后又如何使之与转化前的原结构等效？

7.3　力法和位移法的基本结构一个是解除约束，一个是附加约束，但两者从逻辑上讲又是可以统一的。如何理解这种形式的差异性和内在的统一性？

7.4　用铰接链杆体系法判断梁和刚架结构的独立结点线位移需满足哪些前提条件？

当不满足这些条件时应如何处理？

7.5 力法和位移法的典型方程及各系数和自由项的物理意义有何异同？分别如何计算？

7.6 如何理解位移法基本未知量的数目是相对于单杆分析时所依据的已知杆件类型的？手算时选取的基本未知量与计算机分析时往往并不相同，这是基于什么原因？分析过程中会有哪些异同？试举例加以说明。

习 题

7-1 确定图示结构的超静定次数。

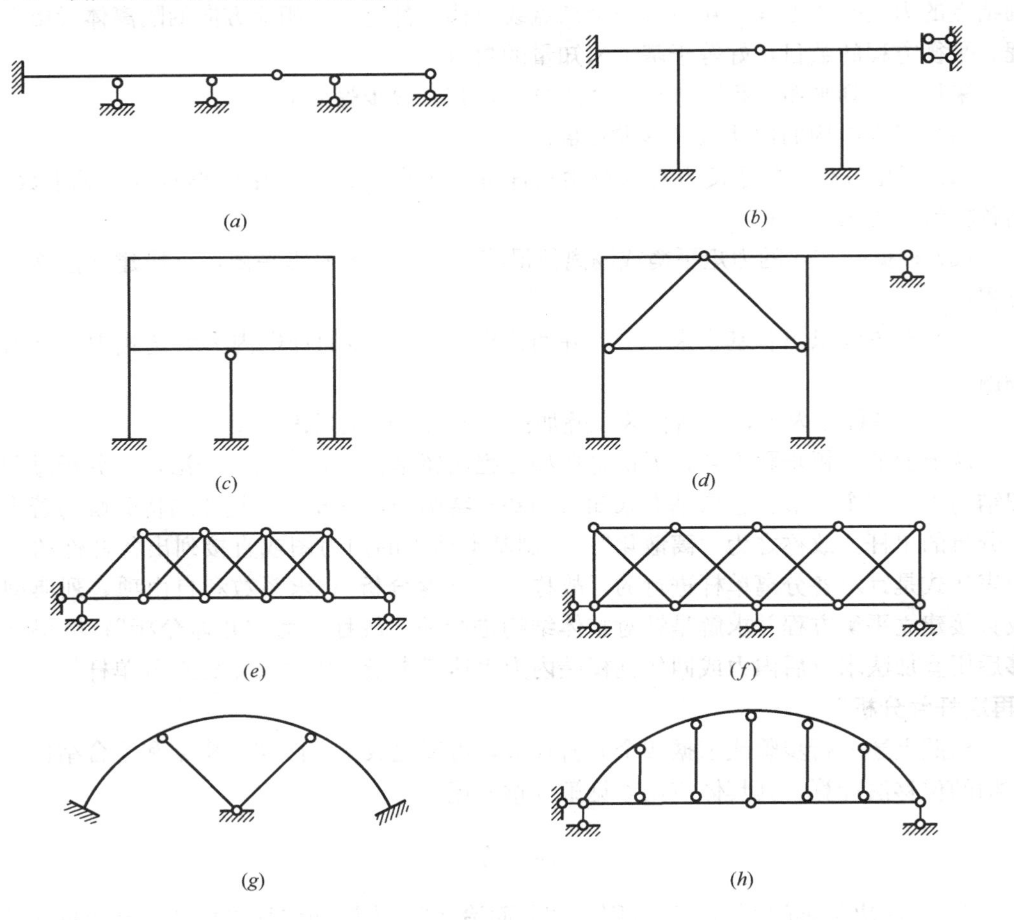

题 7-1 图

7-2 图示结构若采用力法分析，试选取基本未知量，并绘出基本结构。已知各梁式杆 EI＝常数，链杆 EA＝常数。

7-3 用力法计算图示单跨超静定梁，并作弯矩图和剪力图。

7-4 用力法计算图示超静定结构，作出弯矩图。各杆 EI＝常数。

7-5 题 7-1a～e 结构若用位移法分析，试确定其基本未知量，并绘出基本结构。已知各梁式杆 EI＝常数，忽略轴向变形；两端铰接杆 EA＝有限，中间无荷载作用。

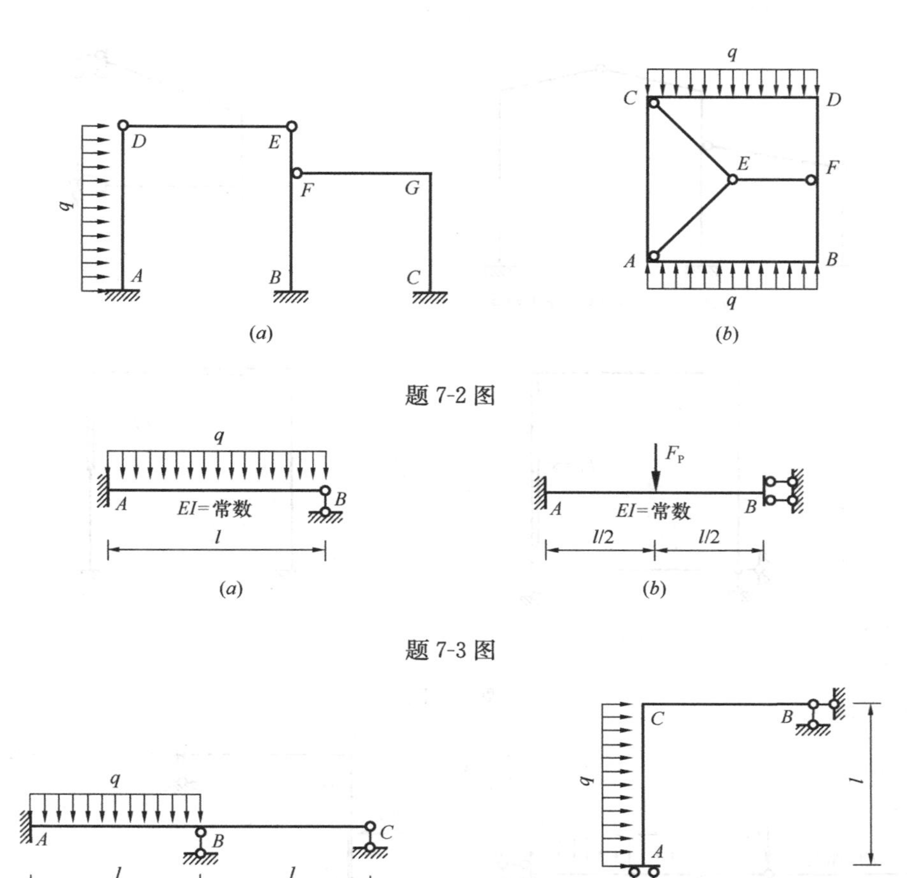

题 7-2 图

题 7-3 图

题 7-4 图

7-6　确定图示结构的位移法基本未知量，并绘出基本结构。除注明外，各梁式杆 EI ＝常数，忽略轴向变形。

7-7　图示结构分别采用力法和位移法分析，试确定其基本未知量，并绘出相应的基本结构和基本体系。力法至少用两种方法选取基本未知量和基本结构。

7-8　分别用位移法的典型方程法和直接列平衡方程法计算图示结构，并作弯矩图。

7-9　用位移法的典型方程法计算图示结构，并作弯矩图和剪力图。

7-10　用直接列平衡方程法分析题 7-9*b* 结构，列出各杆端弯矩和杆端剪力表达式，并写出位移法方程的具体表达式。

7-11*　采用位移法分析图示结构，列出位移法典型方程，并求出各系数和自由项。除注明外，各杆 EI＝常数。

7-12**　力法基本结构一般取为静定结构，但也可以选取内力已知的超静定结构作为基本结构，这样可减少基本未知量的数目。对于图示的连续梁，若将表 7-2 中的单跨超静定梁的内力作为已知，那么该如何选取基本结构以使力法计算较为简便？试具体加以分析。

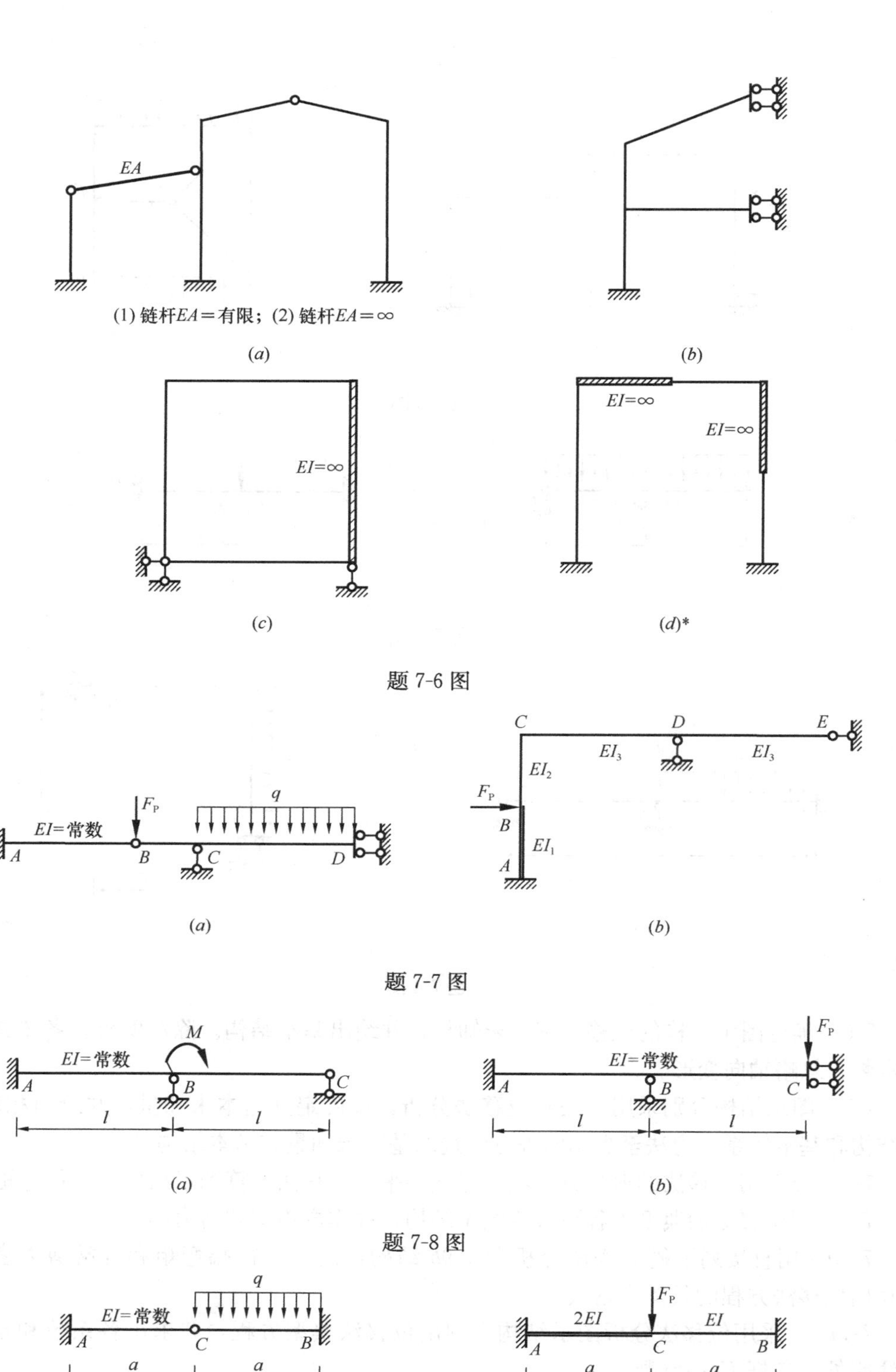
EA
(1) 链杆EA=有限；(2) 链杆EA=∞
(a)
(b)
EI=∞
(c)
EI=∞
EI=∞
(d)*
题 7-6 图
C
D
E
EI₃
EI₃
EI₂
F_P
B
EI₁
A
F_P
q
EI=常数
A
B
C
D
(a)
(b)
题 7-7 图
M
EI=常数
A
B
C
l
l
(a)
F_P
EI=常数
A
B
C
l
l
(b)
题 7-8 图
q
EI=常数
A
C
B
a
a
(a)
F_P
2EI
EI
A
C
B
a
a
(b)
题 7-9 图

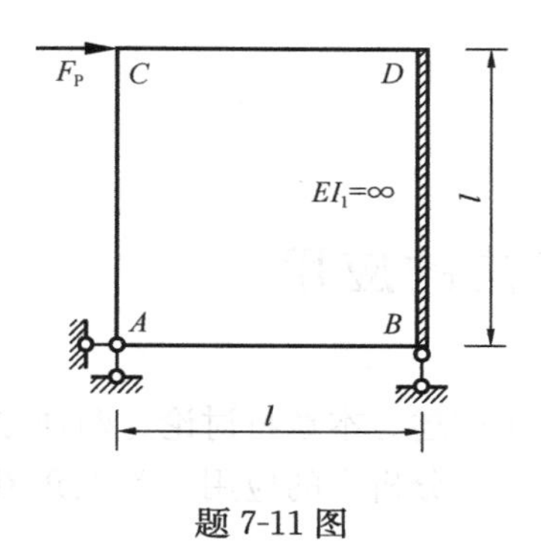

题 7-11 图

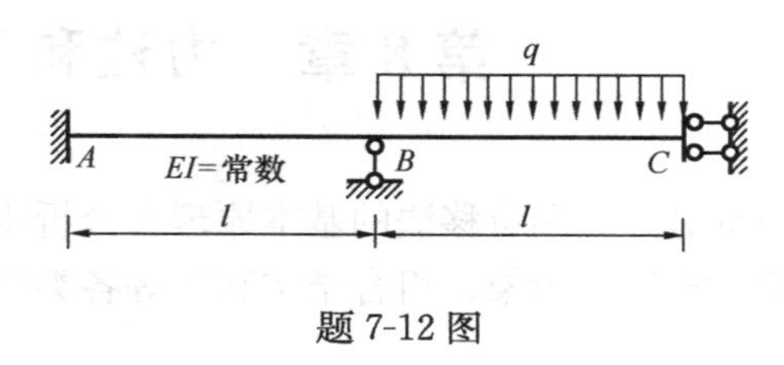

题 7-12 图

第 8 章　力法和位移法的应用

上一章对力法和位移法的基本原理和分析步骤作了阐述。本章将讨论这两种方法在超静定刚架、排架、桁架、组合结构和拱等各类超静定结构分析中的应用。首先介绍力法的应用。

8-1　力法解超静定刚架和排架

超静定刚架为支座或内部具有多余约束的刚架体系，形式较多，例如第 1 章图 1-5、1-14 所示的结构。而排架则为柱底固支、柱顶与横梁铰接的超静定结构，图 8-1、8-2 给出了工程中（如工业厂房中）常见的排架结构简图，其中前者为单跨阶梯变截面柱形式，后者为两跨不等高等截面柱形式。显然，这类单层排架的超静定次数就等于其跨数。

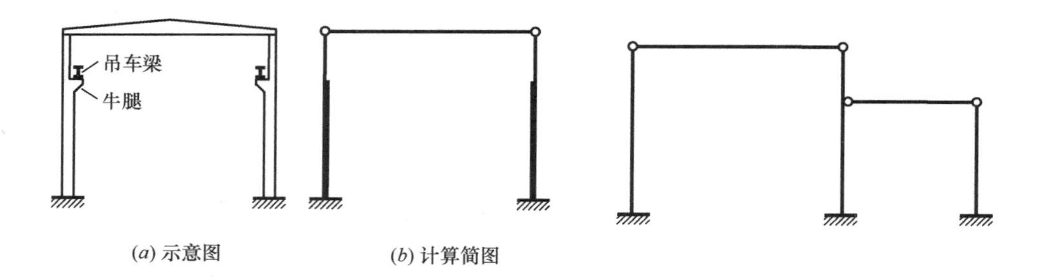

图 8-1　排架示例一（柱为单阶变截面）　　图 8-2　排架示例二（柱为等截面）

刚架和排架是以受弯为主的结构，其轴向变形和剪切变形对位移的影响很小，一般可以忽略，故在力法方程的系数和自由项计算中，通常只需考虑弯曲变形的影响。当然对于高层刚架，因立柱的竖向累积变形所产生的位移比较显著，故计算时应计入轴向变形的影响。

【例 8-1】 用力法计算图 8-3*a* 所示刚架，并作内力图。

【解】（1）选取基本未知量和基本结构

此为两次超静定刚架。将支座 *A* 改为铰支座，结点 *C* 的连续杆改为铰结点，得到基本未知量和基本结构如图 8-3*b* 所示。

（2）列出结构的力法典型方程如下：

$$\delta_{11}X_1+\delta_{12}X_2+\Delta_{1P}=0$$
$$\delta_{21}X_1+\delta_{22}X_2+\Delta_{2P}=0$$

这里 X_2 为一对广义力，与其相应的广义位移是结点 C 左右截面的相对转角，因原结构是连续的，故与此对应的典型方程的右端项为零。

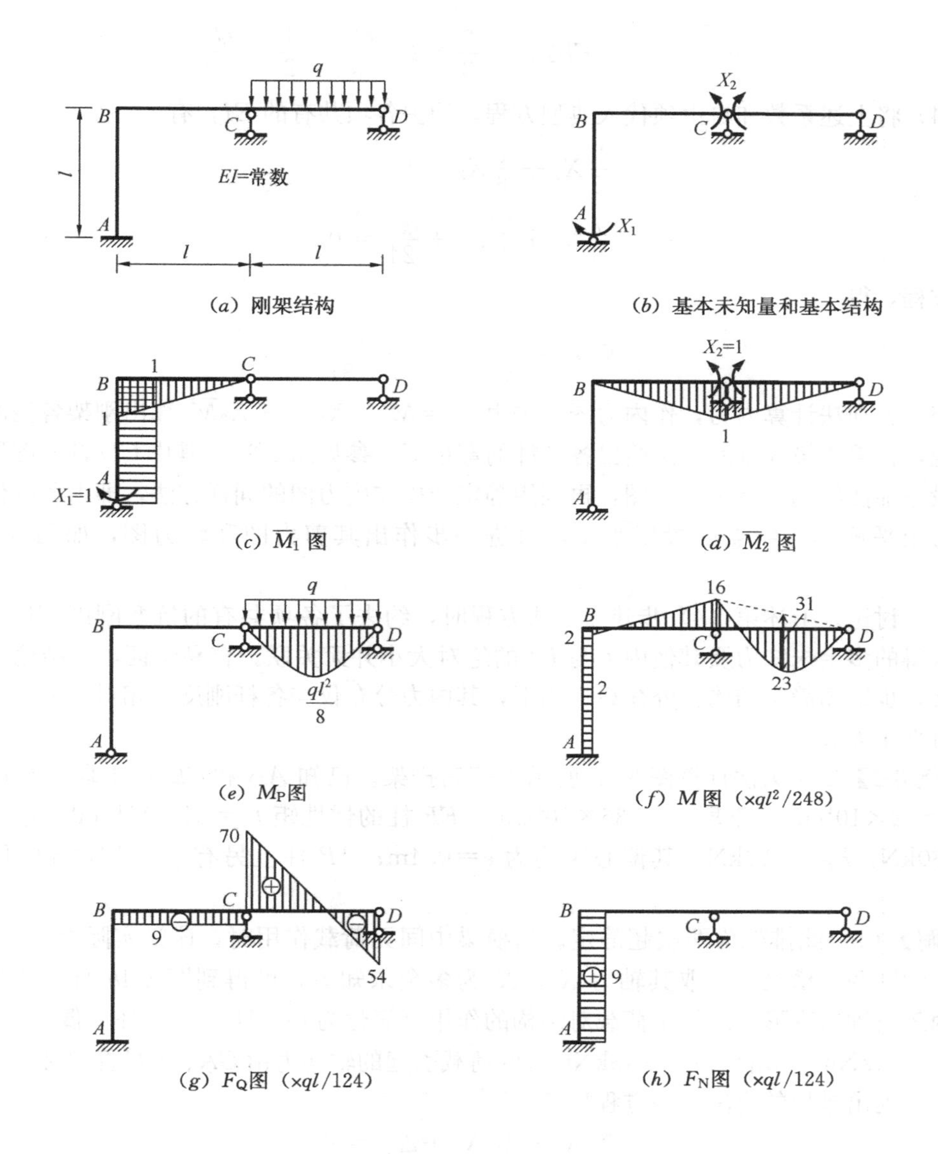

图 8-3　例 8-1 图

（3）求系数和自由项。先作出基本结构在各单位多余未知力和荷载单独作用下的弯矩图即 $\overline{M}_1$ 图、$\overline{M}_2$ 图和 M_P图，分别如图 8-3c、d、e 所示。由图乘法可求得各系数和自由项为（仅考虑弯曲变形的影响）：

$$EI\delta_{11}=1\times l\times 1+\frac{1}{2}\times 1\times l\times\frac{2}{3}=\frac{4l}{3}$$

$$EI\delta_{12}=EI\delta_{21}=\frac{1}{2}\times 1\times l\times\frac{1}{3}=\frac{l}{6}$$

$$EI\delta_{22}=\left(\frac{1}{2}\times 1\times l\times\frac{2}{3}\right)\times 2=\frac{2l}{3}$$

$$EI\Delta_{1P}=0, \quad EI\Delta_{2P}=\frac{2}{3}\times l\times\frac{ql^2}{8}\times\frac{1}{2}=\frac{ql^3}{24}$$

（4）将上述系数和自由项代入典型方程，约去各项共有的 EI，有

$$\frac{4l}{3}X_1+\frac{l}{6}X_2=0$$

$$\frac{l}{6}X_1+\frac{2l}{3}X_2+\frac{ql^3}{24}=0$$

解此方程，得

$$X_1=\frac{ql^2}{124}, \quad X_2=-\frac{2ql^2}{31}$$

（5）叠加法计算内力，作内力图。先由 $M=M_P+X_1\overline{M}_1+X_2\overline{M}_2$ 算出刚架各控制截面的弯矩，再采用第 3 章的方法绘出各杆件的弯矩图，参见图 8-3f，其中 CD 杆的图形运用了区段叠加法绘制。有了弯矩图，再利用静定结构作内力图的同样方法，即由各杆件对杆端的力矩平衡和各结点的投影平衡，可进一步作出其剪力图和轴力图，如图 8-3g、h 所示。

（6）讨论。上述第（4）步建立力法方程时，约去了各项共有的抗弯刚度 EI。显然，由此求得的多余未知力及其他内力与 EI 的绝对大小并无关联。容易验证，该结论具有普遍意义，也即超静定结构在外荷载作用下，其内力分布仅与各杆刚度的相对比值有关，与其绝对大小无关。

【例 8-2】 试用力法计算图 8-4a 所示不等高排架。已知 AB 和 CD 柱上段的截面惯性矩 $I_{1s}=12\times10^4\text{cm}^4$，下段 $I_{1x}=36\times10^4\text{cm}^4$，$EF$ 柱的惯性矩 $I_2=24\times10^4\text{cm}^4$；吊车荷载 $F_{P1}=80\text{kN}$，$F_{P2}=120\text{kN}$，其偏心距均为 $e=0.4\text{m}$；AB 柱上另有 $q=2\text{kN/m}$ 的风荷载作用。

【解】（1）此排架为两次超静定。当横梁中间无荷载作用时，该梁实际上为一链杆。这样，切断两根横梁，并取其轴力 X_1、X_2 为多余未知力，可得到图 8-4b 所示的基本体系。因忽略轴向变形，故吊车荷载对结构的作用可简化为 G、H 点处的外力偶，其中 $M_G=F_{P1}e=32\text{kNm}$，$M_H=F_{P2}e=48\text{kNm}$（两荷载引起的轴向力由 GA、HC 杆单独承担）。

（2）列出排架的力法典型方程如下：

$$\delta_{11}X_1+\delta_{12}X_2+\Delta_{1P}=0$$

$$\delta_{21}X_1+\delta_{22}X_2+\Delta_{2P}=0$$

在力法分析中，当多余未知力取为切断某杆件的内力时，多余未知力为一对作用力与反作用力，属于广义力。与该广义力对应的广义位移就是原结构在切断截面处的相对位移，而根据变形协调条件，原结构无此相对位移，故典型方程的相应右端项必为零。

（3）求系数和自由项。基本结构在各单位多余力和荷载分别作用下的弯矩图（$\overline{M}_1$ 图、$\overline{M}_2$ 图和 M_P 图）如图 8-4c、d、e 所示。设 AB、CD 柱的上段 $EI_{1s}=EI$，则其下段 $EI_{1x}=3EI$，而 EF 柱 $EI_2=2EI$，则有：

$$\delta_{11}=\frac{2}{3EI}\left[\frac{1}{2}\times8\times6\times\left(\frac{2}{3}\times8+\frac{1}{3}\times2\right)+\frac{1}{2}\times2\times6\times\left(\frac{2}{3}\times2+\frac{1}{3}\times8\right)\right]$$

$$+\frac{2}{EI}\left[\frac{1}{2}\times2\times2\times\left(\frac{2}{3}\times2\right)\right]=\frac{112}{EI}+\frac{16}{3EI}=\frac{352}{3EI}$$

$$\delta_{12}=\delta_{21}=-\frac{1}{3EI}\left[\frac{1}{2}\times 6\times 6\times\left(\frac{2}{3}\times 8+\frac{1}{3}\times 2\right)\right]=-\frac{36}{EI}$$

$$\delta_{22}=\frac{1}{3EI}\left[\frac{1}{2}\times 6\times 6\times\left(\frac{2}{3}\times 6\right)\right]+\frac{1}{2EI}\left[\frac{1}{2}\times 6\times 6\times\left(\frac{2}{3}\times 6\right)\right]=\frac{60}{EI}$$

$$\Delta_{1P}=\frac{1}{3EI}\left[\frac{1}{2}\times 96\times 6\times\left(\frac{2}{3}\times 8+\frac{1}{3}\times 2\right)+\frac{1}{2}\times 36\times 6\right.$$

$$\left.\times\left(\frac{2}{3}\times 2+\frac{1}{3}\times 8\right)-\frac{2}{3}\times 9\times 6\times\frac{8+2}{2}\right]$$

$$+\frac{1}{EI}\left[\frac{1}{3}\times 4\times 2\times\left(\frac{3}{4}\times 2\right)\right]+\frac{1}{3EI}\left(48\times 6\times\frac{8+2}{2}\right)=\frac{1144}{EI}$$

$$\Delta_{2P}=-\frac{1}{3EI}\left(48\times 6\times\frac{6}{2}\right)=-\frac{288}{EI}$$

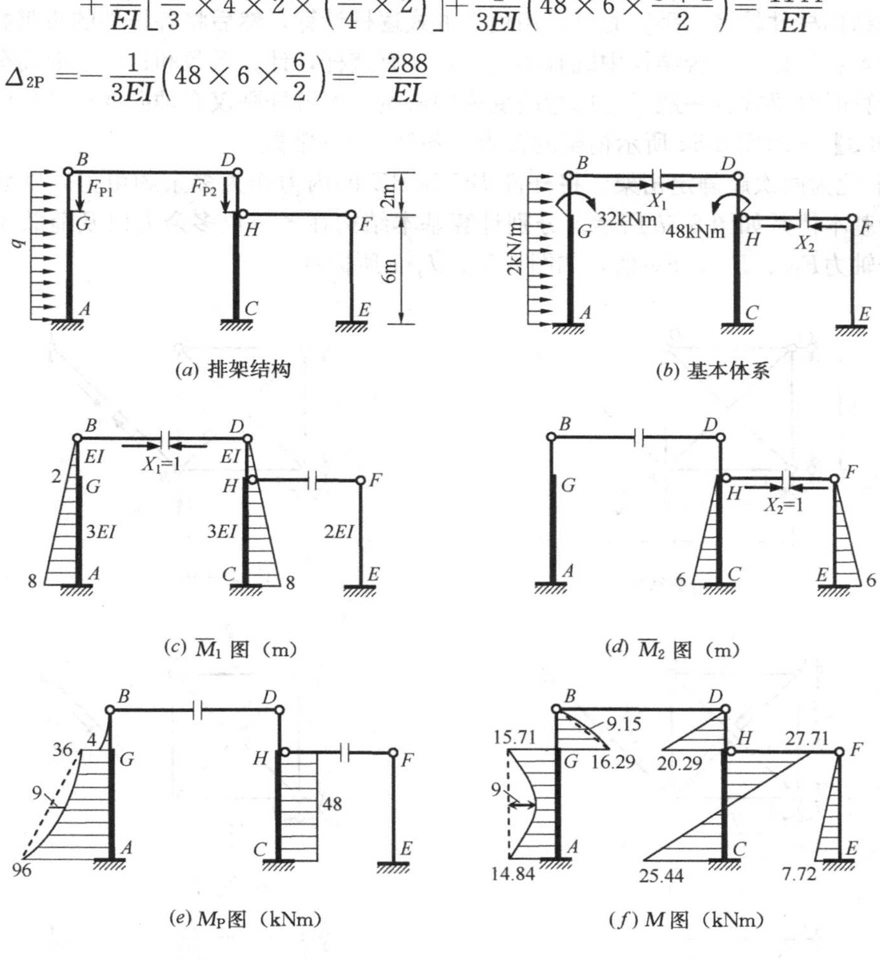

图 8-4　例 8-2 图

（4）将求得的系数和自由项代入典型方程，并约去 EI，则有

$$\frac{352}{3}X_1-36X_2+1144=0$$

$$-36X_1+60X_2-288=0$$

解方程得

$$X_1=-10.145\text{kN},\quad X_2=-1.287\text{kN}$$

（5）利用叠加法计算各控制点的弯矩，并作出排架的弯矩图如图 8-4f 所示，其中 AG 和 GB 段的弯矩图形采用了区段叠加法绘制。

8-2　力法解超静定桁架和组合结构

桁架内各杆只有轴力，故在力法典型方程的系数和自由项计算中，只有轴力产生影响。桁架结构杆件较多，手算时可采用列表方式逐杆计算，然后将各杆件的贡献叠加，这样便于检查和校核。组合结构中既有梁式杆，又有链杆，计算系数和自由项时需分清两类杆件。计算时对梁式杆一般只考虑弯曲变形的影响，而链杆则仅有轴向变形的影响。

【例 8-3】 试求图 8-5a 所示桁架的轴力，各杆 EA=常数。

【解】 此为两次超静定桁架。将杆件 BC 和 BE 的内力作为多余约束力，则切断两杆后得到的基本体系如图 8-5b 所示。分别计算基本结构在各单位多余力以及荷载单独作用下的各杆轴力 $\overline{F}_{N1}$、$\overline{F}_{N2}$、F_{NP} 值，如图 8-5c、d、e 所标示。

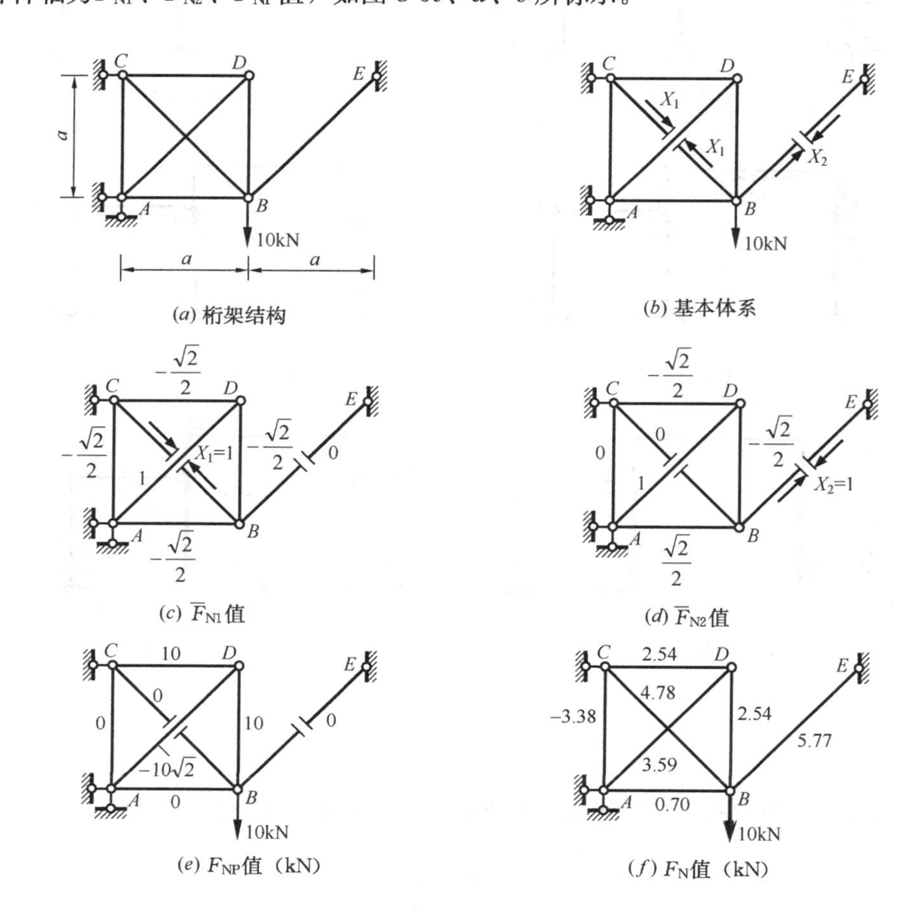

图 8-5　例 8-3 图

列出力法典型方程如下：

$$\delta_{11}X_1 + \delta_{12}X_2 + \Delta_{1P} = 0$$
$$\delta_{21}X_1 + \delta_{22}X_2 + \Delta_{2P} = 0$$

式中各系数和自由项的计算参见表 8-1。由表中数据可得

$$EA\delta_{11} = (2 + 2\sqrt{2})a$$

$$EA\delta_{22} = \frac{3 + 4\sqrt{2}}{2}a$$

$$EA\delta_{12} = EA\delta_{21} = \frac{1 + 2\sqrt{2}}{2}a$$

$$EA\Delta_{1P} = EA\Delta_{2P} = -(20 + 10\sqrt{2})a$$

将各系数和自由项代入典型方程，经整理有

$$\begin{cases}(4 + 4\sqrt{2})X_1 + (1 + 2\sqrt{2})X_2 - 20(2 + \sqrt{2}) = 0 \\ (1 + 2\sqrt{2})X_1 + (3 + 4\sqrt{2})X_2 - 20(2 + \sqrt{2}) = 0\end{cases}$$

解得：

$$X_1 = 4.78\text{kN},\ X_2 = 5.77\text{kN}$$

最后利用叠加法求出各杆件的内力，如图 8-5f 所示。

例 8-3 系数和自由项计算列表 **表 8-1**

杆件	l (m)	$\overline{F}_{N1}$ (m)	$\overline{F}_{N2}$ (m)	F_{NP} (kN)	$\overline{F}_{N1}^2 l$	$\overline{F}_{N2}^2 l$	$\overline{F}_{N1}\overline{F}_{N2}l$	$\overline{F}_{N1}F_{NP}l$	$\overline{F}_{N2}F_{NP}l$
AB	a	$-\frac{\sqrt{2}}{2}$	$\frac{\sqrt{2}}{2}$	0	$\frac{a}{2}$	$\frac{a}{2}$	$-\frac{a}{2}$	0	0
BD	a	$-\frac{\sqrt{2}}{2}$	$-\frac{\sqrt{2}}{2}$	10	$\frac{a}{2}$	$\frac{a}{2}$	$\frac{a}{2}$	$-5\sqrt{2}a$	$-5\sqrt{2}a$
DC	a	$-\frac{\sqrt{2}}{2}$	$-\frac{\sqrt{2}}{2}$	10	$\frac{a}{2}$	$\frac{a}{2}$	$\frac{a}{2}$	$-5\sqrt{2}a$	$-5\sqrt{2}a$
CA	a	$-\frac{\sqrt{2}}{2}$	0	0	$\frac{a}{2}$	0	0	0	0
AD	$\sqrt{2}a$	1	1	$-10\sqrt{2}$	$\sqrt{2}a$	$\sqrt{2}a$	$\sqrt{2}a$	$-20a$	$-20a$
BC	$\sqrt{2}a$	1	0	0	$\sqrt{2}a$	0	0	0	0
BE	$\sqrt{2}a$	0	1	0	0	$\sqrt{2}a$	0	0	0

【例 8-4】试计算图 8-6 所示组合结构的内力。已知横梁的刚度 $EI = 1.5\times10^4\text{kNm}^2$，链杆的刚度 $E_1A_1 = 2.4\times10^5\text{kN}$。

【解】此组合结构为一次超静定。将链杆 EF 切开，得到图 8-6b 所示的基本体系。显然基本结构在荷载单独作用下只有横梁 AB 产生内力。绘出基本结构在荷载及单位多余力分别作用下的弯矩图，以及相应的轴力值如图 8-6c、d 所示。

力法典型方程为：

$$\delta_{11}X_1 + \Delta_{1P} = 0$$

求出各系数及自由项如下：

$$\delta_{11}=\frac{2}{EI}\left(\frac{1}{2}\times 3\times 4\times\frac{2}{3}\times 3+3\times 2\times 3\right)+\frac{2}{E_1A_1}[1.25^2\times 5+(-0.75)^2\times 3+1^2\times 2]$$

$$=\frac{60}{EI}+\frac{23}{E_1A_1}$$

$$\Delta_{1P}=\frac{2}{EI}\left(\frac{1}{2}\times 120\times 4\times\frac{2}{3}\times 3+\frac{120+180}{2}\times 2\times 3\right)=\frac{2760}{EI}$$

将其代入力法典型方程，并解得

$$X_1=-\frac{\Delta_{1P}}{\delta_{11}}=-\frac{2760}{60+23\dfrac{EI}{E_1A_1}}=-\frac{2760}{60+23\times\dfrac{1.5\times 10^4}{2.4\times 10^5}}=-44.9\text{kN}$$

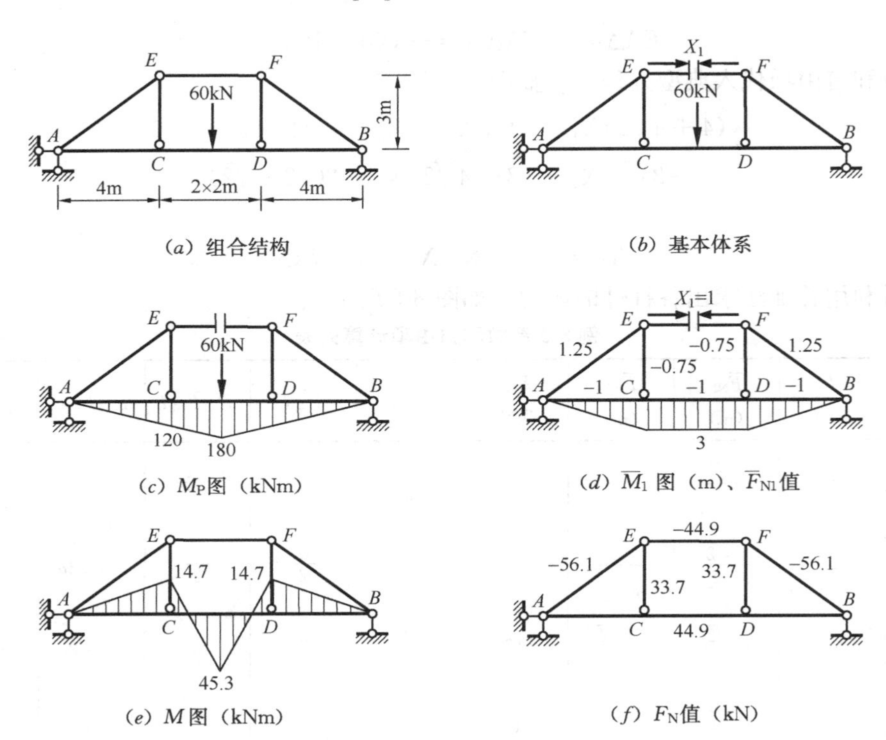

图 8-6　例 8-4 图

结构各杆的最后内力可由叠加法算得，其弯矩图及轴力值见图 8-6*e*、*f*。

8-3　对称性的利用

对称结构是工程中十分常见的结构形式。对称结构的内力和变形在某些情况下具有内在的规律性，利用这些特性往往可以简化结构计算。

8-3-1　对称结构和对称荷载

第 4-2 节给出的关于对称结构及正对称荷载与反对称荷载的定义，同样适用于超静定结构。例如图 8-7、图 8-8 所示的结构均为对称结构，其中前者具有一条对称轴，而后者具有两条或多条对称轴。关于每一条对称轴，又可将结构分为奇数跨和偶数跨两种（图 8-7）。显然，图 8-8a 的结构关于竖向对称轴属于偶数跨（两跨），而关于水平对称轴则属奇数跨（一跨）。

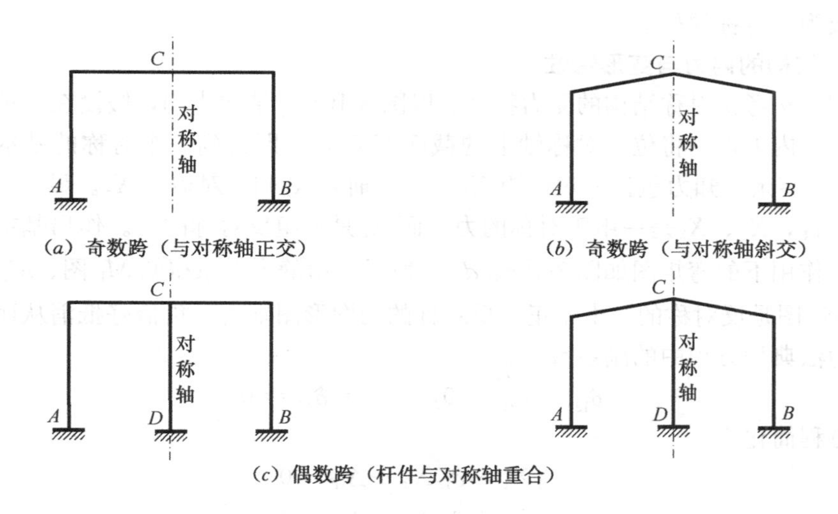

图 8-7　对称结构示例一（一条对称轴）

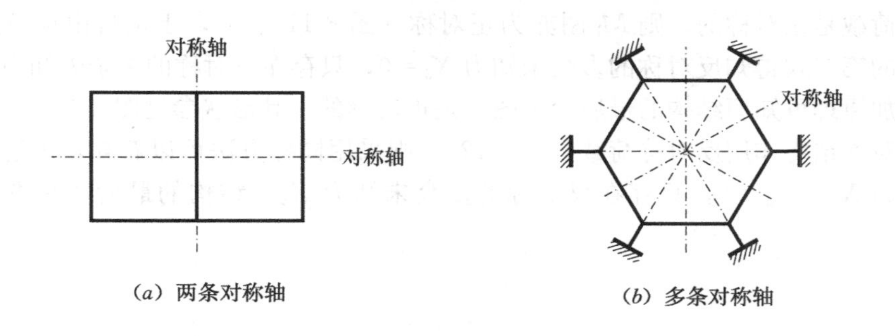

图 8-8　对称结构示例二（多条对称轴）

如果对称结构作用一般荷载（图 8-9*a*），则根据叠加原理，总可以将其分解为一组正对称荷载（图 8-9*b*）和一组反对称荷载（图 8-9*c*）的叠加。分解时，先将荷载在原作用位

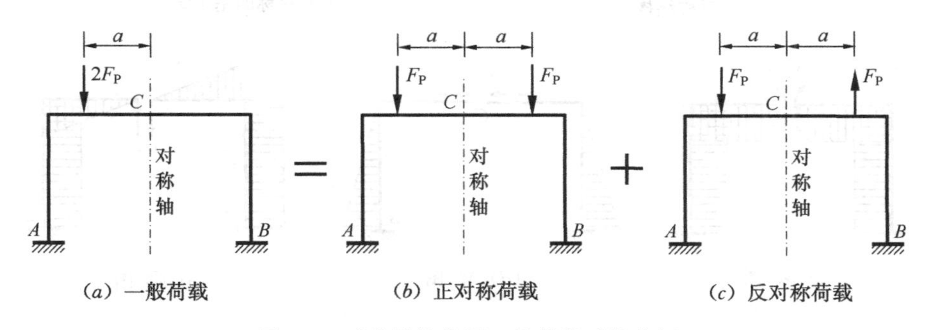

图 8-9　对称结构作用一般荷载时的分解

置平分为两组，再在其对称位置分别施加一组指向相同和一组指向相反的平分后的荷载。

上述关于荷载的对称性还可推广至支座移动、温度改变、制造误差等其他外部作用的情况。例如图 8-25*a* 所示的温度改变是正对称的，而图 8-35*a* 中的支座移动对内力和变形而言可等效为反对称的移动。

8-3-2 对称结构的内力与变形特性

下面用力法考察对称结构的受力特性。以图 8-10*a* 的结构为例，假设在各种外因作用下结构产生了内力，则将位于对称轴上的截面 C 切开，即得到一个对称的基本结构（图 8-10*b*）。此时多余未知力包括一对弯矩 X_1、一对轴力 X_2和一对剪力 X_3。显然，就对称的基本结构而言，X_1、X_2是一组正对称的力，而 X_3是一组反对称的力。作出基本结构在各单位多余力作用下的弯矩图如图 8-10*c*、*d*、*e* 所示，由静力关系得知 $\overline{M}_1$ 图、$\overline{M}_2$ 图是正对称的，而 $\overline{M}_3$ 图是反对称的。由于正、反对称的两图形图乘后正负恰好抵消从而使结果为零，故知力法典型方程中的副系数

$$\delta_{13}=\delta_{31}=0,\quad \delta_{23}=\delta_{32}=0$$

于是典型方程简化为

$$\left.\begin{aligned}\delta_{11}X_1+\delta_{12}X_2+\Delta_{1P}&=0\\ \delta_{21}X_1+\delta_{22}X_2+\Delta_{2P}&=0\\ \delta_{33}X_3+\Delta_{3P}&=0\end{aligned}\right\}\tag{a}$$

如果荷载是正对称的，则 M_P图亦为正对称（图 8-11*a*、*b*），于是自由项 $\Delta_{3P}=0$。由典型方程的第三式得知反对称的多余未知力 $X_3=0$，只存在正对称的多余未知力 X_1、X_2。再根据叠加原理可知原结构的最后弯矩图也是正对称的，其形状参见图 8-11*c*。

如果对称结构作用反对称荷载（图 8-12），则采用同样方法可以获知，上述正对称的多余未知力 $X_1=X_2=0$，只存在反对称的多余未知力 X_3；结构的最后弯矩图也是反对称的。

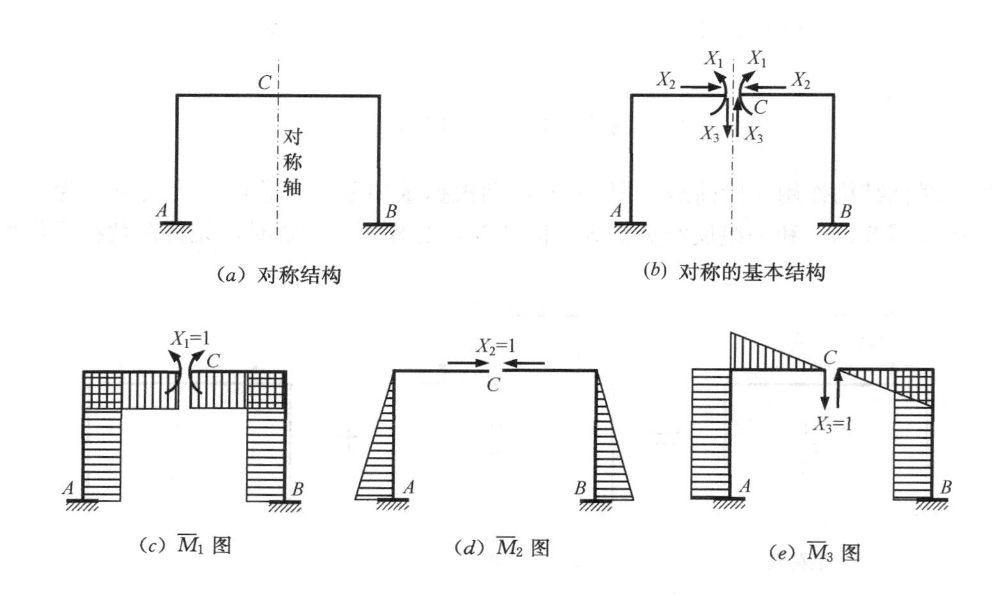

(*a*) 对称结构　(*b*) 对称的基本结构

(*c*) $\overline{M}_1$ 图　(*d*) $\overline{M}_2$ 图　(*e*) $\overline{M}_3$ 图

图 8-10　对称结构的基本结构及其内力图轮廓

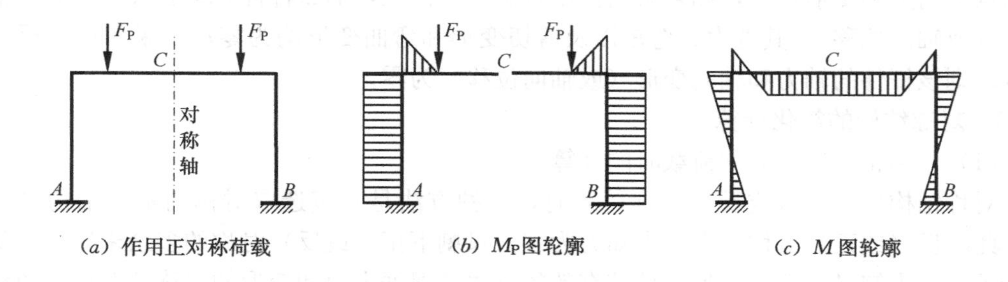

（a）作用正对称荷载　（b）M_P图轮廓　（c）M图轮廓

图 8-11　对称结构作用正对称荷载

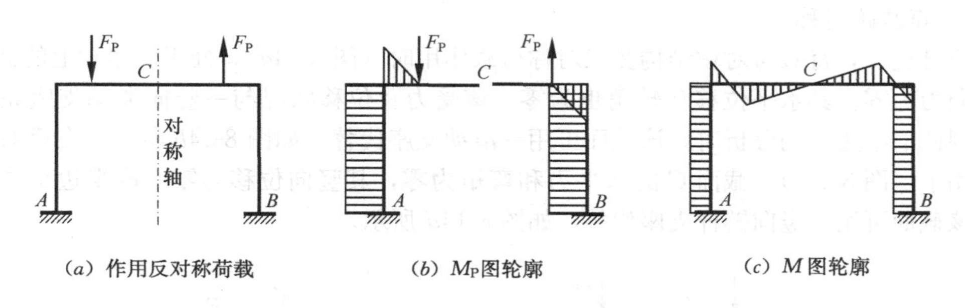

（a）作用反对称荷载　（b）M_P图轮廓　（c）M图轮廓

图 8-12　对称结构作用反对称荷载

根据以上分析可以得出如下结论：对称结构在正对称荷载作用下，其反力、内力和位移都是正对称的；在反对称荷载作用下，其反力、内力和位移都是反对称的。这就是对称结构的内力和变形特性。

根据这一特性我们可以回过头来对图 8-7 中几种对称结构的受力状况作进一步剖析。

图 8-7*a*、*b* 为奇数跨的情形，考察位于对称轴上的截面 *C* 的受力和变形状况。将该截面剖开，将呈现出三对作用力与反作用力，如图 8-13*a* 所示。显然，水平力 F_{xC} 和弯矩 M_C 是正对称的，而竖向力 F_{yC} 是反对称的。又根据对称结构的内力特性，当作用有正对称荷载时，反对称的竖向力 F_{yC} 必为零。再从变形和位移上看，因截面 *C* 位于对称轴上，故知其竖向位移是正对称的，而水平位移和转角是反对称的，因此在正对称荷载作用下，该截面的水平位移和转角必为零，只存在正对称的竖向位移。用同样方法可解释作用反对称荷载的情况，此时截面 *C* 中的水平力 F_{xC} 和弯矩 M_C 为零，竖向位移为零。

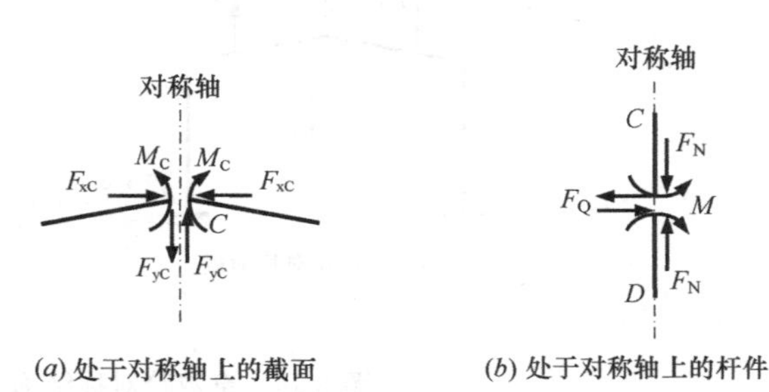

(*a*) 处于对称轴上的截面　(*b*) 处于对称轴上的杆件

图 8-13　处于对称轴上的截面和杆件

对于图 8-7*c*、*d* 偶数跨的情形，考察位于对称轴上的杆件 *CD* 的受力状态。将该杆件的任一截面切开，如图 8-13*b* 所示。显然轴力关于杆轴所在的对称轴是正对称的，而弯矩和剪力是反对称的（将两作用力平分为对称轴左右各半即可显示出反对称）。于是根据对称结构的内力和变形特性，如果结构作用有正对称荷载，那么杆件 CD 上只有轴力和轴向变形（或轴向位移），其剪力、弯矩以及剪切变形和弯曲变形均为零；如果作用有反对称荷载，则该杆件的轴力和轴向变形（或轴向位移）为零。

8-3-3　对称结构的简化计算

（1）作用正（反）对称荷载时的计算

对称结构作用正（或反）对称荷载时，一种方法是直接选取对称的基本结构进行计算，此时反（或正）对称的多余未知力为零，只剩下正（或反）对称的多余未知力，从而减少了基本未知量的数目。另一种较有效的方法是根据内力和变形的对称性取出**半边结构**来分析，下面分奇数跨和偶数跨两种情况阐述半边结构的取法。

a）奇数跨对称结构

前已述及，奇数跨对称结构受正对称荷载作用时（图 8-14*a*），处于对称轴上的截面 C 的竖向力为零，其水平位移和转角也为零。该受力及位移状况与一竖向滑动支座完全一致，因此取半边结构分析时，该截面可用一滑动支座代替，如图 8-14*b* 所示。在反对称荷载作用下（图 8-14*c*），截面 C 的水平力和弯矩为零，其竖向位移为零。取半边结构分析时，该截面可用一竖向链杆支座代替，如图 8-14*d* 所示。

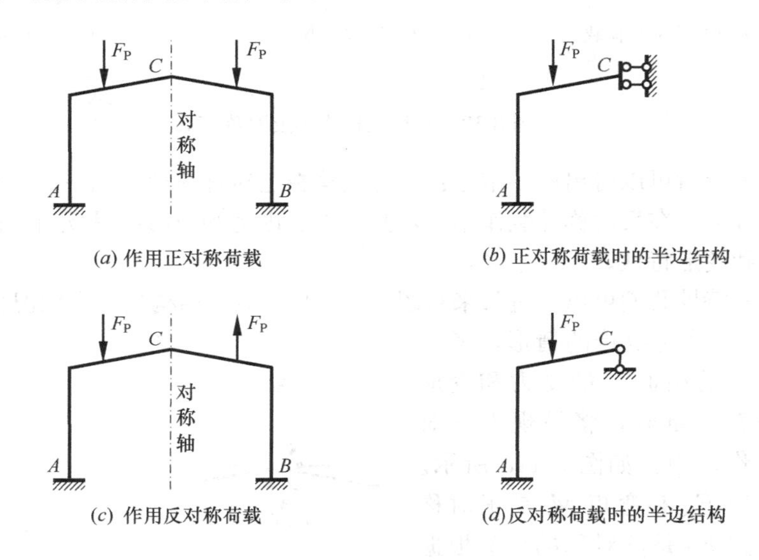

图 8-14　奇数跨对称结构的半边结构取法

b）偶数跨对称结构

偶数跨对称结构在正对称荷载作用下（图 8-15*a*），若忽略杆件的轴向变形，则处于对称轴上的结点 C 将不能发生任何位移，就相当于一个固定支座，据此可得到半边结构如图 8-15*b* 所示。显然，由半边结构计算得到的该支座反力和反力矩就等于该侧横梁在 C 端的水平、竖向内力及弯矩，其中竖向反力也等于处于对称轴上的中间柱 CD 的一半轴力。

在反对称荷载作用下（图 8-15*c*），我们可以设想中间柱 CD 是由两根刚度平分的竖柱所组成，两柱的顶端仍由横梁刚性连接（图 8-15*d*），这样就转化成了一个奇数跨的问题。

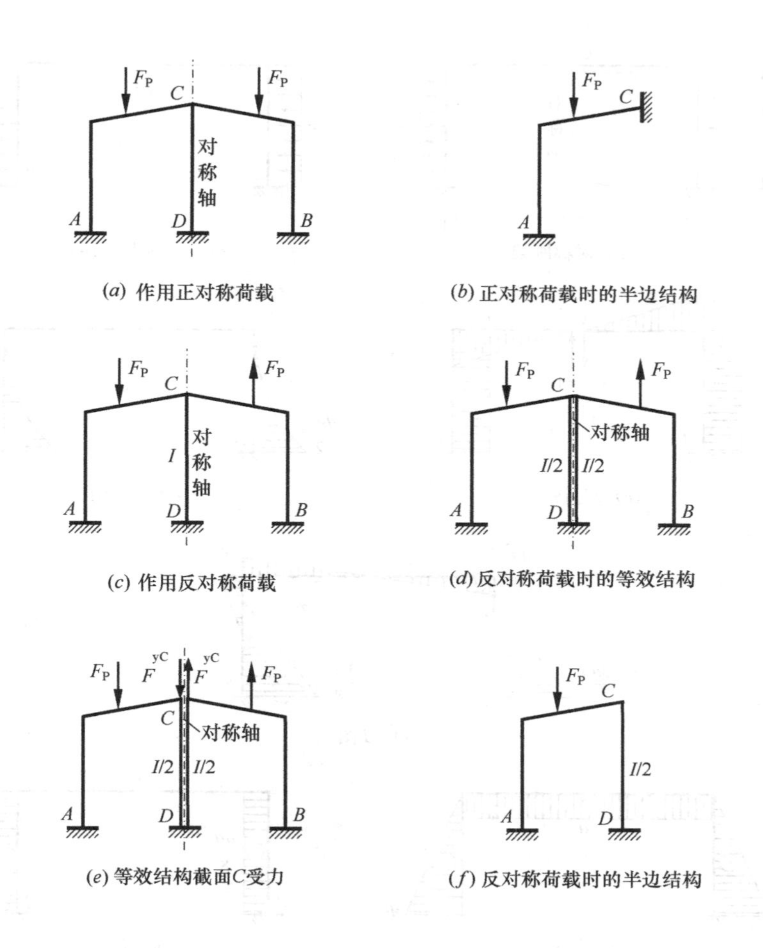

图 8-15 偶数跨对称结构的半边结构取法

若进一步将处于对称轴上的两柱中间横梁切开，则根据对称性，该截面上只有反对称的竖向力 F_{yC}（图 8-15e）。这对竖向力只会使两柱产生等值反号的轴力而不会使其他杆件产生内力（忽略轴向变形的条件下）。而原结构中间柱的内力就等于这两柱内力之和，故叠加后该柱并无多余的轴力产生。也就是说这对竖向力对结构并无影响，取半边结构时可将其略去不计，参见图 8-15f 所示。

【例 8-5】 利用对称性计算图 8-16a 所示刚架，并作内力图，各杆 EI＝常数。

【解】 此为对称结构作用反对称荷载的情况，以下分别采用上面介绍的两种方法进行计算。

方法一： 取对称的基本结构

选取对称的基本结构如图 8-16b 所示，根据内力的对称性，截面 C 上只存在反对称的竖向力 X_1。据此可列出力法典型方程为

$$\delta_{11}X_1 + \Delta_{1P} = 0$$

基本结构在 $X_1=1$ 及荷载单独作用下的弯矩图如图 8-16c、d 所示。利用图乘法可得，

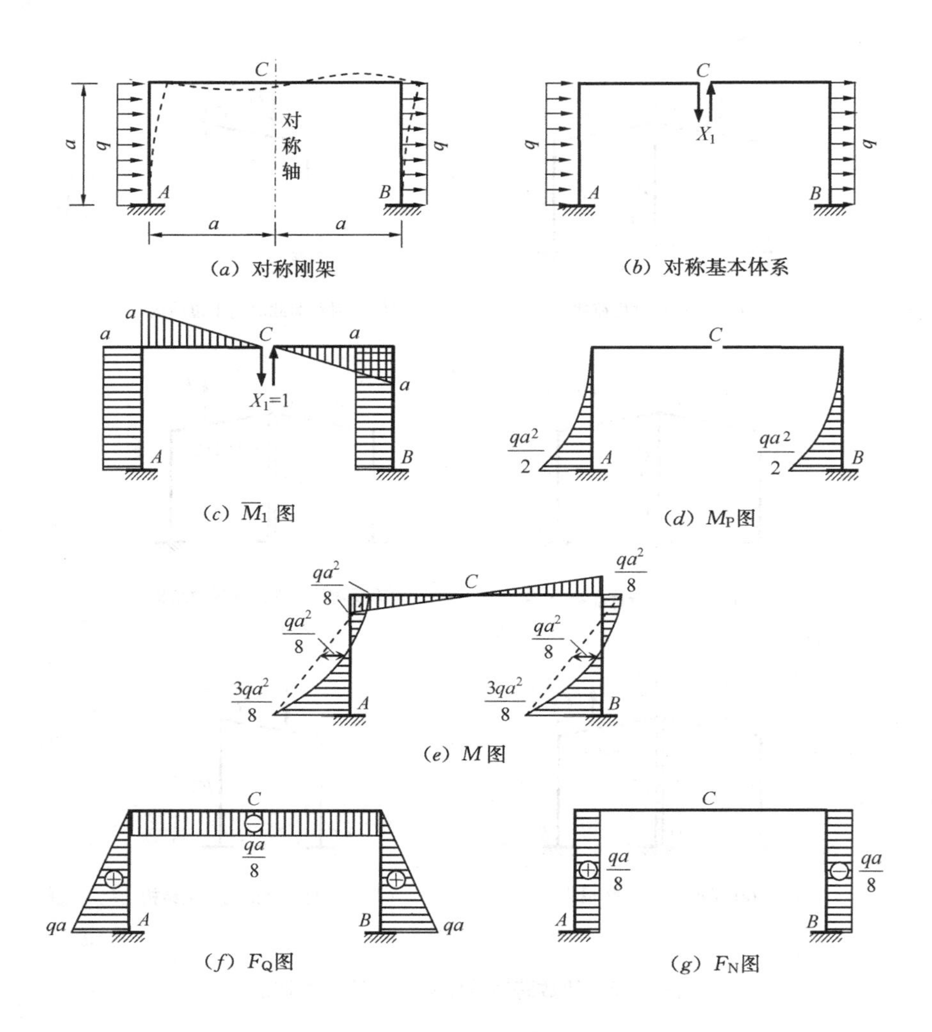

图 8-16　例 8-5 方法一图

$$\delta_{11}=\frac{2}{EI}\left(a^2\times a+\frac{a^2}{2}\times\frac{2a}{3}\right)=\frac{8a^3}{3EI}$$

$$\Delta_{1P}=\frac{2}{EI}\left(\frac{1}{3}\times\frac{qa^2}{2}\times a\times a\right)=\frac{qa^4}{3EI}$$

代入典型方程，解得

$$X_1=-\frac{\Delta_{1P}}{\delta_{11}}=-\frac{qa}{8}$$

利用叠加法 $M=\overline{M}_1X_1+M_P$ 作出结构的最终弯矩图如图 8-16*e* 所示；还可进一步作出结构的剪力图和轴力图如图 8-16*f*、*g* 所示。显然，该结构的所有内力（含剪力）都是反对称的，但可以看到剪力图是正对称的，读者不妨自行分析其中的原因。

方法二：取半边结构

根据截面 C 的受力和位移状况，取出半边结构如图 8-17*a* 所示。将 C 处反力作为多余未知力 X_1，得到半边结构的力法基本体系如图 8-17*b*。写出力法典型方程为

$$\delta_{11}X_1+\Delta_{1P}=0$$

作出基本结构在 $X_1=1$ 及荷载单独作用下的弯矩图如图 8-17*c*、*d*，由图可求得：

$$\delta_{11}=\frac{1}{EI}\left(a^2\times a+\frac{a^2}{2}\times\frac{2a}{3}\right)=\frac{4a^3}{3EI}$$

$$\Delta_{1P}=-\frac{1}{EI}\left(\frac{1}{3}\times\frac{qa^2}{2}\times a\times a\right)=-\frac{qa^4}{6EI}$$

代入典型方程，解得

$$X_1=-\frac{\Delta_{1P}}{\delta_{11}}=\frac{qa}{8}$$

利用叠加法及左右半边结构的对称性可作出原结构的内力图，参见图 8-16*e*、*f*、*g*。

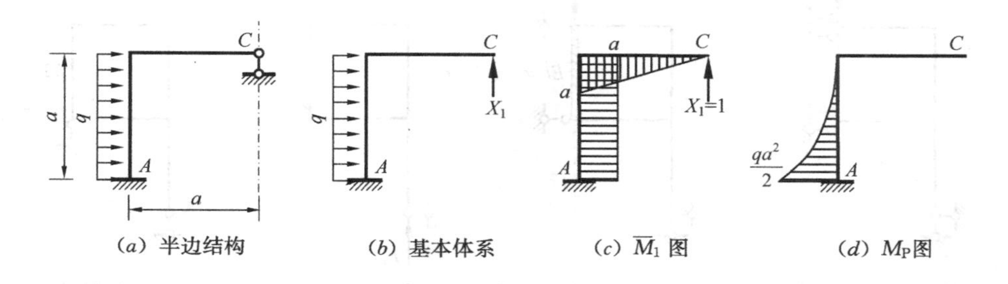

图 8-17　例 8-5 方法二图

【例 8-6】 图 8-18*a*、*b* 所示对称结构，分别受到一组正对称和一组反对称荷载的作用。试选取简化计算时的半边结构，忽略各杆轴向变形。

【解】 该结构第一层为奇数跨，第二层为偶数跨。在正对称荷载作用下（图 8-18*a*），处于对称轴上的中间柱及其上下结点均只有竖向位移，故取半边结构时可在两结点处各添加一个竖向滑动支座，参见图 8-18*c* 所示。因不计轴向变形，故图 8-18*c* 中的右侧柱可用一刚度无穷大的竖杆代替，以约束上下结点的转角，而此时滑动支座可改为水平链杆支座，如图 8-18*d* 所示。注意到此半边结构的竖向反力是静定的，故可将其进一步简化为图 8-18*e* 所示的结构。该结构与图 8-18*d* 所示结构的受力及变形完全相同，两者只相差一个刚体位移。

在反对称荷载作用下（图 8-18*b*），将中间柱平分为两根柱，并注意到中间柱的竖向位移为零，由此取出半边结构如图 8-18*f* 所示。中间柱结点处添加竖向链杆支座是为了约束该处的竖向位移。该支座反力与另半边叠加后相互抵销，故无论内力还是位移均与原结构等效。

(2) 作用一般荷载时的计算

对称结构作用一般荷载时，常采用两种简化计算方法：一是取对称的基本结构，此时基本未知量的数目虽未减少，但部分副系数为零，主系数和其余副系数的计算利用对称性也可得到简化；二是将荷载或多余未知力分解为一组正对称和一组反对称的叠加。两组荷载单独作用下的结构内力可采用前面介绍的简化方法算出，再将其叠加后就得到原结构的内力。

【例 8-7】 图 8-19*a* 所示对称刚架，其左侧柱子上作用有水平均布荷载，试利用对称性

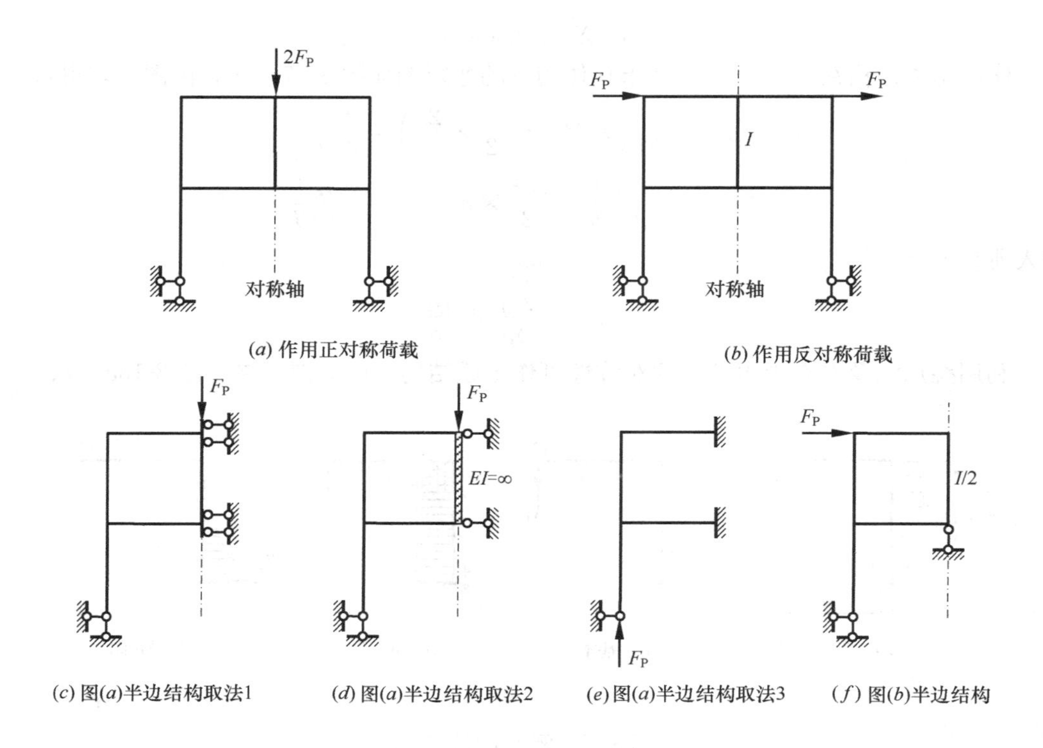

图 8-18　例 8-6 图

选取合理的简化计算方法。

【解】方法一：取对称的基本结构

选取对称的基本结构如图 8-19*b* 所示，于是基本未知量要么是正对称，要么是反对称。在一般荷载作用下，这些基本未知量一般不为零，但是力法典型方程的副系数

$$\delta_{13}=\delta_{31}=0,\quad \delta_{23}=\delta_{32}=0$$

实际上，一旦基本结构选定后，典型方程的所有系数也就确定了，与外部作用并无关联。这样就可得到与上一小节式（a）相同的典型方程，计算得到了简化。

方法二：荷载分组

将荷载分解为一组正对称和一组反对称的叠加，如图 8-19*c*、*d* 所示。两组荷载分别作用下的结构内力可采用前述方法，例如取半边结构进行简化计算（参见例 8-5），再将计算结果叠加即得原结构的内力。

上述方法一讨论的是选取对称的基本结构后，其多余未知力也是对称的情况。然而，有的对称结构在一般荷载作用下，虽然选取了对称的基本结构，但是其多余未知力并不是对称的，例如图 8-20 选取两侧支座反力为多余未知力就属这种情况。此时相关的副系数并不为零，并未达到简化的目的。

为此将两个多余未知力 X_1、X_2重新分组：一组为正对称的未知力 Y_1，其值等于原未知力之和的一半；另一组为反对称的未知力 Y_2，其值等于原未知力之差的一半，即

$$Y_1=\frac{X_1+X_2}{2},\ Y_2=\frac{X_1-X_2}{2}$$

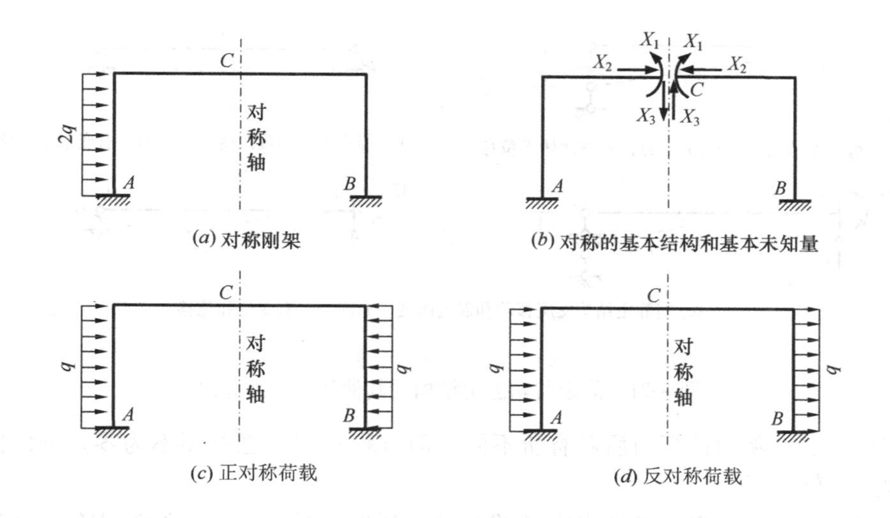

图 8-19　例 8-7 图

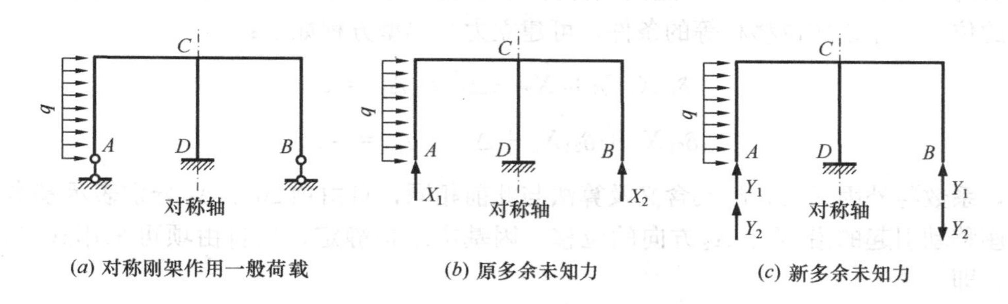

图 8-20　多余未知力分组示例

显然，这两组未知力均为广义力，两者之和与原有未知力完全等效。

在新的未知力 $Y_1=1$ 和 $Y_2=1$ 单独作用下，基本结构的内力分别是正对称和反对称的，因此与之对应的力法典型方程的副系数

$$\delta_{12}=\delta_{21}=0$$

于是典型方程成了两个独立的方程，计算得到了简化。

8-4　支座移动和温度改变时的力法计算

与静定结构不同，超静定结构在支座移动、温度改变、制造误差等其他外部因素作用下一般会产生内力，这种内力通常称为**自内力**。产生自内力的原因是超静定结构中存在多余约束，从而限制了结构的自由变形和位移，使其产生了内部约束力。在自内力和原有外部因素的共同作用下，结构获得了新的协调和平衡。图 8-21 分别给出了静定与超静定结构发生支座移动、温度改变后的变形及受力状态的对比。

8-4-1　支座移动时的计算

超静定结构在支座移动（平动或转动）作用下的力法分析原理与荷载作用时相同，只

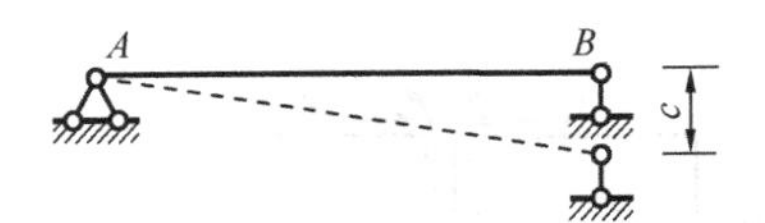

(a) 静定结构支座移动:无内力，有刚体体系位移

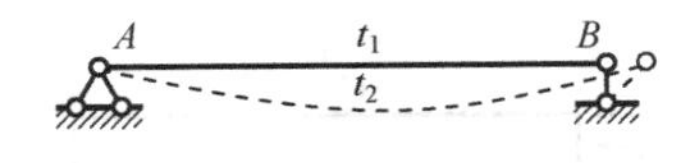

(b) 静定结构温度改变：无内力，有变形和位移

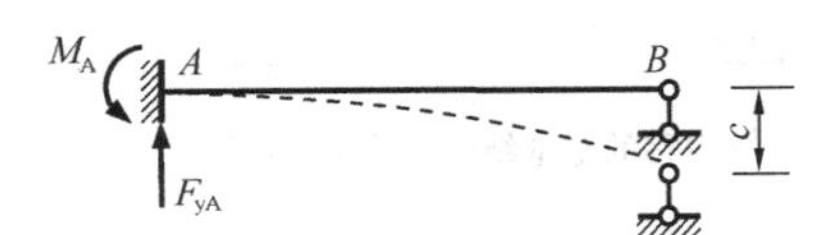

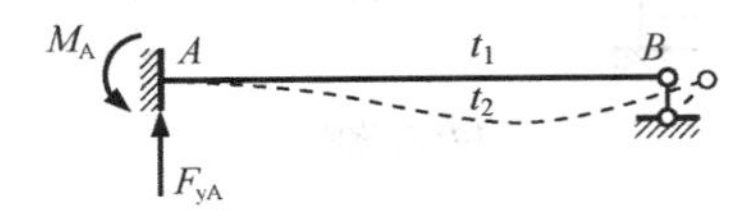

(c) 超静定结构支座移动和温度改变：有内力，有变形和位移

图 8-21　静定与超静定结构受其他外因时的对比

是典型方程中自由项的计算与后者有所不同，而方程右端项也可能不为零。现以图 8-22*a* 所示的刚架为例说明。

此刚架为两次超静定，已知支座 A 发生了一逆时针的转动 θ，支座 C 有一沉陷 c。力法分析时，可取图 8-22*b* 所示的基本结构。根据基本结构在 X_1、X_2 以及支座移动共同作用下的位移与原结构位移相等的条件，可建立力法典型方程如下：

$$\delta_{11}X_1+\delta_{12}X_2+\Delta_{1c}=\Delta_1=0$$

$$\delta_{21}X_1+\delta_{22}X_2+\Delta_{2c}=\Delta_2=-c$$

式中，系数与外因无关，故其含义及算法与此前相同；自由项 Δ_{1c}、Δ_{2c} 分别表示基本结构由支座移动引起的沿 X_1、X_2 方向的位移。因基本结构静定，故自由项可采用式（6-11）计算，即

$$\Delta_{ic}=-\sum\overline{F}_{Ri}c \tag{8-1}$$

典型方程右端项 Δ_1、Δ_2 表示原结构沿 X_1、X_2 方向的位移，本例分别等于 0 和 $-c$。由此可见，有支座移动时，力法方程的右端项并不一定为零。

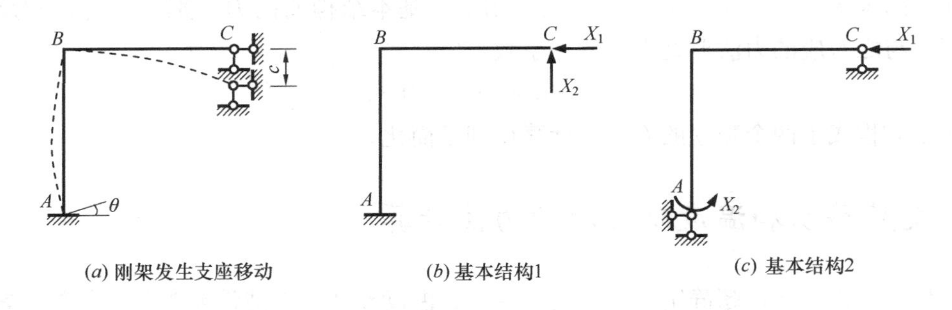

(a) 刚架发生支座移动　　(b) 基本结构1　　(c) 基本结构2

图 8-22　支座移动时的力法分析示例

从方程右端项的含义中容易获知，如果基本结构选取不同，那么右端项通常也会不同。对于上面讨论的图 8-22*a* 刚架，若选用图 8-22*c* 为基本结构，则典型方程将变为

$$\delta_{11}X_1+\delta_{12}X_2+\Delta_{1c}=0$$

$$\delta_{21}X_1+\delta_{22}X_2+\Delta_{2c}=\theta$$

归纳起来，如果基本结构中已经解除了发生支座移动这一方向的支座约束，那么该支座移动将在方程右端项中出现，当然它就不再在自由项中出现了。

因基本结构是静定的，支座移动对其不产生内力，故最后内力的叠加式为

$$M=\overline{M}_1X_1+\overline{M}_2X_2$$

对于 n 次超静定结构，在支座移动作用下的力法典型方程可写为

$$\left.\begin{array}{l}\delta_{11}X_1+\delta_{12}X_2+\cdots+\delta_{1n}X_n+\Delta_{1c}=\Delta_1\\ \delta_{21}X_1+\delta_{22}X_2+\cdots+\delta_{2n}X_n+\Delta_{2c}=\Delta_2\\ \cdots\cdots\\ \delta_{n1}X_1+\delta_{n2}X_2+\cdots+\delta_{nn}X_n+\Delta_{nc}=\Delta_n\end{array}\right\}\tag{8-2}$$

多余未知力求得后，结构其他部位的内力（如弯矩）可采用叠加法算得，即

$$M=\overline{M}_1X_1+\overline{M}_2X_2+\cdots+\overline{M}_nX_n\tag{8-3}$$

【例 8-8】 图 8-23*a* 所示一端固定一端铰支的等截面梁，已知支座 A 发生了顺时针的支座转动 θ，支座 B 有一竖向位移 Δ。试用力法计算，并作弯矩图。

【解】 此为一次超静定结构。若取悬臂梁为基本结构（图 8-23*b*），则力法典型方程为

$$\delta_{11}X_1+\Delta_{1c}=-\Delta$$

基本结构在 $X_1=1$ 作用下的弯矩图如图 8-23*c*，由此可求得方程的系数和自由项为

$$\delta_{11}=\frac{1}{EI}\left(\frac{1}{2}\times l\times l\times\frac{2l}{3}\right)=\frac{l^3}{3EI}$$

$$\Delta_{1c}=-\sum\overline{F}_{R1}c=-l\theta$$

这里 Δ_{1c} 是基本结构由 A 处支座转动引起的沿 X_1 方向的位移，本例中其值也可直接依据几何关系确定。因基本结构中已解除了支座 B 的约束，故该支座位移只出现在方程右端项中。

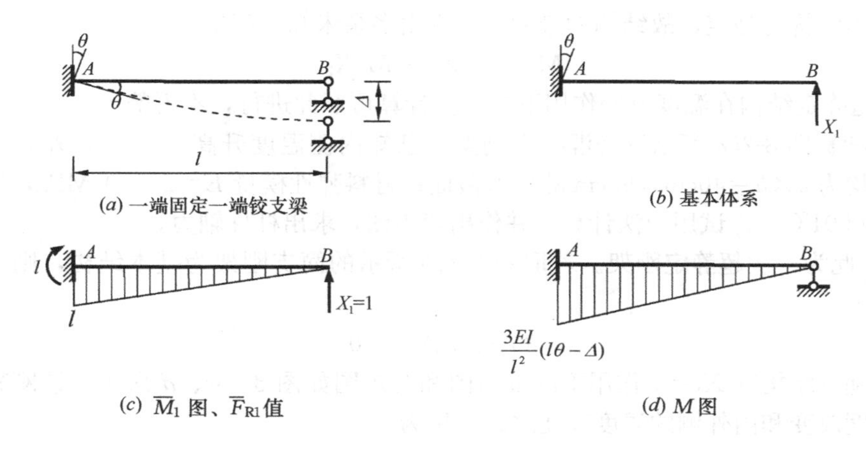

图 8-23　例 8-8 图

解方程得多余未知力为

$$X_1=\frac{-\Delta-\Delta_{1c}}{\delta_{11}}=\frac{3EI}{l^3}(l\theta-\Delta)$$

结构的最后内力完全由多余未知力引起，其弯矩图如图 8-23*d* 所示。

8-4-2 温度改变时的计算

用力法计算超静定结构由温度改变引起的内力，其原理与荷载作用或支座移动时相同，所不同的只是典型方程中的自由项需采用温度改变引起的位移计算式计算。例如图8-24*a*所示刚架，其内外侧温度分别改变了t_1、t_2，若取图8-24*b*所示的基本结构，则典型方程为

$$\delta_{11}X_1+\delta_{12}X_2+\Delta_{1t}=0$$
$$\delta_{21}X_1+\delta_{22}X_2+\Delta_{2t}=0$$

式中各系数的计算与以前相同；自由项Δ_{1t}、Δ_{2t}分别表示基本结构由温度改变引起的沿X_1、X_2方向的位移，可用式（6-12）计算。对于等截面且温度改变沿杆长不变的结构，其计算式为

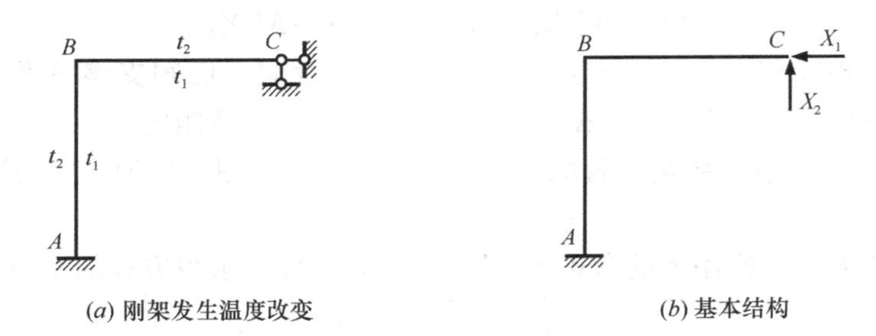

(*a*) 刚架发生温度改变　　(*b*) 基本结构

图 8-24　温度改变时的力法分析示例

$$\Delta_{it}=\sum\alpha t_0\int\overline{F}_{Ni}\mathrm{d}s+\sum\frac{\alpha\Delta t}{h}\int\overline{M}_i\mathrm{d}s=\sum\alpha t_0A_{\overline{N}i}+\sum\frac{\alpha\Delta t}{h}A_{\overline{M}i}\tag{8-4}$$

将系数和自由项代入力法典型方程，可解出多余未知力。

因基本结构为静定，故结构的最后内力仅由多余未知力产生，即

$$M=\overline{M}_1X_1+\overline{M}_2X_2$$

n次超静定结构在温度改变作用下的力法计算可照此进行，不再赘述。

【例 8-9】 图8-25*a*所示钢筋混凝土刚架，已知内侧温度升高了20℃，外侧温度无变化，各杆均为$b\times h=40\text{cm}\times60\text{cm}$的矩形截面；材料弹性模量$E=2\times10^4\text{MPa}$，线膨胀系数$\alpha=0.00001℃^{-1}$。试用力法计算，并作出弯矩图，求出杆件轴力。

【解】 此为一次超静定刚架。若取图8-25*b*所示的简支刚架为基本结构，则力法典型方程为

$$\delta_{11}X_1+\Delta_{1t}=0$$

作出基本结构在$X_1=1$作用下的轴力图和弯矩图如图8-25*c*、*d*所示。该刚架各杆轴线处的温度改变和内外侧的温度改变之差分别为

$$t_0=0.5\times(20+0)=10℃,\ \Delta t=20-0=20℃$$

利用位移计算式可求出典型方程的系数和自由项如下：

$$\delta_{11}=\frac{1}{EI}\left[5\times6\times5+2\times\left(\frac{1}{2}\times5\times5\right)\times\frac{2}{3}\times5\right]=\frac{700}{3EI}$$

$$\Delta_{1t}=-1\times10\alpha\times6-\frac{20\alpha}{0.6}\left(2\times\frac{1}{2}\times5\times5+5\times6\right)=-\frac{5680\alpha}{3}$$

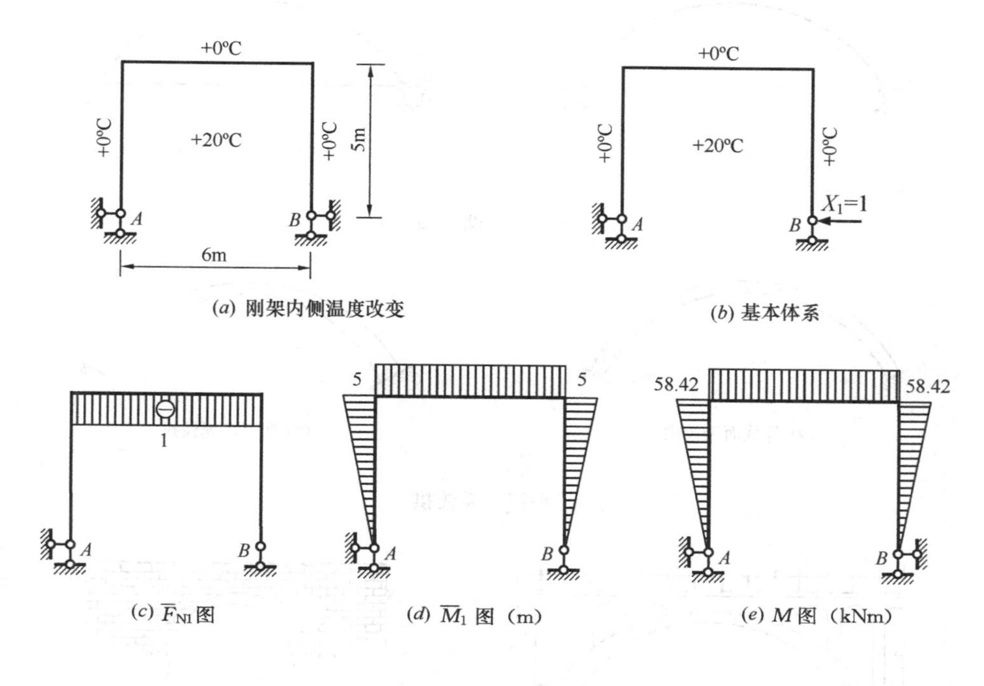

图 8-25 例 8-9 图

解典型方程得

$$X_1=-\frac{\Delta_{1t}}{\delta_{11}}=8.114\alpha EI=8.114\times10^{-5}\times2\times10^{7}\times\frac{0.4\times0.6^{3}}{12}=11.68\text{kN}$$

由叠加法 $M=\overline{M}_1X_1$ 可绘出原结构的弯矩图如图 8-25*f*；同时可知横杆内存在轴压力 11.68kN，竖杆轴力为零。实际上，该刚架竖向反力是静定的，故不会产生竖向反力。

8-5 力法解超静定拱

工程中常用的超静定拱有两类：两铰拱（图 8-26）和无铰拱（图 8-27）。超静定拱与静定的三铰拱类似，在竖向荷载作用下会产生水平推力，因此都属于以受轴压力为主的推力结构。为避免将水平推力传至下部支承物，两铰拱也可做成带拉杆的形式（图 8-26*b*）。无铰拱与两铰拱相比，其弯矩分布往往更为均匀，构造也相对简单，但受支座沉降的影响较大。这两类拱结构在桥梁（图 8-28*a*）、隧道（图 8-28*b*）、屋盖、门窗过梁等工程中均有广泛应用。

超静定拱的拱肋截面可做成等截面的（图 8-27*a*），为节省材料也常做成变截面的（图 8-27*b*）。对于无铰拱，由于拱脚处的弯矩往往比其他截面更大，故常将截面设计成由拱顶向拱脚逐渐增大的变截面形式（图 8-27*b*、图 8-28*a*）。两铰拱的弯矩分布则往往正好相反，即由拱脚处弯矩为零向拱顶逐渐增大，故可将其截面设计成由拱脚向拱顶增大的形式。

工程中常见的拱结构的曲率一般都比较小，其对变形的影响并不大，故位移计算时可

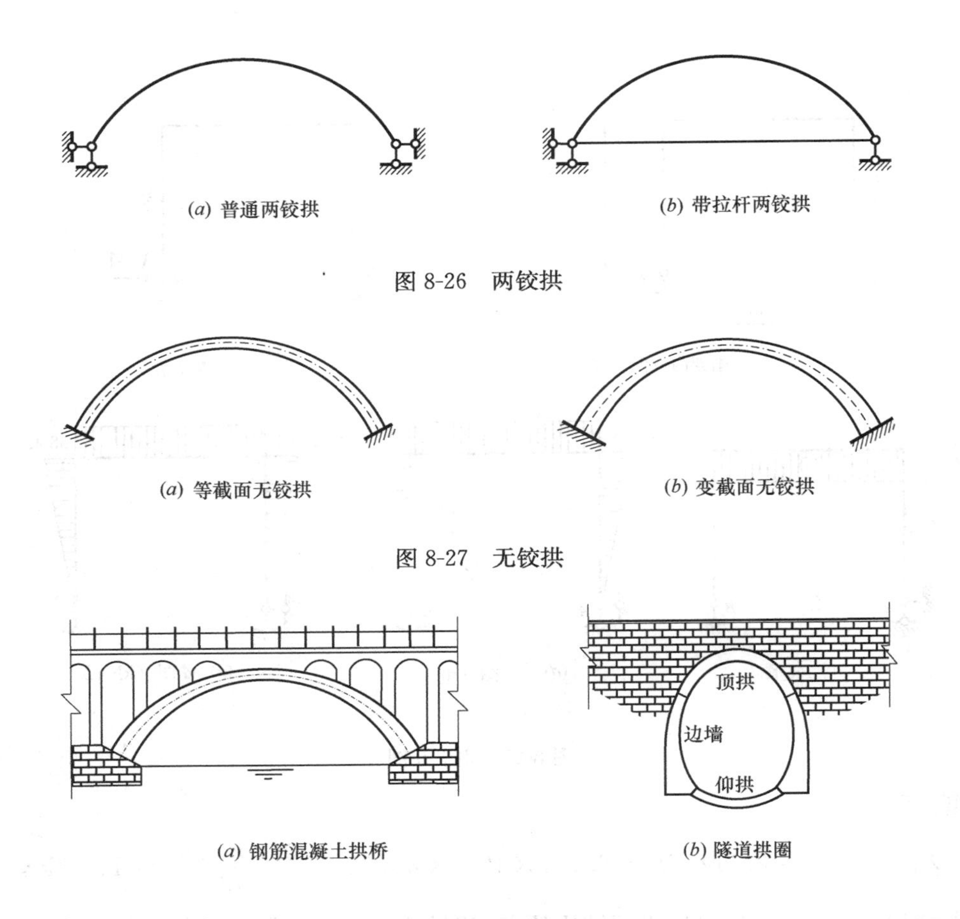

图 8-26 两铰拱

图 8-27 无铰拱

图 8-28 无铰拱应用示例

忽略曲率的影响。这样，力法典型方程的系数和自由项仍可采用第 6 章介绍的直杆公式计算。

8-5-1 两铰拱的计算

两铰拱是一次超静定结构（图 8-29*a*）。采用力法计算时，为方便起见，常选取简支曲梁作为基本结构，以一侧支座的水平推力作为多余未知力 X_1（图 8-29*b*）。其力法典型方程为

$$\delta_{11}X_1+\Delta_{1P}=0$$

计算系数 δ_{11} 时一般只需考虑弯曲变形的影响，但对扁平拱（如高跨比 $\frac{f}{l}\leqslant\frac{1}{5}$ 的拱）还需计入轴向变形的影响；计算自由项 Δ_{1P} 时通常只需考虑弯曲变形的影响。据此有

$$\delta_{11}=\int\frac{\overline{M}_1^2}{EI}ds+\int\frac{\overline{F}_{N1}^2}{EA}ds$$

$$\Delta_{1P}=\int\frac{\overline{M}_1M_P}{EI}ds$$

在图示坐标系下，若设弯矩以使拱的内侧纤维受拉为正，轴力以拉力为正，倾角 φ 在

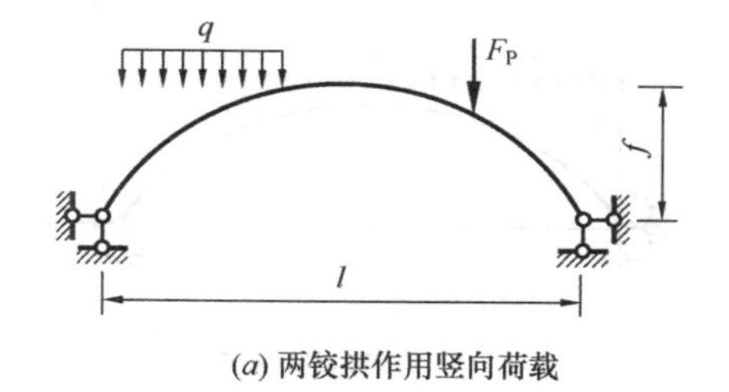

(a) 两铰拱作用竖向荷载

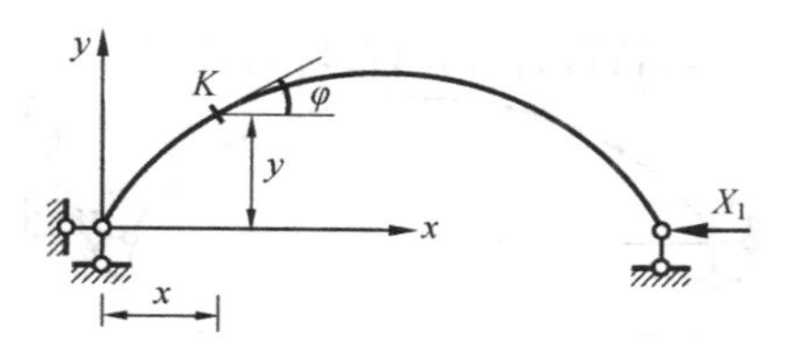

(b) 基本结构和基本未知量

图 8-29 两铰拱力法分析简图

左、右半拱分别取为正和负的锐角，则可写出基本结构在 $X_1=1$ 作用下的截面内力为

$$\overline{M}_1=-y,\quad \overline{F}_{N1}=-\cos\varphi$$

将其代入上面的系数和自由项的计算式及典型方程中，可得

$$X_1=-\frac{\Delta_{1P}}{\delta_{11}}=\frac{\int\frac{yM_P}{EI}ds}{\int\frac{y^2}{EI}ds+\int\frac{\cos^2\varphi}{EA}ds} \tag{8-5}$$

因拱轴为曲线，故上述积分计算不能运用图乘法。当精确积分难以实现时，可采用数值积分。

在竖向荷载作用下，上式中的 $M_P=M^0$（M^0 为相应简支梁的弯矩）。由上式求得水平推力 $F_H=X_1$后，拱上任一截面的内力可由叠加法算出，即

$$\begin{cases}M=M^0-F_H y\\F_Q=F_Q^0\cos\varphi-F_H\sin\varphi\\F_N=-F_Q^0\sin\varphi-F_H\cos\varphi\end{cases} \tag{8-6}$$

该内力计算式与三铰拱的计算式（3-8）完全相同，因此可以预见两铰拱将呈现与三铰拱相似的受力特性。当然两者水平推力的求法是有本质区别的。

最后需指出的是，以简支曲梁为基本结构进行力法计算，由忽略轴向变形和剪切变形所带来的误差对水平推力的影响一般并不明显，但计算内力特别是弯矩时所带来的累积误差可能会比较大。为减小这类误差，可采用三铰拱作为基本结构。此时计算虽略显麻烦，但由位移计算带来的误差会比较小。

【例 8-10】计算图 8-30*a* 所示等截面两铰拱在满跨均布荷载作用下的内力，并作出弯矩图。已知拱轴线方程为 $y=\frac{4f}{l^2}x(l-x)$，截面面积 $A=0.24\text{m}^2$，惯性矩 $I=0.0072\text{m}^4$，$E=3\times10^4\text{MPa}$。

【解】选取图 8-30*b* 所示的基本体系。因该拱 $\frac{f}{l}=\frac{1}{5}$，属于扁平拱，故计算系数 δ_{11}时需考虑轴向变形的影响；且对这类扁平拱，还可近似取 $ds\approx dx$，$\cos\varphi\approx1$。于是 δ_{11}、Δ_{1P}的计算式简化为

$$EI\delta_{11}=\int_0^l y^2dx+\frac{EI}{EA}\int_0^l dx$$

$$EI\Delta_{1P}=-\int_0^l yM_Pdx$$

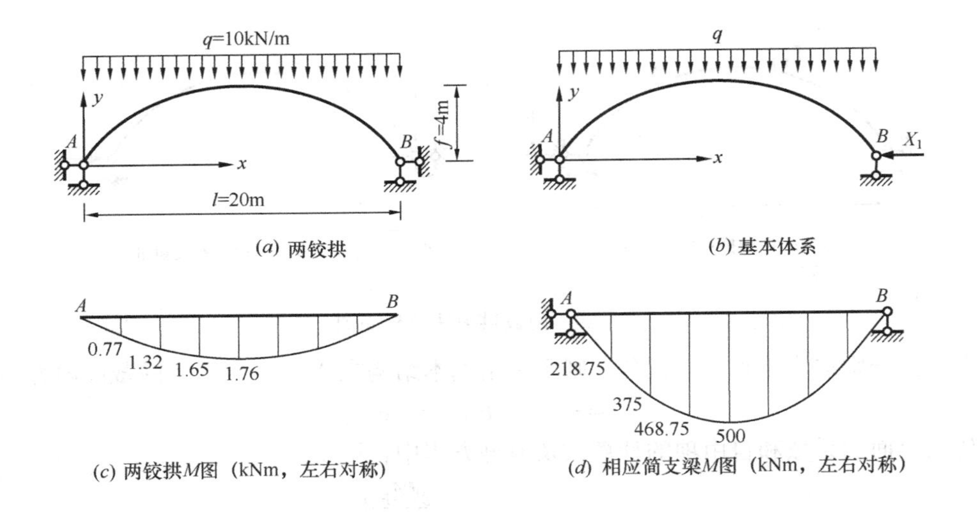

图 8-30　例 8-10 图

由基本体系可得

$$M_P = \frac{q}{2}x(l-x)$$

将该式和拱轴线方程式代入系数和自由项中，有

$$EI\delta_{11} = \int_0^l \left[\frac{4f}{l^2}x(l-x)\right]^2 \mathrm{d}x + \frac{EI}{EA}l = \frac{8f^2 l}{15} + \frac{EI}{EA}l$$

$$EI\Delta_{1P} = -\int_0^l \frac{2fq}{l^2}\left[x(l-x)\right]^2 \mathrm{d}x = -\frac{qfl^3}{15}$$

故得

$$X_1 = -\frac{\Delta_{1P}}{\delta_{11}} = \frac{ql^2}{8f + \dfrac{15I}{Af}} = \frac{4000}{32.1125} = 124.56\mathrm{kN}$$

此两铰拱的弯矩图以及相应简支梁的弯矩图如图 8-30c、d 所示。可见水平推力的存在使得两铰拱的弯矩显著低于相应简支梁的弯矩，其最大弯矩仅为后者的 0.35%。读者可自行验证，在忽略轴向变形的情况下，该拱处于无弯矩状态，请读者自行分析其原因所在。

至于带拉杆的两铰拱（图 8-31a），力法计算时可将拉杆内力作为多余未知力 X_1（图 8-31b），其力法典型方程为

$$\delta_{11}X_1 + \Delta_{1P} = 0$$

计算系数 δ_{11}时，应注意计及拉杆的变形，也即

$$\delta_{11} = \int \frac{\overline{M}_1^2}{EI}\mathrm{d}s + \int \frac{\overline{F}_{N1}^2}{EA}\mathrm{d}s + \frac{l}{E_1A_1}$$

式中 E_1A_1为拉杆的抗拉刚度。自由项 Δ_{1P}的计算式与前述普通两铰拱的相同。于是，可写出多余未知力的计算式如下：

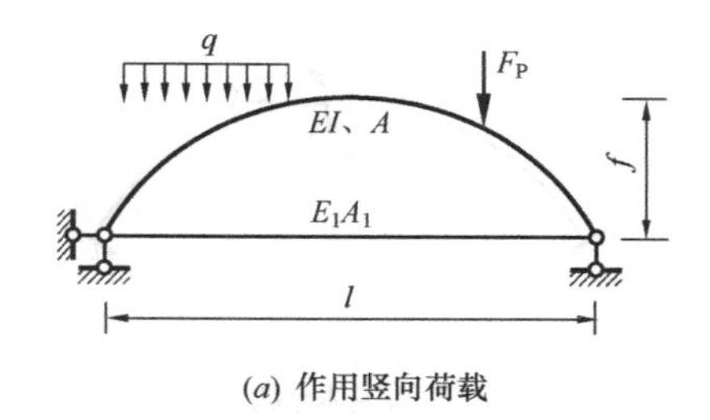

(a) 作用竖向荷载

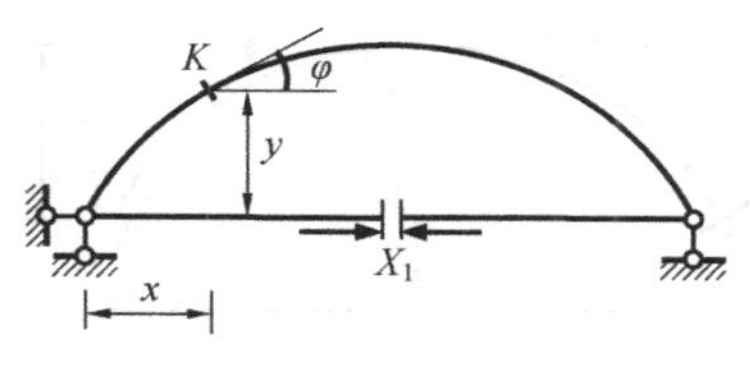

(b) 基本结构和基本未知量

图 8-31　带拉杆两铰拱分析简图

$$X_1 = \frac{\int \frac{yM_P}{EI}\mathrm{d}s}{\int \frac{y^2}{EI}\mathrm{d}s + \int \frac{\cos^2\varphi}{EA}\mathrm{d}s + \frac{l}{E_1A_1}} \tag{8-7}$$

这就是带拉杆两铰拱的水平推力计算式。拱上任一截面的内力表达式可同样用叠加法列出，竖向荷载作用下的计算式与式（8-6）相同。

对比式（8-7）与（8-5）可以看到，带拉杆两铰拱的水平推力小于无拉杆的普通两铰拱。显然，当拉杆刚度很大，即 $E_1A_1 \to \infty$ 时，其内力与普通两铰拱相同；当拉杆刚度很小，即 $E_1A_1 \to 0$ 时，水平推力 $F_H = X_1 \to 0$，两铰拱退化为简支曲梁，从而将丧失拱的特征。

8-5-2　无铰拱的计算

无铰拱是三次超静定结构。力法计算时，通常选择三铰拱或悬臂曲梁作为基本结构，再按力法分析的一般步骤进行解算。工程中的无铰拱在条件允许的情况下会尽量做成对称形式。对于对称无铰拱（图 8-32*a*），为简化起见，可选取对称的基本结构（图 8-32*b*）计算。此时多余未知力中的弯矩 X'_1 和轴力 X'_2 是正对称的，而剪力 X'_3 是反对称的，故副系数

$$\delta_{13} = \delta_{31} = 0, \quad \delta_{23} = \delta_{32} = 0$$

这样，就剩下一对副系数 $\delta_{12} = \delta_{21} \neq 0$。

鉴于拱结构的系数计算比较繁琐，因此如果能设法使剩余一对副系数 $\delta_{12} = \delta_{21}$ 也为零，那么既减小了计算系数的工作量，又可使三个典型方程彼此独立。

前已述及，典型方程的系数仅与所选取的基本结构有关。因此，要改变其中的系数之值，就得改变基本结构。一个比较有效的方法是构建等效的且保留对称性的原结构，再从中取出对称的基本结构。为此引入刚度无穷大的刚臂来达到这个目的。

将图 8-32*a* 所示的对称无铰拱在拱顶截面处切开，在切口下方沿对称轴方向引出两个刚度无穷大的刚臂，再将两刚臂末端刚接，如图 8-32*c* 所示。该结构无论在受力还是变形上都与原结构等效，并且仍是对称的。以下将用这个结构代替原结构进行计算。

将此结构在刚臂末端的刚接处切开，并代之以 X_1、X_2、X_3（图 8-32*d*）。显然，此时的基本结构为两个带刚臂的悬臂曲梁，多余未知力作用在刚臂末端，仍是正对称或反对称的。通过调整刚臂的长度，即适当选取多余未知力的作用位置，可使副系数 δ_{12} 和 δ_{21} 等于零。

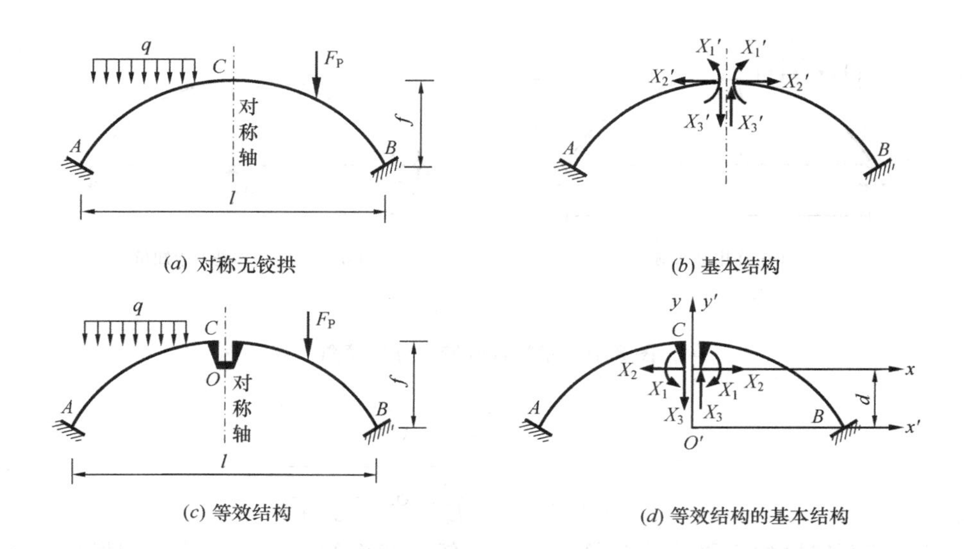

图 8-32　对称无铰拱及力法基本结构

考察图 8-32d 所示的基本结构，先写出其在各单位多余力作用下的内力表达式。以刚臂末端点 O 为坐标原点，y 轴沿对称轴，x 轴向右建立坐标系。仍设弯矩以使拱截面内侧纤维受拉为正，轴力以拉力为正，则可写出三个单位多余力分别作用下的内力为

$$\left.\begin{array}{lll}\overline{M}_1=1, & \overline{F}_{N1}=0, & \overline{F}_{Q1}=0\\ \overline{M}_2=-y, & \overline{F}_{N2}=-\cos\varphi, & \overline{F}_{Q2}=-\sin\varphi\\ \overline{M}_3=x, & \overline{F}_{N3}=\sin\varphi, & \overline{F}_{Q3}=\cos\varphi\end{array}\right\}\tag{8-8}$$

为确定刚臂顶点的位置，另选取一参考坐标系 $x'O'y'$，将其坐标原点置于一固定位置，例如与拱脚或拱顶齐平处，或拱顶轴线的曲率中心处等，其指向取为与原坐标同向。设 x 轴与 x'轴的间距为 d，则有（参见图 8-32d）

$$y=y'-d$$

由此写出副系数 δ_{12} 的表达式，并令其为零，可得

$$\delta_{12}=\int\frac{\overline{M}_1\overline{M}_2}{EI}\mathrm{d}s+\int\frac{\overline{F}_{N1}\overline{F}_{N2}}{EA}\mathrm{d}s+\int k\frac{\overline{F}_{Q1}\overline{F}_{Q2}}{GA}\mathrm{d}s=-\int\frac{y}{EI}\mathrm{d}s=0$$

也即

$$\int\frac{y'-d}{EI}\mathrm{d}s=\int\frac{y'}{EI}\mathrm{d}s-\int\frac{d}{EI}\mathrm{d}s=0$$

$$d=\frac{\int\frac{y'}{EI}\mathrm{d}s}{\int\frac{1}{EI}\mathrm{d}s}\tag{8-9}$$

该式就是确定刚臂长度或刚臂顶点位置的计算式。对于任意截面形式的无铰拱（图 8-33a），若以截面抗弯刚度的倒数$\frac{1}{EI}$为宽度沿拱轴线作一图形（图 8-33b），则 $\frac{1}{EI}\mathrm{d}s$ 就是该图形的微分面积，而式（8-9）的分母就是整个图形的面积，分子则是整个图形对 x'轴的面积矩；两者相除便是该图形的形心到 x'轴的距离。由于此图形是与 EI 有关且反映拱

结构弹性性质的，故又称之为**弹性面积图**，其形心称为**弹性中心**，而坐标 x、y 轴就是该图形的一对形心轴。由此可见，只要将刚臂端点引到弹性中心的位置，且多余未知力 X_2、X_3沿弹性面积的主轴方向作用，就可以使力法方程的全部副系数等于零。这一简化计算方法称为**弹性中心法**。

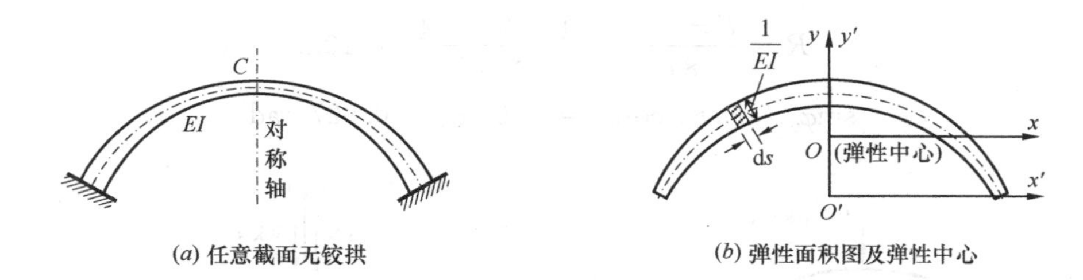

(a) 任意截面无铰拱　　(b) 弹性面积图及弹性中心

图 8-33　任意截面无铰拱的弹性中心

利用弹性中心法计算时，其力法典型方程为：

$$\delta_{11}X_1+\Delta_{1P}=0$$
$$\delta_{22}X_2+\Delta_{2P}=0$$
$$\delta_{33}X_3+\Delta_{3P}=0$$

因此各多余未知力可直接由下式求得

$$X_1=-\frac{\Delta_{1P}}{\delta_{11}},\ X_2=-\frac{\Delta_{2P}}{\delta_{22}},\quad X_3=-\frac{\Delta_{3P}}{\delta_{33}} \tag{8-10}$$

多数情况下，式中系数和自由项的计算只需考虑弯曲变形的影响；在有的情况下，例如拱的高跨比 $\frac{f}{l}\leqslant\frac{1}{5}$ 时，需考虑轴力对系数 δ_{22} 的影响。

利用式（8-8）可获得各系数和自由项的计算式为

$$\left.\begin{aligned}
\delta_{11}&=\int\frac{\overline{M}_1^2}{EI}\mathrm{d}s=\int\frac{1}{EI}\mathrm{d}s\\
\delta_{22}&=\int\frac{\overline{M}_2^2}{EI}\mathrm{d}s+\int\frac{\overline{F}_{N2}^2}{EA}\mathrm{d}s=\int\frac{y^2}{EI}\mathrm{d}s+\int\frac{\cos^2\varphi}{EA}\mathrm{d}s\\
\delta_{33}&=\int\frac{\overline{M}_3^2}{EI}\mathrm{d}s=\int\frac{x^2}{EI}\mathrm{d}s\\
\Delta_{1P}&=\int\frac{\overline{M}_1M_P}{EI}\mathrm{d}s=\int\frac{M_P}{EI}\mathrm{d}s\\
\Delta_{2P}&=\int\frac{\overline{M}_2M_P}{EI}\mathrm{d}s=-\int\frac{yM_P}{EI}\mathrm{d}s\\
\Delta_{3P}&=\int\frac{\overline{M}_3M_P}{EI}\mathrm{d}s=\int\frac{xM_P}{EI}\mathrm{d}s
\end{aligned}\right\} \tag{8-11}$$

式中当高跨比 $\frac{f}{l}>\frac{1}{5}$ 时，δ_{22} 中的第二项（轴力影响项）可略去。

【例 8-11】 图 8-34a 所示圆弧形无铰拱，其截面 EI＝常数，拱顶处作用一竖向集中荷载。试求其水平推力和拱脚、拱顶处的弯矩。

【解】 此为对称无铰拱作用对称荷载的情形，采用弹性中心法计算时，可知反对称的

多余未知力 $X_3=0$。

（1）求圆弧拱半径 R 和半圆心角 φ_0

根据图 8-34a 中直角三角形的几何关系，

$$R^2=\left(\frac{l}{2}\right)^2+(R-f)^2$$

故
$$R=\frac{l^2+4f^2}{8f}=\frac{16^2+4\times4^2}{8\times4}=10\text{m}$$

$$\sin\varphi_0=0.8,\ \cos\varphi_0=0.6,\ \varphi_0=0.9273\text{rad}$$

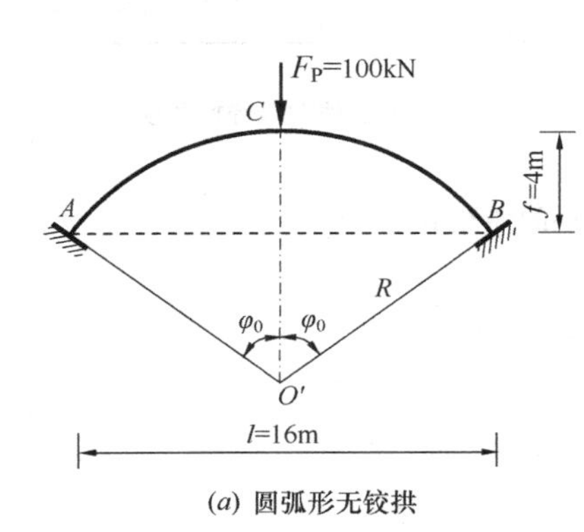

(a) 圆弧形无铰拱

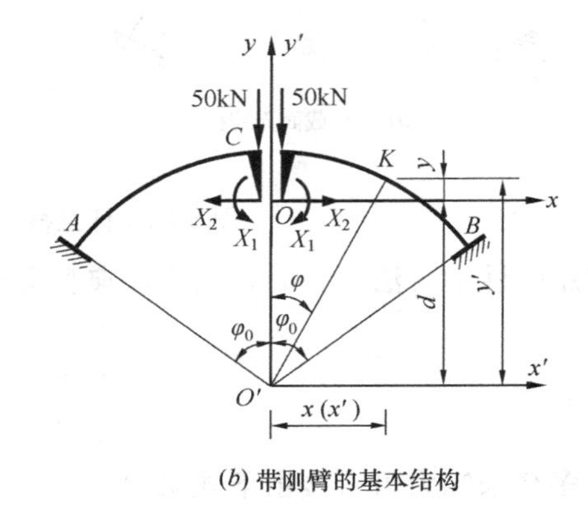

(b) 带刚臂的基本结构

图 8-34　例 8-11 图

（2）确定弹性中心的位置

将参考坐标原点设在圆心 O'处，则拱上任一点 K 处的坐标为（图 8-34b）

$$x'=x=R\sin\varphi$$

$$y'=y+d=R\cos\varphi$$

弹性中心 O 在参考坐标系中的坐标值为

$$d=\frac{\int\frac{y'}{EI}\text{d}s}{\int\frac{1}{EI}\text{d}s}=\frac{2\int_0^{\varphi_0}R^2\cos\varphi\text{d}\varphi}{2\int_0^{\varphi_0}R\text{d}\varphi}=\frac{R\sin\varphi_0}{\varphi_0}=8.627\text{m}$$

（3）求系数和自由项

因 $\frac{f}{l}>\frac{1}{5}$，故计算系数和自由项时只需考虑弯曲变形的影响。基本结构在 $X_1=1$、$X_2=1$ 和荷载单独作用下的弯矩为

$$\overline{M}_1=1$$

$$\overline{M}_2=-y=d-R\cos\varphi=R\left(\frac{\sin\varphi_0}{\varphi_0}-\cos\varphi\right)$$

$$M_P=-\frac{F_P}{2}x=-\frac{F_P}{2}R\sin\varphi$$

则由式（8-11）得

$$EI\delta_{11}=\int\overline{M}_1^2\mathrm{d}s=2\int_0^{\varphi_0}R\mathrm{d}\varphi=2R\varphi_0$$

$$EI\delta_{22}=\int\overline{M}_2^2\mathrm{d}s=2\int_0^{\varphi_0}R^2\left(\frac{\sin\varphi_0}{\varphi_0}-\cos\varphi\right)^2R\mathrm{d}\varphi=2R^3\left(\frac{\varphi_0}{2}-\frac{\sin^2\varphi_0}{\varphi_0}+\frac{1}{4}\sin2\varphi_0\right)$$

$$EI\Delta_{1\mathrm{P}}=\int\overline{M}_1M_\mathrm{P}\mathrm{d}s=-2\int_0^{\varphi_0}\frac{F_\mathrm{P}}{2}R^2\sin\varphi\mathrm{d}\varphi=-F_\mathrm{P}R^2(1-\cos\varphi_0)$$

$$EI\Delta_{2\mathrm{P}}=\int\overline{M}_2M_\mathrm{P}\mathrm{d}s=-F_\mathrm{P}R^3\left[\frac{\sin\varphi_0}{\varphi_0}(1-\cos\varphi_0)-\frac{\sin^2\varphi_0}{2}\right]$$

（4）求多余未知力和内力

将 $R=10\mathrm{m}$，$\varphi_0=0.9273\mathrm{rad}$，$F_\mathrm{P}=100\mathrm{kN}$ 代入上述系数和自由项以及式（8-10）中，可得

$$X_1=-\frac{\Delta_{1\mathrm{P}}}{\delta_{11}}=-\frac{-4000}{18.546}=215.68\mathrm{kNm}$$

$$X_2=-\frac{\Delta_{2\mathrm{P}}}{\delta_{22}}=-\frac{-2508.789}{26.948}=93.10\mathrm{kN}$$

上述计算表明，超静定拱在荷载作用下的内力与刚度的绝对值无关，该结论在前述其他超静定结构的分析中已经得到验证。由多余未知力可知水平推力为

$$F_\mathrm{H}=X_2=93.10\mathrm{kN}$$

而拱顶和拱脚的弯矩分别为

$$M_\mathrm{C}=X_1-X_2(R-d)=87.85\mathrm{kNm}(\text{下侧受拉})$$

$$M_\mathrm{A}=M_\mathrm{B}=X_1+X_2(d-R\cos\varphi_0)-\frac{F_\mathrm{P}}{2}R\sin\varphi_0=60.25\mathrm{kNm}(\text{内侧受拉})$$

（5）讨论

与作用相同荷载、具有相同轴线的三铰拱相比，后者的水平推力为

$$F'_\mathrm{H}=\frac{M_\mathrm{C}^0}{f}=\frac{F_\mathrm{P}l}{4f}=100\mathrm{kN}$$

可见两者水平推力比较接近，只相差 6.9%。读者还可进一步验证，如果改为均布荷载，则两者的水平推力及内力会更为接近。

【例 8-12】 图 8-35*a* 所示圆弧形无铰拱，已知其截面为 $b\times h=0.4\mathrm{m}\times0.6\mathrm{m}$ 的矩形，$E=3\times10^4\mathrm{MPa}$；支座 B 发生了 $\Delta=3\mathrm{mm}$ 的沉降。试计算拱截面的内力，并作出弯矩图。

【解】 该拱轴线的几何参数与例 8-11 相同，即

$$R=10\mathrm{m},\ \sin\varphi_0=0.8,\ \cos\varphi_0=0.6,\ \varphi_0=0.9273\mathrm{rad},\ d=8.627\mathrm{m}$$

仍采用弹性中心法计算。此时支座 B 发生竖向位移 Δ，与支座 A 和 B 分别发生方向相反的竖向位移 $\Delta/2$ 所产生的内力是等效的。因而，此属对称无铰拱作用反对称支座移动的情况，位于弹性中心上的正对称的多余未知力 $X_1=X_2=0$，只剩下反对称的多余未

知力 X_3（图 8-35b）。

如果不用对称性判断，那么取出图 8-35b 所示的基本结构后，先不求力法方程的系数，而直接计算由支座移动引起的自由项，容易得知

$$\Delta_{1c}=0, \Delta_{2c}=0$$

由此可同样获得 $X_1=0$、$X_2=0$ 的结果。

下面再计算 δ_{33} 和 Δ_{3c}。根据式（8-11），有

$$EI\delta_{33}=\int \overline{M}_3^2 \mathrm{d}s=\int x^2 \mathrm{d}s=2\int_0^{\varphi_0} R^2\sin^2\varphi R\,\mathrm{d}\varphi=R^3(\varphi_0-\sin\varphi_0\cos\varphi_0)$$

$$\Delta_{3c}=-\sum \overline{F}_{R3}c=-(1\times\Delta)=-\Delta$$

从而得

$$X_3=-\frac{\Delta_{3c}}{\delta_{33}}=\frac{EI\Delta}{R^3(\varphi_0-\sin\varphi_0\cos\varphi_0)}$$

$$=\frac{3\times10^{10}\times0.4\times0.6^3\times0.003}{12\times10^3\times(0.9273-0.8\times0.6)}=1448.7\text{N}=1.4487\text{kN}$$

绘出结构的最终弯矩图如图 8-35c 所示。

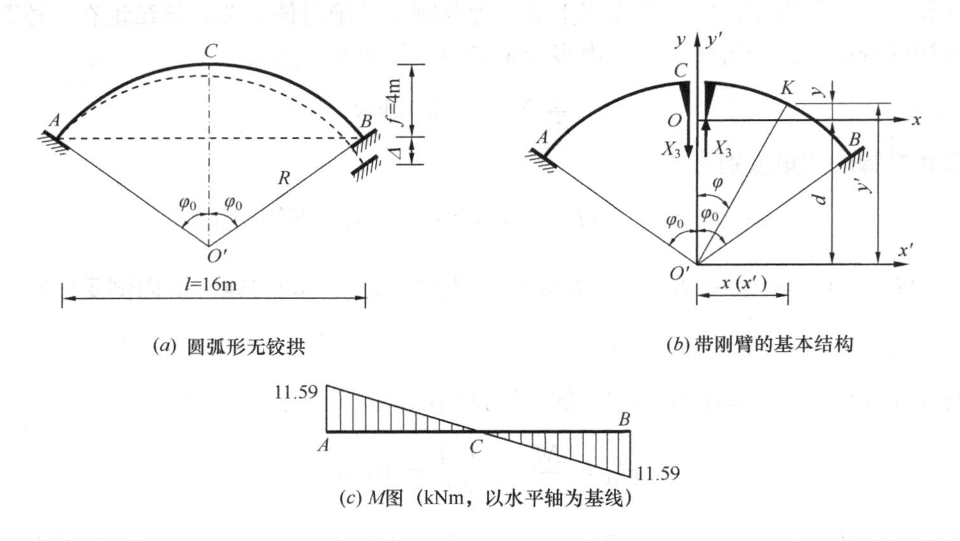

(a) 圆弧形无铰拱

(b) 带刚臂的基本结构

(c) M图（kNm，以水平轴为基线）

图 8-35　例 8-12 图

【例 8-13】 计算图 8-36a 所示无铰拱因温度均匀改变引起的内力。已知拱轴线为抛物线 $y_1=\dfrac{4f}{l^2}x_1^2$，其截面惯性矩和面积按 $I=\dfrac{I_C}{\cos\varphi}$、$A=\dfrac{A_C}{\cos\varphi}$ 变化，这里 I_C、A_C为拱顶截面的惯性矩和截面积，φ 为截面倾角。

【解】 当拱截面按本例余弦规律变化时，有

$$\frac{\mathrm{d}s}{I}=\frac{\mathrm{d}s\cos\varphi}{I_C}=\frac{\mathrm{d}x}{I_C},\quad \frac{\mathrm{d}s}{A}=\frac{\mathrm{d}x}{A_C} \tag{a}$$

于是式（8-11）中的系数计算式可简化为

$$
\left.\begin{aligned}
EI_{C}\delta_{11} &= \int \mathrm{d}x = l \\
EI_{C}\delta_{22} &= \int y^{2}\mathrm{d}x + \frac{I_{C}}{A_{C}}\int \cos^{2}\varphi \mathrm{d}x \\
EI_{C}\delta_{33} &= \int x^{2}\mathrm{d}x
\end{aligned}\right\} \tag{b}
$$

对本例的抛物线形无铰拱，其弹性中心的位置为（参见图 8-36*b*）：

$$
d = \frac{\int \frac{y_1}{EI}\mathrm{d}s}{\int \frac{1}{EI}\mathrm{d}s} = \frac{\frac{2}{EI_C}\int_0^{l/2}\frac{4f}{l^2}x^2\mathrm{d}x}{\frac{2}{EI_C}\int_0^{l/2}\mathrm{d}x} = \frac{f}{3} \tag{c}
$$

可见截面按余弦变化的抛物线拱的弹性中心位于拱顶以下 1/3 拱高的位置，与跨度无关。

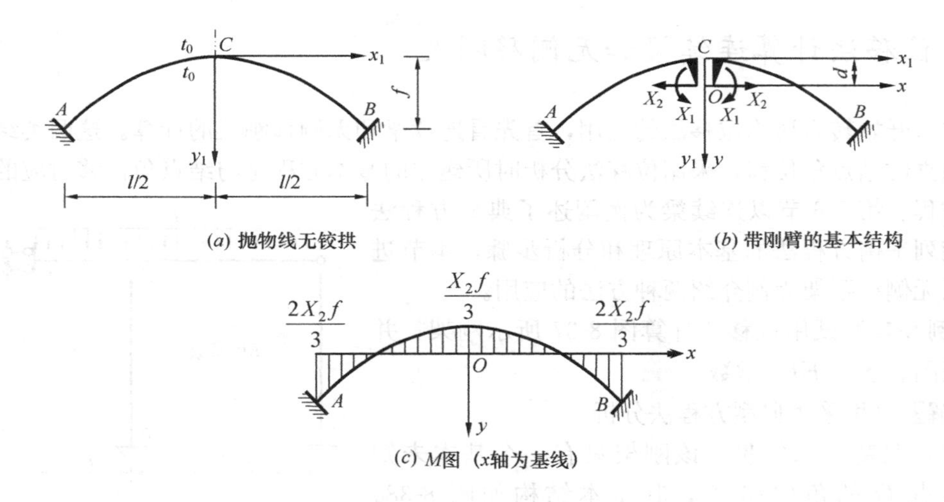

图 8-36　例 8-13 图

本例为对称无铰拱发生正对称的温度改变的情况，故知反对称的多余未知力为零。又因温度改变是均匀的，即 $\Delta t=0$，于是自由项 $\Delta_{1t}=0$，故可得

$$
X_1=0,\ X_3=0
$$

后面只需计算 δ_{22} 和 Δ_{2t}。

$$
EI_C\delta_{22} = \int (y_1-d)^2\mathrm{d}x + \frac{I_C}{A_C}\int \frac{1}{1+\left(\frac{\mathrm{d}y_1}{\mathrm{d}x}\right)^2}\mathrm{d}x = \frac{4f^2l}{45} + \frac{I_Cl^2}{4A_Cf}\arctan\frac{4f}{l} = (1+\mu)\frac{4f^2l}{45}
$$

式中 μ 是反映轴力对 δ_{22} 影响的参数，

$$
\mu = \frac{45}{16}\frac{I_Cl}{A_Cf^3}\arctan\frac{4f}{l}
$$

$$\Delta_{2t}=\int\overline{F}_{N2}\alpha t_0\mathrm{d}s+\int\overline{M}_2\frac{\alpha\Delta t}{h}\mathrm{d}s=-\int\alpha t_0\cos\varphi\mathrm{d}s=-\alpha t_0\int\mathrm{d}x=-\alpha t_0 l$$

由此解得

$$X_2=\frac{\alpha t_0 l}{(1+\mu)\dfrac{4}{45}\dfrac{f^2 l}{EI_C}}=\frac{45\alpha t_0 EI_C}{4(1+\mu)f^2} \tag{d}$$

由式（d）可以看到，拱的刚度越大、拱高越小（即拱越扁平），则由温度改变引起的内力就越大。这说明在内力与刚度的关系上，温度改变与荷载作用是有本质区别的。

有了 X_2，再用叠加法可求得拱上任一截面的内力。显然，对于本例，任一截面轴力和剪力的合力就等于多余未知力（即水平推力）X_2，而截面弯矩就等于 X_2乘以截面形心到以弹性中心为原点的水平轴（x 轴）的距离 y。如果以 x 轴为基线作出弯矩图，则拱轴线就是弯矩图线，如图 8-36c 所示。

无铰拱由材料收缩引起的内力可参照本例均匀温度改变的方法计算。

8-6 位移法计算连续梁和无侧移刚架

本节开始转入讨论位移法的应用，首先看连续梁和无侧移刚架的计算。这两类结构仅包含独立的结点角位移，采用位移法分析时所建立的基本方程是与结点角位移对应的力矩平衡方程。第 7-6 节以连续梁为例阐述了典型方程法和直接列平衡方程法的基本原理和分析步骤，本节进一步以无侧移刚架为例介绍两种方法的应用。

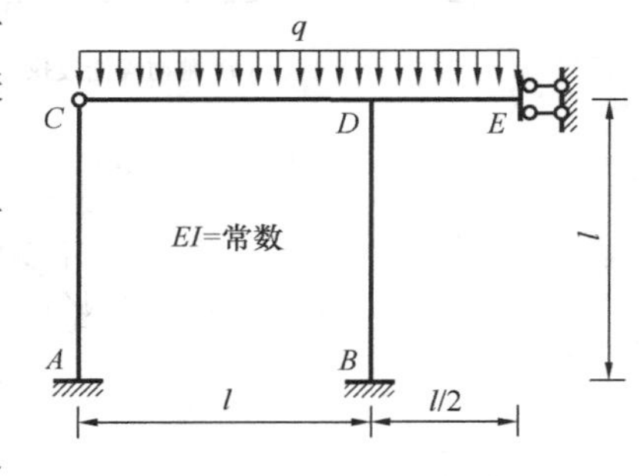

图 8-37　例 8-14 刚架结构

【例 8-14】 试用位移法计算图 8-37 所示刚架，并作弯矩图。各杆 EI＝常数。

【解】 这里采用典型方程法分析。

（1）取基本未知量。该刚架只有一个基本未知量：结点 D 的角位移 Z_1，其基本结构如图 8-38a 所示。

（2）列典型方程。建立刚架的位移法典型方程如下：

$$k_{11}Z_1+F_{1P}=0$$

（3）求系数和自由项。设线刚度 $i_{AC}=i_{CD}=i_{BD}=i$，则 $i_{DE}=2i$。作出基本结构在 $Z_1=1$ 和荷载单独作用下的弯矩 $\overline{M}_1$ 图和 M_P图如图 8-38b、c；由结点 D 的力矩平衡可得：

$$k_{11}=3i+4i+2i=9i,\quad F_{1P}=(3-2)\times\frac{ql^2}{24}=\frac{ql^2}{24}$$

（4）解典型方程。将上述系数和自由项代入典型方程，可解得

$$Z_1=-\frac{F_{1P}}{k_{11}}=-\frac{ql^2}{216i}$$

（5）计算杆端弯矩。由叠加法 $M=\overline{M}_1 Z_1+M_P$ 可算得各杆端弯矩，并由此作出结构

的最终弯矩图，如图 8-38d 所示。

该例也可采用直接列平衡方程法求解。读者可参照 7-6-2 节的一般步骤自行完成这一计算，并与典型方程法作一校核。

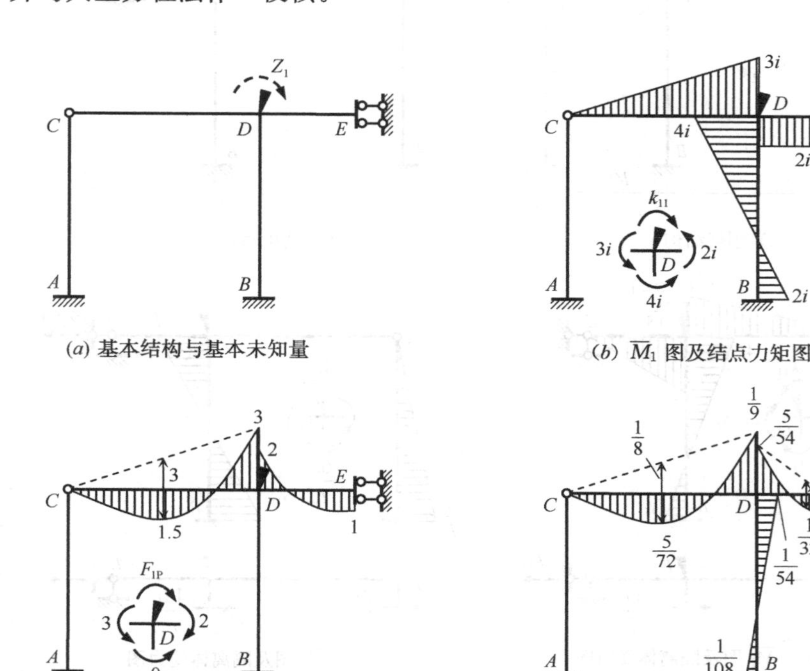

图 8-38　例 8-14 基本结构及内力图

8-7　位移法计算有侧移结构

8-7-1　有侧移梁和刚架

这类梁和刚架结构具有独立的侧向结点线位移。采用位移法计算时，这类结构的基本未知量通常既有结点角位移，又有结点线位移，因此除了建立与结点角位移相对应的力矩平衡方程外，还需建立与结点线位移相对应的同一方向的投影平衡方程。

【例 8-15】试用位移法计算图 8-39a 所示刚架在水平均布荷载作用下的内力，各杆 EI ＝常数。

【解】方法一：典型方程法

（1）该刚架有两个基本未知量：结点 D 的角位移 Z_1、CDE 杆的水平线位移 Z_2（图 8-39b）。

（2）位移法典型方程为：

$$k_{11}Z_1 + k_{12}Z_2 + F_{1P} = 0$$
$$k_{21}Z_1 + k_{22}Z_2 + F_{2P} = 0$$

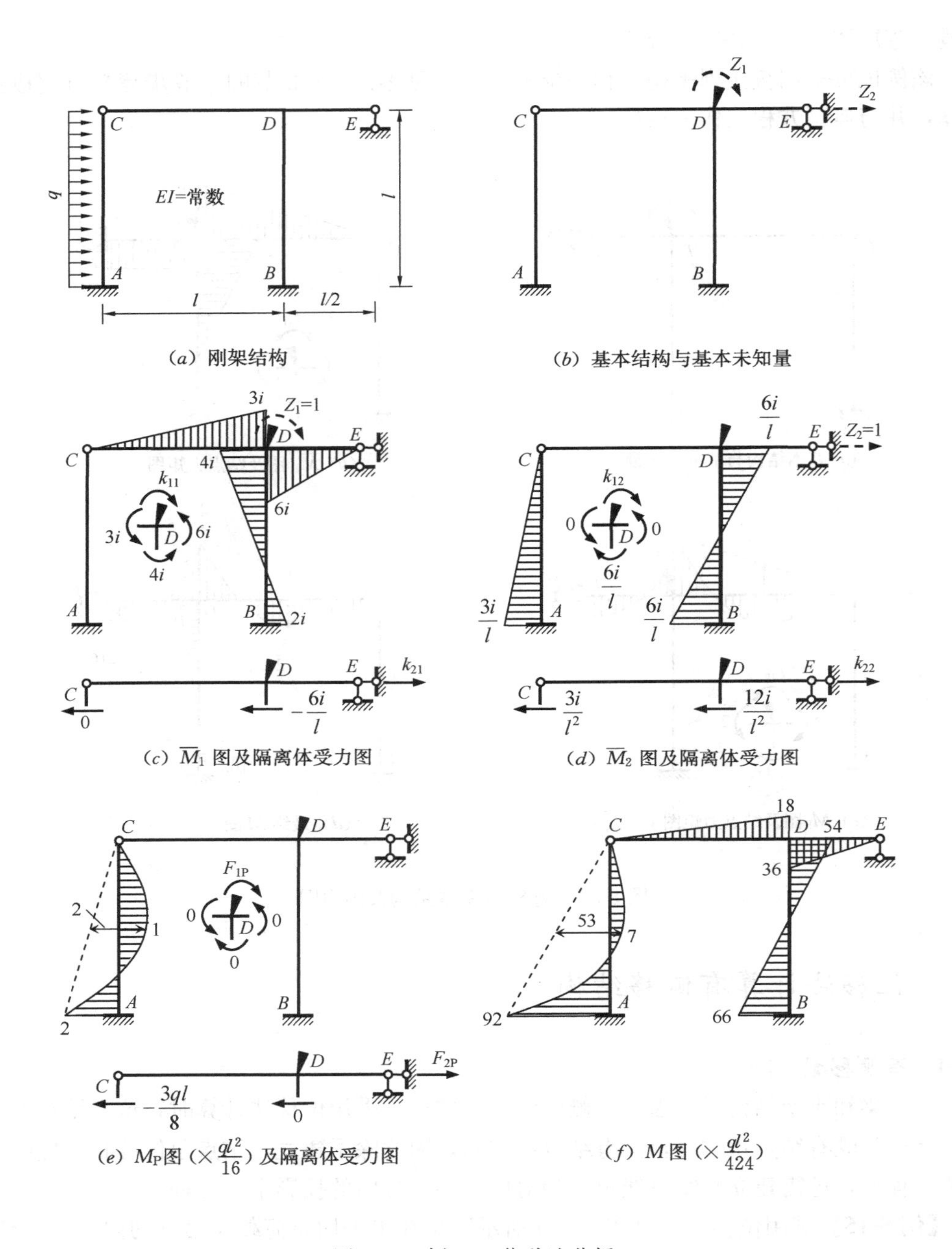

图 8-39　例 8-15 位移法分析

(3) 作出基本结构在 $Z_1=1$、$Z_2=1$ 和荷载单独作用下的弯矩图：$\overline{M}_1$、$\overline{M}_2$ 和 M_P 图，分别如图 8-39c、d、e 所示。为求 k_{11}、k_{12} 和 F_{1P}，可取结点 D 为隔离体，根据其力矩平衡算得：

$$k_{11}=3i+4i+6i=13i,\ k_{12}=-\frac{6i}{l},\ F_{1P}=0$$

为求 k_{21}、k_{22} 和 F_{2P}，可用水平截面截出 CDE 杆（含附加约束），根据其水平投影平衡计算得到（参见图 8-39c、d、e）：

$$k_{21}=-\frac{6i}{l},\ k_{22}=\frac{3i}{l^2}+\frac{12i}{l^2}=\frac{15i}{l^2},\ F_{2P}=-\frac{3ql}{8}$$

由上述结果可见：$k_{12}=k_{21}$。

（4）将上述各系数和自由项代入典型方程，有

$$\begin{cases}13iZ_1-\dfrac{6i}{l}Z_2=0\\[2ex]-\dfrac{6i}{l}Z_1+\dfrac{15i}{l^2}Z_2-\dfrac{3ql}{8}=0\end{cases}$$

解得：

$$Z_1=\frac{3ql^2}{212i},\ Z_2=\frac{13ql^3}{424i}$$

（5）用叠加法计算出各杆端弯矩，并作出结构的最终弯矩图如图 8-39f。若要进一步绘制剪力图和轴力图，则利用静定结构作内力图的同样方法，可绘出如图 8-40a、b 所示。

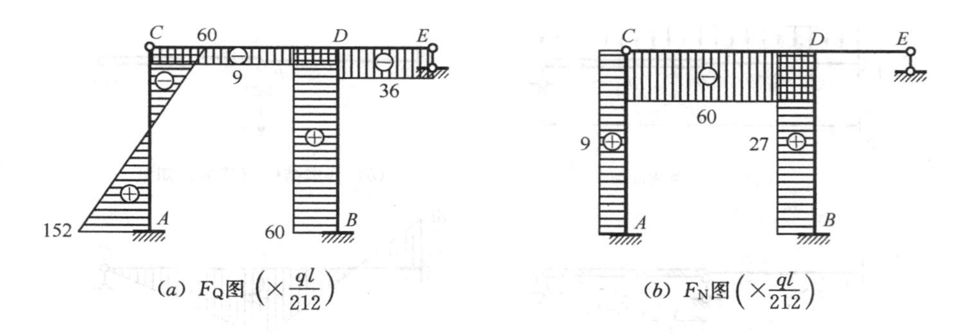

(a) F_Q图 $\left(\times\frac{ql}{212}\right)$　　(b) F_N图 $\left(\times\frac{ql}{212}\right)$

图 8-40　例 8-15 剪力和轴力图

方法二：直接列平衡方程法

（1）基本未知量取法与方法一相同。

（2）根据表 7-1、7-2，列出各杆端弯矩表达式如下：

$$M_{AC}=-\frac{3i}{l}Z_2-\frac{ql^2}{8},\ M_{BD}=2iZ_1-\frac{6i}{l}Z_2$$

$$M_{DC}=3iZ_1,\ M_{DB}=4iZ_1-\frac{6i}{l}Z_2,\ M_{DE}=3\times 2iZ_1=6iZ_1$$

分别取 AC 和 BD 杆为隔离体，由杆端弯矩可求得杆端剪力为：

$$F_{QCA}=\frac{3i}{l^2}Z_2-\frac{3ql}{8},\ F_{QDB}=-\frac{6i}{l}Z_1+\frac{12i}{l^2}Z_2$$

（3）根据结点 D 的力矩平衡和杆件 CDE 的水平投影平衡（参见图 8-39a），可直接建立位移法基本方程如下：

$$\sum M_D = 0\text{：}M_{DB} + M_{DC} + M_{DE} = 0$$

$$\sum F_x = 0\text{：}F_{QCA} + F_{QDB} = 0$$

将相应的杆端弯矩和剪力表达式代入上式，经整理得

$$\begin{cases} 13iZ_1 - \dfrac{6i}{l}Z_2 = 0 \\ -\dfrac{6i}{l}Z_1 + \dfrac{15i}{l^2}Z_2 - \dfrac{3ql}{8} = 0 \end{cases}$$

显然，该方程与采用典型方程法得到的方程完全相同，故解得的基本未知量也相同，即

$$Z_1 = \frac{3ql^2}{212i},\ Z_2 = \frac{13ql^3}{424i}$$

（4）将求得的基本未知量 Z_1、Z_2回代到第（2）步的杆端内力表达式中，可求得杆端力，并作出内力图（参见图 8-39f 和图 8-40a、b）。

【例 8-16】 图 8-41a 所示为一单跨分段变截面梁，试用位移法分析，并作出弯矩图。

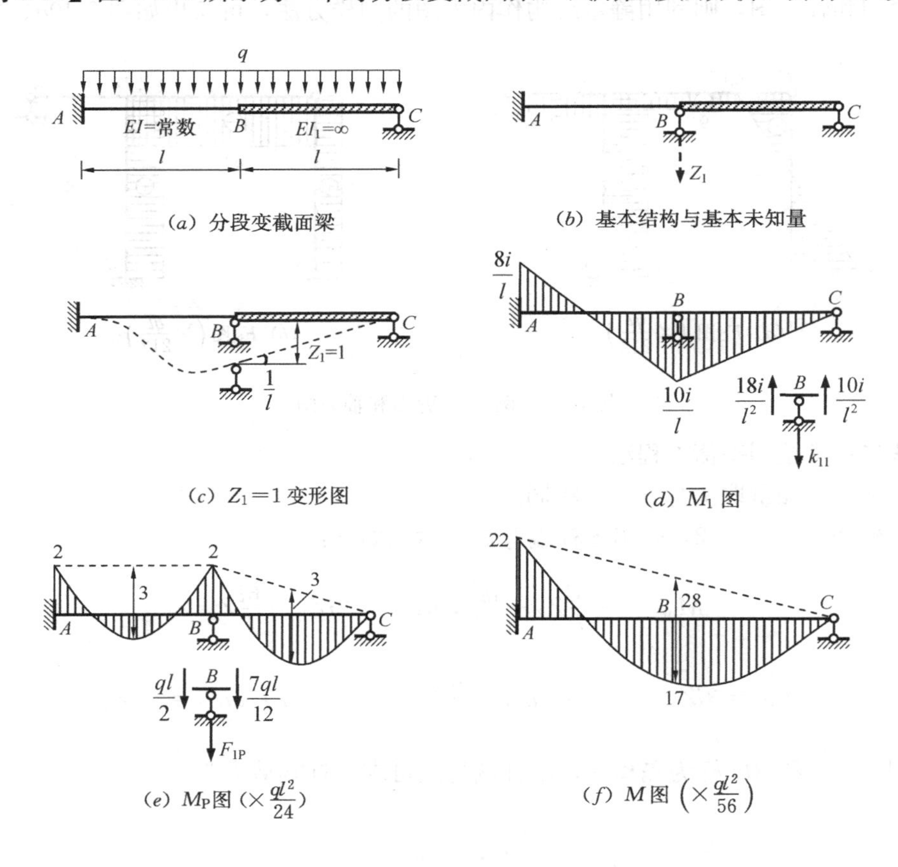

图 8-41　例 8-16 图

【解】 采用典型方程法分析。

（1）该梁的 BC 段为一刚性杆，故 B 点的转角与竖向位移关联。结构具有一个基本未知量：结点 B 的竖向线位移 Z_1（也可选用 C 点转角），相应的位移法基本结构如图 8-41b 所示。

（2）位移法典型方程为：$k_{11}Z_1+F_{1P}=0$

（3）作出基本结构在 $Z_1=1$ 和荷载单独作用下的弯矩图如图 8-41d、e。需注意的是在 $Z_1=1$ 作用下，结点 B 除了发生竖向位移，还将伴随刚性杆 BC 发生 $\theta_B=1/l$ 的逆时针转动（图 8-41c）。计算时刚性杆 BC 的内力无法依据杆件的刚度关系求得，而需利用平衡条件确定，于是有

$$\overline{M}_{AB}=-\frac{6i}{l}-2i\times\frac{1}{l}=-\frac{8i}{l},\quad \overline{M}_{BA}=-\frac{6i}{l}-4i\times\frac{1}{l}=-\frac{10i}{l}$$

利用杆端弯矩可进一步求出两杆在 B 端的剪力，再由结点 B 的竖向投影平衡（图 8-41d、e），可求得典型方程的系数和自由项如下：

$$k_{11}=\frac{18i}{l^2}+\frac{10i}{l^2}=\frac{28i}{l^2},F_{1P}=-\frac{ql}{2}-\frac{7ql}{12}=-\frac{13ql}{12}$$

（4）将上述系数和自由项代入典型方程，可解得

$$Z_1=-\frac{F_{1P}}{k_{11}}=\frac{13ql^3}{336i}$$

（5）利用叠加法计算各杆端弯矩，并作出原结构的最终弯矩图如图 8-41f 所示。

8-7-2 桁架和组合结构

桁架杆均为两端铰接的二力直杆，只产生轴向变形。采用位移法分析时，每个未受支座约束的桁架结点均有两个独立的线位移，而相应的位移法方程必然是位移方向的投影平衡方程。

组合结构同时包含梁式杆和桁架杆，一般情况下梁式杆忽略轴向变形，而桁架杆考虑轴向变形。采用位移法分析时应注意基本未知量的正确判断，且在建立与结点线位移相对应的基本方程时，还需计入相关桁架杆因轴向变形而产生的轴力作用。

【例 8-17】 图 8-42a 所示三杆支架，下部悬挂一重量为 W 的重物。已知三杆材料相同，1 杆和 2 杆的截面积均为 A。试确定 3 杆的截面积，以使重物只发生竖向位移而无水平位移，并计算此时三杆的内力。

【解】 采用直接列平衡方程法分析。

（1）取基本未知量为结点 B 的竖向位移 Z_1，该结点水平位移已知为零。

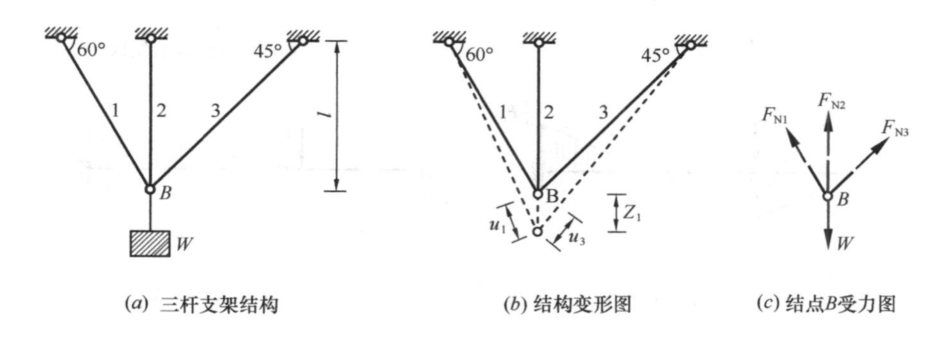

(a) 三杆支架结构　　(b) 结构变形图　　(c) 结点B受力图

图 8-42　例 8-17 图

（2）在 Z_1 作用下，根据几何关系容易得到三杆的伸长量分别为（参见图 8-42b）：

$$u_1 = Z_1 \sin 60° = \frac{\sqrt{3}}{2}Z_1，u_2 = Z_1，u_3 = \frac{\sqrt{2}}{2}Z_1$$

设材料弹性模量为 E，则根据轴向拉压杆的刚度方程，可写出三杆的轴力表达式如下：

$$F_{N1} = \frac{EA}{\frac{2}{\sqrt{3}}l}u_1 = \frac{3}{4}\frac{EA}{l}Z_1，\quad F_{N2} = \frac{EA}{l}Z_1，\quad F_{N3} = \frac{EA_3}{\frac{2}{\sqrt{2}}l}u_1 = \frac{1}{2}\frac{EA_3}{l}Z_1$$

（3）取结点 B 为隔离体（图 8-42c），该结点不仅要维持竖向平衡，而且在水平位移为零的条件下还要确保水平向平衡，因此有

$$\sum F_x = 0：F_{N1}\cos 60° = F_{N3}\cos 45°$$

$$\sum F_y = 0：F_{N1}\sin 60° + F_{N2} + F_{N3}\sin 45° = W$$

将三杆轴力表达式代入上式，经整理得

$$\begin{cases} \frac{3}{8}\frac{EA}{l}Z_1 = \frac{\sqrt{2}}{4}\frac{EA_3}{l}Z_1 \\ \left(\frac{3\sqrt{3}}{8}+1\right)\frac{EA}{l}Z_1 + \frac{\sqrt{2}}{4}\frac{EA_3}{l}Z_1 = W \end{cases}$$

解方程得

$$A_3 = \frac{3\sqrt{2}}{4}A，\quad Z_1 = \frac{8Wl}{(11+3\sqrt{3})EA}$$

（4）将上述结果代入第（2）步的轴力表达式中，可求得

$$F_{N1} = \frac{6W}{11+3\sqrt{3}} \approx 0.370W，F_{N2} = \frac{8W}{11+3\sqrt{3}} \approx 0.494W，F_{N3} = \frac{3\sqrt{2}W}{11+3\sqrt{3}} \approx 0.262W$$

【例 8-18】 图 8-43a 所示钢筋混凝土梁在集中荷载作用下的挠度偏大。现采用图 8-43b 所示在一侧增加斜向钢支撑的方法控制挠度，并计划将 C 点挠度减小至原来的一半。已

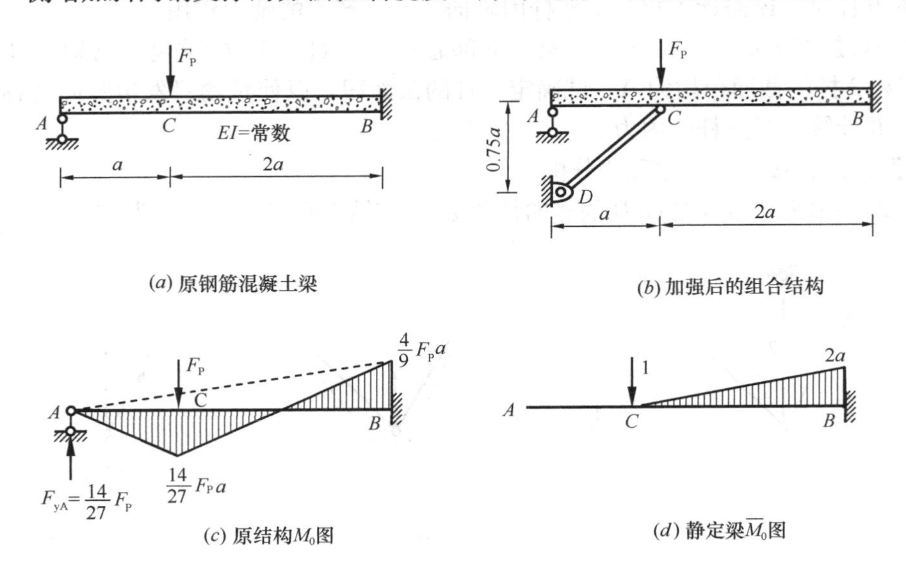

图 8-43　例 8-18 图

知钢筋混凝土梁的弹性模量为E，截面惯性矩为I；钢支撑的弹性模量$E_1=7.5E$。试用位移法分析，确定钢支撑的截面积A_1，并计算加强后的结构的弯矩和钢支撑的内力。

【解】 先用位移计算公式求出原钢筋混凝土梁在C点的挠度，再用位移法计算加强后结构的结点转角和杆件内力。

（1）查载常数表 7-2 作出原结构的弯矩图（M_0图），如图 8-43c 所示。显然该结构的内力及位移与C点作用F_P，A点作用已知反力（如图中所标示）的悬臂梁完全相同。于是，我们可以通过求该悬臂梁在C点的挠度来获得原结构在该点的挠度。为此，在解除A处支座约束的悬臂梁上施加单位力，并绘出其弯矩图即$\overline{M}_0$图，如图 8-43d 所示。利用位移计算公式和图乘法可求得C点挠度如下$\left(设\ i=\dfrac{EI}{a}\right)$：

$$\Delta_{yC}^0=\frac{1}{EI}\times\frac{1}{2}\times 2a\times 2a\times\left(\frac{2}{3}\times\frac{4}{9}-\frac{1}{3}\times\frac{14}{27}\right)F_Pa=\frac{20}{81EI}F_Pa^3=\frac{20}{81i}F_Pa^2$$

（2）图 8-43b 所示结构为一组合结构，采用位移法分析时有两个基本未知量：结点C的角位移Z_1、竖向线位移Z_2，其相应的基本结构如图 8-44a 所示。所不同的是，现在结点C的竖向位移是已知的，即

$$Z_2=\frac{\Delta_{yC}^0}{2}=\frac{10}{81i}F_Pa^2$$

但CD杆的截面积A_1是未知的。

（3）位移法典型方程为：

$$k_{11}Z_1+k_{12}Z_2+F_{1P}=0$$
$$k_{21}Z_1+k_{22}Z_2+F_{2P}=0$$

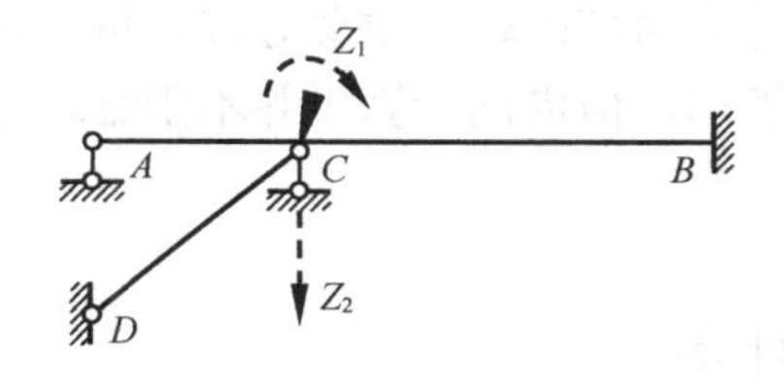

（a）基本结构与基本未知量

（b）$\overline{M}_1$图及结点C受力图

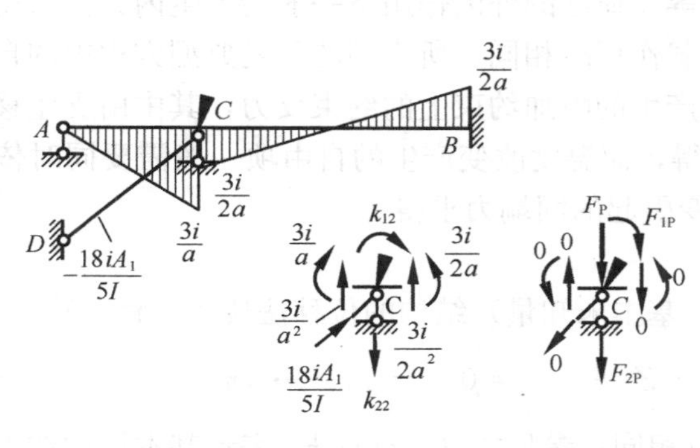

（c）$\overline{M}_2$图及结点C受力图　（d）荷载作用下结点C受力图

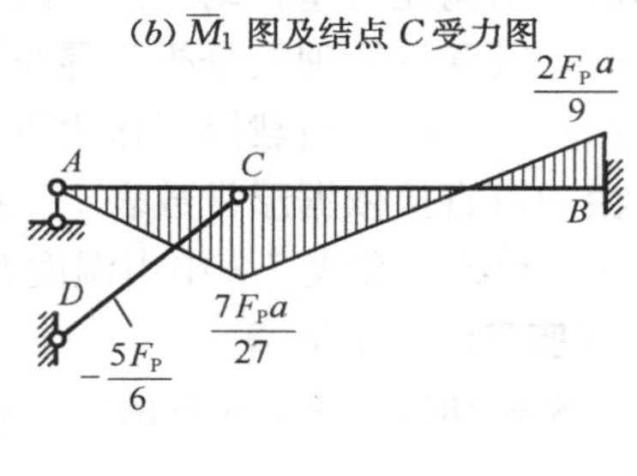

（e）M图及CD杆轴力

图 8-44　例 8-18 位移法计算图

(4) 作出基本结构在 $Z_1=1$ 和 $Z_2=1$ 单独作用下的弯矩图（$\overline{M}_1$、$\overline{M}_2$ 图），分别如图 8-44*b*、*c* 所示，其中在 $Z_2=1$ 作用下，链杆 *CD* 的变形量依据几何关系求得为 $u_{CD}=-0.6$，再由式（7-8）可求得其轴力值如图中所标示；而在荷载单独作用下基本结构的弯矩 $M_P=0$。取结点 *C* 为隔离体（图 8-44*b*、*c*、*d*），根据其力矩平衡和竖向投影平衡可求得各系数与自由项为：

$$k_{11}=5i,\ k_{12}=k_{21}=-\frac{3i}{2a},\ k_{22}=\frac{9i}{2a^2}+\frac{3}{5}\times\frac{18i}{5}\frac{A_1}{I}=\frac{9i}{2a^2}+\frac{54i}{25}\frac{A_1}{I}$$

$$F_{1P}=0,\ F_{2P}=-F_P$$

(5) 将上述系数和自由项代入典型方程，有

$$\begin{cases}5iZ_1-\dfrac{3i}{2a}Z_2=0\\-\dfrac{3i}{2a}Z_1+\left(\dfrac{9i}{2a^2}+\dfrac{54i}{25}\dfrac{A_1}{I}\right)Z_2-F_P=0\end{cases}$$

再将 Z_2 已知值代入，经整理得

$$\begin{cases}5iZ_1-\dfrac{5}{27}F_Pa=0\\-\dfrac{3i}{2a}Z_1+\dfrac{4}{15}\dfrac{A_1}{I}F_Pa^2-\dfrac{4}{9}F_P=0\end{cases}$$

解方程，可得基本未知量 Z_1 和 *CD* 杆截面积 A_1 如下：

$$Z_1=\frac{F_Pa}{27i},\ A_1=\frac{15}{8}\frac{I}{a^2}$$

(6) 利用以上结果得到 *AB* 梁的弯矩图和 *CD* 杆的轴力值如图 8-44*e* 所示。

最后提一下超静定拱的位移法计算。一种方法是将拱近似看作由许多直梁相互刚接而成的折杆体系，再按直梁的方法计算；另一种是先建立曲杆的转角位移方程，再将拱分成若干曲杆段进行分析。这些分析采用手算方法比较繁琐，但借助计算机并不困难，这里不再赘述。

8-8 支座移动和温度改变时的位移法计算

超静定结构在支座移动、温度改变等非荷载的外因作用下一般会产生内力。采用位移法分析时，其基本原理及分析步骤与荷载作用时相同。所不同的只是典型方程中的自由项是基本结构在这些非荷载因素作用下所产生的附加约束上的约束反力，其中由支座移动引起的自由项可直接依据形常数表 7-1 获得，而温度改变产生的自由项一般需要同时依据形常数表 7-1 和载常数表 7-2 中由温度改变引起的固端力求得。

8-8-1 支座移动时的计算

在支座移动作用下，*n* 自由度（*n* 个基本未知量）结构的位移法典型方程可写为

$$k_{i1}Z_1+k_{i2}Z_2+\cdots+k_{in}Z_n+F_{ic}=0(i=1,\ 2,\cdots,n) \tag{8-12}$$

式中 k_{ij} 的含义及计算方法与荷载作用时相同，参见式（7-21）；F_{ic} 表示基本结构在支座移动单独作用下所引起的沿 Z_i 方向的附加约束力，可查形常数表 7-1 获得。结构的最后内力可由叠加法求得，如最后弯矩为

$$M = \overline{M}_1 Z_1 + \overline{M}_2 Z_2 + \cdots + \overline{M}_n Z_n + M_c \tag{8-13}$$

注意该叠加式与力法计算时相应叠加式的不同。

【例 8-19】 图 8-45a 所示刚架，支座 A 发生了 $0.003l$ 的沉降。试用位移法计算，并作弯矩图。

【解】 该刚架与例 8-14 的刚架相同，这里采用典型方程法分析。

取结点 D 的角位移 Z_1 为基本未知量，其基本结构及在 $Z_1=1$ 作用下的弯矩图（$\overline{M}_1$ 图）与例 8-14 相同，参见图 8-38a、b。基本结构在支座移动单独作用下的弯矩图（M_c图）如图 8-45b 所示，其中 $i = EI/l$。由图可见：

$$k_{11} = 9i, \ F_{1c} = -\frac{3i}{l}(-c) = 0.009i$$

将 k_{11}、F_{1c} 代入典型方程，可解得

$$Z_1 = -\frac{F_{1c}}{k_{11}} = -0.001$$

由叠加原理可求得各杆端弯矩，并作出结构的弯矩图如图 8-45c 所示。

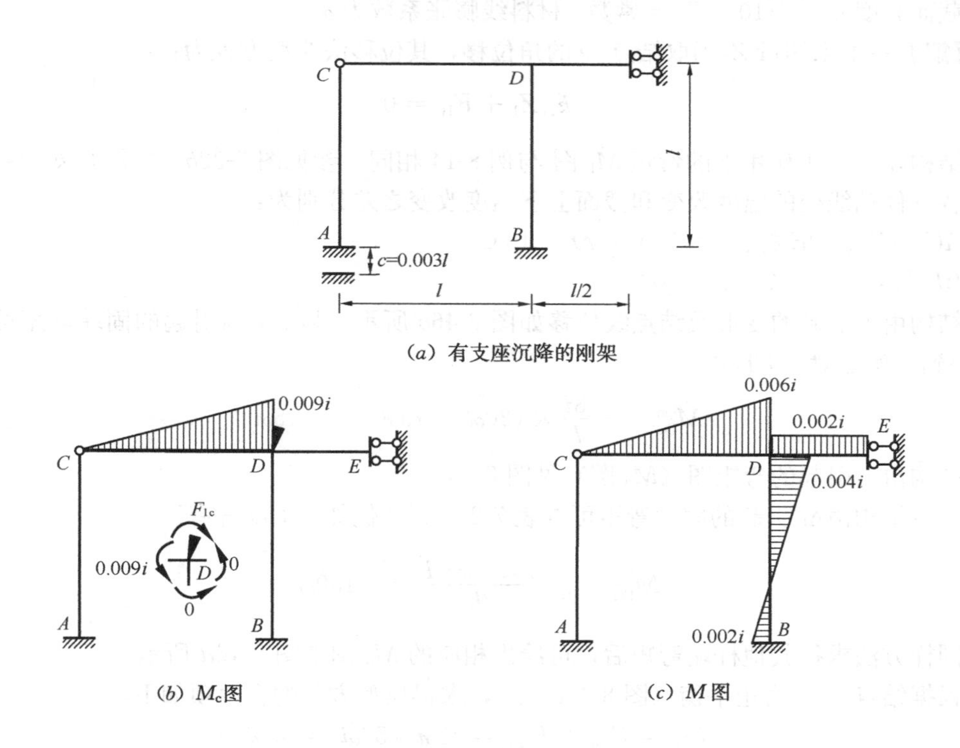

图 8-45　例 8-19 图

从该例的计算结果可以看到，超静定结构由支座移动引起的内力的分布情况不仅与杆件之间的刚度比值有关，其内力大小最终是与杆件刚度的绝对值成正比的。因此，为抵抗支座移动引起的内力（如沉降内力），单纯采用增大截面刚度的方法往往并不十分有效，工程中常采取设置沉降缝、释放沉降处局部约束、尽可能减小沉降量等综合控制措施。

8-8-2 温度改变时的计算

在温度改变作用下，n 自由度结构的位移法典型方程可写成

$$k_{i1}Z_1+k_{i2}Z_2+\cdots+k_{in}Z_n+F_{it}=0(i=1,2,\cdots,n) \quad (8\text{-}14)$$

式中 F_{it} 表示基本结构在温度改变单独作用下引起的沿 Z_i 方向的附加约束力，计算时一般将其分为两部分：一是杆轴处温度改变 t_0 所引起，记为 F_{it0}；二是截面高度上下两侧的温度改变之差 Δt 引起，记为 $F_{i\Delta t}$。这当中，t_0 将使杆件产生轴向变形，从而导致基本结构发生已知的结点线位移，因此 F_{it0} 属于由已知结点线位移引起的约束反力，可查形常数表7-1并据平衡条件求得；而 Δt 将使基本结构产生弯曲变形和杆端弯矩，故 $F_{i\Delta t}$ 可查表 7-2 并由平衡条件算得。

基本未知量求得后，结构的最后内力，例如弯矩可由以下叠加式计算：

$$M=\overline{M}_1Z_1+\overline{M}_2Z_2+\cdots+\overline{M}_nZ_n+M_t \quad (8\text{-}15)$$

【例 8-20】 试用位移法计算图 8-46a 所示刚架的温度内力，绘出弯矩图。已知刚架 AC 杆左侧和 CDE 杆上侧的温度升高了 25℃，其余部位温度升高了 15℃；各杆均为矩形截面，截面高度 $h=l/10$，$EI=$ 常数；材料线膨胀系数为 α。

【解】 基本未知量 Z_1 仍取结点 D 的角位移，其位移法典型方程为：

$$k_{11}Z_1+F_{1t}=0$$

基本结构在 $Z_1=1$ 作用下的弯矩 $\overline{M}_1$ 图与例 8-14 相同，参见图 8-38b，由图知 $k_{11}=9i$。

各杆件轴线处的温度改变和截面上下温度改变之差分别为：

AC、CD、DE 杆：$t_0=20℃$，$\Delta t=10℃$

BD 杆：$t_0=15℃$，$\Delta t=0℃$

基本结构由 t_0 引起的变形及结点线位移如图 8-46b 所示。显然，t_0 引起的固端弯矩可查表7-1 得到，例如对于 CD 杆，

$$M_{DC}^{F_{t0}}=-\frac{3i}{l}\times(20\alpha l-15\alpha l)=-15\alpha i$$

基本结构由 t_0 引起的弯矩图（M_{t0} 图）见图 8-46c。

基本结构由 Δt 引起的固端弯矩可查表 7-2 得到，例如对 CD 杆有

$$M_{DC}^{F_{\Delta t}}=-\frac{3\times10\alpha EI}{2h}=-150\alpha i$$

采用同样方法求得其他杆端弯矩后，可绘出相应的 $M_{\Delta t}$ 图如图 8-46d 所示。

根据结点 D 的力矩平衡（图 8-46c、d），求得典型方程的自由项如下：

$$F_{1t}=F_{1t0}+F_{1\Delta t}=45\alpha i-50\alpha i=-5\alpha i$$

解典型方程得

$$Z_1=-\frac{F_{1t}}{k_{11}}=\frac{5\alpha i}{9i}=\frac{5\alpha}{9}$$

由叠加法绘出结构的最后弯矩图如图 8-46e。

该例结果显示，与支座移动类似，超静定结构由温度改变引起的内力同样与杆件刚度的绝对值成正比，其中由轴线处温度改变 t_0 引起的内力与截面上下温度改变之差 Δt 引起

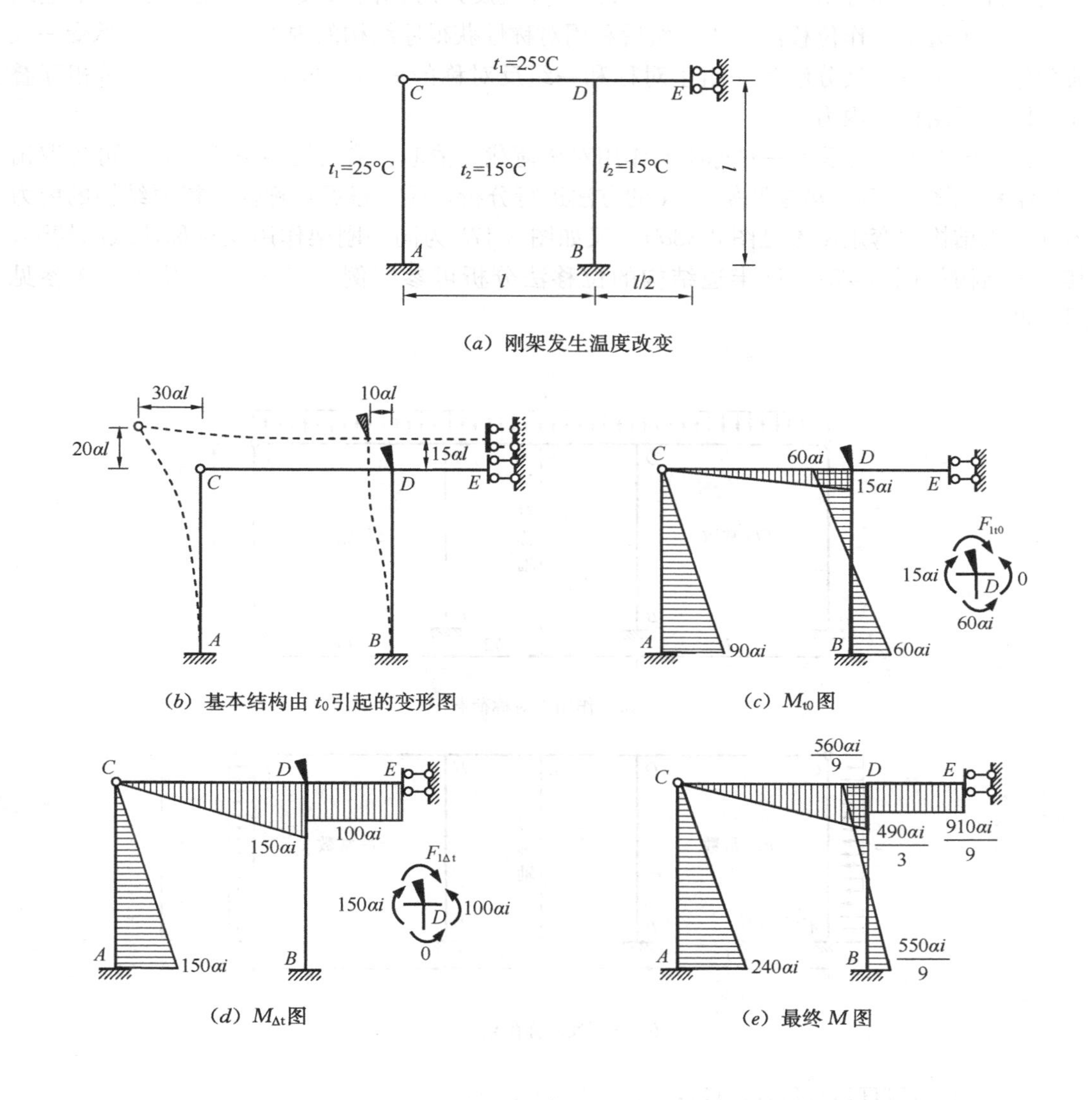

(a) 刚架发生温度改变

(b) 基本结构由 t_0 引起的变形图

(c) M_{t0} 图

(d) $M_{\Delta t}$ 图

(e) 最终 M 图

图 8-46 例 8-20 图

的内力的效应有所不同。前者主要与结构总长度及杆端约束情况有关，一般长度越长，温度内力就越大，因此倘若结构较长，则应考虑设置温度缝将其分开，切忌采取增加约束或单纯增大构件刚度的方法，这样可能起到适得其反的作用。对于无侧移刚架，后者直接表现为杆件本身的弯曲内力，并通过刚结点传递至其他杆件。显然，Δt 及抗弯刚度 EI 越大，所产生的弯矩就越大。

8-9 位移法分析对称结构

第 8-3 节中提到，对称结构在正对称荷载作用下，其内力和位移都是正对称的；在反对称荷载作用下，其内力和位移都是反对称的。采用位移法分析时同样可利用这些特性进行简化计算。具体分析时，如果结构承受正（或反）对称的荷载，则一般先选取半边结构，再对半边结构作位移法分析，然后利用对称性获得原结构的内力。如果结构承受一般荷载作用，则可将其分解为一组正对称和一组反对称的荷载，再分别简化计算后相互叠加，即得原结构的内力。

例如图 8-47*a* 所示为一对称刚架作用对称荷载的情形。采用位移法分析时，可先取出半边结构如图 8-47*c*，再参照例 8-14 的方法进行分析，最后根据对称性获得原结构的内力图（半边结构的弯矩图参见图 8-38*d*）。又如图 8-47*b* 为同一刚架作用反对称荷载的情形，其半边结构如图 8-47*d*。该半边结构的位移法分析可参照例 8-15 进行，其弯矩图参见图8-39*f*。

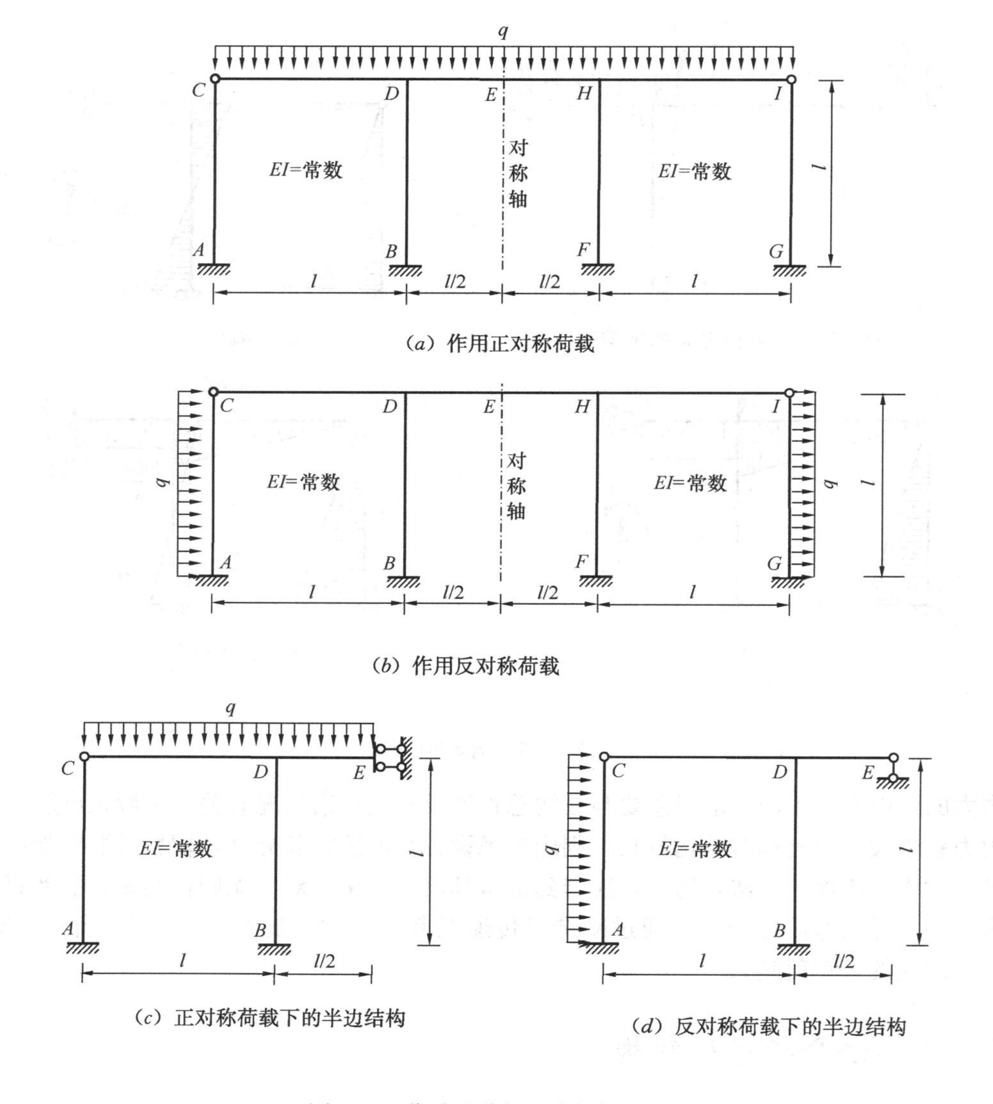

图 8-47　位移法分析对称结构示例

【例 8-21】 利用对称性计算图 8-48*a* 所示结构，并作出弯矩图。除注明外，各杆 $EI=$

常数。

【解】该结构为一对称结构，其中均布荷载 q 为正对称荷载，而集中荷载 F_P 可分解为一组正对称和一组反对称的荷载。这样，在正对称荷载作用下可取出半边结构如图8-48*b*所示，反对称荷载下取出半边结构如图 8-48*c*。

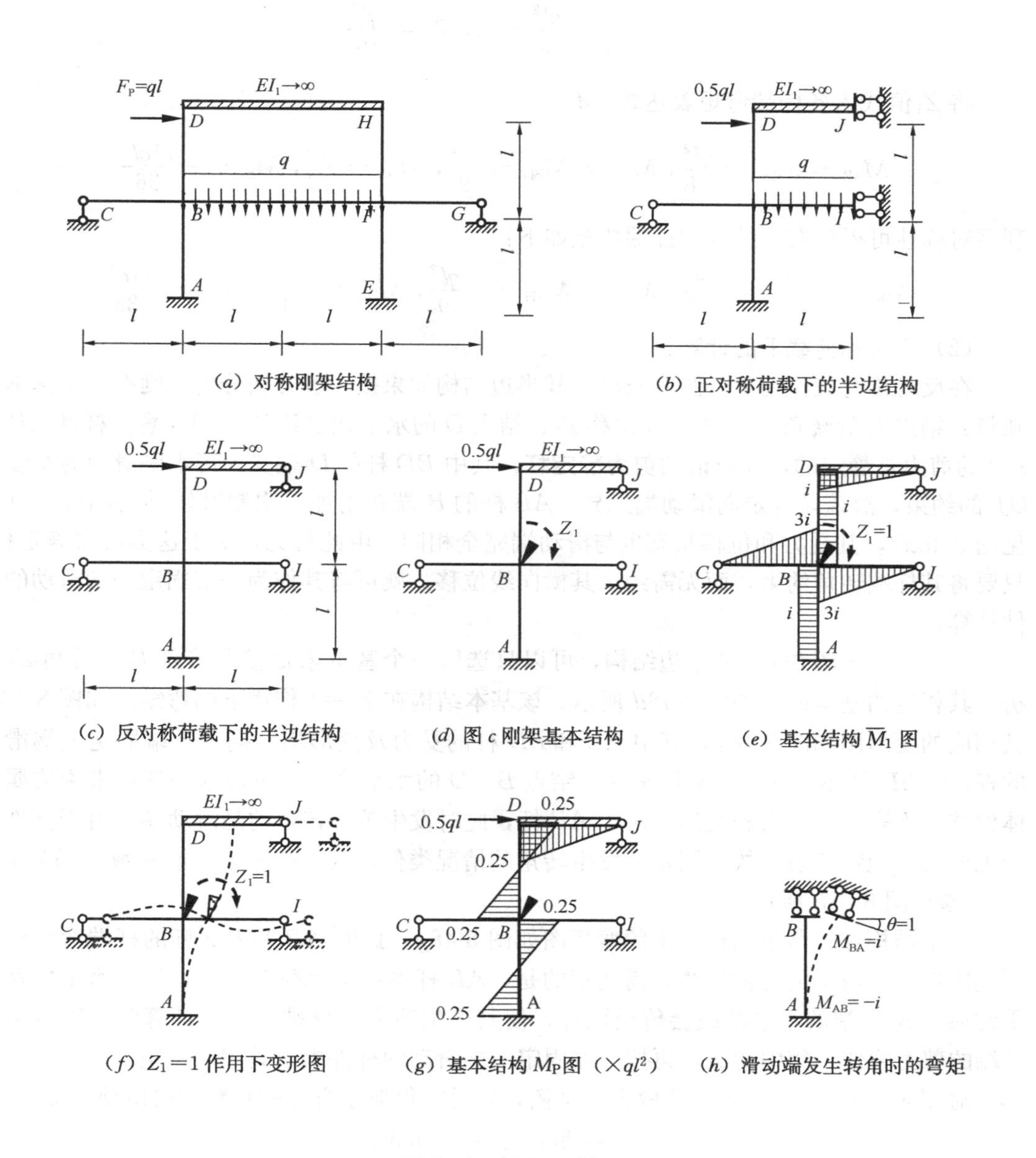

图 8-48　例 8-21 图

(1) 正对称荷载下的计算

在正对称荷载作用下（图 8-48*b*），结点 D 没有线位移，而刚性杆 DJ 的转角又在 J 端受到约束，故该杆已不存在任何位移，结点 D 与一个固定端无异。这样，该半边结构只有一个基本未知量：结点 B 的转角 Z_1。若采用直接列平衡方程法分析，则可写出杆端弯矩表达式如下（$i=EI/l$）：

$$M_{AB}=M_{DB}=2iZ_1, M_{BA}=M_{BD}=4iZ_1, M_{BC}=3iZ_1, M_{BI}=iZ_1-\frac{ql^2}{3}$$

根据结点 B 的力矩平衡，可获得如下的位移法基本方程及其解答：

$$12iZ_1-\frac{ql^2}{3}=0, Z_1=\frac{ql^2}{36i}$$

将 Z_1 值代入各杆端弯矩表达式，有

$$M_{AB}=M_{DB}=\frac{ql^2}{18}, M_{BA}=M_{BD}=\frac{ql^2}{9}, M_{BC}=\frac{ql^2}{12}, M_{BI}=-\frac{11ql^2}{36}$$

利用对称性可得到右半结构的杆端弯矩如下：

$$M_{EF}=M_{HF}=-\frac{ql^2}{18}, M_{FE}=M_{FH}=-\frac{ql^2}{9}, M_{FG}=-\frac{ql^2}{12}, M_{FI}=\frac{11ql^2}{36}$$

（2）反对称荷载下的计算

在反对称荷载作用下（图 8-48c），其半边结构如果按一般方法分析，则有三个基本未知量：结点 B 的转角 Z_1 和水平线位移 Z_2、结点 D 的水平线位移 Z_3。但注意到杆件 AB 和 BD 的剪力是静定的，即所谓的**剪力静定杆**，其中 BD 杆的 D 端受到可水平滑动的刚性杆 DJ 的约束，故该端与定向滑动端无异；AB 杆的 B 端在附加了限制其转动的刚臂后（参见图 8-48d），其受力和位移状态也与滑动端完全相同。由此可见，对于这类剪力静定杆，只要将其杆端转角约束，而无需约束其横向线位移，就可将其作为一端固定一端滑动的杆件计算。

于是，对于图 8-48c 的半边结构，可以只选取一个基本未知量即结点 B 的转角 Z_1 分析，其相应的基本结构如图 8-48d 所示。该基本结构在 $Z_1=1$ 作用下的弯矩图如图 8-48e，其相应的变形图如图 8-48f，其中 AB 和 BD 杆的受力及变形均等同于下端固定上端滑动的杆件，BD 杆还包含一个刚体平移；结点 B、D 的水平位移对三根水平杆件来说均属刚体位移，不影响其受力和变形。对于 AB 杆，此时发生单位转角的是滑动端，由于杆件处于无剪力的纯弯状态，故与固定端发生转角的情况类似，其两端弯矩（形常数）仍为 i 和 $-i$，参见图 8-48h 所示。

基本结构在荷载单独作用下的弯矩图如图 8-48g。此时 AB 和 BD 杆的杆端弯矩仍按下端固定上端滑动的杆件计算。需注意的是，AB 杆本身虽无荷载作用，但因水平位移未受约束，故 D 端的水平荷载会传至该杆，使其产生剪力和杆端弯矩。计算时，需将传至 B 端的剪力视作一集中荷载，再按一端固定一端滑动的杆件求出其固端弯矩。

对图 8-48e、g 中的结点 B 取力矩平衡，容易求得典型方程的系数和自由项如下：

$$k_{11}=8i, F_{1P}=-0.5ql^2$$

故得：$Z_1=\frac{ql^2}{16i}$。再由叠加法得到各杆端弯矩为

$$M_{AB}=M_{DB}=-\frac{5ql^2}{16}, M_{BA}=M_{BD}=-\frac{3ql^2}{16}, M_{BC}=M_{BI}=\frac{3ql^2}{16}$$

利用对称性可获得右半部分的杆端弯矩：

$$M_{EF}=M_{HF}=-\frac{5ql^2}{16}$$

$$M_{FE}=M_{FH}=-\frac{3ql^2}{16}$$

$$M_{FG}=M_{FI}=\frac{3ql^2}{16}$$

(3) 原结构的弯矩图

将正对称和反对称荷载下的杆端弯矩相互叠加，作出原结构的弯矩图如图 8-49 所示。

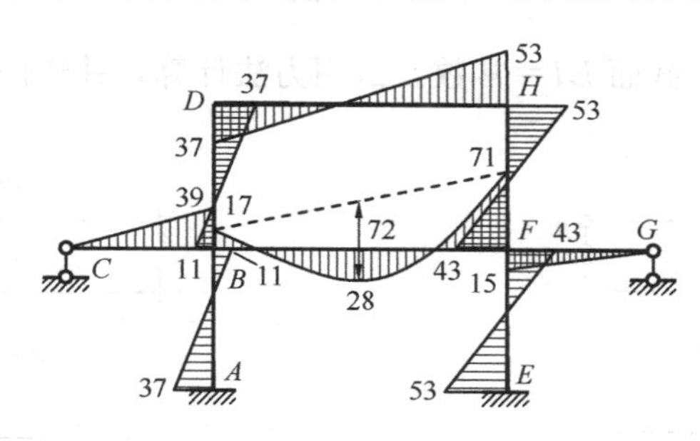

图 8-49 例 8-21 最终弯矩图（$\times ql^2/144$）

思 考 题

8.1 用力法计算超静定结构由荷载作用引起的内力，常用各杆件的刚度比值来代替刚度的绝对大小，在位移法计算中也有类似情况。这说明什么问题？

8.2 对称结构有哪些受力和变形特性？如何利用这些特性进行简化计算？这些特性是否因所用分析方法（如力法、位移法等）的不同而不同？

8.3 采用力法求解支座移动引起的结构内力，其典型方程及最后内力的叠加式与荷载作用时有何异同？试举例加以说明。

8.4 对于同一超静定结构，若已完成了荷载作用下的力法计算，现要进一步求解支座移动或温度改变作用下的内力，那么能否利用前面计算中的某些结果？如何利用？

8.5 何为弹性中心？如何确定弹性中心的位置？弹性中心法适用于哪些结构？计算时有何优势？

8.6 采用力法分析支座移动和温度改变等非荷载因素作用下的超静定结构，其最后内力的叠加式只包含基本未知量引起的内力；而采用位移法分析时则包含基本未知量和这些因素分别引起的内力，这是什么原因？

8.7 在忽略轴向变形的条件下，超静定拱的合理轴线与三铰拱是否一样？为什么？实际拱结构必然存在微小轴向变形，此时若按相应三铰拱的合理轴线进行设计，是否具有实用意义？

8.8 不经具体计算，能否利用弹性中心法判断对称无铰拱在均匀温度改变、内外侧温度改变之差，以及一侧支座发生水平或竖向平动时，拱顶和拱脚的弯矩受拉侧？应如何判断？试举例加以分析。

8.9 有侧移结构的位移法基本方程与无侧移结构相比有何异同点？采用典型方程法和直接列平衡方程法计算时分别如何建立这些方程？

8.10　采用位移法计算组合结构时应注意哪些问题？

8.11　采用位移法分析支座移动和温度改变引起的内力时，分别如何计算典型方程中的相应自由项？

8.12　超静定结构由支座移动和温度改变引起的内力变化情况与荷载作用时有何异同？温度改变的作用常分解为轴线处温度改变和截面上下温度改变之差两种作用，这两者的作用效应有何不同？

习　　题

8-1　图示超静定梁，截面 EI＝常数。试用力法计算，并作内力图。

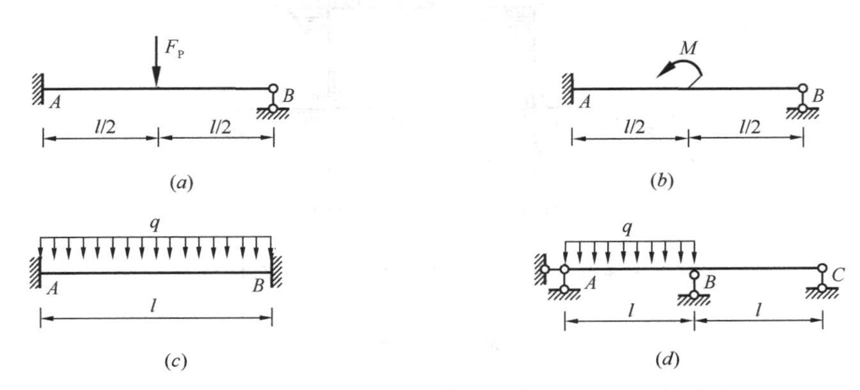

题 8-1 图

8-2　用力法计算图示刚架结构，并作内力图。各杆 EI＝常数。

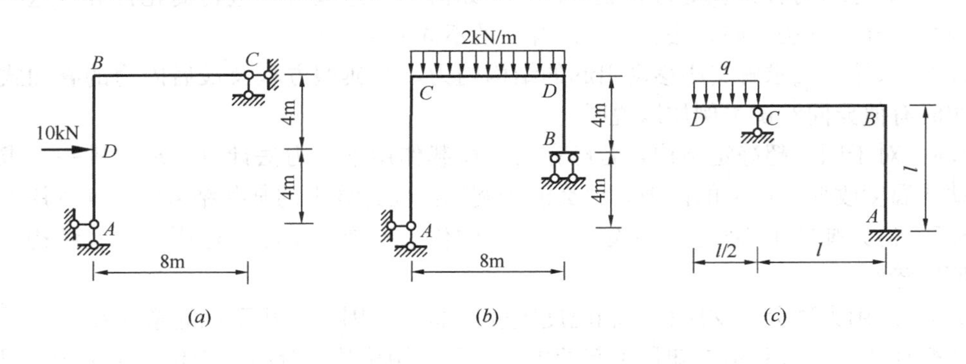

题 8-2 图

8-3　用力法计算图示刚架结构，并作弯矩图。各杆 EI＝常数。

8-4　试用力法计算图示排架，并作弯矩图。各立柱 E＝常数。

8-5　用力法计算图示桁架结构，并求指定杆件的内力。已知各杆 EA＝常数。

8-6　用力法计算图示加劲梁，绘制梁式杆弯矩图，并求各杆轴力。已知横梁抗弯刚度 $EI=1.5\times10^4\mathrm{kNm^2}$，链杆轴向刚度 $EA=3.0\times10^5\mathrm{kN}$。

8-7　图示悬挂式吊车梁，已知吊车单个轮压 $F_P=10\mathrm{kN}$，钢梁惯性矩 $I=2500\mathrm{cm^4}$，每根吊杆的截面积 $A=10\mathrm{cm^2}$，各杆 E＝常数。试用力法计算各吊杆的拉力，并作钢梁的弯矩图。

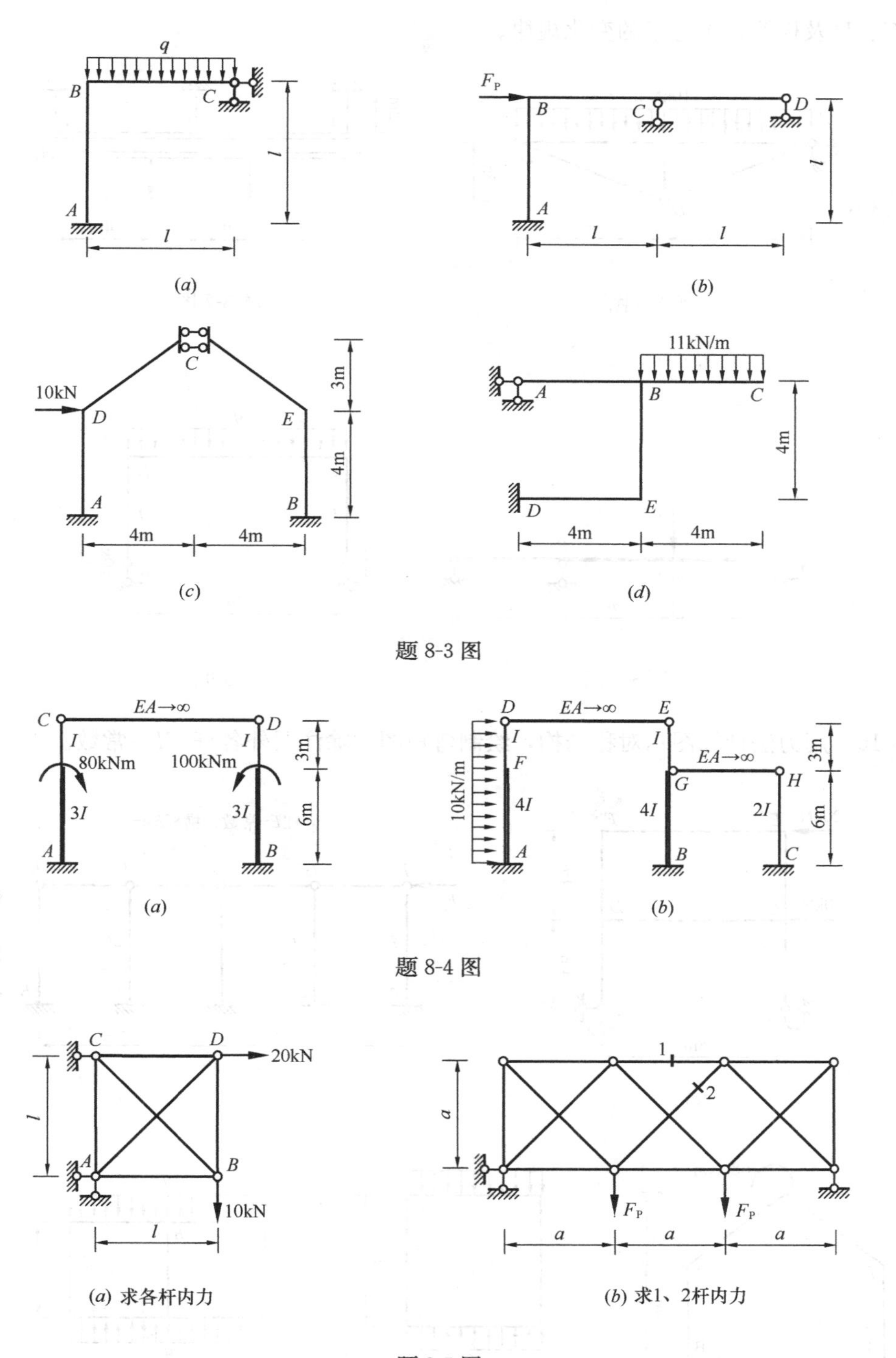

题 8-3 图

题 8-4 图

(a) 求各杆内力　　(b) 求1、2杆内力

题 8-5 图

8-8* 用力法计算图示连续梁，作出 $n=2$ 时的弯矩图。分析控制截面的弯矩与两跨截面刚度比值之间的变化关系。

8-9* 图示两铰刚架，E=常数，试用力法绘制 $n=2$ 时的弯矩图，并总结 n 改变时结点C、D及横梁跨中弯矩的变化规律。

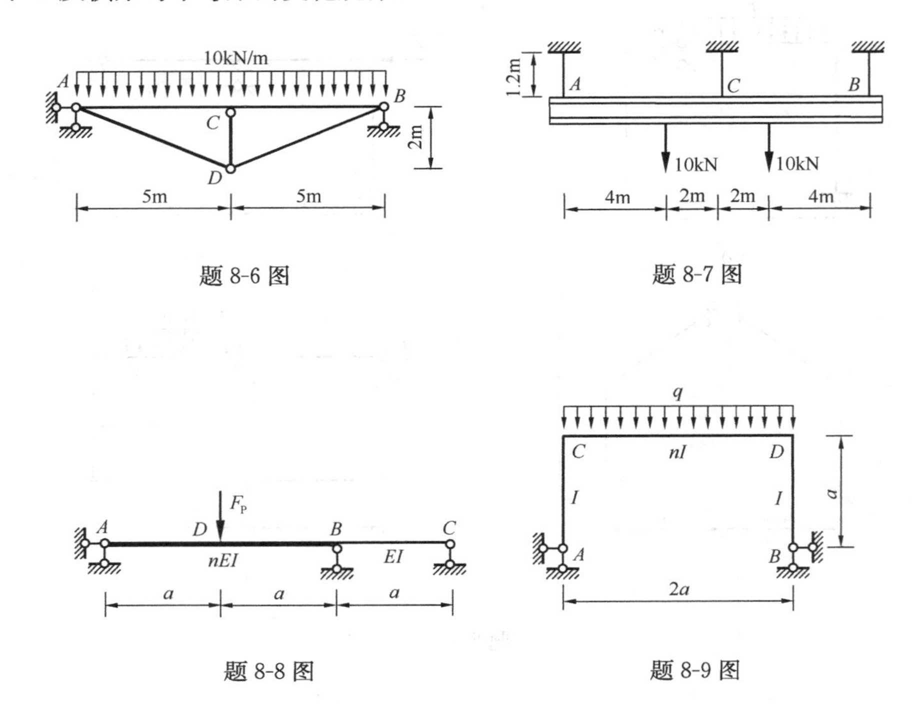

题 8-6 图　　题 8-7 图

题 8-8 图　　题 8-9 图

8-10　用力法计算图示对称结构，绘制弯矩图。除注明外各杆EI=常数。

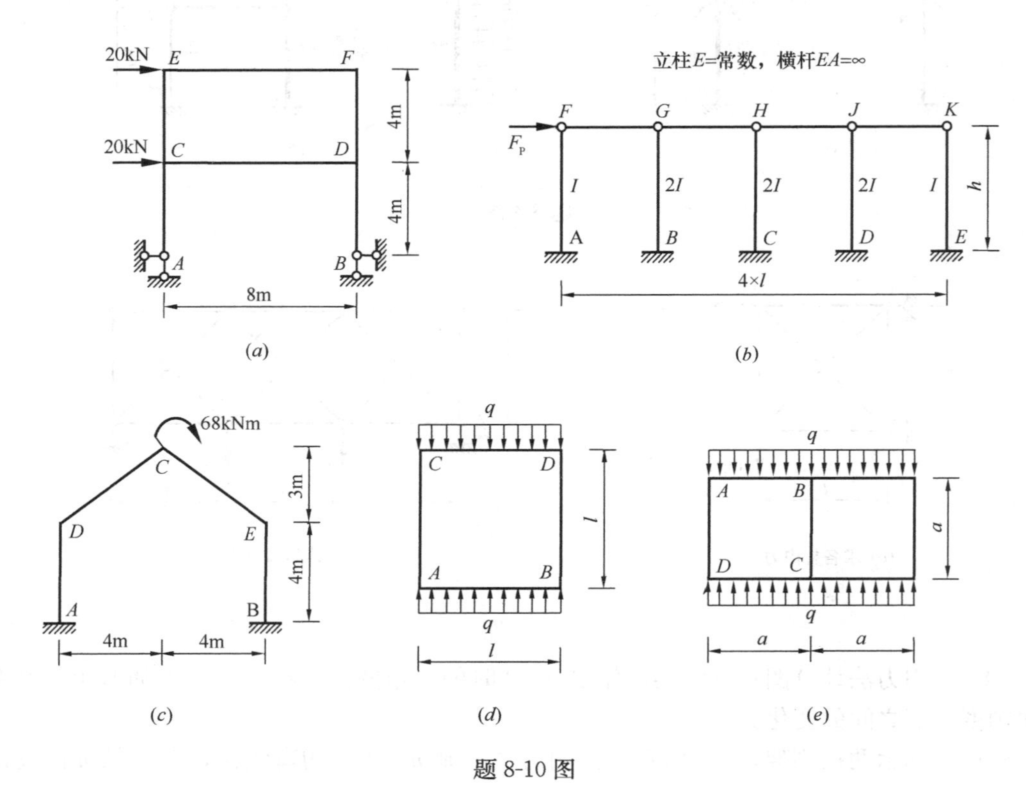

题 8-10 图

8-11　选取至少两种基本结构，用力法计算图示两跨梁由支座移动引起的内力，作出弯矩图。各杆 EI=常数。

8-12　图示连续钢梁发生温度改变，试用力法计算，作出弯矩图。已知梁截面高度 $h=0.2\text{m}$，$EI=5000\text{kNm}^2$，材料线膨胀系数为 $\alpha=1.0\times10^{-5}℃^{-1}$。

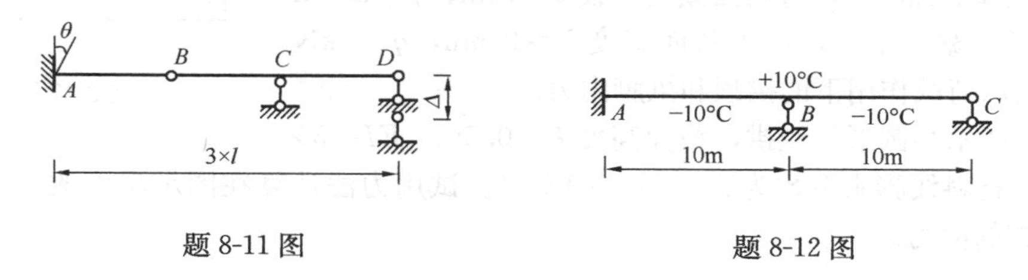

题 8-11 图　　题 8-12 图

8-13　用力法计算图示刚架由支座移动引起的内力，作出弯矩图。各杆 EI=常数。

8-14　用力法计算图示刚架由温度改变引起的内力，并绘制弯矩图。已知各杆 EI=常数，截面均为矩形，截面高度 $h=l/10$；材料线膨胀系数为 α。

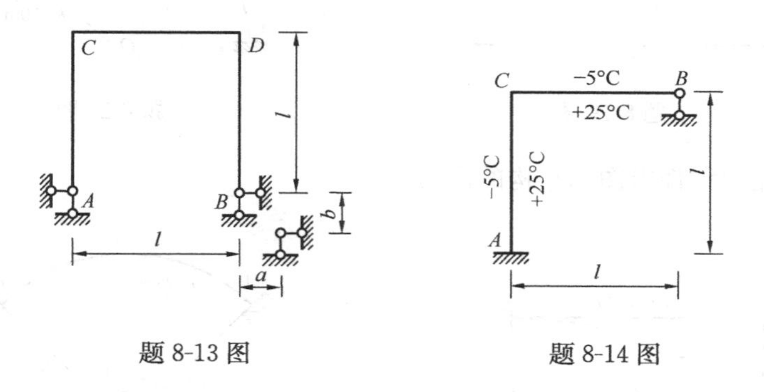

题 8-13 图　　题 8-14 图

8-15　图示桁架，杆件 DE 由于制造误差比设计长度缩短了 $\lambda=10\text{mm}$，试求由此引起的桁架内力。各杆 $EA=3\times10^5\text{kN}$。

8-16　图示抛物线形两铰拱，已知拱轴线方程为 $y=\dfrac{4f}{l^2}x(l-x)$，拱杆 $EI=5000\text{kNm}^2$，拉杆 $E_1A_1=2.0\times10^5\text{kN}$。试求拉杆轴力和 K 截面的内力。计算时拱杆只计弯曲变形，并设 $\mathrm{d}s=\mathrm{d}x$。

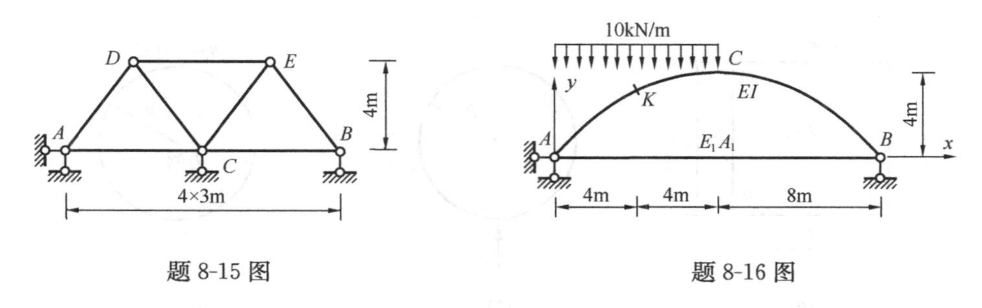

题 8-15 图　　题 8-16 图

8-17　计算图示半圆形无铰拱在拱顶和拱脚截面处的内力。拱杆 EI=常数。

8-18*　选取三铰拱为基本结构，计算例 8-10 结构（图 8-30a），求出水平推力和拱顶弯矩。如果计算时忽略轴向变形，将出现什么情况？由此可得到什么结论？

8-19　图示无铰拱的轴线方程为 $y_1 = \frac{4f}{l^2}x_1^2$，其截面惯性矩和面积按 $I=\frac{I_C}{\cos\varphi}$、$A=\frac{A_C}{\cos\varphi}$ 变化，这里 I_C、A_C 为拱顶截面的惯性矩和截面积，φ 为截面倾角。设 $l=18\text{m}$，$f=3.6\text{m}$，截面为矩形，宽度不变，拱顶截面高度 $h=0.6\text{m}$，$q=1\text{kN/m}$，试求图示荷载作用下的拱顶和拱脚内力。

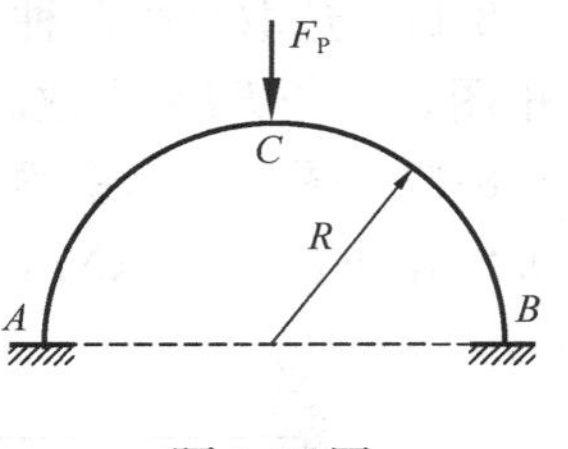

题 8-17 图

8-20　图示半圆形无铰拱，截面高度 $h=0.5\text{m}$，$EI=5\times10^4\text{kNm}^2$，材料线膨胀系数为 $\alpha=0.00001℃^{-1}$。试用力法计算在图示温度改变作用下的拱顶和拱脚的内力。

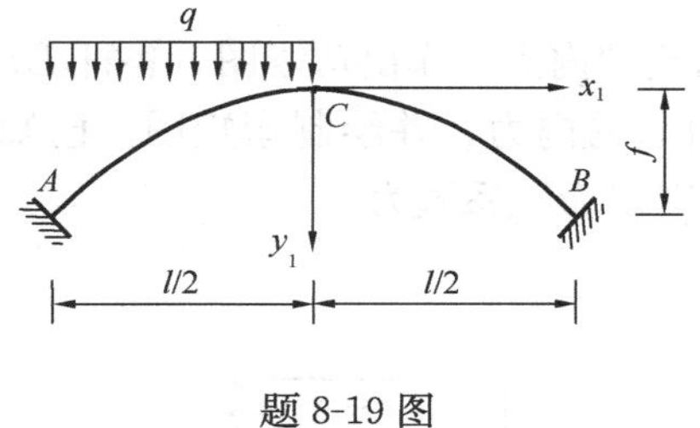

题 8-19 图

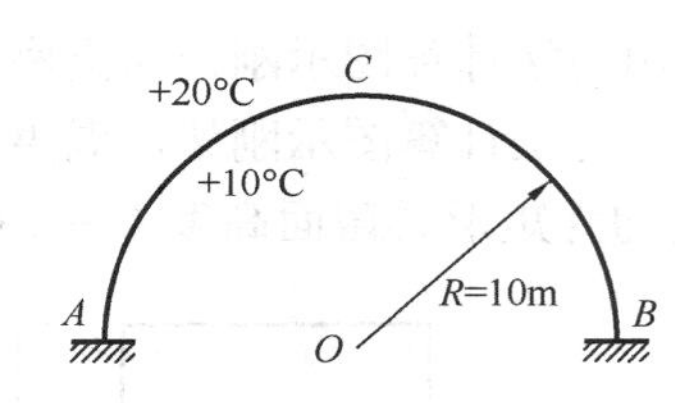

题 8-20 图

8-21*　利用对称性求图示结构的内力。

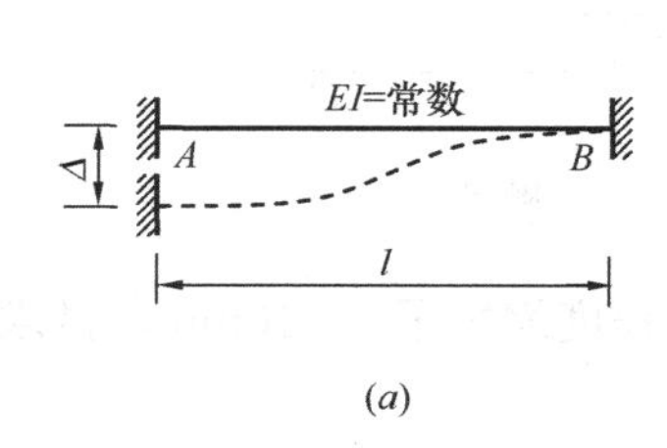

题 8-21 图

8-22　图示对称封闭结构，杆件 $EI=$ 常数，截面高度为 h，材料线膨胀系数为 α。试分别用弹性中心法和取半边或四分之一结构简化方法进行计算，作出弯矩图。

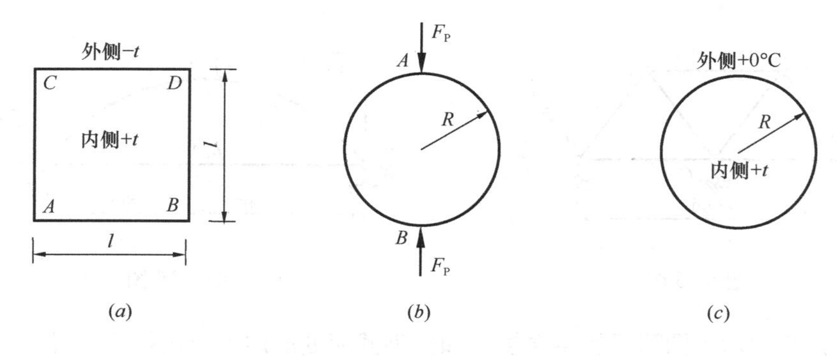

题 8-22 图

8-23　用位移法计算图示连续梁，并作弯矩图，对图 a 另作剪力图。

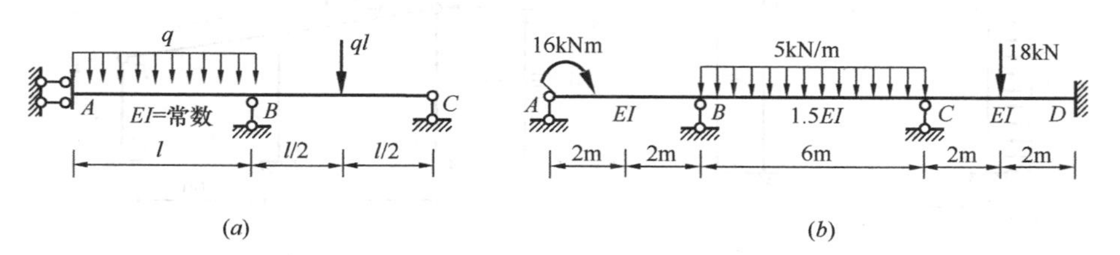

题 8-23 图

8-24　用位移法计算图示刚架结构，并作弯矩图。

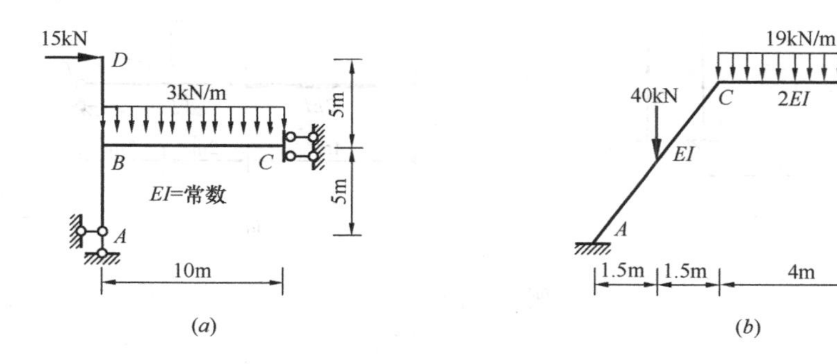

题 8-24 图

8-25　用位移法计算图示多跨或多层刚架结构，作出弯矩图。各杆 EI＝常数。

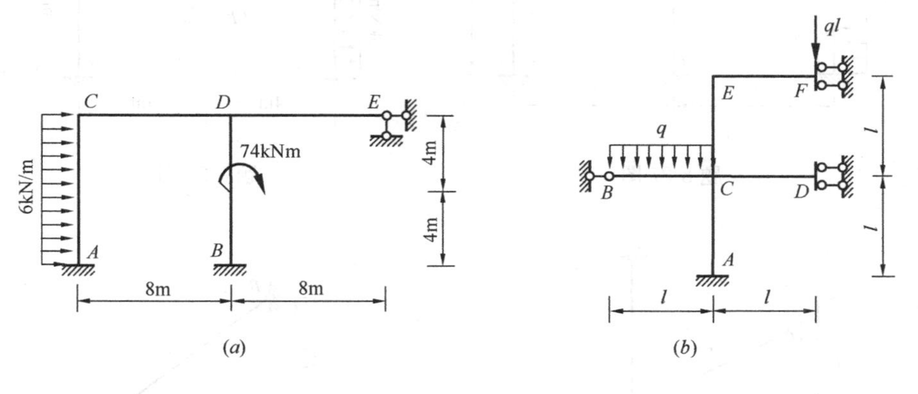

题 8-25 图

8-26　用位移法计算图示有侧移结构，并作弯矩图。除注明外各杆 EI＝常数。

8-27　用位移法计算图示结构，并作弯矩图。除注明外各杆 EI＝常数。

8-28　图示刚架，为使横梁水平位移为零，试用位移法计算，确定集中荷载 F_P 的大小。

8-29　用位移法计算图示桁架的内力，各杆 EA＝常数。

8-30　用位移法计算图示组合结构，求出链杆内力，作出梁式杆弯矩图。已知梁式杆 EI＝常数，链杆 $EA_1 = 25EI/l^2$。

8-31　图示斜拉式加劲梁，拉杆 CD 是后加的。若要使加设拉杆后的 C 点挠度减小到之前的一半，试用位移法分析，确定拉杆的截面积。各杆 E＝常数，梁截面惯性矩为 I。

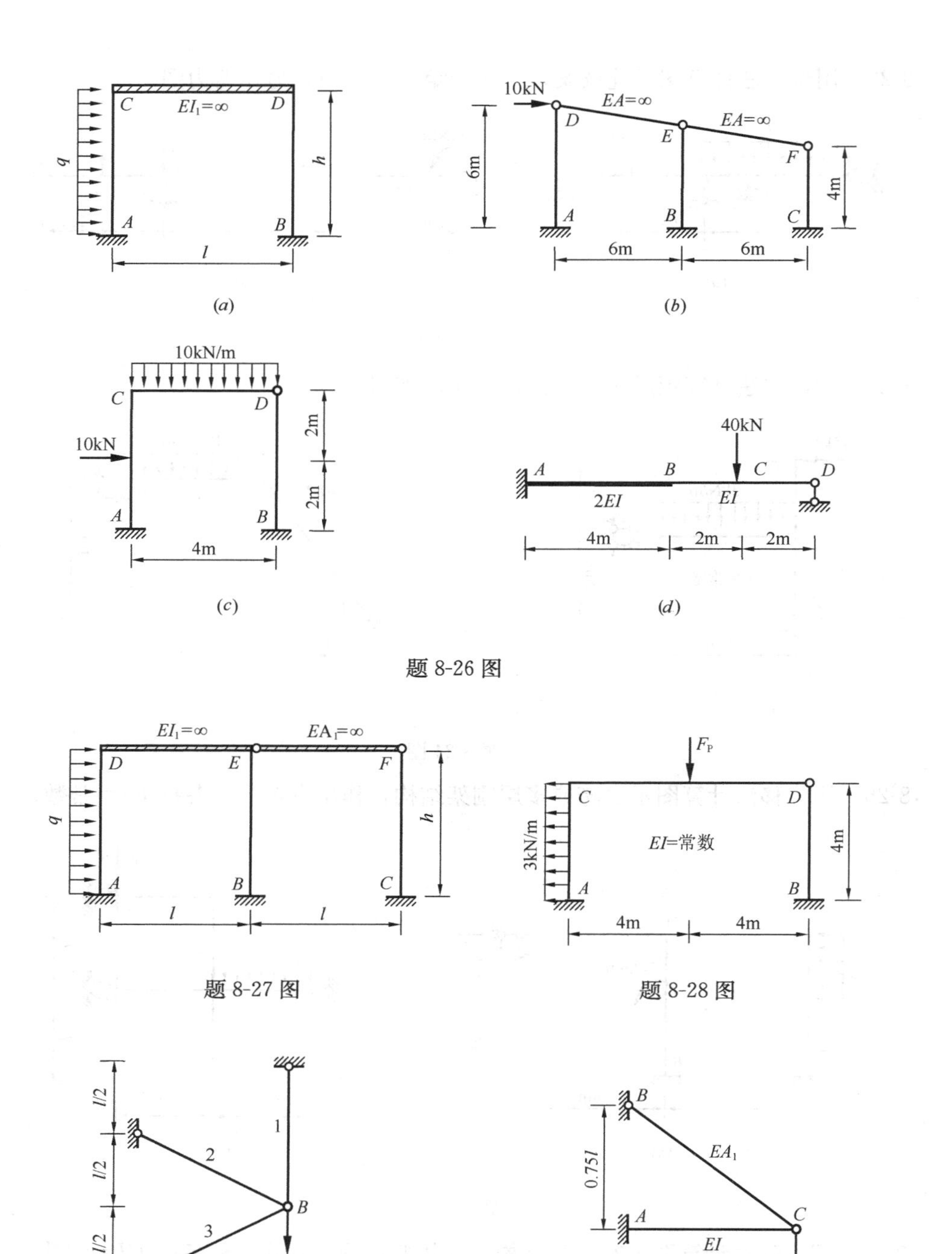

题 8-26 图

题 8-27 图

题 8-28 图

题 8-29 图

题 8-30 图

8-32　图示两跨连续梁，$EI=1\times10^4\text{kNm}^2$，支座 B 的高度可调节。在图示荷载作用下，为使跨中正弯矩与支座负弯矩数值相等，试确定支座 B 向上或向下的调节量。

8-33　用位移法计算图示刚架由支座移动引起的内力，作出弯矩图。各杆 $EI=7\times$

10^4kNm^2。

8-34　用位移法作图示连续梁的弯矩图。已知$\Delta_C=20$mm，$\Delta_D=10$mm，$EI=6.4\times 10^4$kNm^2。

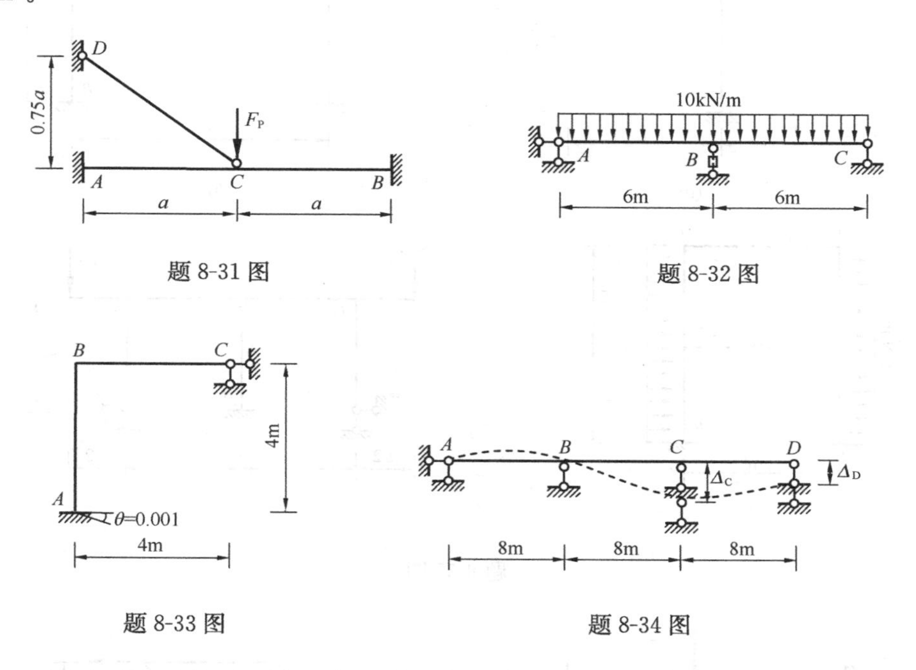

题 8-31 图　　题 8-32 图

题 8-33 图　　题 8-34 图

8-35　图示三跨连续梁，截面为矩形，截面高度为h，EI=常数。已知其下表面温度升高了t，上表面温度不变，材料线膨胀系数为α。试用位移法求作该梁的弯矩图。

8-36　用位移法计算图示刚架由温度改变引起的内力，作出弯矩图。已知杆件截面均为矩形，截面高度$h=0.5$m，$EI=2\times 10^4$kNm^2，材料线膨胀系数为$\alpha=1.0\times 10^{-5}$℃$^{-1}$。

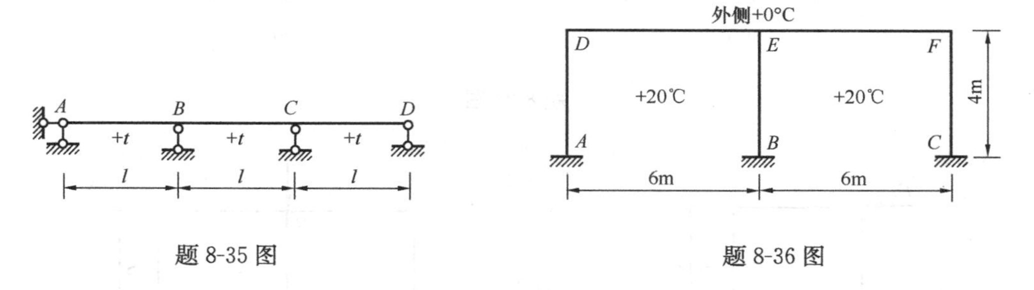

题 8-35 图　　题 8-36 图

8-37　用位移法计算图示对称结构，并作出弯矩图。各杆EI=常数。

8-38*　图示结构仅受结点荷载作用。设各杆EI=常数，忽略轴向变形，试用位移法求出其内力，并总结此类结构的受力和变形规律。对于实际结构，能否据此判断哪些内力是主要内力，哪些是次要内力？

8-39*　利用对称性对图示结构进行简化，绘出简化后的计算简图，并选用适宜的计算方法，作出弯矩图。各杆EI=常数。

8-40*　利用对称性对图示结构进行简化，绘出计算简图，并选择适当的计算方法，给出计算步骤，并绘出弯矩轮廓图。各杆EI=常数。

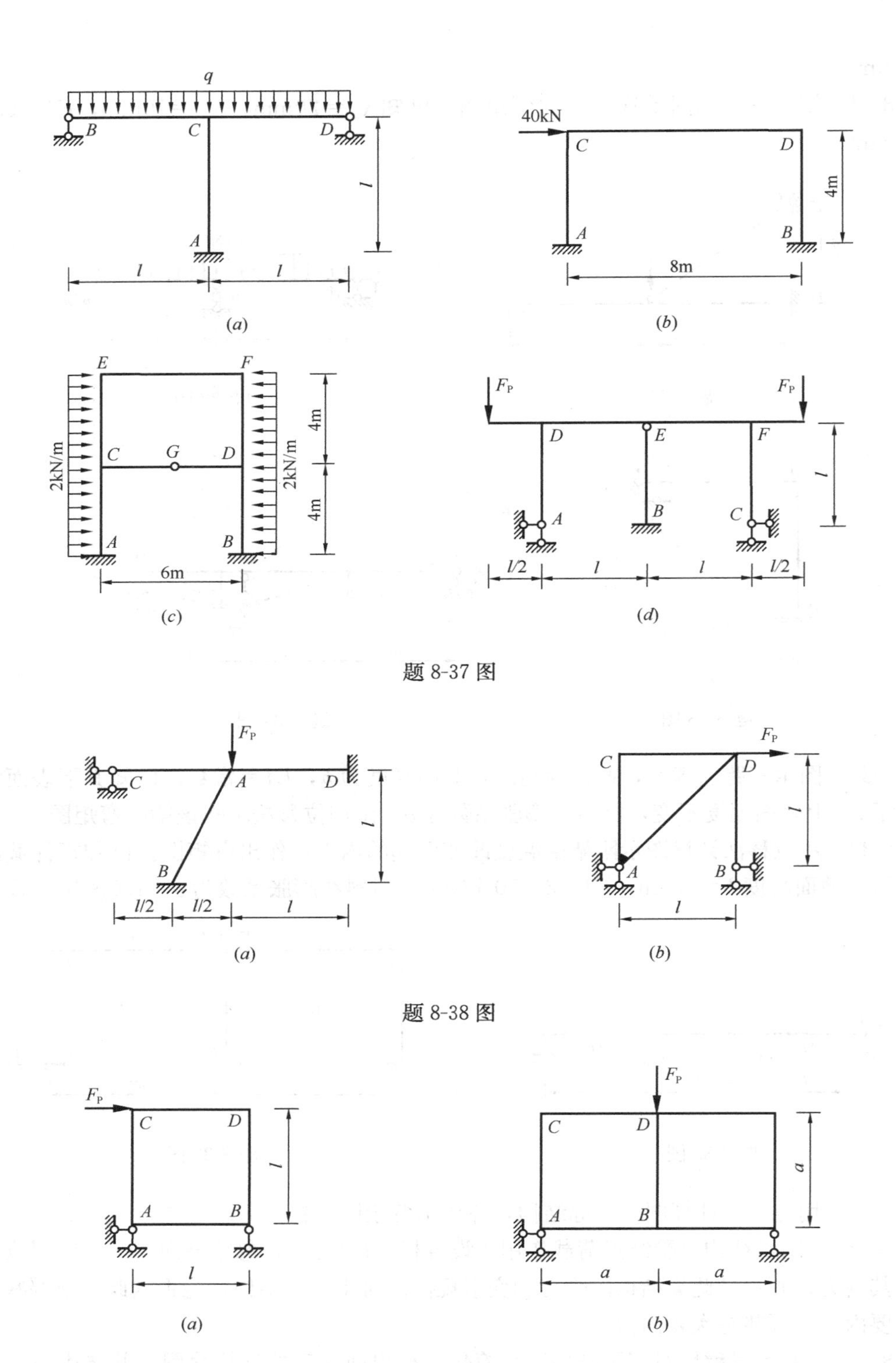

8-41* 用位移法分析图示对称结构，列出位移法方程及系数表达式，作出弯矩轮廓图。总结此类带斜杆的结构，当斜杆仅有平动或转动，或两者兼有时的系数和自由项的计

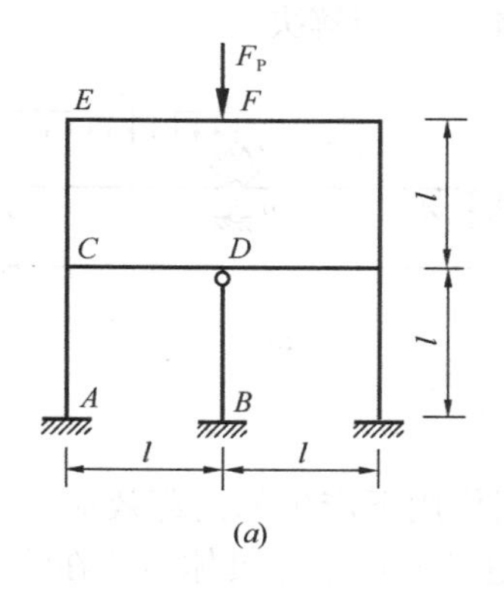

(a)

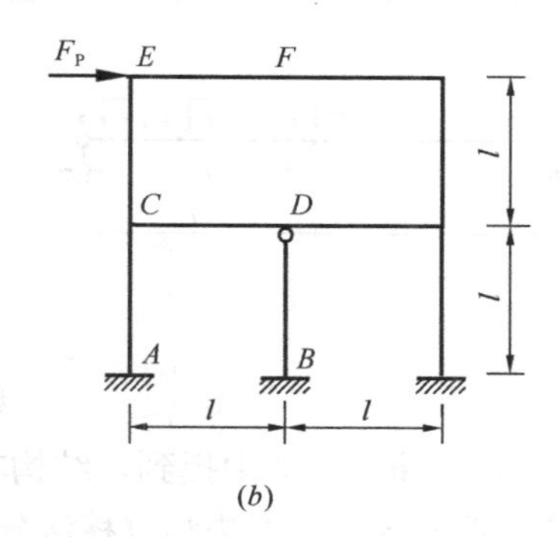

(b)

题 8-40 图

算方法。

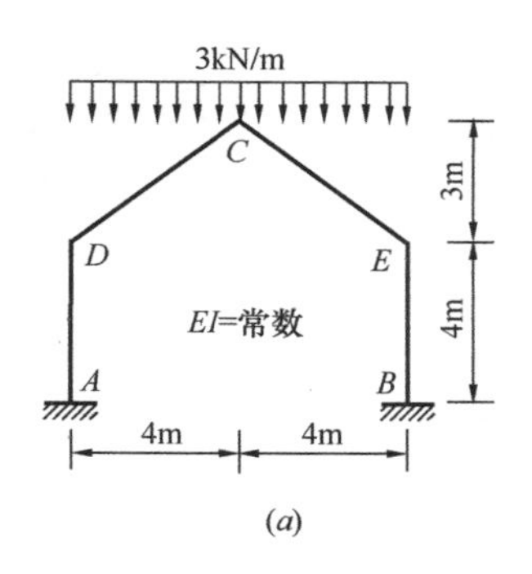

(a)

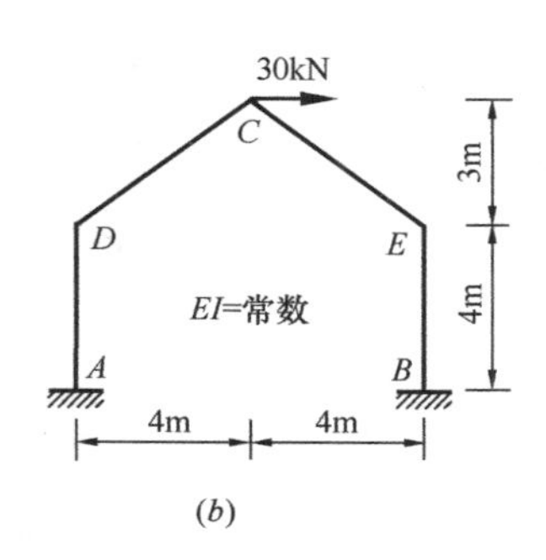

(b)

题 8-41 图

8-42* 图示刚架，横梁刚度无穷大，其余杆件 EI＝常数。试用位移法计算，作出弯矩图，并总结当刚性杆既有平动又有转动时，位移法计算的一般方法。

8-43* 图示 n 跨排架结构，各横梁截面尺寸相同，材料线膨胀系数为 α；各立柱 EI＝常数。已知各杆温度均匀升高了 t_0，

(1) 计算由温度改变引起的各柱底弯矩，分别考虑 n 为偶数和奇数的情况；

(2) 增大横梁或立柱的刚度，分析能否有效减小柱底截面的应力；

(3) 提出降低温度内力或应力的合理措施。

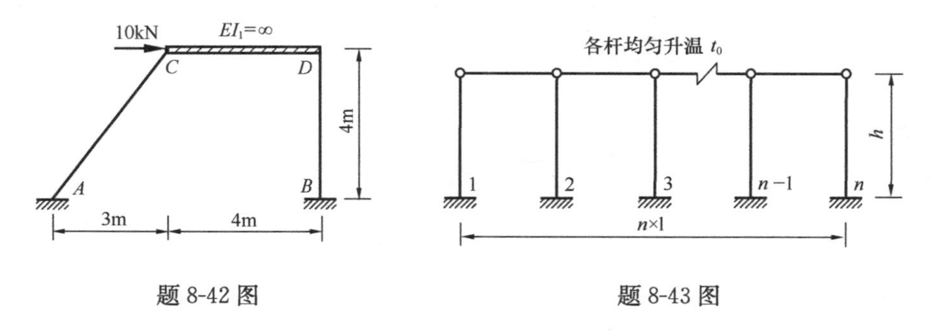

题 8-42 图　　题 8-43 图

8-44** 分别用力法和位移法计算图示带弹性约束的连续梁（EI＝常数），作出弯矩

图，并总结此类结构采用力法与位移法分析时的基本路径与解决方案。

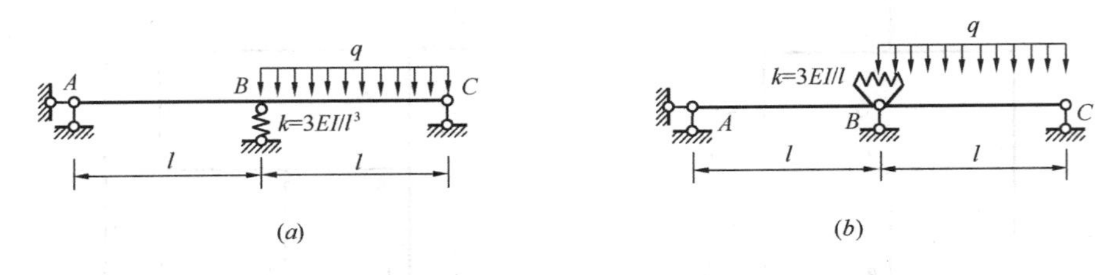

题 8-44 图

8-45** 第 1 章 1-5 节中提到，结构在其他外因作用下产生的内部效应与荷载作用时会有所不同。通过本章的力法和位移法分析，总结这些不同之处具体表现在哪些方面。试从内力计算方法、结构受力与变形规律、结构体系与截面设计方法等方面进行阐述，并举例加以论证。

附录 A 习题答案及提示

第 1 章

1-1 左端属第（2）栏第 2 小类；右端属第（1）栏第 2 小类。

1-2 杆内主要对截面高度方向的正应力有影响；连接点的内力正确，但应力一般较复杂，取决于具体构造。

1-4 对反力和内力一般无影响，但对截面高度方向正应力的影响较明显。

1-3、1-5～1-10 略。

第 2 章

2-1 2 个。

2-2 （a）$W=0$。
（b）$W=-2$。

2-3 （a）$W=0$。
（b）$W=-6$。

2-4 （a）几何不变，无多余约束。
（b）几何瞬变。
（c）几何不变，无多余约束。
（d）几何不变，无多余约束。
（e）几何不变，无多余约束。
（f）几何不变，有 1 个多余约束。
（g）几何不变，有 1 个多余约束。
（h）几何瞬变。
（i）几何不变，无多余约束。
（j）几何不变，无多余约束。

2-5 （a）几何瞬变。
（b）几何不变，有 1 个多余约束。
（c）几何不变，无多余约束。
（d）几何常变。

2-6 （a）几何瞬变。
（b）几何不变，无多余约束。
（c）几何瞬变。

2-7 （a）几何不变，无多余约束。
（b）几何不变，有 1 个多余约束。
（c）几何瞬变。
（d）几何瞬变。
（e）几何不变，无多余约束。
（f）几何常变。
（g）几何不变，无多余约束。
（h）几何不变，无多余约束。
（i）几何瞬变。
（j）几何瞬变。

2-9 （a）几何常变，采用撤除刚片法分析。
（b）几何瞬变，将基础作为一刚片并用链杆替代。

2-10 （a）几何常变。
（b）几何瞬变。

2-11、2-12 略。

第 3 章

3-1 （a）剪力图为三段平直线，符号依次为正、正、负。
（b）剪力图为三段平直线，符号为正、负、负。
（c）剪力图为平直线加斜直线。
（d）剪力图为平直线加斜直线，B 点有突变。
（e）剪力图为平直线加斜直线，C 点有突变。
（f）剪力图为两段平直线加一段斜直线，C 点有突变。

3-2 （a）错，BC 段为平直线。
（b）错，C 点自左到右向下突变。

(c) 错，AC 段为平直线，BD 段为零。

(d) 错，全段为平直线。

3-3 (a) 错，C 点弯矩为零。

(b) 错，BC 段下侧受拉，CA 段向右突出。

(c) 错，CD 段向左突出，AB、BC 段有弯矩。

(d) 错，C 点左侧斜率应与右侧相等。

(e) 错，CE、EB 段有弯矩。

(f) 错，AD 段左侧受拉。

3-4 (a) $M_{中} = \frac{ql^2}{4}$（下侧受拉）。

(b) $M_C = \frac{3F_P l}{4}$（下侧受拉）。

(c) $M_{C左} = \frac{3M}{4}$（上侧受拉）。

(d) $M_A = \frac{5ql^2}{8}$（上侧受拉）。

(e) $M_C = \frac{9F_P a}{4}$（下侧受拉）。

(f) $M_C = \frac{F_P l}{2}$（上侧受拉）。

3-5 (a) $M_1 = M + F_{P1}a_1 - F_{P2}(a_1 + a_2)$（下侧受拉）。

(b) $M_1 = F_{P1}a_1 - M - 0.5qh^2$（下侧受拉）。

(c) $M_1 = 10.25\text{kNm}$（右侧受拉）。

(d) $M_a = 3\text{kNm}$（下侧受拉）；

$M_b = 9\text{kNm}$（左侧受拉）。

3-6 (a) $M_C = 4\text{kNm}$（上侧受拉）。

(b) $M_{C左} = 18\text{kNm}$（下侧受拉）。

(c) $M_C = 12\text{kNm}$（下侧受拉）。

(d) $M_A = 6\text{kNm}$（上侧受拉）。

(e) $M_C = 27\text{kNm}$（下侧受拉）。

(f) $M_A = 0.5ql^2$（下侧受拉）。

3-8 (a) 1) F_Q在 AC、CD 段为正，DB 段为负，M_{max}出现在 D 点；

2) F_Q在 AC 段为正，CD、DB 段为负，M_{max}出现在 AC 间；

3) F_Q在 CD 段为零。

(b) 1) F_Q在 AB、BD 段为正；

2) F_Q 在 AB 段为负，BD 段为正；

3) F_Q在 AB 段为零。

3-9 (a) $M_C = 60\text{kNm}$（下侧受拉）；

$F_{NC右} = 3\sqrt{5}\text{kN}$。

(b) $M_C = 60\text{kNm}$（下侧受拉）；

$F_{NC右} = 0$。

3-10 (a) $M_F = 1.6\text{kNm}$（下侧受拉）；

$M_G = 10\text{kNm}$（下侧受拉）。

(b) $M_A = 6\text{kNm}$（上侧受拉）；

$M_D = 8\text{kNm}$（下侧受拉）。

(c) $M_B = 8qa^2$（上侧受拉）；

$M_E = 2qa^2$（上侧受拉）。

3-11 (a) $M_A = 6\text{kNm}$（上侧受拉）；

$M_G = 12\text{kNm}$（下侧受拉）。

(b) $M_B = 3\text{kNm}$（上侧受拉）；

$M_E = 3\text{kNm}$（下侧受拉）。

3-12 $a=0.2113l$。

3-13 (a) $M_C = F_P a - M$（下侧受拉）。

(b) $M_C = M$（上侧受拉）。

(c) $M_B = \frac{a}{b}M$（上侧受拉）。

(d) $M_B = M$（上侧受拉）。

3-14 (a) $M_A = 8\text{kNm}$（左侧受拉）；

$F_{QA} = 12\text{kN}$。

(b) $M_B = 25\text{kNm}$（内侧受拉）；

$F_{NA} = 2.25\text{kN}$。

(c) $M_{CA} = 50\text{kNm}$（右侧受拉）；

$F_{QCD} = 2.5\text{kN}$。

(d) $M_A = 3\text{kNm}$（内侧受拉）；

$F_{QAB} = 4\text{kN}$。

3-15 (a) $M_D = 25\text{kNm}$（外侧受拉）；

$F_{QDA} = -6.25\text{kN}$。

(b) $M_D = 68\text{kNm}$（外侧受拉）；

$F_{QDA} = -24\text{kN}$。

(c) $M_D = 72\text{kNm}$（外侧受拉）；

$F_{QDC} = 9\sqrt{10}\text{kN}$。

(d) $M_D = 11.2$kNm(内侧受拉)；

$F_{QDC} = -1.77$kN。

3-16 (a) $M_C = 18$kNm(下侧受拉)；

$F_{QCA} = -3.6$kN。

(b) $M_C = 54$kNm(上侧受拉)；

$F_{QCA} = -20.4$kN。

3-17 (a) $M_A = F_P a$(下侧受拉)；

$F_{NBC} = F_P$。

(b) $M_D = 36$kNm(内侧受拉)；

$F_{QDA} = 10$kN。

3-18 (a) $M_D = qa^2$(上侧受拉)。

(b) $M_D = 50$kNm(外侧受拉)。

(c) $M_{DC} = 0$。

(d) $M_E = 10$kNm(右侧受拉)。

3-19 (a) AB 段有均布荷载 2kN/m，C 点有竖向荷载 10kN，D 点有逆时针集中力偶 10kNm，B 或 D 点有水平荷载 6kN。

(b) F 点有集中荷载 5kN，B 点有集中荷载 2kN，D 点有逆时针集中力偶 12kNm，DE 段有均布荷载 3kN/m。

3-20 (a) $F_{yA} = 20$kN(↓)；

$M_B = 120$kNm(内侧受拉)。

(b) $M_{DC} = 10$kNm(下侧受拉)；

$M_{IH} = 10$kNm(上侧受拉)。

3-21 (a) $F_{NCF} = 12.5$kN。

(b) $F_{NCD} = 125$kN。

(c) $F_{NCF} = \frac{\sqrt{2}}{2}F_P$。

(d) $F_{NDE} = 5\sqrt{2}$kN。

3-22 (a) 9 根。

(b) 7 根。

(c) 7 根。

(d) 9 根。

(e) 7 根。

(f) 4 根。

3-23 (a) $F_{N1} = -\frac{\sqrt{29}}{2}F_P$；

$F_{N2} = -\frac{\sqrt{41}}{4}F_P$；

$F_{N3} = 3.75F_P$。

(b) $F_{N1} = -F_P$；$F_{N2} = 0$；$F_{N3} = -F_P$。

(c) $F_{Na} = 35\sqrt{2}$kN；$F_{Nb} = 40\sqrt{2}$kN；

$F_{Nc} = -5\sqrt{5}$kN。

(d) $F_{Na} = 24\sqrt{2}$kN；

$F_{Nb} = -48$kN；

$F_{Nc} = -\frac{40\sqrt{13}}{3}$kN。

3-24 (a) $F_{N1} = 30\sqrt{5}$kN；$F_{N2} = 0$；

$F_{N3} = 10\sqrt{5}$kN。

(b) $F_{N1} = 33.33$kN；

$F_{N2} = -33.33$kN。

(c) $F_{Na} = 40\sqrt{2}$kN；

$F_{Nb} = -20\sqrt{2}$kN。

(d) $F_{N1} = -\frac{\sqrt{5}}{3}F_P$；

$F_{N2} = -\frac{7\sqrt{2}}{6}F_P$。

3-25 (a) $F_{N1} = F_P$。

(b) $F_{N1} = -1.125F_P$；

$F_{N2} = 1.125F_P$。

(c) $F_{N1} = -3.5F_P$；$F_{N2} = -0.707F_P$。

(d) $F_{N1} = -0.333F_P$。

3-26 (a) $M_K = 30$kNm(上侧受拉)；

$F_{QK} = 0$；$F_{NK} = -35\sqrt{5}$kN。

(b) $M_K = 2.5$kNm(下侧受拉)；

$F_{QK} = -\frac{\sqrt{5}}{5}$kN；$F_{NK} = \frac{\sqrt{5}}{10}$kN。

3-27 (a) $M_D = 17.5$kNm(下侧受拉)；

$F_{QK左} = 0.477$kN；

$F_{NK左} = -27.444$kN。

(b) $M_D = 400$kNm(下侧受拉)；

$F_{QD左} = 20\sqrt{3}$kN；

$F_{ND左} = -20$kN。

3-28 (a) $M_F = 100$kNm(下侧受拉)；

$F_{QF右} = -6\sqrt{10}$kN；

$F_{NF右} = -28\sqrt{10}$kN。

(b) $M_F = 240$kNm(上侧受拉)；

$F_{QF右} = 32\sqrt{5}$kN；

$F_{NF右} = 16\sqrt{5}$kN。

3-29 $F_H = 40$kN；$M_D = 120$kNm(下侧受拉)。

3-30 $y = \frac{x}{27}(21 - x)$。

3-31 $y = 1.5x (x \leqslant a)$；$y = 0.5x + a (a \leqslant x \leqslant 2a)$。

3-32 AB 跨 M 图（下侧受拉）与半拱 BC 的 M 图（上侧受拉）数值相等。

3-33 (a) $F_{NDE} = 16$kN；$M_F = 0$。

(b) $F_{NHI} = -0.5F_P$；

$M_H = 1.33F_P a$(左侧受拉)。

3-34 (a) $M_F = 24$kNm(上侧受拉)。

(b) $M_F = 24$kNm(下侧受拉)。

(c) $M_F = 4$kNm(上侧受拉)。

3-35 (a) $F_{NCD} = 9\sqrt{2}$kN；

$M_G = 54$kNm(外侧受拉)。

(b) $F_{yA} = 56$kN(↑)；$F_{xDE} = 24$kN。

3-36、3-37 略。

第 4 章

4-2 $F_{xA} = 20$kN(→)；

$F_{yA} = 20$kN(↑)；

$M_D = 60$kNm(外侧受拉)。

4-3 $F_H = 75$kN；

$M_D = 107.5$kNm(下侧受拉)；

$F_{QD右} = -3.64$kN；

$F_{ND右} = -78.22$kN。

4-4 (a) 7 根。

(b) 7 根。

4-5 (a) 将荷载及反力都分解为一组正对称和一组反对称的叠加。

$F_{NAD} = 20$kN；$F_{NBC} = 0$。

(b) $F_{NHI} = -0.5F_P$；

$M_H = 1.33F_P a$(左侧受拉)。

4-6 $F_{xDE} = -160$kN；

$M_E = 240$kNm(上侧受拉)。

4-7 将荷载分解为一组正对称和一组反对称的叠加。

$M_D = 180$kNm(上侧受拉)。

4-8 (a) 几何不变。

(b) 几何可变。

(c) 几何不变。

4-9 (a) 几何可变。

(b) 几何不变。

4-10 (a) 依据局部平衡特性，11 根。

(b) 依据局部平衡特性，14 根。

4-11 左半跨腹杆内力有变化。

4-12 同一节间上弦杆内力数值大于下弦杆，腹杆内力由两边向中间减小。

4-13 仅构造变换的杆件内力有改变。

4-14 (a) $M_A = qa^2$(↻)；

$F_{yA} = 1.5qa$(↑)；

$F_{yC} = 2.5qa$(↑)；

(b) $M_K = 0.5qa^2$(下侧受拉)；

$F_{QKA} = 1.5qa$；$F_{QKB} = -0.5qa$；

$F_{QB} = -0.5qa$。

4-15 $F_{yB} = 31$kN(↑)；$M_A = 31$kNm(↻)；

$M_K = M_B = 31$kNm(上侧受拉)；

$F_{QBC} = 31$kN；

$F_{QDC} = 1$kN。

4-16 $F_{yA} = 30$kN(↑)；

$M_K = 10$kNm(下侧受拉)；

$F_{QK} = -10$kN；

$F_{QB左} = -20$kN；$F_{QB右} = 20$kN。

4-17 上、下弦杆内力减小；斜腹杆竖向分力不变，总内力减小；竖腹杆内力不变。

4-18 提示：参考图 3-58 结构的分析方法。

第 5 章

5-1 (a) F_{yA} 为平直线，$F_{yA} = 1$(↑)；

M_A 为斜直线，$(M_A)_B = -l$(下侧受拉为正)；

M_C 为两段折线，$(M_C)_B = -b$(下侧受拉为正)；

F_{QC} 为两段平直线，有突变，$(F_{QC})_B = 1$。

(b) F_{yB} 为斜直线，$(F_{yB})_B = 1(\uparrow)$；

M_B 为两段折线，$(M_B)_{D-B} = 0$，$(M_B)_E = -2m$(下侧受拉为正)；

$F_{QB左}$ 为两段平行线，有突变，$(F_{QB左})_E = -1/3$；

$F_{QB右}$ 为两段平直线，有突变，$(F_{QB右})_E = 1$；

M_C 为两段折线，$(M_C)_C = 1.5m$(下侧受拉为正)；

F_{QC} 为两段平行线，有突变，$(F_{QC})_{C左} = -0.5$。

(c) M_A 为斜直线，$(M_A)_A = l$(下侧受拉为正)；

M_D 为两段折线，$(M_D)_D = b$(下侧受拉为正)；

F_{QD} 为两段平直线，有突变，$(F_{QD})_A = -1$；

$F_{QB左}$ 为两段平直线，有突变，$(F_{QB左})_A = -1$。

(d) F_{yB} 为斜直线，$(F_{yB})_B = 1(\uparrow)$；

M_C 为两段折线，以下侧受拉为正，则 $(M_C)_C = \frac{ab}{l}$；

F_{QC}、F_{NC} 均为两段平行线，有突变，$(F_{QC})_{C左} = -\frac{a}{kh}$，$(F_{NC})_{C左} = \frac{a}{kl}$，$k = \sqrt{\frac{l^2}{h^2} + 1}$。

5-2 (a) F_{yA} 为三段折线，$(F_{yA})_C = -2/3(\uparrow)$；

M_B、M_K 均为四段折线，若以下侧受拉为正，则 $(M_B)_C = -2a$，$(M_K)_K = 0.5a$；

F_{QK} 为四段线，有突变，$(F_{QK})_{K左} = -0.5$；

F_{QC} 为三段线，有突变，$(F_{QC})_{C右} = 1$。

(b) M_A 为三段折线，$(M_A)_A = 4m$(下侧受拉为正)；

F_{yB} 为三段折线，$(F_{yB})_C = 1(\uparrow)$；

M_K 为四段折线，以下侧受拉为正，则 $(M_K)_K = 2m$；

$F_{QD左}$ 为四段线，$F_{QD右}$ 为三段线，均有突变，$(F_{QD左})_E = -0.25$，$(F_{QD右})_E = 1$。

(c) F_{yA} 为两段平行线，有突变，$(F_{yA})_E = -0.5(\uparrow)$；

M_B 为三段线，有突变，以下侧受拉为正，则 $(M_B)_E = -a$(下侧受拉为正)；

F_{QK} 为三段平行线，有两处突变，$(F_{QK})_E = -0.5$；

$F_{QB右}$、$F_{QD左}$ 均为三段平直线，有两处突变，$(F_{QB右})_{C左} = 1$；$(F_{QD左})_{C右} = -1$。

5-3 (a) M_C 为两段折线，以下侧受拉为正，则 $(M_C)_c = 0.75d$；

$F_{QC左}$ 为两段折线，$(F_{QC左})_c = 0.75$；

$F_{QC右}$ 为三段折线，$(F_{QC右})_c = -0.25$。

(b) F_{yA} 为三段折线，$(F_{yA})_c = -1/3(\uparrow)$；

M_K 为五段折线，以下侧受拉为正，则 $(M_K)_c = -2m$；

F_{QK} 为五段折线，$(F_{QK})_d = -1/3$；

$F_{QB左}$ 为五段折线，$(F_{QB左})_e = -2/3$；

$F_{QB右}$ 为三段折线，$(F_{QB右})_c = 1$。

(c) M_C 为四段折线，$(M_C)_c = 2m$(下侧受拉为正)；

$F_{QE左}$ 为五段折线，$(F_{QE左})_d = -0.75$；

F_{QK} 为三段折线，$(F_{QK})_f = 1$；
$F_{QF右}$ 为三段折线，
$(F_{QF右})_g = 0.5$。

5-4 (a) F_{N1} 为两段折线，$(F_{N1})_E = -\dfrac{4}{3}$；

F_{N2} 为两段折线，$(F_{N2})_C = \dfrac{4}{3}$；

F_{N3} 为三段折线，$(F_{N3})_E = \dfrac{\sqrt{2}}{3}$；

F_{N4} 为三段折线，$(F_{N4})_F = 1$。

(b) F_{N1} 为两段折线，$(F_{N1})_E = \sqrt{10}$；
F_{N2} 为三段折线，$(F_{N2})_E = 0$，
$(F_{N2})_C = -\dfrac{\sqrt{13}}{3}$；
F_{N3} 为两段折线，$(F_{N3})_E = -3$；
F_{N4} 为三段折线，$(F_{N4})_D = 1$。

(c) F_{N1} 为两段折线，$(F_{N1})_A = 1$；
F_{N2} 为三段折线，$(F_{N2})_B = -1$；
F_{N3} 为三段折线，$(F_{N3})_A = \dfrac{\sqrt{2}}{2}$；
F_{N4} 为两段折线，$(F_{N4})_A = -2$。

(d) F_{Na} 为两段折线，$(F_{Na})_D = 1$；
F_{Nb} 为三段折线，$(F_{Nb})_E = -\dfrac{\sqrt{41}}{6}$；
F_{Nc} 为三段折线，$(F_{Nc})_E = 1$。

5-5 (1) F_{N2} 全长为零，1、3、4 杆与上承时相同。

(2) $F_{N3} = \sqrt{2}F^0_{QCD}$，$F_{N4} = \dfrac{M^0_C}{d}$。

5-6 F_{N1} 为两段折线，$(F_{N1})_D = -\dfrac{2a}{h}$；

F_{N2} 为三段折线，$(F_{N2})_C = \dfrac{5a}{4h}$；

F_{N3} 为三段折线，$(F_{N3})_C = -\dfrac{\sqrt{a^2+h^2}}{4h}$；

F_{N4} 全长为零。

5-7 (a) F_{N1} 为三段折线，$(F_{N1})_D = 5/6$；
$(F_{N1})_E = 0$。

(b) F_{Na} 为两段折线，$(F_{Na})_E = -\sqrt{2}$。

5-8 参见题 5-2 答案。

5-9 参见题 5-3b 答案。

5-10 (a) 影响线竖标对应斜梁竖向位移，结果参见题 5-1d。

(b) 影响线竖标对应斜梁截面转角，转角方向与单位力偶方向相反时，影响线为正。

$F_{yA} = -\dfrac{1}{l}(\uparrow)$；

M_C 为两段平行线，以下侧受拉为正，则

$(M_C)_{C左} = \dfrac{b}{l}$，$(M_C)_{C右} = -\dfrac{a}{l}$；

$F_{QC} = -\dfrac{1}{kh}$，$k = \sqrt{\dfrac{l^2}{h^2}+1}$。

5-11 (a) F_{NBC} 为斜直线，$(F_{NBC})_D = -35/12$；
M_C 为两段折线，以下侧受拉为正，则$(M_C)_D = -3m$；
F_{QCA} 为两平行线，有突变，
$(F_{QCA})_D = -0.75$；
F_{NCA} 为斜直线，$(F_{NCA})_D = 7/3$；
F_{QCD} 为两平直线，有突变，
$(F_{QCD})_D = 1$。

(b) F_{NDE} 为两段折线，$(F_{NDE})_C = 1$；
M_G 为三段折线，若以下侧受拉为正，则
$(M_G)_C = -2m$；$(M_G)_G = 1m$
F_{QGC} 为三段折线，$(F_{QGC})_C = -0.5$，$(F_{QGC})_G = 0.25$；
F_{QGB} 为三段折线，$(F_{QGB})_C = 0.5$，$(F_{QGB})_G = -0.25$。

5-12 (a) F_H 为两段折线，$(F_H)_C = 1$；
M_D 为三段折线，若以下侧受拉为正，则 $(M_D)_D = 1.5$，$(M_D)_C = -1.0$；

(b) F_{QD} 为三段线，有突变，$(F_{QD})_{D左} = -\dfrac{\sqrt{5}}{5}$，$(F_{QD})_{D右} = \dfrac{\sqrt{5}}{5}$，$(F_{QD})_C = 0$；

F_{ND} 为三段线，有突变，$(F_{ND})_{D左} = -\frac{3\sqrt{5}}{20}$，$(F_{ND})_{D右} = -\frac{7\sqrt{5}}{20}$，$(F_{ND})_C = -\frac{\sqrt{5}}{2}$。

5-13 F_{NAB} 为两段折线，$(F_{NAB})_D = 0.75$；
M_C 为三段折线，若以下侧受拉为正，则 $(M_C)_C = a/3$，$(M_C)_D = -a/2$；
M_K 为三段折线，若以下侧受拉为正，则 $(M_K)_D = -a/4$，$(M_K)_K = 7a/12$；
F_{QK} 为三段线，有突变，$(F_{QK})_D = \frac{\sqrt{2}}{8}$，$(F_{QK})_{K左} = -\frac{7\sqrt{2}}{24}$，$(F_{QK})_{K右} = \frac{5\sqrt{2}}{24}$。

5-14 $F_{yB} = 0.25ql(\downarrow)$；$M_B = 0.25ql^2$（下侧受拉）；$F_{QED} = 0$，$F_{QFE} = -ql$。

5-15 M_{CA} 为斜直线，若以下侧受拉为正，则 $(M_{CA})_E = a$，$(M_{CA})_H = 0$；
M_K 为两段折线，若以下侧受拉为正，则 $(M_K)_E = 0$，$(M_K)_F = 0.5a$；
F_{QK} 为两段折线，$(F_{QK})_E = 0$，$(F_{QK})_F = -1/3$；
F_{NDG} 为两段折线，$(F_{NDG})_H = -2$。
均布荷载下，$F_{QK} = 0.5qa$。

5-16 $M_{C,max} = 590\text{kNm}$；
$F_{QC,max} = 77.14\text{kN}$；
$F_{QC,min} = -55\text{kN}$。

5-17 $F_{yB,max} = 176.67\text{kN}$。

5-18 $M_{K,max} = 546.25\text{kNm}$（50kN 荷载位于最大竖标处）；
$M_{K,min} = -325\text{kNm}$（130kN荷载位于最小竖标处）。

5-19 左行：$F_{QB左,min} = -139.17\text{kN}$（130kN 荷载位于最小竖标处）；
右行：$F_{QB左,min} = -110\text{kN}$（130kN 荷载位于次小竖标处）。

5-20 $M_{K,max} = 372\text{kNm}$（130kN 荷载位于最大竖标处或 70kN 荷载位于次大竖标处）；
$M_{K,min} = -273\text{kNm}$（130kN 荷载位于最小竖标处）

5-21 $M_{中,max} = 210\text{kNm}$；$M_{max} = 213.33\text{kNm}$。

5-22 求出等分截面的内力最大值与最小值，再连成曲线，其中 $M_{中,max} = 996\text{kNm}$，$F_{Q中,max} = 94.5\text{kN}$，$F_{Q中,min} = -119.25\text{kN}$。

5-23 1）直接作用：当集中荷载位于影响线顶点时，按式（5-7）判别；当均布荷载跨越影响线顶点时，按式（5-8）判别。
$M_{K,max} = 1537.5\text{kNm}$。
2）间接作用：将集中荷载作为临界荷载时，按式（5-6）判别；将均布荷载作为临界荷载（跨越顶点）时，用 $Z' = \sum F_{Ri}\tan\alpha_i = 0$ 判别。
$M_{K,max} = 1444.53\text{kNm}$。

5-24 略。

第6章

6-1 略。

6-2 (a) $\Delta_B = \frac{41ql^4}{384EI}(\downarrow)$；$\theta_C = \frac{ql^3}{8EI}$（↻）。

(b) $\Delta_B = \frac{ql^4}{30EI}(\downarrow)$；$\theta_B = \frac{ql^3}{24EI}$（↻）。

(c) $\Delta_C = \frac{5ql^4}{768EI}(\downarrow)$；$\theta_A = \frac{3ql^3}{128EI}$（↻）。

(d) $\Delta_C = \frac{5ql^4}{768EI}(\downarrow)$；$\theta_A = \frac{ql^3}{45EI}$（↻）。

6-3 $\Delta_B = \frac{0.13qR^4}{EI}(\rightarrow)$。

6-4 $\Delta_B = \frac{17ql^4}{24EI}(\rightarrow)$，$\theta_B = \frac{3ql^3}{8EI}$（↻）；
$\frac{(\Delta_B)_Q}{(\Delta_B)_M} = 0.753\%$，$\frac{(\Delta_B)_N}{(\Delta_B)_M} = 0.059\%$。

6-5 (a) $\Delta_{xE} = \frac{4902.3\ \text{kNm}^3}{EI}(\leftarrow)$。

(b) $\Delta_{CC_1} = \frac{1636.7\text{kNm}^3}{EI}(\rightarrow\leftarrow)$。

6-6 $\Delta_{yC} = 11.46\text{mm}(\downarrow)$。

6-7 $\Delta_{yE}=\dfrac{(6+4\sqrt{2})F_{P}a}{EA}$(↓)；

$\varphi_{DE}=\dfrac{(4+\sqrt{2})F_{P}}{EA}$(↺)。

6-8 $\varphi_{DA-DE}=\dfrac{2F_{P}}{EA}$(↻↺)。

6-9 参见题 6-2c 答案。

6-10 (a) $\Delta_{yC}=\dfrac{59ql^4}{384EI}$(↓)；$\theta_{B}=\dfrac{5ql^3}{24EI}$(↺)。

(b) $\Delta_{yA}=\dfrac{23ql^4}{384EI}$(↓)；$\theta_{B}=\dfrac{5ql^3}{48EI}$(↻)。

(c) $\Delta_{yC}=\dfrac{7qa^4}{12EI}$(↓)。

(d) $\Delta_{yA}=\dfrac{Ma^2}{4EI}$(↓)；$\Delta_{yE}=\dfrac{Ma^2}{3EI}$(↑)。

6-11 (a) $\Delta_{yC}=\dfrac{416\text{kNm}^3}{3EI}=6.93\text{mm}$(↑)；

$\Delta_{yD}=\dfrac{1408\text{kNm}^3}{EI}=23.47\text{mm}$(↓)。

(b) $\Delta_{yD}=5.333\text{mm}$(↓)；

$\theta_{B}=0.0023\text{rad}$(↻↺)。

6-12 参见题 6-4 答案。

6-13 $\Delta_{xD}=\dfrac{308}{EI}$(←)；$\theta_{C}=\dfrac{9}{EI}$(↺)。

6-14 $\Delta_{xAB}=\dfrac{11ql^4}{12EI}$(→←)；$\Delta_{yAB}=0$；

$\theta_{AB}=\dfrac{7ql^3}{6EI}$(↺↻)。

6-15 $\Delta_{xD}=\dfrac{5125\text{kNm}^3}{6EI}$(→)；

$\theta_{B}=\dfrac{125\text{kNm}^2}{3EI}$(↻↺)。

6-16 $\theta_{F}=\dfrac{203\text{kNm}^2}{6EI}$(↻)。

6-17 $\theta_{B}=0.0054\text{rad}$(↺)。

6-18 $\Delta_{E-F}=\dfrac{29ql^4}{192EI}$(→←)。

6-19 (a) $\theta_{B}=3\theta+0.5\Delta$(↺↻)。

(b) $\Delta_{xB}=a+b$(←)；

$\theta_{D}=b/6$(↻↺)。

6-20 $\theta_{C}=0.0032\text{rad}$(↺↻)。

6-21 $\Delta_{yC}=\dfrac{\pi-3}{2EI}F_{P}R^3+\dfrac{\Delta}{2}$(↓)。

6-22 $\Delta_{yC}=3.125\alpha at$(↑)。

6-23 $M=\dfrac{18\alpha tEI}{7h}$(↺)。

6-24 $\Delta_{xD}=1.12\text{cm}$(→)。

6-25 $\Delta_{xE}=\dfrac{7}{8}l\varepsilon$(←)。

6-26 $\Delta_{yC}=\dfrac{5\lambda}{6}$(↓)；$\varphi_{CD}=\dfrac{5\lambda}{6a}$(↻)。

6-27 伸长 13.33mm。

6-28 缩短 4cm。

6-29 $\Delta_{xB}=0.001l$(←)。

6-30 (a) $\theta_{C}=\dfrac{313ql^3}{192EI}$(↺↻)。

(b) $\theta_{C}=\dfrac{37ql^3}{192EI}$(↺↻)。

6-31 (a) $\delta=\dfrac{l}{3EI}$；$k=\dfrac{3EI}{l}$。

(b) $\delta_{11}=\delta_{22}=\dfrac{l}{3EI}$，$\delta_{12}=\delta_{21}=\dfrac{l}{6EI}$。

将 θ_1、θ_2 约束住，成为两端固定梁；再分别令两端发生单位支座转动，得到的沿 θ_1、θ_2 方向的 4 个反力矩即为刚度系数。

6-32 $\delta=\dfrac{h^3}{3EI_x}\left[1+\left(\dfrac{I_x}{I_s}-1\right)\left(\dfrac{h_s}{h}\right)^3\right]$，

$k=\dfrac{3EI_x}{h^3}\dfrac{1}{1+\left(\dfrac{I_x}{I_s}-1\right)\left(\dfrac{h_s}{h}\right)^3}$。

6-33 $\delta_{11}=\dfrac{l}{EA}$，$\delta_{12}=\delta_{21}=-\dfrac{4l}{3EA}$，

$\delta_{22}=\dfrac{21l}{4EA}$；

$k_{11}=\dfrac{189EA}{125l}$，$k_{12}=k_{21}=\dfrac{48EA}{125l}$，

$k_{22}=\dfrac{36EA}{125l}$。副系数不为零，说明两自由度相互耦合。

6-34 K 截面挠度影响线等于在该截面处作用一固定竖向单位荷载时，该梁的挠曲线。

6-35 略。

第 7 章

7-1 （a） 3 次超静定。
（b） 7 次超静定。
（c） 8 次超静定。
（d） 6 次超静定。
（e） 3 次超静定。
（f） 2 次超静定。
（g） 5 次超静定。
（h） 5 次超静定。

7-2 （a） 3 个基本未知量。
（b） 4 个基本未知量。

7-3 (a) $M_A = \frac{ql^2}{8}$(上侧受拉)。
(b) $M_A = \frac{3F_P l}{8}$(上侧受拉)。

7-4 (a) $M_A = \frac{3ql^2}{28}$(上侧受拉)。
(b) $M_C = \frac{ql^2}{4}$(外侧受拉)。

7-5 （a） 基本未知量 4 个。
（b） 基本未知量 3 个。
（c） 基本未知量 7 个。
（d） 基本未知量 8 个。
（e） 基本未知量 17 个。

7-6 （a） （1） 基本未知量 7 个。
（2） 基本未知量 6 个。
（b） 基本未知量 3 个。
（c） 基本未知量 2 个。
（d） 基本未知量 3 个。

7-7 （a） 力法 2 个；位移法 2 个。
（b） 力法 2 个；位移法 4 个。

7-8 (a) $M_{AB} = \frac{2M}{7}$。
(b) $M_{AB} = \frac{F_P l}{5}$。

7-9 (a) $M_{AC} = -\frac{3qa^2}{16}; F_{QAC} = \frac{3qa}{16}$。
(b) $M_{AC} = -\frac{10}{33}F_P a; F_{QAC} = \frac{6}{11}F_P$。

7-10 设结点 C 转角 Z_1 和向下线位移 Z_2 为基本未知量，$i = EI/a$，则位移法方程为：

$$\begin{cases} 12iZ_1 - \frac{6i}{a}Z_2 = 0 \\ -\frac{6i}{a}Z_1 + \frac{36i}{a^2}Z_2 - F_P = 0 \end{cases}$$

7-11 设结点 C 转角 Z_1、结点 D 向右线位移 Z_2 为基本未知量，$i = EI/l$，则 $k_{11} = 7i$、$k_{12} = k_{21} = -i/l$、$k_{22} = 10i/l^2$，$F_{1P} = 0$，$F_{2P} = -F_P$。注意刚性杆的内力只能由平衡条件求得。

7-12 提示：可取结点 B 的弯矩为多余未知力 X_1，$EI\delta_{11} = 5l/4$，$EI\Delta_{1P} = -ql^3/3$。

第 8 章

8-1 (a) $M_A = \frac{3}{16}F_P l$(上侧受拉)。
(b) $M_A = \frac{M}{8}$(上侧受拉)。
(c) $M_A = \frac{ql^2}{12}$(上侧受拉)。
(d) $M_B = \frac{ql^2}{16}$(上侧受拉)。

8-2 (a) $M_B = 7.5$kNm(外侧受拉)。
(b) $M_D = 6.4$kNm(外侧受拉)。
(c) $M_B = \frac{ql^2}{64}$(内侧受拉)。

8-3 (a) $M_B = \frac{ql^2}{14}$(外侧受拉)。
(b) $M_B = \frac{12}{31}F_P l$(内侧受拉)。
(c) $M_A = 24.19$kNm(左侧受拉)。
(d) $M_D = 96$kNm(上侧受拉)。

8-4 (a) $M_A = 31.72$kNm(右侧受拉)。
(b) $M_A = 240.93$kNm(左侧受拉)。

8-5 （a） $F_{NBC} = 10$kN。
（b） $F_{N1} = -1.387F_P$；
$F_{N2} = 0.547F_P$。

8-6 $M_C = 23.58$kNm(上侧受拉)。

8-7 $M_C = 11.05$kNm(上侧受拉)。

8-8 $n=2$ 时，$M_B=\frac{3}{16}F_Pa$（上侧受拉）；n 增大，M_B 数值减小，M_D数值增大。

8-9 $n=2$ 时，$M_C=\frac{qa^2}{5}$（外侧受拉）；n 增大，结点弯矩数值减小，梁跨中弯矩数值增大。

8-10 (a) $M_E=36\text{kNm}$(内侧受拉)。
(b) $M_A=0.125F_Ph$(左侧受拉)。
(c) $M_A=5\text{kNm}$(右侧受拉)。
(d) $M_A=\frac{ql^2}{24}$(外侧受拉)。
(e) $M_A=\frac{qa^2}{36}$(外侧受拉)。

8-11 $M_A=(\Delta+l\theta)\frac{EI}{l^2}$(下侧受拉)。

8-12 $M_A=\frac{30}{7}=4.286\text{kNm}$(下侧受拉)。

8-13 $M_D=\frac{3EIa}{5l^2}$(内侧受拉)。

8-14 $M_A=345\alpha i$(左侧受拉)。

8-15 $F_{NDE}=131.07\text{kN}$。

8-16 $F_{NAB}=39.884\text{kN}$；
$M_K=40.348\text{kNm}$(下侧受拉)。

8-17 $M_A=0.1106F_PR$(内侧受拉)。

8-19 $M_A=35.73\text{kNm}$(上侧受拉)；
$M_C=0.15\text{kNm}$(下侧受拉)。

8-20 $M_A=13.21\text{kNm}$(内侧受拉)；
$M_C=8.17\text{kNm}$(下侧受拉)。

8-21 (a) $M_A=\frac{6EI}{l^2}\Delta$(下侧受拉)。
(b) $M_C=\frac{8.22EI}{R^2}\Delta$(下侧受拉)。

8-22 (a) $M_A=\frac{2\alpha tEI}{h}$(外侧受拉)。
(b) $M_A=\frac{1}{\pi}F_PR$(内侧受拉)。
(c) 各截面 $M=\frac{\alpha tEI}{h}$(外侧受拉)。

8-23 (a) $M_{AB}=\frac{13ql^2}{64}$；$M_{BA}=\frac{19ql^2}{64}$。
(b) $M_{BA}=11.92\text{kNm}$；
$M_{CB}=13.31\text{kNm}$。

8-24 (a) $M_{BC}=-75\text{kNm}$。
(b) $M_{AC}=-11\text{kNm}$；$M_{CA}=23\text{kNm}$。

8-25 (a) $M_{CD}=-17\text{kNm}$；
$M_{DC}=-11.5\text{kNm}$。
(b) $M_{CA}=-\frac{14ql^2}{41}$；$M_{EF}=-\frac{15ql^2}{41}$。

8-26 (a) $M_{AC}=-\frac{5qh^2}{24}$；$M_{BD}=-\frac{qh^2}{8}$。
(b) $M_{AD}=-9.84\text{kNm}$；
$M_{BE}=-14.15\text{kNm}$。
(c) $M_{AC}=-15\text{kNm}$；
$M_{BD}=-10\text{kNm}$。
(d) $M_{AB}=-48.90\text{kNm}$；
$M_{BA}=-15.56\text{kNm}$。

8-27 $M_{AD}=-\frac{7qh^2}{36}$；$M_{BE}=-\frac{qh^2}{9}$。

8-28 $F_P=12\text{kN}$。

8-29 $F_{N1}=0.7365F_P$；$F_{N2}=0.2946F_P$。

8-30 $F_{NBC}=\frac{20}{17}F_P$；$M_{AC}=-\frac{5}{17}F_Pl$。

8-31 $A_1=\frac{250I}{3a^2}$。

8-32 $\Delta=1.8\text{cm}(\downarrow)$；$M_B=30\text{kNm}$(上侧受拉)。

8-33 $M_{AB}=60\text{kNm}$；$M_{BA}=15\text{kNm}$。

8-34 $M_{BA}=44\text{kNm}$；$M_{CD}=56\text{kNm}$。

8-35 $M_{BA}=\frac{6\alpha tEI}{5h}$。

8-36 $M_{DA}=9\text{kNm}$，$M_{ED}=8.17\text{kNm}$。

8-37 (a) $M_{CB}=\frac{ql^2}{8}$。
(b) $M_{AC}=-50\text{kNm}$；
$M_{CD}=30\text{kNm}$。
(c) $M_{CA}=3.22\text{kNm}$；
$M_{EF}=-0.74\text{kNm}$。
(d) $M_{DE}=-\frac{2}{7}F_Pl$。

8-38 (a) $F_{NAB}=-\frac{\sqrt{5}}{2}F_P$。轴力是主要内力。

(b) $F_{NAD}=\sqrt{2}F_P$。

8-39 (a) $M_A=\dfrac{F_P l}{4}$(外侧受拉)。

(b) $M_A=\dfrac{3F_P a}{28}$(外侧受拉);

$M_{BA}=\dfrac{F_P a}{7}$(下侧受拉)。

8-40 (a) M_{CA}右侧受拉，M_{CD}上侧受拉，M_{CE}右侧受拉。

(b) M_{CA}右侧受拉，M_{CD}下侧受拉，M_{CE}左侧受拉。

8-41 取左半边结构分析，并设 $Z_1=\theta_D(\curvearrowright)$，$Z_2=\Delta_{xD}(\rightarrow)$。

(a) $k_{11}=\dfrac{9EI}{5}$，$k_{21}=k_{12}=\dfrac{EI}{40}$，

$k_{22}=\dfrac{109EI}{240}$；

$F_{1P}=-4\text{kNm}$，$F_{2P}=8\text{kN}$。

(b) $k_{11}=\dfrac{8EI}{5}$，

$k_{21}=k_{12}=-\dfrac{3EI}{8}$，

$k_{22}=\dfrac{3EI}{16}$；

$F_{1P}=0$，$F_{2P}=-15\text{kN}$。

8-42 $M_{AC}=-5.73\text{kNm}$；

$M_{BD}=-7.17\text{kNm}$。

8-43 $M_{底}=\dfrac{3\alpha t_0 EIL}{h^2}$，$L$ 为柱底到结构对称轴的距离。

8-44 (a) $M_B=\dfrac{7ql^2}{48}$(下侧受拉)。

(b) $M_B=\dfrac{ql^2}{24}$(上侧受拉)。

8-45 略。

附录B 索　引

K

附录C $\int \overline{M}M_P dx$ 常用图形图乘结果算式

$\overline{M}$图 / M_P图	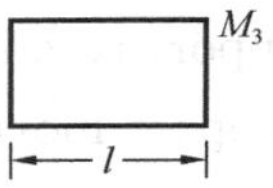 M_3, l	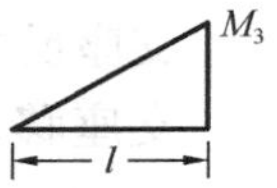 M_3, l	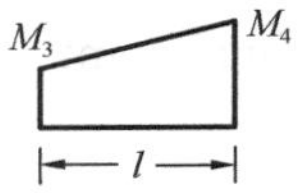 M_3, M_4, l	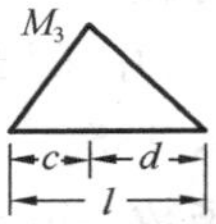 M_3, c, d, l
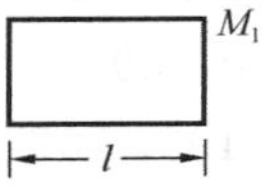 M_1, l	M_1M_3l	$\frac{1}{2}M_1M_3l$	$\frac{1}{2}M_1(M_3+M_4)l$	$\frac{1}{2}M_1M_3l$
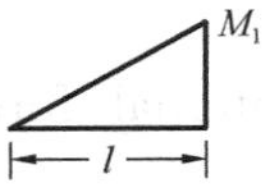 M_1, l	$\frac{1}{2}M_1M_3l$	$\frac{1}{3}M_1M_3l$	$\frac{1}{6}M_1(M_3+2M_4)l$	$\frac{1}{6}M_1M_3(l+c)$
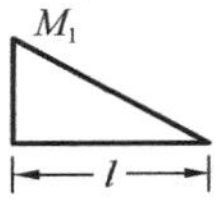 M_1, l	$\frac{1}{2}M_1M_3l$	$\frac{1}{6}M_1M_3l$	$\frac{1}{6}M_1(2M_3+M_4)l$	$\frac{1}{6}M_1M_3(l+d)$
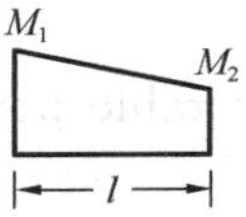 M_1, M_2, l	$\frac{1}{2}(M_1+M_2)M_3l$	$\frac{1}{6}(M_1+2M_2)M_3l$	$\frac{1}{6}M_1(2M_3+M_4)l$ $+\frac{1}{6}M_2(M_3+2M_4)l$	$\frac{1}{6}M_1M_3(l+d)$ $+\frac{1}{6}M_2M_3(l+c)$
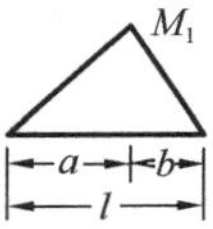 M_1, a, b, l	$\frac{1}{2}M_1M_3l$	$\frac{1}{6}M_1M_3(l+a)$	$\frac{1}{6}M_1M_3(l+b)$ $+\frac{1}{6}M_1M_4(l+a)$	当$a\geqslant c$时： $\left[\frac{1}{3}-\frac{(a-c)^2}{6ad}\right]M_1M_3l$
二次抛物线, 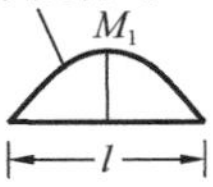 M_1, l	$\frac{2}{3}M_1M_3l$	$\frac{1}{3}M_1M_3l$	$\frac{1}{3}M_1(M_3+M_4)l$	$\frac{1}{3}M_1M_3(l+\frac{cd}{l})$
二次抛物线, 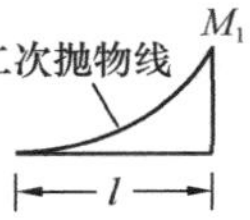 M_1, l	$\frac{1}{3}M_1M_3l$	$\frac{1}{4}M_1M_3l$	$\frac{1}{12}M_1(M_3+3M_4)l$	$\frac{1}{12}M_1M_3(3c+\frac{d^2}{l})$
二次抛物线, 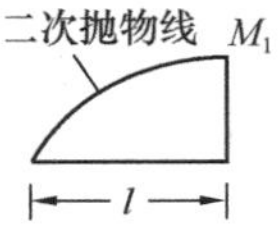 M_1, l	$\frac{2}{3}M_1M_3l$	$\frac{5}{12}M_1M_3l$	$\frac{1}{12}M_1(3M_3+5M_4)l$	$\frac{1}{12}M_1M_3(3l+3c-\frac{c^2}{l})$

参 考 文 献

1. 李廉锟主编．结构力学（上册），第 4 版．北京：高等教育出版社，2004.
2. 杨茀康，李家宝主编．结构力学（上册），第 3 版．北京：高等教育出版社，1983.
3. 龙驭球，包世华主编．结构力学Ⅰ-基本教程，第 2 版．北京：高等教育出版社，2006.
4. 朱慈勉，张伟平主编．结构力学（上册），第 2 版．北京：高等教育出版社，2010.
5. 单建，吕令毅．结构力学，第 2 版．南京：东南大学出版社，2011.
6. 和泉正哲著，薛松涛，陈镕译．建筑结构力学，第 10 版．西安：西安交通大学出版社，2003.
7. 龚尧南．结构力学基础．北京：航空工业出版社，1993.
8. 张延庆主编．结构力学，第 2 版．北京：科学出版社，2011.
9. 陈水福，金建明．结构力学概念、方法及典型题析．杭州：浙江大学出版社，2002.
10. 陈水福．论“结点”与“节点”的区别和联系．建筑结构·技术通讯，No. 11：14-16，2013.
11. Hibbeler R C. Structural Analysis，8th edition. New Jersey：Prentice Hall，2012.
12. Leet K M，Uang C M and Gilbert A M. Fundamentals of Structural Analysis，4th Edition. New York：McGraw-Hill Higher Education，2011.
13. Kassimali A. Structural Analysis，4th Edition. Stamford：Cengage Learning，2011.
14. Coates R C，Coutie M G and Kong F K. Structural Analysis，3rd Edition. London：Chapman and Hall Ltd，1988.
15. Kiselev V. Structural Mechanics. Moscow：Mir Publishers，1982.
16. Ghali A，Neville A M and Brown T G. Structural Analysis：A Unified Classical and Matrix Approach，6th Revised Edition，Taylor & Francis Ltd，2009.
17. Hibbeler R C. Mechanics of Materials，5th edition. New Jersey：Prentice Hall，2003.

参考文献

1. [illegible]
2. [illegible]
3. [illegible]
4. [illegible]
5. [illegible]
6. [illegible]
7. [illegible]
8. [illegible]
9. [illegible]
10. [illegible]
11. [illegible]
12. [illegible] Analysis, 4th Edition [illegible]
13. [illegible] Analysis [illegible]
14. [illegible] London: Chapman and [illegible]
15. [illegible]
16. [illegible] Classical and Matrix Approach [illegible] Taylor & Francis [illegible]
17. [illegible]